人大重阳研究书系
Book Series of RDCY Research

〔美〕黑尔佳·策普-拉鲁什 威廉·琼斯◎主编

从丝绸之路到世界大陆桥

FROM THE SILK ROAD TO A WORLD LANDBRIDGE

江苏人民出版社

图书在版编目（CIP）数据

从丝绸之路到世界大陆桥 /（美）策普-拉鲁什 威廉·琼斯主编；陆建新等译. — 南京：江苏人民出版社，2015.9

书名原文：The New Silk Road: The World Land Bridge

ISBN 978-7-214-16588-6

Ⅰ.①从… Ⅱ.①策… ②威… ③陆… Ⅲ.①区域经济合作—国际合作—研究—中国 Ⅳ.①C125.5

中国版本图书馆CIP数据核字（2015）第217912号

书　　名　从丝绸之路到世界大陆桥

主　　编　黑尔佳·策普-拉鲁什　威廉·琼斯
出 品 人　温愉新
策　　划　张延安
责任编辑　司丽丽　张延安
出版发行　凤凰出版传媒股份有限公司
　　　　　江苏人民出版社
地　　址　南京市湖南路1号A楼，邮编：210009
网　　址　http://www.jspph.com
　　　　　http:// jspph.taobao.com
经　　销　凤凰出版传媒股份有限公司
印　　刷　北京博海升彩色印刷有限公司
　　　　　北京亦庄开发区环宇路6号，邮编：101102
开　　本　720毫米×1000毫米　1/16
印　　张　27.5
字　　数　400千字
版　　次　2015年9月第1版　2015年9月第1次印刷
标准书号　ISBN 978-7-214-16588-6
定　　价　98.00元

（江苏人民出版社图书凡印装错误可向承印厂调换）

前言

中国倡议的“一带一路”，是眼下全世界最为重要的战略倡议。它不仅代表了国与国之间经济关系的全新模式以及与之相适应的金融体系，而且，由于习近平主席所赋予它的包容性，它也是避免战争唯一有效的战略。

在这份研究报告中，我们提出了这样一个构想：要将世界各国用互利互惠的洲际基础设施走廊联合在一起。报告将向人们展示，“一带一路”政策是如何为这一构想提供经济基础的。这不仅是一项经济政策，更是人类演变进入新时代的愿景。在这个新时代，人类将朝着我们作为创造性物种的真正身份迈进。

从中国国内的角度看，该政策首先是中国经济奇迹取得巨大成功的写照。中国在过去 30 年时间里所取得的经济成就，与其他国家一二百年所取得的经济成就一样大。不仅如此，中国还将这一经济奇迹延伸到中国的西部和内陆地区，这就为那些愿意就“一带一路”建设进行合作的国家提供了样板。就连大西洋世界国家都迫不及待地想要成为亚洲基础设施投资银行（亚投行）创始成员国（总数达 57 个）这一事实，生动地说明了这一互利性经济合作构想的吸引力有多大。金砖国家同样充满活力。自 2014 年 7 月巴西福塔莱萨首脑会议以来，金砖国家已经成为另一个与亚投行并驾齐驱的经济与金融体系中心。越来越多的国家希望加入这一体系。

从战略的角度看，这一倡议所象征的东西愈发重要，这就是“地缘政治”的摒弃。伴随“地缘政治”的，是这样一种思维：一个或一部分国家必须以牺牲另一个或另一部分国家的利益为代价，来维护其所谓的利益，必要时可以采用武力手段。这是一种失算，是20世纪两场世界大战的罪魁祸首。随着热核武器的发展，死抱着“地缘政治”的思维不放完全有可能导致人类的灭亡。

当然，“一带一路”政策和世界大陆桥的基础，是《联合国宪章》所确定的人权原则，以及万隆会议所倡导的不结盟的既定原则。但另一方面，它还有更为深远的意义，即对人类本质的理解。人类是统一的整体，尤其重要的是，人类的未来由我们自己决定。这正是文化乐观主义的光芒所在。我们要通过这个研究项目，为我们提供一种建立于理智基础上的经济与政治秩序。正因为如此，随着人类对太阳系和银河系自然法则的理解和利用的日益深化，我们可以确保人类在自己的星球上能够永远繁衍生存。

中国正努力建设建立在科技进步基础上的经济，并且取得了巨大进步。中国嫦娥3号探月使命所取得的成果震惊世界。作为一项宏伟计划的组成部分，嫦娥3号于2013年12月将“玉兔”号月球车成功送上月球。凭借这一计划，中国再过几年就有能力利用月球上的氦-3同位素作为未来聚变经济的能源。随着热核聚变力的发展，不仅人类的原料和能源安全将成为现实可能，而且，嫦娥工程的构想也能和17世纪约翰·开普勒发现太阳系那样，更深入地探寻宇宙的奥秘。正如俄罗斯副总理德米特里·罗戈津不久前所说的那样，金砖五国都是航天国家。这为我们清楚地指明了人类演变的下一个阶段。对太阳系和银河系正在进行的更为认真的研究，和各大洲内陆地区的基础设施建设一样，都是“一带一路”政策的组成部分。从某种意义上说，这是对近太空的基础设施开发。

这份研究报告采用的是林登·拉鲁什的经济学方法。拉鲁什以戈特弗里德·莱布尼茨所创立的物理经济为基础，走出了一条与自由市场经济的货币主义模式不同的道路。“自由市场”模式以统计计算和虚假运算法则为基础，这种方法错误地认为，你可以凭借过去的经验来洞察未来发展。2008年莱曼兄弟公司破产所导致的系统性危机，以及由此而引起的财富从下家到上家的再分配，都清楚地暴露出该模式的失败。现在，这场危机仍有可能以更加戏剧性的方式复发，而经过这次财富再分配，今天，仅80个富人就掌握了人类半数人口（即约35亿人）的财富。

人类精神的创造力总是能够不断扩大对物质世界法则的了解，并且总是能够以科技进步的方式提高生产力。这是人类经济的特征，而各种货币主义模式所采用的统计方法恰恰忽略了这一点。只有人类的创造力，才是创造社会财富的真正来源。有了财富，才有人类生活水平以及预期寿命的提高。

拉鲁什的科学经济方法与那些统计方法完全不同。它强调，人类的创造力符合物质世界的发展原则，正日益成为世界万物的动力。用俄罗斯科学家弗拉基米尔·沃尔纳德斯基的话说，作为人类圈的职能，这种动力会凭借人类的创造性活动，随着生物圈而不断增长。人类要想继续生存，生产过程中的能流密度必须增加，潜在人口的相对密度也必须相应增加。随着人口数量的日益增大，科技进步和创造力的提升不是一个可选可不选的问题，而是绝对的先决条件。

中国之所以能够在这方面担当起世界道义领袖和知识领袖的角色，毫无疑问归功于中国长达千年之久的儒家传统。因为孔子的和谐概念无疑为创造力的发展提供了肥沃的土壤。孔子的和谐概念不仅表现在人的道义发展和知识发展上，也表现在人与人以及国与国之间的关系上。这种相互联系的和谐思想，显然是习近平主席所倡导的“双赢政策”（即互惠政策）的基础。

和谐只有通过“礼”才能实现，也就是说，每个人、每个国家要完全彻底地、大公无私地开发其内在潜力，政治必须以“仁”（即爱）为基础。儒家的这种思想与欧洲人文传统中最优秀的传统是一致的。以此为基础，现代科学与主权民族国家的创始者库萨的尼古拉进而断言：只有当所有的微观世界都得到最好的发展而且将他人的利益视为自己的利益时，宏观世界的和谐才有可能实现。威斯特伐利亚和平之所以能够实现，正是得益于这一思想，国际人权的基础亦源于此。

无庸赘言，人类命运究竟如何，就看“一带一路”能否通过包括美国和欧洲国家在内的所有国家都参与的双赢政策，顺利成为世界大陆之桥。如果我们永远摒弃地缘政治这一思维，并且团结在以整个人类联合起来的人类共同体的周围，只有到那时，我们才能成为人类新纪元的自觉创造者。

这份研究报告绝对是政治家、科学家以及所有希望积极塑造历史的人们的必读书。

黑尔佳·策普－拉鲁什

目录

Contents

第一部分 引子 1

“一带一路”通向人类未来 / 3

金砖国家倡议大爆发 / 13

世界大陆桥网——关键连接线与走廊 / 27

第二部分 衡量进步的标准 37

能流密度：全球经济进步的衡量标准 / 39

（经济）发展走廊原则 / 50

给“全球陆桥 2064”提供资金 / 53

为全球生存而扩大核能使用 / 79

解决世界水源危机 / 99

附录：核能海水淡化创新 / 124

第三部分 中国：丝绸之路通向和平与发展 129

中国成为国家间的典范：以科学为驱动力提升人类进步 / 131

中国的“一带一路”：改变原有发展模式，迈向全球共同发展 / 143
“一带一路”：通向新的人类文明 / 153

第四部分 俄罗斯在欧亚大陆中北部和北极圈的使命 159

欧亚大陆的基石经济体 俄罗斯把目光投向东方 / 161
大图们江开发计划 东北亚迈向和平的重要一步 / 231

第五部分 南亚和中亚——从危机之弧到发展走廊 237

印度准备履行传统领导力 / 239
把高科技发展带入南亚 / 247
中亚：终结地缘政治 / 252
附录：阿富汗和中亚的工业开发——俄罗斯视角 / 265

第六部分 西南亚——大洲的十字路口 280

西南亚与欧亚大陆桥 / 283

第七部分 东亚和东南亚的重要贡献 297

日本须重回核能领导者地位 / 299
湄公河开发项目——东南亚的田纳西河流委员会项目 / 303
泰国克拉地峡——南亚发展的基石 / 307
连接印度尼西亚与欧亚大陆 / 313

第八部分 澳大利亚——太平洋地区发展之驱动器 315

将澳大利亚引入大陆桥进程之设想 / 317

第九部分 欧洲——“一带一路”的西端 325

德国——欧洲融入“一带一路”的关键 / 328

希腊与地中海的马歇尔计划 / 335

意大利：意大利南部建设和二次文艺复兴 / 342

西班牙——世界大陆桥通向非洲发展之桥 / 351

第十部分 非洲——对全球发展的考验 363

核基础设施平台对于非洲的未来十分必要 / 365

第十一部分 让西半球搭上发展的列车 379

重新发现美洲 / 381

北美：重启美国构想 / 395

第十二部分 推动全球发展 415

拉鲁什四十年来推动全球发展历程 / 417

田纳西河谷管理局：伟大的项目成就伟大的国家 / 422

邓小平的中国奇迹 / 428

韩国模式：怎样使一个贫穷国转变为一个现代经济体 / 433

第十三部分 结语 441

抛弃地缘政治对抗，携手共建人类未来 / 443

第一部分

引子

“一带一路”通向人类未来

黑尔佳·策普-拉鲁什

2014年8月

2013年，这份研究报告的作者们商定，要在首次倡议建立欧亚大陆桥23年之际，提出世界大陆桥计划的修正版，从而创立21世纪和平新概念。当时，他们的想法是，不仅要提出世界经济重建的新概念，同时也要在一场严峻的战略危机背景下展现避免战争的方略。因为在此23年间，爆发一场蓄意的——抑或偶发的——热核世界大战的威胁急剧升温。在地缘动机驱使下，将乌克兰与欧盟联合起来从而事实上将其纳入北约势力范围的企图，触发了一系列不断升级的对抗。说得严重点，这种对抗可能以人类灭绝而告终。然而，这还不算，差不多整个近东和中东都在燃烧；几场以谎言为借口、针对所谓“流氓”国家的战争，播下了暴力的种子，唤醒了一条长着百万脑袋的怪蛇[①]。此蛇不仅夷平了文明的摇篮，制造了人间地狱，也对西方构成了现实威胁。

这项“政权更替”政策所造成的后果早已将非洲广大地区拽入混乱，使非洲大陆饱受恐怖战争和内战之苦。不仅如此，地缘战略冲突也在太平洋上滋长，可能引爆地区乃至超越地区的战争。更有甚者，由于旨在消除2008年雷曼兄弟公司破产根源的补救措施丝毫未见踪影，那些大得经不起失败的银行，如今比当年还要平均扩大30%-40%，欠债却更多，衍生品泡沫接近两百万之四次方。如此，一场新的系统性危机随时可能爆发，这一次，鉴于我们在这里所勾勒出的战略形势以及可能触发的混乱危险，危机的爆发将使战略性灾难无法避免。

---

① 原文中的“hydra”，为希腊神话中的九头怪蛇，喻为难以根除的祸害。——译注

欧亚大陆：欧亚大陆桥主线及部分支线

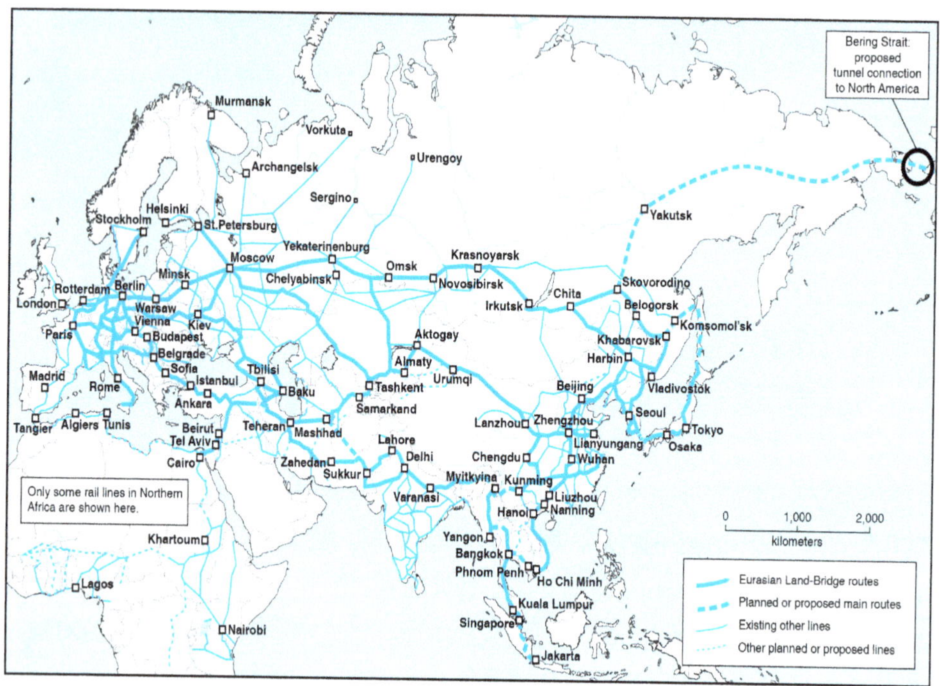

20 世纪 90 年代初席勒研究所提出的世界大陆桥计划示意图，读者可以将此图与今天的大陆桥网络现状图进行比较。参见第一部分“世界大陆桥网——关键连接线与走廊”。

全世界都因此而陷入恐慌。人们不禁要问，那些对所谓的西方价值观共同体负有重大责任的人怎能让事情发展到如此境地？

教皇方济各在形容全球金融与经济体制时用到了“无法容忍”一词，他在最近接受西班牙报纸《先锋报》采访时这样表示：“要延续这种体制，就必须发动战争，因为大国历来如此。但人类不能再经受第三次世界大战，所以（人类）就只好抓住地区性战争的机会。”

一、出路

与此同时，可以取代这个摇摇欲坠的跨大西洋体制的出路已经形成：有关国家尝试利用国际货币基金组织、世界银行、世界贸易组织、跨太平洋战略经济伙伴协定（TPP）和跨大西洋贸易与投资伙伴关系协定（TTIP）这样的超国家机制以及与此相似的全球化货币工具，来扩大一种全球性的至高权力，并且走出了一条与原有体制形成对照的道路，它的出现也许不曾有人料到。在不到一年的时间里，一个国家联盟已经成形，它以巨人般的步伐建立起一种平行的经济秩序，一种专注于建设实体经济、与投机性货币利润最大化相对立的经济秩序。这一联盟的范围之大已经超过了人类的一半。这个新型的国家共同体代表了一种以经济增长为基础的、尤其是以尖端科技为基础的力量中心。中国探月工程的成功表明了这一点。探月工程的核心理念，是将大量氦 -3 从月球带回地球，为未来的热核聚变经济服务。它向我们指明了一条通向科技革命的道路，这场革命将增加地球上生产过程中的能流密度以及用于空间旅行的燃料的能流密度，从而开启人类进化的全新阶段。

朝着建立这一新经济秩序迈出的第一步，是中国国家主席习近平 2013 年 7 月在哈萨克斯坦的一次会议上宣布，中国将仿照传统的古代丝绸之路建设一条通过中亚直至欧洲的“一带一路”经济带。随后，当年 10 月，习近平又在访问印度尼西亚和马来西亚时倡议建设包括整个东南亚在内的海上丝绸之路。

在俄罗斯总统普京和中国国家主席习近平 2014 年 5 月 20 日举行的上海峰会上，以及普京值 5 月 21 日在上海举行亚洲相互协作与信任措施（亚信）第四次峰会之际对中国进行国事访问期间，双方签订了关于两国合作的广泛计划，包括一份长达 30 年的天然气协议和另外 46 项双边协议。峰会结束时，两国元首发表了一份共同宣言，称两国愿在亚太地区建立新的经济体系，反对干涉他国内部事务并有意尽量进行协调，共同应对双方一致同意的重要外交问题。

两位元首称双方合作的目标之一是：“在高科技领域、核能国际利用和民用航空等重点项目、航天基础技术研究合作计划、卫星对地观测、卫星导航以及对深空和载人空间旅行研究等方面扩大合作效果。”与此相反，双方认为，应防止太空进一步军事化，单方面部署导弹防御设施是“世界的不稳定因素”。其他目标还包括创新研究、提高农业技术、提高农业生产。两位元首还表示，希望改革国际金融体系。

为期30年、总额高达4000亿美元的中俄天然气协议堪称历史性。两国在石油领域的合作也得到深化；双方将联合开采俄罗斯煤矿；在俄罗斯境内新建发电厂向中国提供电力；双方还将在基础设施、运输、水利和自然保护等方面的其他许多项目上开展合作。

更为重要的是，普京总统支持习近平主席关于扩大“一带一路”的战略倡议。双方的共同声明表示：“俄方认为，中方提出的建设丝绸之路经济带倡议非常重要，高度评价中方愿在制定和实施过程中考虑俄方利益。双方将寻找丝绸之路经济带项目和将建立的欧亚经济联盟之间可行的契合点。为此，双方将继续深化两国主管部门的合作，包括在地区发展交通和基础设施方面实施共同项目。”

二、金砖国家首脑会议

随后，受5月21日上海“亚信”第四次峰会影响，其他国家也加入了合作的行列。7月16日，金砖国家第六次峰会在巴西福塔莱萨举行，次日，拉美国家元首和政府首脑加入了这次会议，至此，占人类人口48%的国家派代表参加了这次会议。

在金砖国家首脑会议以及峰会内外的一系列多边和双边讨论中，有关国家元首同意建立一种全新的经济与金融体系，从根本上取代现行全球化体系的赌场经济，后者是以少数人的利润最大化以及数十亿人的贫困为基础的。“福塔莱萨宣言”共有72点，其中一点是真正的晴天霹雳，那就是宣布成立新的金融体系。新体系的开端是成立新开发银行并达成货币储备协议，前者首批注资500亿美元，后者初始资金1000亿美元，用以帮助成员国抵御资本外逃及其他形式的金融战。

在此之前，中国已经决定成立“亚洲基础设施投资银行”，首批注资1000亿美元，首批邀请30多个国家加入。中国财政部长委任金立群负责该银行的筹建工作，新华社援引金立群的话说：“亚洲开发银行和世界银行所掌握的手段远远不能满足对更多基础设施的饥渴……亚洲基础设施投资银行将为发展中国家（尤其是低收入国家）开辟金融新通道……2013年10月，中国国家主席习近平在访问印度尼西亚期间提议成立亚洲基础设施投资银行，以支持经济一体化。”

中国国际经济交流中心秘书长强调说，亚洲基础设施投资银行将是一个开放和自由加入的平台，不仅欢迎亚洲国家，也欢迎其他国家，如美国和欧洲国家。到目前为此，东盟国家已经在缅甸峰会上宣布有意加入亚洲基础设施投资银行，其他国家还包括顶住美国压力加入的韩国和泰国。在上述一系列峰会期间，各国就许多项目的合作问题达成一致，其中，主要的有俄罗斯、中国、印度、巴西、阿根廷和南非等国的核能开发项目，以及将由中国开凿、横穿尼加拉瓜的第二条巴拿马运河和巴西至秘鲁的跨大陆铁路线等突破性项目。

上述国家在基础设施、能源、工业、农业、研究以及教育等领域所达成的合作项目之多、规模之大，已使美国和欧洲国家在过去 30 年间在同样地方的投资黯然失色。不止一家智库草率地筹备了一些研讨会，主题都是所谓金砖国家无足轻重，他们声称，俄罗斯只是一个“地区性大国”，中国不过是“廉价产品生产国”。这种说法倒像是在黑暗中吹口哨——给自己壮胆。

这么说是因为，现在实际上存在着两种依照完全不同的原则建立起来的经济与金融体系。一种是跨大西洋体系。作为一种帝国式的体制，它常常谋求通过一些危及其他国家主权的超国家组织扩大自己的势力范围。它强迫那些自己不认可的政府进行政权更替，强调要服从“共识”，在此过程中，它采用一些确能一时产生某种支配光环并让受支配的民众感到无能为力的手法，但它最终要走那条所有帝国都走过的老路。一旦光环失色，无论是因为帝国金融体系破产，还是因为人们看透了从天而降的价值观的空虚，它的威力也就随之消失。

金砖国家及相关国家新兴的金融体系则遵循完全不同的原则。印度总理纳伦德拉·莫迪在金砖国家峰会全体会议上意味深长地表示：“金砖国家是一个独一无二的国际机制。首先，它将一群国家联合在一起，联合的基础不是已有的繁荣或者共同的身份，而是未来的潜力。因此，组成金砖国家的想法本身就已经与未来联系在一起。”

莫迪强调，占有很大比例的青年人，例如在印度，代表了未来的巨大潜力，他建议成立金砖国家青年科学家论坛以及语言学校，“用我们所有的语言开展语言培训”。莫迪呼吁：“诸位阁下，我们有机会描绘未来的蓝图，不仅是为了我们这些国家，也是为了整个世界……我认为，这是一个巨大的挑战。”

三、未来的希望在外空

现代自然科学和革命性科学方法的创始人库萨的尼古拉曾于15世纪得出这样的结论：每一个人，只要他努力这么做，都一定能够再现宇宙实质性发展过程的几乎完整演变，这一观点使得判断科学进步的下一个必要步骤成为可能。

今天，决定世界未来的下一个必要发现，将是对能源的征服，有了它，人类未来数千年的能源及原料安全就有了保障——这就是对基于氦-3的热核聚变力的利用。因此，2013年12月中国嫦娥三号任务所取得的成功，即"玉兔"号月球车实现在月球的软着陆，是实现这一目标的一个里程碑。紧接着，嫦娥四号任务将于2014年实施，为2017年的嫦娥五号做准备，而嫦娥五号将开启地月之间的往返飞行阶段，从而为未来对月球的工业化开发利用做准备。对月球上发现的氦-3的大规模分离将指日可待。

在金砖国家（尤其是俄罗斯、中国和印度）之间的科技合作方面，氦-3发挥着突出的作用，因为作为一种聚变燃料，与氘—氚相反，氦-3不会产生能量中子，而能量中子对于反应堆材料来说是个伤脑筋的问题。相反，氦-3产生的是带正电荷的质子，它可能引发一场能量产生方式的革命。与传统的通过蒸汽和涡轮产生能量的方式相反，新方式有可能将聚变反应能量直接转化为电能，其效率要比传统方式高得多。

而且，根据俄罗斯联邦航天局的消息，俄罗斯也在为2016—2025年间的一项探月任务制订计划。该计划的目的是为月球的工业化利用打下基础。第一阶段的工作是建造能在月球工作的机器人装置，包括移动吊车、挖掘机和电缆敷设机。继2015年着陆探测器"月球一号"之后，俄罗斯将在2016年发射轨道登月舱"月球二号"。然后在2017年，与印度空间研究组织（ISRO）联合开发的硬着陆装置"月球资源"将飞抵月球表面，并将印度的月球车送上月球。

中俄印之间的合作对于人类的新时代来说具有范式意义。那时，人类将不再陷入地缘政治战争，而将专注于人类的共同目标。在氦-3提供的热核聚变力基础上，能源安全将至少一万年无忧，与此相关的各种技术也将应运而生，如聚变火炬技术。聚变火炬技术能将废料和各种材料转化为同位素，而同位素又可以根据需要进行重组，这样一来，原材料安全就有了保障。这一切将使人类跃上一个崭新的以极高能流密度为基础的经济平台，开启人类的新时代。利用氦 -3 发展聚变经济将成为游戏规则的改变者，地球上乃至整个太阳系中科技、经济和政治领域的一切关系都将因此而彻底改革。

原有的地缘政治思维已经在 20 世纪导致了两场世界大战，它还将导致新的、第三次世界大战，这次，将是一场热核世界大战。显然，这种地缘政治思维如果得到延续，将导致人类的灭亡。人类正摸索着试图绕开"修昔底德陷阱"前进，不能将中国的崛起看作是对西方所谓地缘政治利益的威胁；相反，正如美国参谋长联席会议主席马丁·登普西上将所一再警告的，我们需要一种以全人类的发展视角考虑问题的新观念、新范式。

四、经济新秩序

德裔美国空间科学先驱克拉夫特·恩里克将漫长的演化过程比作一种向上的发展运动。起初，生命以植物世界的形式通过光合作用从海洋扩展到陆地，然后，渐渐导致了高度复杂的生物物种以及具有更高能流密度的新陈代谢的起源。他描述了作为这种演化迄今为止最高形式的人类是如何首先在海岸和河岸定居下来，然后通过道路和运河，并最终通过铁路和现代基础设施，使各大洲的内陆地区越来越便利。

这一演化过程尚未完成，实现全球各洲基础设施的发展正是本书所呈现的世界大陆桥要达到的目的。克拉夫特·恩里克认为，太空旅行和对空间的殖民是人类演化的下一个自然阶段，尤为重要的是，他还认为，月球的工业化是人类通往太阳系以及还有可能更远地方的跳板。克拉夫特·恩里克确信，人类的演化只有在载人太空旅行实现后才会真正步入成年；只有他所谓的"地外责任这一巨大挑战"，才能将人类提升到真正的目标和终点：即以（迄今为止）唯一具有创造力的物种的身份，以理智的力量，根据可验证的普遍原则而不是欺骗性的感官幻想从事一切活动。这就意味着，人类在自身与地球及近太空的关系实现与空间秩序相和谐方面取得了重大进展。林登·拉鲁什最大的贡献也许在于，他进一步发展了莱布尼兹的"物质经济"概念，从而创造了一种与物质空间发展的真正法则相一致的科学经济理论。

拉鲁什的一个基本概念是，人类相对的人口密度潜力，应该随着生产过程中能流密度的升高而增加，这对人类的持续生存是必不可少的，因为在经济发展的任何一个阶段，都存在着资源的相对枯竭。人类发展的全部历史表明，人类创造力的反熵性与物质空间的可知普遍原则之间存在着相互关系。最近一千年的人类发展历史尤其如此，因为在此期间，人口潜力从数百万上升到目前的 70 多亿。

利用月球上的氦 -3 资源发展地球上的聚变经济，还能使人有趣地回想起柏拉图和库萨的尼古拉之间所发生的一场争论，这场争论的焦点是，思想究竟是独立于人类而实际存在于客观宇宙之中，还是只存在于创造思想的人类创造力之中。月球上的氦 -3 最初只是月球土被表层中的沉积物，只有掌握了热核聚变力的人类创造力，才能将这些同位素变成燃料。其能量甚至可以超越太阳中的核聚变力！

然而，无论是从科学的角度，还是从宇宙历史的角度，人类都已经达到了阶段更替的阶段，也就是说，为了人类的生存，有必要终结地缘政治。柏林墙倒下前不久，拉鲁什提出了“巴黎—柏林—维也纳生产三角”这一基础设施计划，从而使该三角成为发展走廊的科学发动机和始发站，以便实现经济互助会国家（当时的苏联和东欧国家）的转型。

1991 年苏联解体、铁幕因此而消失时，席勒研究所的研究团队将该计划进一步阐述为欧亚大陆桥概念。通过所谓的发展走廊，将欧洲的人口和工业中心与亚洲连接起来的想法由此产生，这个想法一旦实现，欧亚大陆的内陆地区将具备与濒海或濒河地区已经拥有的便利条件相同的区位特征。

23 年来，该想法不仅在全世界举行的无数次会议和研讨活动中得到介绍，还被进一步发展为世界大陆桥的想法。从金砖国家、拉美和东盟国家之间的合作中可以看出，用世界大陆桥将各国人民连接起来，已经成为一个现实的愿景，美国、欧洲和非洲必须加紧加入其中。

人类的新战略意味着，从现在起，我们要能够将人类看作统一的整体，并将这种统一性体现于相互发展之中。因此，在弗里德里希·席勒和国家主权之间并不存在一丝一毫的矛盾。后者不仅有各国的法律和《联合国宪章》为保证，也有重视全人类利益的世界公民的智慧为保证，因为这种统一性存在于全人类的更高发展之中。正如库萨的尼古拉所说，宏观世界的和谐要求所有微观世界都得到互惠发展。

这还意味着世界各国应该具有一种新的合作模式。也就是说，所有潜在的条约组织和同盟都必须是包容性的，不能只为了一些国家的安全和经济利益而将其他国家排除在外。虽然相互发展是前提，但各国必须尊重发展的不同层次，尊重不同的历史、文化和社会制度，尤其是要尊重国家主权。这就是库萨的在多样性中求得统一性的思想，这种思想必然产生于对万国共同体的热爱之中，因为人类是有创造力的物种。

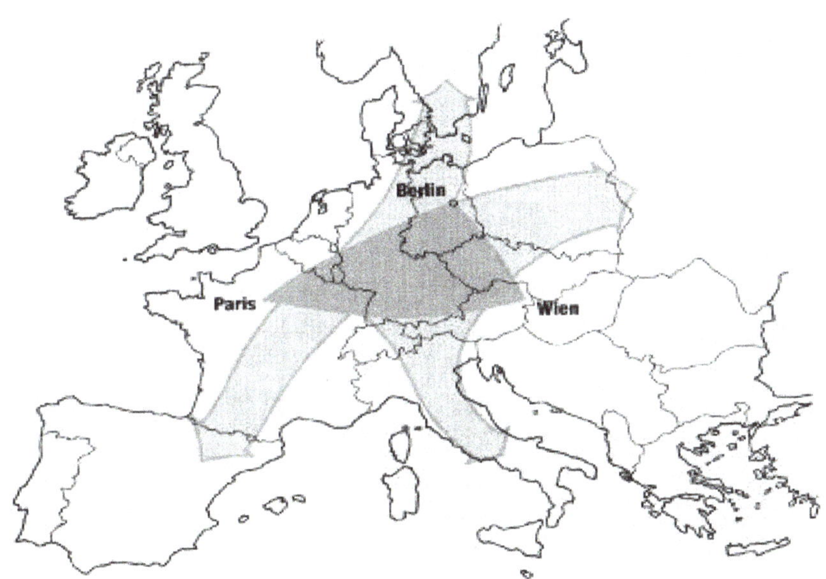

Das „produktive Dreieck“
Paris – Berlin – Wien

Lokomotive der Weltwirtschaft

— Schiller-Institut —

席勒研究所 20 世纪 90 年代出版的“生产三角”宣传手册封面，“生产三角”的螺旋形手臂伸向南欧与东欧。

我们必须学会从与宇航员、航天员和太空人一样的角度看待全人类。一位曾在月球行走的阿波罗宇航员曾经说过下面这番精彩的话语：

“事实是，进化正在宇宙中发生，程度不亚于地球之上。人类已经表明，作为一个物种，人类乐意生活在与物种进化环境完全不同的环境之中——哪怕必须以生命为盾保护盾后之生命。但是，我们愿意走向那里。我们已经证明了这一点。人类进化的曲线已经弯就。”①

① 参见You Tube视频：“阿波罗11号：为了全人类”（Apollo 11：For All Mankind）。网址：http：//www.youtube.com/watch?y=HxgoV9IMgCgl。

金砖国家倡议大爆发

2014 年 7—9 月

第六次金砖国家（巴西、俄罗斯、印度、中国和南非）年会 7 月 14—16 日在巴西福塔莱萨举行之前、期间及之后，相关国家真正爆炸式地宣布就重大基础设施新项目和信贷新措施达成协议。如果将其看作一个整体，这些新项目和新措施就像一个支点，可以将整个星球推进到一个新发展轨道。以下内容共分两个部分，即信贷新安排和实际项目，尽管并不完整，但可以让我们对这个即将出现的新世界有一个初步的了解。

一、信贷新机制

1. 金砖国家新开发银行以及应急储备安排

《福塔莱萨宣言》的内容之一是，历史性地宣布金砖国家同意成立新开发银行，为金砖国家和其他发展中经济体的基础设施建设和其他开发项目提供资金。银行总部设在中国上海，首任总裁将来自印度。新开发银行初始资本为 1000 亿美元，由 5 个创始国成员出资。

《福塔莱萨宣言》呼吁建立“一个更加有利于克服发展挑战的国际金融体系”。

初期资本 1000 亿美元的金砖国家应急储备安排旨在“帮助有关国家防止短期流动性压力”。除此之外，应急储备安排的另一目的是强化全球金融安全网，并为现有国际安排提供补充。

2. 中国—拉共体基础设施开发合作基金

在 7 月 17 日召开的拉美和加勒比国家共同体（拉共体）国家元首及特别代

表与中国国家主席习近平的会议上，中拉就在“平等互利、平等合作以及共同发展”基础上深化双方关系展开了讨论。巴西总统、中国国家主席、拉共体领导四架马车现任成员国（哥斯达黎加、古巴、厄瓜多尔以及安提瓜和巴布达）以及南美洲其余各国代表出席了会议。各国领导人和代表一致同意成立中国—拉美和加勒比论坛，其使命是制定2015—2019中国—拉美和加勒比合作计划。

习近平主席提议建立三个项目融资机制：一个为基础设施项目提供资金的特别基金，启动资金100亿美元并提高至200亿美元，计划于2015年前投入运营；一个由中国一家银行提供的针对拉共体的优惠信贷额度，最高额度可达100亿美元；一个50亿美元的中国—拉美和加勒比合作投资基金，投资领域待定。

3. 金砖国家能源协会

7月15日，俄罗斯总统普京在巴西利亚宣布，计划成立金砖国家“能源协会”，包括一个核燃料储备银行和一个能源政策研究机构。

二、大型项目

（一）中南美洲

1. 尼加拉瓜运河

7月7日，尼加拉瓜总统丹尼尔·奥尔特加宣布了跨洋大运河的走向。该运河是连接太平洋和加勒比海的巨大工程，将成为整个盆地发展的一大焦点。中国最大的水管理、铁路、航空以及港口设计公司（包括三峡大坝的设计机构）是该项目的合作伙伴。项目宣布后的随后几周内，勘探工作即已开始，使项目迅速成为尼加拉瓜全国关注的焦点。

2. 俄罗斯—尼加拉瓜合作项目

在前往参加金砖国家首脑峰会途中，普京总统于7月11日经停尼加拉瓜，与该国领导人讨论了向尼加拉瓜提供农业设备、安装俄罗斯格洛纳斯系统（类似于美国全球定位系统的天基全球卫星导航系统）以及其他领域的合作问题。

3. 俄罗斯—古巴合作项目

7月11日，普京总统与古巴政府签署了10项协议，其中一项协议的内容包括：马里埃尔港口现代化、建设一座一流机场、在马克西姆－戈麦斯建造四座电厂、在哈瓦那建造一座热电厂和在近海勘探石油。

4. 俄罗斯—阿根廷扩大合作项目

在 7 月 12 日对阿根廷进行国事访问期间，普京总统与阿根廷总统克里斯蒂娜·费尔南德斯·基什内尔签署了能源、宇航、农业、通信和军事合作协议。尤为重要的是多项核能协议的签订，其中一项协议涉及核电厂及研究反应堆的设计、建造、运营和退役以及“海水淡化设施”。俄罗斯国家原子能公司已经递交了一份参与阿根廷阿图查核电厂三期工程建设的技术与商业建议书。

俄罗斯和阿根廷已达成协议，将就在阿建造更多核电厂开展合作。图为阿根廷水库核电厂。

5. 秘鲁—巴西两洋铁路

7 月 17 日，中国、巴西和秘鲁同意就连接巴西大西洋沿岸和秘鲁太平洋沿岸的两洋铁路建设启动可行性研究。技术小组将开展实地勘察，相关各国将具体说明该项目的建设方法、可用资源以及时间框架。

巴西总统迪尔玛·罗塞夫表示，“巴西—秘鲁两洋铁路是南美洲一体化的基础，也是巴西向亚洲出口商品的通道”，她和习近平主席都特别重视中国在巴西境内铁路建设中的投标机会。两洋铁路在巴西境内的马托格罗索州里奥韦尔迪至秘鲁戈亚斯州坎皮诺特标段也是联合声明中特别提到的鼓励两国国有和私营投资者参与投资的项目之一。

两洋铁路还有一条自巴西经玻利维亚到秘鲁的替代路线，玻利维亚总统莫拉雷斯 8 月 6 日表示，玻利维亚也已就开发这一替代路线的玻利维亚段向中国求助。

6. 中国—古巴合作项目

在习主席 7 月 23—24 日对古巴进行的访问期间，古中两国官员就能源、运输、科技、农业、电讯和基础设施开发签署了 29 项协议。其中，关键的协议包括为在古巴圣地亚哥港建设一个多用途枢纽站提供信贷额度，一份中国国家石油公司参与开发塞博鲁科油田的框架协议，以及一份由两国工业部长签署的古巴工业领域开发谅解备忘录。

7. 俄罗斯—玻利维亚核能、基础设施开发合作项目

7 月 16 日，普京总统表示愿意就开发和平用途的“全面核能项目”与玻利维亚展开合作，包括技术转让以及在项目的各个阶段对玻利维亚人员进行永久培训。俄罗斯还将帮助玻方建造水力发电厂和热电厂，来自俄罗斯公司的主管人员很快就将访问玻利维亚商讨此事。来自俄罗斯石油公司代表也将访问玻利维亚商讨对玻利维亚石油项目的投资问题。

8. 中国—玻利维亚卫星合作项目

7 月 16 日，习近平主席向莫拉莱斯总统表示，愿意就玻利维亚第二颗卫星的制造向玻方提供援助。中国长城工业公司为玻方制造了第一颗卫星图帕克·卡特里，该卫星于 2013 年 12 月在中国发射升空。

9. 巴西—俄罗斯贸易、军事、核能合作项目

在 7 月 14 日于巴西利亚举行的一次会议上，普京总统与罗塞夫总统签署了一项协议，力争将两国间的贸易额增长将近一倍，达到 100 亿美元。七项双边协议包括一个防空系统协议，根据这一协议，巴西军方将与俄罗斯军方一道参与使用俄罗斯 Pantsir-S1 弹炮合一地对空防御系统。巴西对购买该防御系统感兴趣。另一项协议是扩建俄罗斯格洛纳斯卫星导航系统在巴西的地面设施。

7 月 15 日，俄罗斯核代表泽霍马特·阿利耶夫和巴西 Camargo Corrêa 公司签署了扩大双方在核电领域合作的《谅解备忘录》，内容包括一座核废料储存设施，在巴西已经投入运营的安格拉核电厂厂址建造工程及其他技术设施，以及在巴西“合作”建设新的核电厂。

10. 巴西—中国基础设施开发、科技与军事合作项目

在7月17日的一次会议上，习近平主席与罗塞夫总统签署了七项双边协议，从而巩固了双方“真诚的战略伙伴关系”。协议包括巴西基础设施建设与融资项目，深化宇航合作（包括与非洲的联合卫星工程），向中国销售巴西生产的喷气飞机，强化科技与教育交流，以及由中方负责建设巴西塔帕若斯河水电工程。

双方计划继续推进中巴地球资源卫星项目，新增一颗卫星并考虑在未来新增更多卫星。两国已经合作发射了四颗系列地球遥感卫星，巴西负责卫星制造，中国提供发射工具。

11. 阿根廷—中国基础设施开发、核能合作项目

7月18—21日访问阿根廷期间，习近平主席与费尔南德斯总统签署了两国“全面战略伙伴关系”协议。两国在核能、基础设施、通信、交通运输和农业领域共签署了19项协议，包括为在圣克鲁斯省的内斯托尔·基什内尔总统水电站和豪尔赫·赛佩尼克省长水电站融资47亿美元，为贝尔格拉诺货运铁路改造提供25亿美元信贷以及两国中央银行之间110亿美元货币交换协议。9月2日在北京，中国国家核电公司负责人与阿根廷的阿根廷核电公司负责人签署了一项20亿美元的协议，根据这一协议，中方将为阿方第四座核反应堆，即760兆瓦阿图查III期工程提供优惠融资。

12. 委内瑞拉—中国经济、能源、基础设施合作项目

在习近平主席7月22日访问加拉加斯期间，加拉加斯第13次高级别混合委员会会议在两国“全面战略伙伴关系”背景下签署了38项双边协议。

协议涉及石油勘探、农业、工业投资、科学与技术，以协助“两国的社会—经济发展”。中方还签署了一项向委内瑞拉交付第二颗地球遥感卫星的协议，第一颗已于2012年交付。

13. 中国—墨西哥纳亚里特港口与铁路项目

9月5日，墨西哥奇瓦瓦州州长塞萨·杜阿尔特宣布，中国国家开发银行将提供10亿美元为纳亚里特－奇瓦瓦—新墨西哥铁路项目提供资金，建设工作于

2014年底开始。该铁路是号称墨西哥“北方经济走廊”的组成部分，纳亚里特港口建设是该项目的主要工程，为期3年左右，一旦完工，将成为美洲西班牙语国家最大的深水港。纳亚里特州政府希望习近平主席和墨西哥总统恩里克·培尼亚·涅托能在2014年冬天亲自为这一“墨中合作首要工程”奠基。

（二）欧亚

1. 中国—印度联合经济项目

在9月17—20日对印度进行的国事访问期间，习近平主席和印度总理纳伦德拉·莫迪签署了10多项重大经济协议，并且承诺解决存在已久的边界争端。项目之一是两国在核科技领域的合作，尤其是开发钍燃料核反应堆。印度计划在2016年前建造一座300兆瓦的钍燃料原型反应堆，然后逐步提高。中国则正在建造一座100兆瓦的卵石床固体燃料论证反应堆，计划2014年前建成，2035年前投入完全运转。双方还签订了其他协议，其中包括合作修建一条自迈索尔市经班加罗尔至金奈的更快速铁路，以便将更多的印度药品销往中国。

中印双方就连接印度加尔各答和云南省首府昆明的孟加拉国—中国—印度—缅甸贸易走廊举行了会谈。

双方还就习近平主席2013年宣布的丝绸之路经济带和21世纪海上丝绸之路的联合建设问题进行了全面讨论。

2. 俄罗斯—朝鲜—韩国开发项目

7月18日，俄罗斯、朝鲜和韩国官员共同宣布罗津港启用，罗津港是由俄罗斯负责建设的一流港口，与新近完工的朝鲜罗津至俄罗斯铁路实现了连接。

3. 俄罗斯—中国核能合作项目

7月28日，俄罗斯国家原子能公司出口部与中国签署了一份《谅解备忘录》，使两国朝着联合开发浮动核电厂技术迈进了一步。俄罗斯计划打造一支小型海上核反应堆船队，用驳船装载核反应堆进行民用发电和海水淡化，首条驳船已接近建造完成。俄罗斯与印度正在就上述浮动核电厂中的6座进行谈判。俄罗斯国家原子能公司出口部总执行人泽霍马特·阿利耶夫表示，这些小型的核反应堆“不仅可以向偏远的居民区，也可以向海上石油平台等大型工业设施提供可靠的电能”。

俄罗斯和中国于2014年7月底就联合开发浮动核电厂达成协议。图为俄罗斯浮动核电厂效果图。

4. 俄罗斯—中国西伯利亚天然气管道

9月1日，普京总统和习近平主席共同出席了在俄罗斯雅库茨克郊外举行的一个仪式，启动了长达4000公里管道的首段（中俄东段）建设工作。这一名为“西伯利亚力量”的大型管道项目是在5月21日举行的习普会晤期间签署的。9月17日，俄罗斯宣布，向中国输送天然气30年的另一项中俄天然气管道协议将于11月签署。

5. 莫斯科—喀山高铁项目

俄罗斯铁路公司7月31日宣布，正在与中国的投资和建设公司就合作建设莫斯科—喀山高铁进行谈判。潜在合作伙伴包括中国投资公司，该公司除了参与莫斯科—喀山高铁项目外，还在考虑参与欧亚高铁走廊俄罗斯（莫斯科）—中国（北京）段的整体建设。

6. 印度将获得日本的高铁列车

印度总理纳伦德拉·莫迪9月1日与日本首相安倍晋三在东京签署了一项协议，根据这项协议，印度将从日本获得引进子弹头列车所需的资金、技术与运营支持。安倍还保证，日本将在今后5年间向印度投资350亿美元，从而将日本在印度公有和私营企业中的投资增加一倍。两国将就可能向印度海军销售两栖飞机一事加快谈判进程。

日本首相安倍晋三 2014 年 9 月初访印期间向印方表示，将向印度提供制造子弹头列车所需的资金、技术与运营援助。图为日本的部分电气化列车。

7. 印度—尼泊尔水电协定

9 月 19 日，印度与尼泊尔就印度基础设施建设者 GMR 公司承建尼泊尔格尔纳利河 900 兆瓦水电项目签署了一份协定。该项目预计 2021 年起开始发电，从而使两国大为受益。这一协定的签订结束了在水电开发问题上长达数年的竞争。尼泊尔具有 4 万兆瓦水电的潜能，得到开发的还不足 500 兆瓦。这项突破性的协议是在莫迪 8 月 3 － 4 日访问尼泊尔之后签订的，访尼期间，莫迪就参与尼泊尔“三路”（国内公路、信息公路和跨国公路）建设计划向尼方作出了保证。在新建的大坝项目中，尼泊尔在初期将获得资产净值的 27%，项目开始发电 25 年后项目所有权全部归尼泊尔。尼泊尔将免费获得 12% 的电力，其余电能全部出口印度，也许还有孟加拉国。

8. 俄罗斯支持印度和巴基斯坦加入上海合作组织

克里姆林宫发言人尤里·乌沙科夫 9 月 12 日宣布，上海合作组织有意在明年（2015 年）举行的首脑会议上接纳印度和巴基斯坦为该组织完全成员国。首脑会议将于 2015 年 7 月 9 － 10 日在俄罗斯城市乌法举行，第 7 次金砖国家首脑会议将同期举行，这两次会议均由俄罗斯主办。俄罗斯总统普京表示，“俄罗斯主办方的优先议题包括加强上合组织作为有效地区安全机制的作用、拓展重大的多边和人道主义关系、商讨共同应对迫切性和全球性问题的办法。”

俄罗斯支持印度和巴基斯坦加入上海合作组织。图为上合组织会徽。

（三）南亚和东南亚

1. 中国—东盟缅甸会议

8月10日，东盟外长在缅甸举行会议，中国、印度、俄罗斯、美国、欧盟、日本、韩国和澳大利亚派代表参加了会议。据巴基斯坦《每日时报》报道，中国与东盟（文莱、泰国、新加坡、柬埔寨、老挝、印度尼西亚、马来西亚、菲律宾、越南和缅甸）一致同意进一步深化双方的战略伙伴关系，包括共同参与中国提出的21世纪海上丝绸之路建设以及湄公河开发区建设项目。中国还欢迎东盟所有10个国家以创始成员国身份加入亚洲基础设施投资银行。泰国已经接受了这一邀请。

2. 海上丝绸之路—中国东盟南宁博览会

第11届中国一东盟年度博览会9月16－19日在广西壮族自治区首府南宁市召开，博览会主题是“共同建设21世纪海上丝绸之路”，与会参展商达到4600个。其中，1259个参展商来自东盟国家，中国与东盟国家间的贸易正在以每年10%的速度增长。

3. 东南亚地区新的大型水电项目—萨尔温江项目

9 月 16 日，中国三峡总公司与缅甸 IGE 公司签署了在萨尔温江建设东南亚地区最大水电站的合同。

4. 金砖国家青年科学家论坛

印度总理莫迪在 7 月 15 日福塔莱萨金砖国家首脑会议演讲中提议举办金砖国家青年科学家论坛。他建议，金砖国家应该超越“以首脑会议为中心”，金砖国家青年应该在扩大各国人民交往方面起带头作用。论坛应该成立“金砖各国语言培训”学校，借此探索成立金砖国家大学。

5. 中国—新加坡经济走廊

中新经济走廊首次智库峰会于 9 月 12 日举行，沿线城市市长就建设中新经济走廊这一倡议达成共识。这次智库峰会适逢中国—东盟博览会年会在中国通往东南亚的门户——广西壮族自治区举行，会议讨论了新海上丝绸之路的有关问题。

中新经济走廊的设想是，铁路、公路和开发走廊以中国南宁和昆明为起点，向南穿越中南半岛，从而将中国、越南、老挝、柬埔寨、泰国、马来西亚和新加坡连接起来。泰国和中国已经批准建设曼谷至泰国北部 / 东北部的铁路线，该线为中新大走廊的组成部分。中国正在就该铁路线老挝段的建设问题与老挝进行谈判。

（四）非洲

1. 俄罗斯—埃及扩大贸易

俄罗斯总统普京与埃及总统塞西 8 月 12 日在索契举行会晤之后，俄埃合作正在扩大。会晤的一大焦点是食品贸易。普京还表示随时准备支持埃及在代巴（Dabaa）建设一座核电厂。9 月 10 日，埃及工商和中小企业部部长阿卜杜勒·努尔率领一个包括食品制造商和谷物生产商在内的埃及商务代表团访问了俄罗斯。

2. 南非与俄罗斯的协议

8 月 28 日，南非总统祖马与俄罗斯总统普京在莫斯科郊外的 Novo-Ogaryovo 举行会晤，会晤的首要议题是贸易与投资。鉴于祖马总统在 6 月份宣布南非将大幅度扩大其核计划，俄罗斯表示愿意为南非的全面核能工业提供援助。

3. 南非—中国钢铁厂项目

9 月 12 日，南非贸易与工业部长罗布·戴维斯博士证实，中国河北钢铁集团将与南非国有工业开发公司在法拉博瓦（Phalaborwa）附近的林波波省联合开发炼钢能力，法拉博瓦拥有丰富的磁铁矿藏。建设工作将于 2015 年开始，初期目标是年产 300 万吨，到 2019 年实现年产 500 万吨，主要为建筑用钢。这一协议的签订标志着南非正在恢复其独立的炼钢能力。2001 — 2004 年，南非实行私有化，其国有钢铁公司被出售给英联邦的阿塞洛米塔尔钢铁卡特尔，南非因而一度丧失了独立的炼钢能力。在与中国签订的这份协议中，工业开发公司拥有 49% 的股份。

4. 津巴布韦与中国的协议

8 月 25 日，习近平主席与津巴布韦总统罗伯特·穆加贝在中国举行会晤。双方签订了多项合作协议。

5. 印度—南非农业项目

在 9 月 11 日的一份声明中，南非农业部长森泽尼·佐夸纳敦促南非农民利用金砖国家开发银行进行食品加工和农业生产。他是在首个印度－南非周在印度举行期间说这番话的。这次为期一周的研讨活动 9 月 9—10 日首先在孟买举行，随后于 9 月 11—12 日移址古尔冈继续举行。南非展出了食品加工及农业技术。佐夸纳与印度农业部长莫汉·辛格讨论了金砖国家农业与食品项目的融资问题。

世界大陆桥网

——关键连接线与走廊

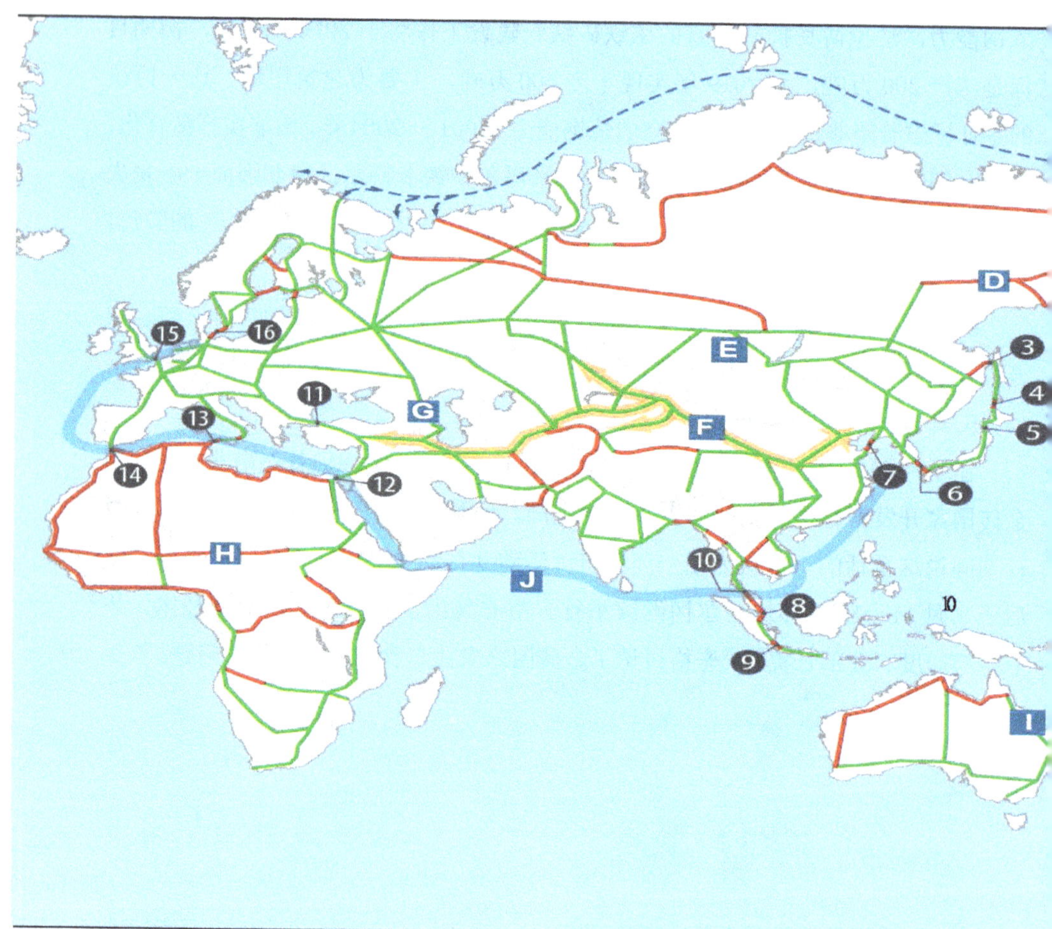

连接线

①尼加拉瓜跨洋大运河
②白令海峡隧道
③萨哈林岛—（俄罗斯）大陆连接线
④萨哈林—北海道隧道
⑤青函隧道
⑥日本—韩国海底隧道
⑦渤海隧道
(8)马六甲海峡隧道
(9)巽他海峡隧道
(10)克拉地峡运河
(11)博斯普鲁斯海峡铁路隧道
(12)苏伊士运河拓建
(13)意大利—突尼斯连接线
(14)直布罗陀海峡隧道
(15)英吉利海峡隧道
(16)堪的纳维亚半岛—大陆连接线

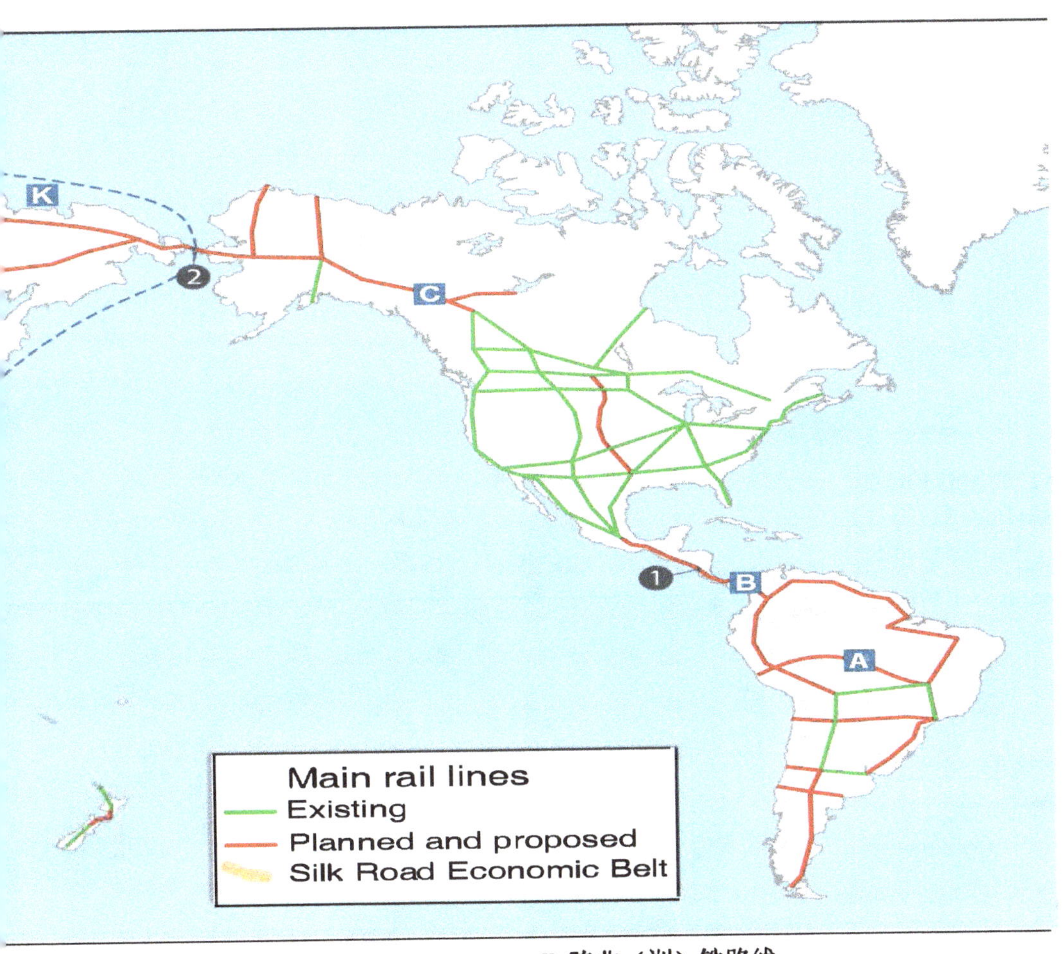

走廊

A 秘鲁—巴西跨洋铁路
B 达连豁口南北美洲铁路
C 阿拉斯加—加拿大—北纬 48 度以下铁路线
D 白令海峡连接线
E 跨西伯利亚走廊
F 丝绸之路经济带
G 南北国际运输走廊
H 跨非（洲）铁路线
I 澳大利亚环大陆铁路线
J 海上丝绸之路
K 北海航线

注：图中地理位置与走廊仅为示意，如有多条主要路线平行或靠近，仅用一条路线表示。

CONCEPT RENDERING
INTER-AMERICAN
RAIL & UTILITY
CORRIDOR
Darien Gap - near Meteti, Panama
Showing - High-speed electrified passenger and freight rail
- Electric transmission lines
- Fiber optic communications lines
- Natural gas and carbon dioxide pipelines
Presented to
Inter-American Railway Company
Panama City, Panama
Commissioned by Cooper Consulting Company
Kirkland, WA
© 2008 J. Craig Thorpe

世界大陆桥网

——关键连接线与走廊

下文详细描述了前文所列27条连接线和走廊的目前状态，所有这些连接线和走廊对于正在形成的以开发为目的的全球性交通运输网都很重要。

*意为签约的、在建的和建成的

一、连接线

1. 尼加拉瓜跨洋大运河*

横穿尼加拉瓜、连接太平洋和大西洋（经加勒比海）的跨洋大运河建设工作计划于2014年12月动工。运河起点位于尼加拉瓜西南部太平洋沿岸的布里图(Brito)河河口，终点位于加勒比海沿岸的蓬塔戈尔达河河口，全长278公里(172.8英里)，其中104.6公里（65英里）河道穿越尼加拉瓜湖。运河的图上设计工作最初由美国工程师在118年前完成。新的合约由尼加拉瓜总统丹尼尔·奥尔特加和中国香港尼加拉瓜运河开发投资有限公司总裁王靖于2014年7月7日宣布。勘察工作于8月启动。5万多名工人将参与建设这项综合性工程，包括2个港口，1个国际机场、水泥和钢铁厂以及其他基础设施。建设工作计划5年内完成。

2. 白令海峡隧道

如果在白令海峡海底建设一条长达85公里（52.8英里）的隧道，阿拉斯加和西伯利亚之间的缺口就可以合上，欧亚大陆与美洲大陆上的运输系统也就可以对接起来。而要在陆地上实现对接，欧亚大陆和北美大陆大约分别需要在两大洲北部崎岖不平的地形条件下新建3000公里（1864.1英里）和1000公里（621.4

英里）的铁路线。修建白令海峡通道的建议可以追溯了19世纪00年代。2007年4月，俄罗斯生产力研究委员会在莫斯科举办的一次会议上向世界主要国家呼吁开始对此进行可行性研究，这一建议得到了推动。生产力研究委员会关于白令海峡隧道的设计方案在2010年上海世博会上获得大奖。中国工程院院士王梦恕教授在2014年5月表示，中国与俄罗斯正在就该项目进行磋商。

3. 萨哈林岛—（俄罗斯）大陆连接线

鞑靼海峡位于俄罗斯萨哈林岛和大陆之间，其最狭窄处为7.3公里(4.5英里)。这一连接线加上萨哈林岛南端至日本的一条新建隧道，能够在贝加尔湖—阿穆尔主线的终点处，将日本与欧亚大陆及其铁路网连接在一起。早20世纪50年代初，就已经在鞑靼海峡海底开挖了一段隧道。俄罗斯正在对隧道、铁路、桥梁和大坝（海上门户）等方案进行研究。海上门户方案是一个巨型移动式大坝，坝顶为交通运输线，方案可能包括将阿穆尔河河口从位于海峡以南的日本海改道至海峡以北的鄂霍次克海。这将是一项工程壮举，它的建成有助于中俄两国对阿穆尔河沿线的防洪工作。

4. 萨哈林—北海道隧道

该隧道或桥梁将使俄罗斯的萨哈林岛与日本的北海道连接在一起，从而跨越45公里（28英里）宽的宗谷海峡。与萨哈林—俄罗斯大陆连接线连通后，该通道就能为日本提供一条通往欧亚大陆桥的铁路线。萨哈林—北海道隧道要短于日本本州岛和北海道之间的青函隧道。

5. 青函隧道 *

1988年建成的这一铁路隧道穿越津轻海峡海底，将日本最大的岛屿本州与北部的北海道连接了起来。该隧道是目前世界上最长、最深的海底隧道，全长53.85公里（33.46英里），其中23.3公里（14.5英里）位于海床之下，铁轨位于海底以下100米（328英尺）。初期勘察工作始于1946年的青函隧道被视为保持日本国高度统一的关键工程。

6. 日本—韩国海底隧道

这条拟议中的隧道将穿越朝鲜海峡，连接日本和韩国，途经海峡中的壹岐岛和对马岛。隧道最短处的距离为128公里（80英里）。修建隧道的提议已有1个世纪的历史，2009年，韩国成立了以祖国统一委员会前委员长许文德为首的专项工作组，项目研究工作重新开始。就这一互利性工程进行合作有助于缓和日韩两国之间紧张的政治关系。

7. 渤海隧道 *

拟议中的渤海隧道长达 100 多公里（62.1 英里），穿越渤海海峡，隧道将容纳一条高速铁路，连接中国两个均有 700 万左右人口的大城市，北端为高度工业化的辽宁省主要港口，而南端的烟台则是山东省的工业中心。这两个城市隔海相望，中国和朝鲜半岛之间的黄海最西部海湾——渤海横亘其中。渤海沿岸坐落着有 1400 万人口的天津市，位于首都北京东南 130 公里（80.8 英里）。中国国务院 2014 年 8 月宣布了建设这一工程的意向，具体工作可能在第 13 个五年计划（2016-2020 年）期间启动。建成后，该隧道将成为世界上最长的海底隧道，中国工程院院士王梦恕教授表示，建设工作将耗时 10 年。

8. 马六甲海峡大桥

连接马来西亚和印度尼西亚的这座大桥将是世界上最长的海上桥梁。大桥将利用海峡中部的鲁帕岛进行建设，全长 48.7 公里（30.3 英里），起点是马来西亚马六甲州的直落贡，经鲁帕岛后到达位于苏门答腊的终点杜迈，共计跨越 71.2 公里（44.2 英里）。该大桥 1995 年提议建设，之后因世界金融崩溃而搁浅。2006 年，中国进出口银行同意为该项目提供资金。中国及其他国家的几家公司正在就该项目进行商议，其中包括曾承建丹麦—瑞典厄勒海峡大桥的几家丹麦承包商。

9. 巽他海峡大桥（印度尼西亚）

大桥的设想是在爪哇海与印度洋之间的巽他海峡上建设一个桥梁系统，从而使占印度尼西亚总人口 80% 的苏门答腊岛与爪哇岛之间 27.3 公里（17 英里）的距离能够合拢。两个主跨分别为 6.5 公里（4 英里）和 4 公里（2.5 英里）长，桥墩设在海峡中的桑吉昂岛上。面临的挑战包括该地区的地震活动。大桥将比目前的轮渡节省数个小时的时间，它的建成必将促进印度尼西亚这个拥有 2.5 亿人口的亚洲主要国家农产品的流通以及工业开发。

10. 克拉地峡运河

为泰国开凿这条运河的设想至少在 17 世纪就提出来了，但一直遭到帝国主义国家的反对。运河的建成将打开（印度尼西亚苏门答腊与马来西亚马来半岛之间的）马六甲海峡这个瓶颈，马六甲海峡实际是目前太平洋和印度洋之间唯一的海上通道。开凿运河的想法在 1983 年三菱全球基础设施基金（EIR）、泰国政府和军方官员举行的曼谷会议上被再次提出，但在随后发生的金融危机期间，这一想法遭到搁置。现在，这一想法作为金砖国家基础设施复兴计划的一部分而再次得到考虑。克拉运河的长度在 50—100 公里（31—62.1 英里）之间，具体长度要由河道的走向而定，但不管走向如何，都必须穿越 75 米（246 英尺）高的地带。

11. 博斯普鲁斯海峡铁路隧道 *

这条隧道是欧洲与小亚细亚之间第一条全铁路连接线，在伊斯坦布尔海峡处穿越博斯普鲁斯海。这条被誉为“钢铁丝绸之路”的隧道于 2013 年 10 月土耳其共和国成立 90 周年之际开通。目前，隧道提供了大规模过境服务，日运送旅客 300 万人。不过，按照计划，隧道还将增加高速铁路和货运服务，并将其与新的伊斯坦布尔—安卡拉高速铁路线相接。建设隧道的想法始于 19 世纪 60 年代，但直到深水施工及其他方面的困难得到解决，隧道才开始建设。这条 13.6 公里（8.45 英里）长的隧道拥有世界上最深的沉入式管道结构。两条 1.4 公里（0.87 英里）长的管道被安放在海面以下 56 米（184 英尺）的海底，然后采用“先挖后盖”法开出一条 2.4 公里（1.5 英里）长的隧道，最后为了维护和进入的需要，再用钻孔方式挖出一条 9.8 公里（6.1 英里）长的隧道。

12. 苏伊士运河拓建 *

苏伊士运河第二航道拓建工作于 2014 年夏天开始，这条 72 公里（44.7 英里）长的航道是世界级的物流枢纽，覆盖两航道周边共计 46，671 平方公里（18 平方英里）的面积。新航道允许双向通航，而现有航道由于在某些航段过于狭窄，无法实现双向通航。新航道的建成将使从地中海到红海的过境时间由 11 小时缩短至 3 小时。拓建工程是埃及的爱国主义集结号，也是大胆开发远景的亮点工程，其意义波及整个北非、东南亚和海上丝绸之路。

13. 意大利—突尼斯连接线

要跨过地中海将这两个国家以及欧非两洲连接起来，就必须（1）将意大利大陆和西西里岛连接起来；（2）用 4 个靠挖掘出来的岩屑堆积而成的人工岛将西西里和突尼斯之间长达 155 公里（96.3 英里）的距离串连起来。这条连接线的第一段，即 3.3 公里（2 英里）长的墨西拿海峡大桥，将成为世界上最长的单跨悬索桥，其起点为意大利大陆的雷焦卡拉布里亚，终点为西西里岛的墨西拿。至于西西里与突尼斯之间的140公里（87英里），一个设想是修建5条隧道，单向各两条隧道用于客货运输，另一条隧道用于维护和紧急情况下使用。其替代和补充方案是，利用人工岛屿作为桥墩修建地中海大桥以完成140公里的连接。这一方案由意大利建筑学教授、上海同济大学顾问恩佐·西维埃罗（Enzo Sivierro）于2014年9月对外公布。

14. 直布罗陀海峡隧道

拟议中的这条隧道连接西班牙的塔里法和摩洛哥的丹吉尔，全长40公里（24.9英里），深度为海平面以下300米（984英尺）。隧道的建成将使巴塞罗纳与卡萨布兰卡之间的旅行时间缩短为不足8小时，并将欧洲与非洲的高速铁路网连接起来。由西班牙和摩洛哥两国政府委托完成的详细可行性研究报告于2009年呈交给欧盟，不过还没有采取任何行动。

15. 英吉利海峡隧道 *

英吉利海峡隧道于1994年开通，连接英法两国，全长50.5公里（31.4英里）。早在19世纪00年代，修建海峡隧道的设想就已经提出。目前，这条隧道穿越多佛尔海峡，最深处位于海床以下75米（250英尺）。这条海峡隧道承载着运行于伦敦至巴黎或布鲁塞尔之间的“欧洲之星”高速铁路线，以及运行于福克斯通和加莱之间、专用于运载汽车的区间铁路线。虽然日本的青函隧道总长度更长、更深，但英吉利海峡隧道仍然是世界上海底段最长的隧道。

16. 斯堪的纳维亚半岛—大陆连接线 *

一系列已建、在建和拟建的桥梁和隧道，通过日德兰半岛和丹麦诸岛，将斯堪的纳维亚半岛与欧洲大陆西部主体部分连接起来。1998年，18公里（11.2英里）长的大贝尔特大桥和铁路隧道率先完工，将丹麦的两个大岛连接了起来。接着，哥本哈根至瑞典马尔默之间长达16公里（9.9英里）、由三部分组成的厄勒海峡连接线于2000年完工，从而使一边的瑞典和挪威与另一边的欧洲大陆之间实现了公路与铁路运输。目前尚在建设中的是将丹麦诸岛与德国直接相连的费马恩海峡隧道。这条17.6公里（10.9英里）长的隧道将成为世界上最长的沉入式（另一种是钻孔式）公路铁路两用隧道。北欧国家还在争取对其与俄罗斯及其跨大陆铁路系统相连的公路与铁路进行升级改造。

芬兰地质学家设计并提议建设穿越芬兰与瑞典之间波的尼亚海湾以及芬兰

东南部到爱沙尼亚之间海底的多条东西向隧道，以及通往华沙的波罗的海铁路走廊。

二、走廊

1. 秘鲁—巴西跨洋铁路 *

2014 年 7 月 17 日中国、巴西和秘鲁联合协议签订后，建设一条横穿南美大陆的铁路线的可行性研究工作已经开始，这条铁路以秘鲁戈亚斯州坎皮诺特为起点，终点位于巴西马托格罗索州里奥韦尔迪。这将是首条横穿南美大陆的铁路，标志着相关国家对建设开发走廊作出了承诺。早在 1898 年，就有人提出了建设一条穿越南美大陆的铁路线计划，起点和终点分别为巴西和玻利维亚，而后者目前希望重新研究这条可能成为第二走廊的铁路线。

2. 达连豁口南北美洲铁路

达连豁口是巴拿马地峡上跨越巴拿马—哥伦比亚边界的一大片沼泽与森林地块，在加勒比海的达连湾和太平洋的巴拿马湾之间建设一条穿越达连豁口的铁路公路走廊，将最终使梦寐以求的自阿拉斯加至火地岛的南北美洲纵贯铁路成为现实。19 世纪 90 年代，（美国）威廉·麦金利政府成立的一个洲际铁路委员会制订了洲际铁路的完整计划。目前，就连泛美公路都没有穿越南北美洲。泛美公路是一条穿越北美洲、中美洲和南美洲的系列公路，全长 48000 公里（30000 英里）。该公路在达连豁口完全中断，中断距离约 100 公里（60 英里）。在沼泽地上修建铁路的种种困难并不是阻碍该段铁路建设的原因，反对开发的人士以绿色环保为借口阻止这一南北走廊的建设。

3. 阿拉斯加—加拿大—北纬 48 度以下铁路线

如果采纳美国陆军工程兵 1942 年匆匆勘察提出的直线方案，建设一条自阿拉斯加经加拿大至美国北纬 48 度线以下各州的铁路，将长达 2280 公里（1417 英里）。当时，这是一项国防应急工程，建设工作从未启动。在随后的 70 多年里，这项工程一直遭到南北美洲反对开发力量的阻挠。现在，迫切需要建设“这段缺失的连接线”。近期，加拿大北极铁路公司及其他一些公司已经展开了一些研究。这条走廊对于南北美洲通过白令海峡隧道直抵欧亚大陆至关重要。

4. 白令海峡连接线

2030 年俄罗斯铁路战略呼吁建设一条自贝加尔湖—阿穆尔主线至白令海峡沿岸楚科奇自治区的铁路，以及一条通往鄂霍次克海沿岸马加丹州的支线。该线首段是自（与主线相交的）西伯利亚大铁路至雅库茨克勒拿河对岸的北向线，为阿穆尔至雅库茨克主线的延长线，已先期建成通车（首批货物于 2014 年运出）。余下的自勒拿河至白令海峡约 3000 公里（1864 英里）的铁路，将跨越西伯利亚东部崎岖冰冻的山脉。也有一些俄罗斯人设想建设一条从雅库茨克直接沿勒拿河北上的第二走廊，最终在季克西港抵达北海航线。西伯利亚走廊至白令海峡隧道，加上与其相呼应的北美铁路线，将挖掘出远东地区巨大的开发潜力，并辐射至整个地球。

5. 跨西伯利亚走廊

1891—1916 年间修建的俄罗斯西伯利亚大铁路是第一条横穿欧亚大陆的铁路线，全长 9289 公里（5771.9 英里），起点和终点分别为莫斯科和符拉迪沃斯托克。西伯利亚大铁路在贝加尔湖南岸一路向东，然后沿远东地区的阿穆尔河（黑龙江）和乌苏里江与中俄边界平行。西伯利亚大铁路跨越大河大江处坐落着三座百万以上人口的大城市：即额尔齐斯河上的鄂木斯克，鄂毕河上的新西伯利亚以及叶尼塞河上的克拉斯诺亚尔斯克。西伯利亚大铁路是双轨全电气化铁路。多个关于跨欧亚大陆开发走廊的构想都是以在西伯利亚大铁路上增加一条高速铁路为核心的。

贝加尔湖—阿穆尔主线，或者“西伯利亚第二大铁路”，自中西伯利亚东部与西伯利亚大铁路分道，经贝加尔湖北端延伸至日本海。这条单轨铁路建于1974—1991年，但直到2004年，15公里（9.3英里）多长的北穆亚山隧道才建成通车，从而省去了一条54公里（33.6英里）长的陡险绕行线并使每年6百万吨货物得以从西伯利亚大铁路运往这条主线。从主线通往原料蓄积地区的支线有的已经建成，有的则还在计划中。

计划中的北西伯利亚货运铁路，将自乌拉尔山向东，在泰舍特和贝加尔湖之间与主线相接。主线、北西伯利亚线和计划中从西北部的乌拉尔山至白海的白海走廊，都源自1928年制订的俄罗斯北方大铁路计划。根据北方大铁路计划，俄罗斯将修建一条贯穿欧亚大陆的斜线状铁路，从最西北部科拉半岛上的摩尔曼斯克，到太平洋沿岸萨哈林岛对岸的鞑靼海峡，长达1万公里（6214英里）。

6. 丝绸之路经济带 *

2013 年 9 月 7 日，中国国家主席习近平在哈萨克斯坦的一次演讲中，倡议建设“丝绸之路经济带”，其设想是，利用古丝绸之路建设习主席所说的“从太平洋到波罗的海”的铁路、工农业活动、水利、电力和贸易基础设施走廊。2013 年 11 月，沿线 8 个国家 24 个城市的代表签署了丝绸之路经济带协议。丝绸之路经济带以中国的新疆维吾尔自治区为起点，分三个方向向西延伸：即通往中亚、直抵伊朗和土耳其的主要走廊；通往巴基斯坦阿拉伯海沿岸的南线；以及通过哈萨克斯坦直抵俄罗斯和北欧的北线。目前，丝绸之路经济带各段线的项目已经启动。2014 年 10 月 24 日，中国和俄罗斯国有铁路公司就北线的一条主要连接线进行了商讨，并就“莫斯科至北京高速铁路”的项目设计起草签订了谅解备忘录。丝绸之路经济带涉及 18 个亚洲和欧洲国家，影响人口达到 30 亿。

7. 南北国际运输走廊 *

南北国际运输走廊是一条多模式的运输与经济走廊，起点是印度，经海路到达伊朗的恰赫巴哈尔港，然后沿铁路线经中亚北上，或者沿（或按现有计划穿过）里海经阿塞拜疆进入俄罗斯，最后到达欧亚大陆北部。俄罗斯、伊朗和印度于 2000 年达成了协议，目前工作正在推进中。

比上述走廊更加靠东的另一条北南发展走廊是，分别从西伯利亚大铁路（未在图中显示）和丝绸之路经济带通过铁路进入巴基斯坦。这一发展走廊对于俄罗斯方面来说还只是个建议，而对于中国来说，已经是一项积极的政策。

8. 跨非洲铁路线 *

建设跨非洲铁路网是一项紧迫的影响遍及全球的任务。根据图示，这一铁路网由达喀尔至吉布提的东西向铁路和讨论已久的好望角至开罗的南北向铁路组成。中国总理李克强在 2014 年 5 月对非洲四国进行的访问中，描绘了跨非铁路网的实现图景，他提出了用高速铁路将所有非洲国家首都连接起来的目标，以促进泛非交通与发展。1980 年，林登·拉鲁什的聚变能源基金在《非洲的工业化》一书中，也提出了同样的视角，包括水利工程、核电厂和其他基础设施的建议。

9. 环澳大利亚铁路

一个纵横全洲的高速铁路网将把澳大利亚的主要城市和港口连接起来，从而打开澳大利亚内陆大片高密度的农业、矿业和居民集中区。目前，澳大利亚大陆南部有一条标准轨道的东西向跨洲铁路，以及一条纵贯中部地区的南北向铁路线。计划是建设一条穿越东部各州的墨尔本至达尔文的高速货运铁路，继续穿越北部地区后沿西海岸南下至珀思与现有的东西向铁路相连。这条铁路线和现有的南北向铁路线将升级改造为高速铁路。货物将在 24 小时内从墨尔本运抵达尔文，设想中的高速海运服务再用 1—4 天的时间，将货物从达尔文运往亚洲任何一个大型港口。

10. 海上丝绸之路 *

2013 年 10 月，中国国家主席习近平在访问印度尼西亚时呼吁建设自太平洋沿岸到东部非洲、地中海和大西洋东岸的“海上丝绸之路”。“海上丝绸之路”的宗旨是通过欧亚大陆南部的沿路贸易活动，促进相互发展。中国明代的郑和将军早在 15 世纪就曾以举世闻名的“七下西洋”，历史性地践行过这一宗旨，习主席再次重申了这一宗旨。建设“海上丝绸之路”的承诺现在已经化为实际行动，因为港口升级、运河修缮及相关工作已经启动或者正在制订计划。例如，为了全面参与“海上丝绸之路”，2014 年 9 月，斯里兰卡启动了“科伦坡港口城”建设工作。中国为该工程提供资金。

11. 北海航线 *

北海航线，或称北海通道，起自亚洲港口，经白令海峡，沿俄罗斯北极沿岸，最后到达俄罗斯最西北的港口，甚至更远。航线全长 5200 公里（3231 英里），比沿欧亚大陆南端至欧洲缩短 9 天航程。虽然海冰融化已经使过境更加便捷，俄罗斯还是投入巨资升级北海航线，包括增设新的航运系统、破冰船和救援站。中国支持扩大使用北海航线，芬兰和斯堪的纳维亚半岛的铁路和航运公司也支持这么做。从芬兰到俄罗斯北海航线上的阿尔汉格尔斯克港和摩尔曼斯克港的铁路已经建成。如果俄罗斯建设拟议中的自乌拉尔山到西北部港口的白海走廊以及（或者）巴伦支海走廊，这个方向的交通量将增加。在海上，潜在的航运路线可以向西延伸到爱尔兰（及其拟议中的香农超级港）和英伦诸岛，并且沿着所谓“北极桥路线”通往北美和著名的西北通道。在陆上，俄罗斯目前沿北海航线的经济开发主要集中在沿海及大陆架的石油和天然气项目；目前世界上最北端的铁路位于天然气储量丰富的亚马尔半岛。乐观人士期望建设一条与北海航线这一计划已久的近北极主线以及俄罗斯北极一线宜居城市相平行的铁路。

第二部分

衡量进步的标准

能流密度：全球经济进步的衡量标准

詹森·罗斯

2014 年 7 月

1948 至 1952 年这段时间内，林顿·拉鲁什（Lyndon Larouche）推动了经济学的大发展，实现了一个根本性的突破，这也让他成为我们这个时代最精准的预言家[①]。他对美国前财政部长亚历山大·汉密尔顿所说的“劳动生产力”有突破性的理解，使他能够对全球经济问题提出独到而富有成效的指导性见解。本章将阐述拉鲁什先生经济学里几个重要概念，其中包括最核心的概念——即衡量经济价值的一种手段，能流密度。

一、从根本概念谈起：物理化学应为经济制度的起源

不像我们所知的其他生命，人类能够发现并应用宇宙与社交集会知识，从根本上改变我们与自然以及与我们人类之间的关系。而这只有通过科学、艺术的创造性发现，通过那些能够促进和实现这些发现的社会组织形式，实现其改变。

能够让人综合观察这一进程的基本观点就是物理化学，从其最初讨论火的使用，到炼金术的出现，到准确的化学以及更为现代的电磁学和核科学的发展。有时，特定的发展时期又以一定的化学知识为其特征，如“石器时代”、“青铜器时代”（公元前 3200 年开始）以及铁器时代（始于公元前 1200 年的欧洲）。

只有人类有经济制度，因为只有人类逐代改变其存在方式。这些变化——新

① 拉鲁什先生撰写了很多著述讨论他的这一发现，其中就包括他 1984 年写的教科书《那么，你想全部学会经济学吗？》。

科学和文化原则的创造性发现，其源泉乃经济价值的核心，且为经济学严格意义上的起源。

寡头政治反对人类的这种自然发展。

二、与人类为敌：宙斯还是普罗米修斯

若不理解人类文化观上最重要的冲突——即宙斯与普罗米修斯之间的冲突，那么历史、科学、文化和经济学则不能理解为一门学科。这个故事经常被错误地认为是一个神话，就像希腊悲剧诗人埃斯库罗斯所呈现的那样；它其实讲述的是人类科学与经济制度的起源、以及寡头政治对其发展的阻挠。

本图为乌克兰－俄罗斯博物学家弗拉基米尔·沃尔纳德斯基，其在1943年所著《作为行星现象的科学思考》中写道，“火的发现是第一个例证，证明一种生物拥有一种自然力量，并成为其主人。诚如我们现在所知，这一发现毫无疑问地成为人类之后进步以及我们现在所具力量的基础。”

为了让生灵保持虚弱并置于其控制之下，奥林匹亚的主神宙斯禁止人类使用火，火只供自己使用；这样做也是对人性（humanity）的禁锢，禁止人类文明的

所有发展。普罗米修斯，人类的朋友，从宙斯的天堂那里取得了火种，并带给了人类。为此，普罗米修斯受到宙斯严厉惩罚，无尽的折磨；不过，普罗米修斯并不后悔其所作所为。火的使用，乃人类区别于动物的第一项技术。普罗米修斯这样描述还未掌握火与知识的人类状态：

首先，尽管他们有能视之目，却看不到什么；有聪灵之耳，却听不懂话语；他们整日毫无目的，乱七八糟，费力而作，犹如梦中之形。他们无垒砖造房知识，因而不得不忍受太阳的酷热；他们也无从林里工作知识；只能像穴居地下的蚂蚁那样，蛰居于不见天日的岩洞中。在我教授他们如何分辨日月星辰的升落之前，他们不知季节变化——冬之寒，春之花，夏之果，他们依赖这些事物，却不知如何利用。

当然啦，数字乃各学科最基础知识，我给他们创造了数字和字母组合，以及创造之母的缪斯艺术，藉此可记住所有的事物。我还首次将野畜加轭予以驯服，再加以缰绳鞍具，这样便可为人类驮负重担；再给拉马车的马儿套上轭具，让它们听从驾驭。

不愿做无知、迷信和宙斯任意妄为的奴隶，人类能够使用普罗米修斯的知识礼物指引自己的未来，通过发现的力量来增强征服自然的能力。

最伟大的学科——经济学，将我们人类提高生活水平、改变与自然以及人类之间关系这种独特的能力作为研究主题。那么，如何衡量经济进步呢？

三、能流密度：应用人类之火

先从普罗米修斯第一件礼物——火谈起吧，有了火之后，他才说人类“应学会很多技艺”。人类和类人猿的考古学上的区别在于第一个火坑的出现，这是用于控制火的力量，以改善那些能够使用火之人的生活。

自此以后，人类不再以其生物特征来界定，或者说以生物进化的形式存在，思想创造力的发展成为决定因素，而且生物因素相对思考能力的重要性在下降。

自那时起，经济增长的核心便可表述为对各种更高形式的“火”的控制。一开始，逐步增加各种化学之火的威力：从木头到木炭，从木炭到焦炭，然后到石油以及天然气。更高级别的能源不仅提高了火力密度，还开辟了控制和利用物质的新领域。炼金术、材料的发展以及物理化学都是与各种新形式的火相互作用而不断发展。

20 世纪初各种革命性的发现揭示了化学反应之外的巨大潜能：物质和能量的基本等价，体现在裂变、聚变以及物质—反物质反应等领域。这一系列体现了爱因斯坦物质和能量等价思想的相对性反应，每一种反应都建立在更高的能量密度之上，而且这些反应都比所有化学反应的数量级要大。尽管这种差异体现在原子核释放的能量与化学反应产生的能量之间巨大的数值差异上（武器系统以 TNT 当量，几千吨级火百万吨级表示），但这种量的差异是质差的体现，发生作用的领域更高。

对更高能流密度的控制，用林顿·拉鲁什的术语来说，就是增加经济能流密度，这里借用了应用技术的衡量术语——能量使用密度级，比如用于金属切割的一束激光所汇聚的能量与 18 世纪水车进行比对。能流密度的一般值可以用单位个人以及某个经济体单位区域所用的能量加以衡量。能量的增加与整个社会的质变有关——如新技术、新资源、更高的生活标准以及全新的经济制度（参见表 1）。

表 1　各种燃料的能量密度

燃料	能量密度（单位：焦耳 / 克）
木材燃烧	1.8×10^4
煤的燃烧（含沥青）	2.7×10^4
石油燃烧（柴油）	4.6×10^4
氢气、氧气燃烧	1.3×104（考虑整个物质的完全燃烧）
氢气、氧气燃烧	1.2×105　（只考虑氢气燃烧）
典型的原子能燃料	3.7×109
U-235 直接裂变释放能量	8.2×10^{10}
氘 - 氚聚合	3.2×10^{11}
反物质的湮灭	9.0×10^{13}

燃料能量密度。从木材燃烧到物质与反物质的反应，变化如此之巨，以致于只能用数量级来计算其进步变化，最大的单次跃迁是从化学反应到原子核作用。

首先来看一看生物能量使用情况，人体能量使用率大约为 100 瓦特（根据 2000 卡路里饮食的能量摄入）。在使用火之前，人类肌肉所做的工作可换算成每人 100 瓦特。将这一比率与各国历史不同发展时期的能量使用率进行比较。

比如，美国成立之时，那时以燃木取火的经济所提供的能量约为每人 2400—3000 瓦特。因此，这个经济体的每个成员使用的能量要比无火社会成员多 30 倍。很显然，这不仅意味着更多的能量，更代表着使用能量的质量能让人们创造新的物质状态和化学形态——这样的状态仅凭肌肉的力量是无法创造的[①]。

到了 20 世纪 20 年代，不断使用煤炭作为动力的美国社会人均能量使用为 5000 瓦特，这意味着经济体中的每个人能量使用为燃木取火社会的两倍。这就可以为动力机械、运输工具以及早期的发电提供支持，而电的产生又改变了人类生活，并促进现代化学的发展。

到了 20 世纪 70 年代，由于广泛使用石油、天然气以及原子能的有限使用，美国的人均能量使用已达到 10,000 瓦特，为 50 年前的两倍。

上述每一次过渡变迁，之前的燃料在作为能源使用上的地位都在下降，用于非燃烧用途，比如木材用于建筑，石油用于制造塑料以及其他石油化工产品；与此同时，资源的种类不断扩展。在当前电磁以及部分核能经济体中，稀土矿也成为了资源，月球上优良的核聚变燃料氦 -3 已被富有远见的机构盯上了，比如中国的太空计划；而且未来以核聚变为基础的经济体将能够处理很多现今无法开采的矿藏。

若考虑上述能量变迁，您就不会惊讶人均电力消耗和人均财富（以公认的、但存在瑕疵的 GDP 衡量）之间竟存在密切相关，参见图 1。

如果不是核能的发展中断，核聚变按既定目的实现的话，那么，要不了多长时间，美国的能量使用率在新世纪第一代便可达到每人 40,000 瓦特。这样的潜能多吓人啊，也让我们明白了，当今世界人均 2,400 瓦特的能量使用率（与 200 年前美国刚成立时相当）实在让人难以接受。

---

① 你能用棍子敲打肉来对其进行烹饪吗，或者用一个岩石砸的方式来烤面包吗？若不用木炭火，你用肌肉之力能从孔雀石中提炼出铜来吗？

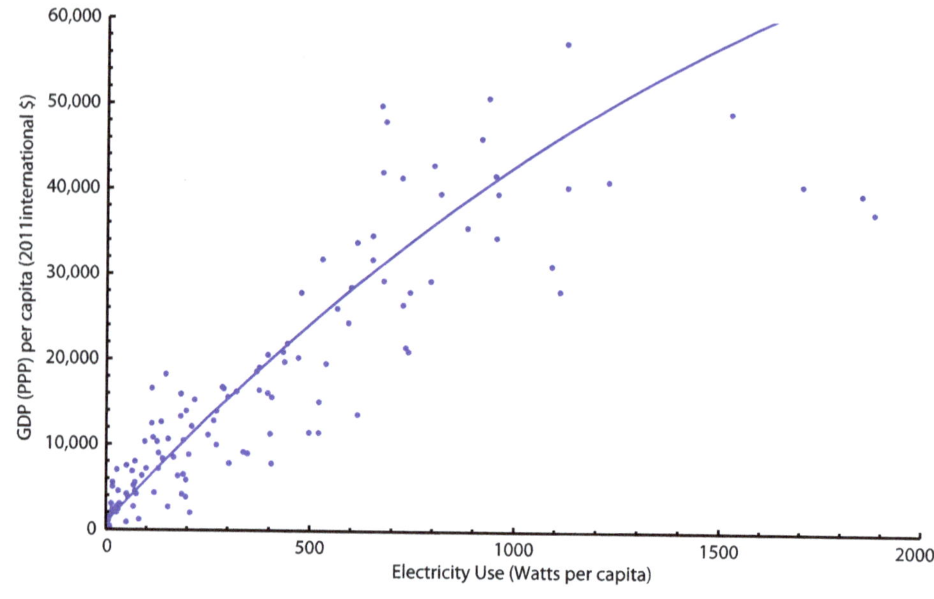

图 1　人均电量消耗与 GDP 对比

说明：人均电量消耗与 GDP 之间的相关关系非常显著。坚持主张发展中国家使用“适当的技术”就是主张他们永远贫穷下去。

所有具有两项指标的国家都包括在内（数量为 129）。图表区域进行了调整，排除了不在区域内的国家。趋势线为最优三次曲线。

除了能流密度外，拉鲁什先生提出的第二个经济衡量标准涉及能流密度不断增高的经济体人口状况。这一妙法可避免宏观经济学测量过程中所出现的各种大错误。

四、一种衡量全球经济的方式：潜在相对人口密度

大多数经济学家在确定一个国家经济体的总体生产力时往往采取将该经济体不同组成部分的货币价值进行累加的方式，这就产生了国内生产总值（GDP）这一衡量标准。这种方法可造成两个问题：

第一，以 GDP 为导向的经济活动也许会、也许不会促进该经济体达到更加发

达状态，而且有许多经济活动即使当前不是非法的、肯定也是有害的（如毒品、太阳电池板、妓女、堕落的娱乐方式、赌博、生物燃料和金融投机）。

第二，不仅要从经济本质上来看经济活动（GDP 也许就是最佳代表），还有必要从总体发展环境来看经济活动。我们的方法有没有涵盖我们能够达到的经济能力？它能够衡量进步本身吗？

拉鲁什先生没有采取一种自下而上的方法，而是研究出一种非常简单的概念，从整体上来理解一种经济活动——潜在相对人口密度。就人口密度而言，它是指每平方公里土地上的人口数量。这一方法必须考虑土地质量的相对性，以及人类对土地的改良。考虑到这一点，我们就来看一看相对人口密度的潜在水平：在某一特定区域的土地上一个社会或一个经济体能够支撑多少人的生存？什么决定这一价值？

潜在相对人口密度受限于某个特定文化所掌握的科学知识以及该文化实现这些科学发现的能力。物理化学上的每一次突破都改变了潜在相对人口密度，这是通过改善潜在劳动生产能力实现的，比如农业（包括灌溉）的改善；（几百年前的）风车；菲利普·布鲁内莱斯基、（库萨的）尼古拉斯[①]、约翰内斯·开普勒等人的著作奠定了现代科学；疾病的细菌理论；疫苗；蒸汽机和内燃机；贝塞麦炼钢法以及后来的碱性氧吹钢生产工艺。这些生产工艺都实现标准化、自动化，恕不一一例举。

各种发现以及实现这些发现的文化框架，共同决定了潜在相对人口密度。不是将现有的各种经济活动相加（包括大量不受欢迎的活动），潜在相对人口密度这一衡量方法标明了一个经济体能够支撑的潜在经济活动和人类生活。潜在相对人口密度的增长率是衡量经济价值增长的最佳方法。

五、我们必须要进步吗？发展没有限制

尽管聪明人不会否认技术是实现现代生活最好方面的必然条件，但一些人也许会认为没有必要继续推进技术进步了；我们已到达满足需求的水平；不断增加

① （库萨的）尼古拉斯（1401—1464）为德意志枢机主教、哲学家及科学家。——译注

的经济活动甚至会构成一种威胁，因为这样会更加迅速地用尽有限的原材料。1972 年出版的《发展限制》就提出了明确的担忧。

这本愚蠢的书在对世界经济进行模型设计时没有考虑科技上的进步（比如核聚变），因此得出这样的结论——几十年后，急剧恶化的污染、资源匮乏和食品短缺等因素会导致人口数量达到最大值，然后便迅速下降。这本书的作者们想利用该书讨论主题之外的原因来阻止经济的发展；实际上，他们证明了若没有科技进步，人类必然灭亡；但是他们又以此来论证要阻止科技进步！相反地，他们已证明这样进步的必要性——这一进步过程必须无限期地进行下去。

与此必要进程相反的是，目前很愚蠢的做法——利用水力压裂法来重新获得碳氢化合物。由于容易获得的碳氢化合物矿藏已经被、或者正在被开采完毕，因此必须花更大的力气去获得相同的资源。尽管单个水力压裂法矿井也许能带来投资回报，但作为政策其具有负面的经济值。我们从最宽泛的意义上来考虑一下机会成本吧：有可能建造更多核裂变电厂，并可投资必要的资源实现核聚变，从而呈现出全新的工艺和资源。但却相反地，我们正花费更多的努力去获得相同资源。

目前有大量的人还生活在贫困之中，他们无法从智力上参与庆祝和推动人类共同遗产的各种发现，从改善其生活条件的道义角度、以及从严格的物质立场来看，发展进步乃是必然选择。

必然需要越来越多的人口（并且是受过良好教育的人）来处理人类所面临的各种巨大挑战，比如防御偏离正道的各种小行星和彗星，长期处理不断变化的天气条件。在这一点上，人类必须承担起生物圈未济之事。

六、生物圈的教训：发展是必然

“绿色环保”思想认为人类大多数特定行为是“违反自然规律的”，就好像人类不是自然界的一部分那样。而且，绿色环保理论家所颂扬的那些所谓的“自然”美德——如传统、稳定性、永久性，停滞、平衡，都没有、至少没有从进化的时间框架对生物圈进行描述。恰恰相反的是，我们星球历史以及地球生物圈的历史就是一种进化发展史，反映了人类在很多方面惊人的经济发展历史。

比如，我们可将能流密度应用到生物圈。我们可使用单位躯体物质所接收的能量流（瓦特 / 千克）来测量动物和植物的新陈代谢率。比如，一只典型的爬行动物的新陈代谢率为 0.3 瓦特 / 千克，而哺乳动物的新陈代谢率为 4 瓦特 / 千克，它们存在数量级差异。如图 2 所示，历时发展而来的新的生物“技术”——比如植物以种子代替孢子，动物进化至温血动物——都相应地说明单位躯体物质获得更高的能量流。也就是说，经历进化，新发展的生命形式需要更多的能量流。

这样的发展过程并不顺利。如图 3 所示，整个进化时间出现两栖动物、爬行动物、鸟和哺乳动物相对主导时期（以生命形式的多样性衡量）[①]，由两栖动物相对主导的时期向爬行动物明显过渡，最后向鸟类和哺乳动物过渡。不仅生命发展形式本身存在内部多样性（哺乳动物的生物多样性比之前的爬行动物更多），而且这样的变化并不是缓慢进行的，而是像石器时代、青铜器和铁器时代那样存在生命时代的变迁。

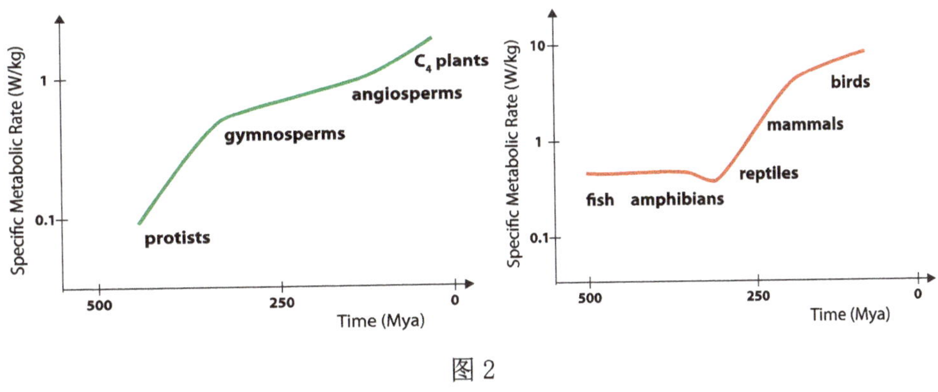

图 2

光合作用系统和动物的能量流（每克躯体物质）随着时间的推移而在提高。如果根据各特定生物过渡阶段来看这种提高，例如植物进化有了种子、动物从水和周围温度中独立出来，那么这种过渡就不应理解为一般的提高，而是生命进化特定改良驱动使然。

① 使用这种方法，就不用费力地根据相对稀少的化石遗迹来估计不同物种躯体的总质量。

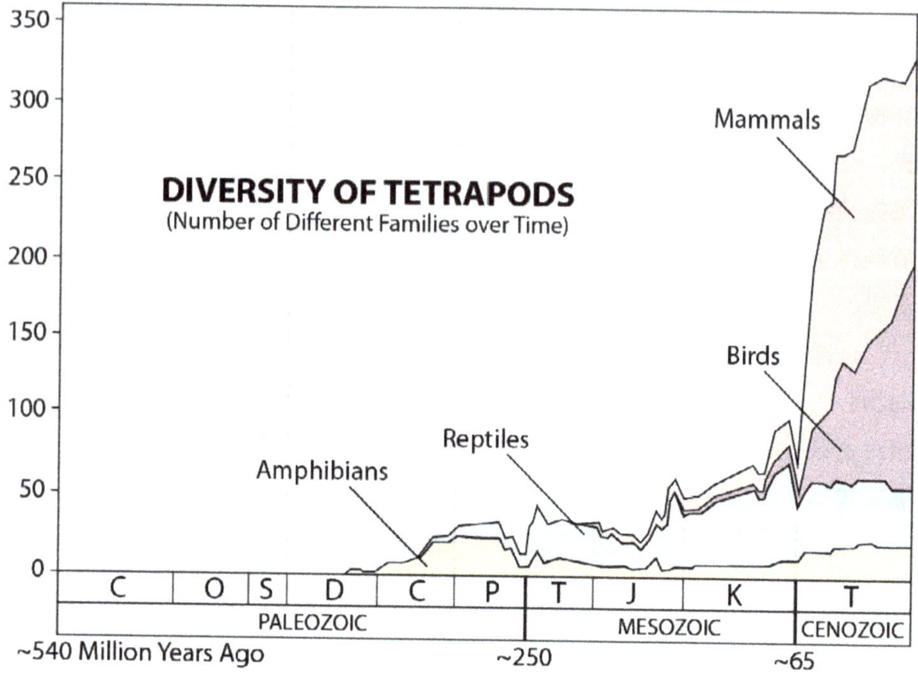

图 3

通过比较各类动物在不同地质时间的相对数量，揭示脊椎动物主导形式的先后顺序。

这些进化史上变化的例子粗略地[①]反映了人类经济的两大方面：1）随着时间推移，能流密度（以及多样性）在增加；2）这样的增加并非平稳地进行，而是在引入新的生物“技术”之后陡升。这与人类经济发展存在显著的类似——人均能量使用的长期增长都是由新技术驱动的，而新技术又快速地改变了那个比率。

没有什么能比应用技术中的革命性变化更“自然”的了，因为作为物种的一类——人类的活动方式涵盖了整个生物圈。整个自然都在变化——所有的地貌、气候、森林以及所有生命。这个星球就是我们的花园，开发它是为了人类美好的未来。

① 要详细了解本章的一些概念，请参见 Benjamin Deniston 的文章“生物圈能流密度”，发表于《二十一世纪科学与技术》（2013 年春季版）。

七、结语

林顿·拉鲁什在经济学上的突破让他（以及那些研究其著作的人）能够更加深邃地洞察经济发展进程及其历史。那些不希望自己成为历史参与者、有责任让人类继续发展前进的人，也许就不愿采用这种方法；但是热衷改善人类生存的人则会从这位智者的立场和经验中获益，从而走近经济学。正是采取了他的观点，才汇编了本报告。

（经济）发展走廊原则

2014 年 9 月

人类文明史告诉我们，经济发展与现代化主要沿着那些自然的或人为的走廊展开，一些走廊可以追溯到几千年前的贸易路线，其他走廊则是由河流或海岸线形成的。近代以来，人工修建的运河、公路和铁路给这样的走廊提供了基础，其周边出现了城市、工业和人口集中。这是一个惊人的事实，截至 20 世纪 90 年代中期，整个欧亚人口的 25%、城市人口的 70% 都集中在三条主要交通走廊上，每条走廊宽约 100 公里，连接欧洲和中国。世界的其他地方，类似的现象也很明显。

铁路可创造潜在的新发展走廊，尤其在各大洲的内陆地区，其作用非常显著，美国在 1869 年修建完成的、横贯大陆的铁路就充分说明了这一点。随后，俄罗斯修建了贯通西伯利亚的铁路。与此同时，西欧修建了密集的铁路网。西欧成为世界科技进步的中心，铁路贡献至关重要。

铁路走廊与“常识”并不相悖，即把人或物品“从这里拉到其他地方”。实际上，世界上许多地方都是这样，大公司为获得出口财富，修建连接矿井和港口的铁路，常常拒绝使用那些用于发展当地民众的财富。在工业化国家，修建铁路把人拉到娱乐场所或旅游胜地，其理相同。相反地，走廊应理解为工业、农业和科学能力以及人口的集中地。

与目前甚嚣尘上的“人口过剩”宣传相反的是，世界上许多地方还缺乏足够的人口和人口密度，这限制了发展，让人们处于贫困之中。这一点在亚洲的大部分地区非常明显，同时，在非洲、澳洲、美洲、甚至欧洲都存在这样的问题。现实情况是，需要适当集中具有一定技能和劳动分工的人，才能提供基础，从而提高生活标准和劳动生产力。若没有一定程度的集中，发展基本的经济基础设施就变得“很昂贵”，比如交通、能源生产和分配、供水、通讯、教育和卫生保健系统，需要这些设施来推进生产能力。

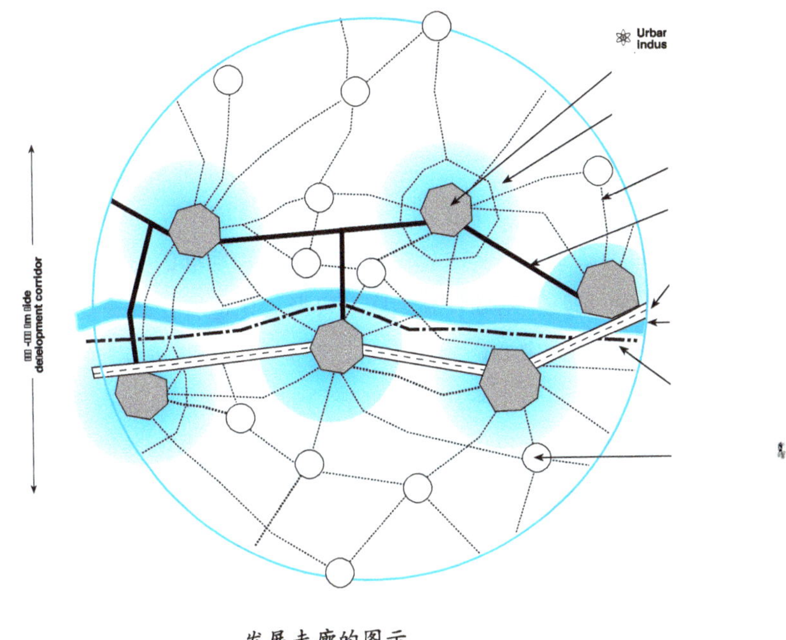

发展走廊的图示

比如，如果我们把散居在乡村和聚居在城市内的人进行比较——单位人口（比如 100 万）获得某种现代基础服务的人均费用或家庭费用，那么人口聚居（即城市人口）的优势非常明显。

在经济学教科书《那么，你想全部学会经济学吗？》中，林顿·拉鲁什提出了科学的经济学概念，可为上述简单的例子提供衡量方法——潜在相对人口密度。

这种方法让我们摆脱完全靠“点人数”进行研究的做法，为衡量经济和劳动生产力提供了一个科学基础。

拉鲁什分多层阐述了这个概念。第一，某个区域的实际人口密度。但不是所有地理区域都是等同的，它们具有不同等级的宜居条件，如土地的自然条件（比如是沙漠还是森林地带），居住的人如何处理土地的（改良了还是用竭了地力），能够应用的技术类型。这三点考虑决定了每平方公里的相对值。

第二，现行科技水平能够支持养活的人口数量与目前人口规模之间存在差异。

拉鲁什将注意力转向了潜在数字，结合前面的考量，提出了潜在相对人口密度。

不过，拉鲁什强调的不止是这一点。要测量的数量不仅仅是目前的潜在相对人口密度，还有潜在相对人口密度的增长率。

一个衡量实际劳动生产力的相关方法便是能量资源的能流密度（前一章已做讨论）。

立足这一科学观点，根据目前掌握的以及将来能够掌握的技术水平，地球能够支持几百亿人口过着高水平的生活，不会人口过剩，也不会发生环保主义者所断言的那些恐怖之事，实际上还可以增加和改善地球的美景与功用。

为概念化起见，“基础设施走廊”可形象化地看作是一条不间断的狭长地带，以一条主要铁路线为中心，大约 100 公里宽。与铁路线并行的是高压电线、石油管道和天然气管道，供水系统（包括新挖掘的灌溉运河和导水渠），光纤通讯线路等设施。这样就可以给走廊内工业、采矿业、农业以及城市建设活动提供最基本的条件。由主干线可分许多岔线，供应周边地区。

随着走廊内新城市中心的发展壮大，最终会产生“珍珠项链”效应——在城市的四周环绕着集约耕作区、园艺区、林业区和休闲娱乐区，并散布着许多更小的村镇。

这样走廊发展方式的经济优势在于它极大地提高了这些基础设施线路的效益和经济影响力。

沿铁路线的一种集人口中心、工农业活动密集结构，事实上能产生经济“倍增器”效应，因为这样可提高利用水平，从而降低单位用量的成本。采取这种发展方式，两点之间的铁路实际上起着一条巨大“生产线”的作用，许多货物由一点运到另一点时也增加了价值。

实际上，基础设施走廊由于人口、发展和能源密度而产生一种“积极反馈”。首先，将运输、能源、水、通讯和其他基础设施沿着一条既定路线“绑定”，能够给沿线的集约耕作、工业和人口中心提供发展的理想条件。第二，整个沿线经济活动的规模壮大、密度增强又极大地提高了基础设施改善而产生的效率、生产力和积极的经济净效益，以及生产性投资效益。这与投资活动的绿洲或孤岛效应形成鲜明的对比。

给“全球陆桥 2064”提供资金

保罗·盖拉佛尔　迈克尔·克什

2014 年 9 月

一、保留独立的商业银行系统：格拉斯—斯蒂格尔原则

在各国间发行大量贷款用于大规模现代基础设施新平台建设，首先需要的是“格拉斯—斯蒂格”所说的银行独立以及相关国家做出的规定。若跨大西洋各国不能快速地制定相关法律条文，各大银行将面临再一次的破产。而且，从历史角度来看，这种国家规模或全球规模的生产力“驱动器”项目总是需要国家贷款提供资金。比如，如果这样的贷款直接给那些（私人或国有）银行，它们会把钱投入有价证券市场和海外利润中心，或者将大部分资产投到高风险的有价证券及相关衍生活动中，这就是贷款的流向。但是，如果国家特许商业银行受到保护、管控，而且不进行有价证券市场的投机，那么这些银行就会通过有力的私人贷款方式参与基础设施驱动项目。

格拉斯—斯蒂格原则——即严格的商业银行业务，将存款用于工业、商业、家庭以及个人贷款和租借，并受国家银行系统的支持和管控——在历史上是美国人做出的一个发展。美国第一任财政部长亚历山大·汉密尔顿在其《国家银行报告》里详细说明了美国新政府要鼓励成立的各种公共的和私有银行。

汉密尔顿把银行界定为将临时闲置的存款借贷给企业进行投资、并为美国国家大目标服务的中介机构。尽管英格兰银行组建时基本上是直接借钱给英国政府，而汉密尔顿的美国银行则鼓励借钱给新生的制造业以及经济基础设施建设。尽管欧洲商业银行主要进行有价证券的投机，而汉密尔顿却将美国银行界定为给农场

经营者、加工制造企业和家庭提供借贷服务，即商业银行业务。

长久以来，美国私有商业银行在联邦政府很好的管控下实现了这一功能。“格拉斯—斯蒂格法案”的原则在具有里程碑的 1971 年判决中获得美国最高法院的批准，判决认为国会固有的事务之一就是防止商业银行偏离这一职能、被引诱进行高额利润许诺、但会危及银行的有价证券投机。美国商业银行部门在过去增加扩展到成千上万家地区和社区银行，在 20 年前都没有出现全球金融巨鳄。

美国第一任财政部长亚历山大·汉密尔顿确立了美国银行业系统标准，旨在提高劳动生产力的银行业务。

格拉斯—斯蒂格法案于 1933 年 6 月 16 日制定颁布，那是美国经历了一段混乱时期——全国各大银行都大量使用客户存款进行有价证券投机（包括银行自身的有价证券），而且许多银行还把存款基础投到期货市场进行投机，比如臭名昭著的英苏尔（Insul）电力事业期货和摩根铁路期货诈骗。到了 1933 年，美国银行有三分之一倒闭，政府拯救了另外的三分之一，之后便引入了存款保险，并严格将存款机构的商业银行业务与其他掮客经纪人和有价证券投资活动及公司（即非银行）分开。格拉斯—斯蒂格法案的目的和原则为：进入有价证券市场及其衍生活动的投资不受政府补贴，其遭受损失时政府也不公开帮扶或许诺帮扶；那些受到保护、经过保险、且允许政府流动资金借款的商业银行，不许进行有价证券投机。

格拉斯—斯蒂格法案的规定基本上由四个部分组成：第一，要求商业银行、投资银行或掮客经纪人/基金以及类似实体、和保险公司（能够经营保险业或进行保险销售）要完全分离开，而且不能共有董事长、所有权和管理部门。任何存在这种相互关联的商业银行或银行控股公司必须在一定期限内（一般为一年）完全分开。第二，将有价证券及其衍生活动的范围界定为“非银行业务固有和密切附带的事务”，因此，不许商业银行为之。第三，联邦存款保险只给商业银行及其存户提供帮助。第四，禁止在控股公司内把除 AAA 级之外的有价证券转到经联邦保险的商业银行单位的账户上；或者相反，让低质的有价证券接受政府基金的资助。

法案通过 60 多年了，美国商业银行系统在格拉斯—斯蒂格法案的组织下，没有发生因一家美国银行倒闭而触发其他银行倒闭或者紧急援助。

在 1994 至 1999 年期间，格拉斯-斯蒂格法案被逐步废止，这对美国银行业产生极大的影响。1999 年，仅一项大型对冲基金（长期的资金管理）的破产，几乎让银行系统破产，因为当时有 55 家银行对其倾注了杠杆贷款。最大的那些银行已变得极为复杂，令人无法想象——由 1—300 家子公司增加到 2,500-4,000 家子公司，购买和建立大量的有价证券和掮客经纪工具。其衍生市场也从储蓄巨头那里呈几何级暴增，根据国际结算银行的统计，这些银行的概念值由 1997 年的 70 万亿美元暴增至 2007 年的 700 万亿美元。各大银行相互关系错综复杂，尤其通过相互衍生产品风险，而他们的杠杆比率却允许从 16:1 提升到 30-35:1。贷/租资产降至总资产的一半，而银行则在很短时间内变得更加庞大。在 2007—2008 年倒闭的银行，政府机构只能通过援权（信用扩张）给金融部门才救了他们，根据时任美国联邦存款保险公司主席透露，援权数额曾一度达到 14 万亿美元。获得救助后，这些大银行的贷款下降，整个银行系统的贷—储比率跌至历史最低 70%，而且这一比率至今仍在低点，为 70 多点。大银行的衍生产品风险平均为 30%，高于 2007 年的水平。整个银行贷款额度仍低于六年前。在欧盟，银行的贷款额也在下降。

当前的情形可用美国联邦存款保险公司副主席托马斯·宏尼格（Thomas Hoenig）的话进行描述，他主张根据格拉斯—斯蒂格法案原则将银行进行分离，2014 年 5 月 6 日，他在波斯顿经济学俱乐部演讲中这样说道："与 2008 年相比，当前那些最大的那些金融公司大多数都变得更为庞大、更为复杂、相互联系更为密切。八家最大银行公司的资产相当（美国）GDP 的 65%。2013 年末，美国三家最大银行公司衍生公司的平均概念值（每一家都）已超过 60 万亿美元，较本次危机开始时增加了 30%。

"大型银行公司还在不断地增加其复杂度。他们使用安全网补贴来支撑全球扩张。他们还进一步将商业活动、投资银行业务和掮客经纪人活动结合起来。在大规模资金市场没有根本性改变，对银行类货币市场基金的依赖没有变化，而且仍然使用购回协议——这些都是金融压力时期主要的挥发源。

"尽管这些大公司强调他们已增加资本，巩固他们的资产负债表，但他们仍然存在过高的杠杆比率，平均值几乎达到 22:1。金融行业的其他公司的杠杆比率则保持 12:1。因此，那些规模最大的、系统重要性最大金融公司的误差幅度几乎是其他系统重要性小的商业银行和金融公司的一半。"

伦敦和欧盟的各大银行的情况要比宏尼格所描述的美国银行更糟糕。尽管（而且正是由于）央行不停地零利率货币印刷，大西洋两岸的银行系统正走向大破产。

顶着华尔街以及奥巴马白宫的激烈反对，恢复格拉斯—斯蒂格法案的立法工作已在美国国会的两院获得两党议员的支持：参议院第 S—1282 议案（主要倡议人有参议员伊丽莎白·沃伦、约翰·麦凯恩、安格斯·金、玛丽娅·坎特维尔以及其他六名议员，以及众议院第 HR—129 议案（主要倡议人为众议员约翰·蒂耶尼、史蒂文·林奇、沃尔特·琼斯、以及其他 10 名众议员）。

各种"格拉斯—斯蒂格的替代方案"——管理者尝试将银行进行"围栏"式分割方案，都有相同的致命缺陷，且不会形成健康的商业银行业务。在所有"替代方案"中，这其中也包括经常被调用但却极为不可行的"银行保释"方案，大银行控股公司（或者任何决心要这些破产公司的机构）仍然负责其子公司的股本。股本要么从商业银行分支机构获得，但这违反了围栏方案；要么在危机时从大众纳税人获得救助；或者按照“保释”方案，利用上述两者方式获得股本。“围栏”方案为下策，其允许控股公司高级管理部门继续使用存款基础去进行有价证券及其衍生产品的投机。“保释”方案只是想剥夺债权人的资产、储户的钱，而且会造成混乱，实际上会引发银行挤兑，这意味着致命的经济紧缩方案。

只有格拉斯—斯蒂格法案对商业银行的分离和管控能够给储蓄机构做出规定：其目的是参与国家银行贷款发放，受到联邦政府授权和管控，并严禁从事有价证券及其衍生市场活动。

如果美国银行系统恢复格拉斯—斯蒂格原则，华尔街银行控股公司将不得不把无数的投资银行、掮客经纪人和证券投资工具分离开来，其中大多数公司可能面临破产，因为他们深陷各种投机之中，而这些投机又需要那些受联邦政府保险的商业银行、以及美联储货币印刷的贷款支持，以维持他们高风险投资模式。商业银行本身将把贷款借给商业、工业、家庭和地方政府，从而获取收益。

这些公司的破产不会给实体经济带来任何损失；但这可以暴露经济中实物信贷到底有多少。一个国家的信贷源，要求能够驱动对基础设施“伟大项目”的大力投资，促进经济生产力。但是，根据格拉斯—斯蒂格原则进行分离、并受到保护的商业银行系统将使商业银行积极参与国家贷款需求，包括将贷款打折卖给参与重大国家及国际项目的公司和机构。

二、给生产力项目提供国家贷款：1652—1945 年美国贷款系统的几个案列

美国的国家贷款制度，在 19 世纪也称作“美国制度”，在建国的每个历史阶段都促进了基础设施和工业发展，却在二战之后基本上被抛弃了。在亚伯拉罕·林肯政府采取发行“绿色美钞”国家贷款后，从 1865 年到 1890 年这段时期，美国成长为世界领先的工业国；国家贷款投入铁路、钢铁、煤炭和农业基础设施；对国家工业进行关税保护。这是汉密尔顿三大基本原则，也称“美国制度”。

《行政情报评论》历史学家昂顿·柴特金（Anton Chaitkin）（“莱布尼茨、高斯塑造美国科学成功”，《行政情报评论》1996 年 2 月 9 日刊）指出，美国历史上每一次工业大发展和科技革命实际上都直接与美国政府执行这些原则有着直接的关系。时任参议员和国务卿詹姆斯·G·布莱恩在 125 年前所著的两卷美国 19 世纪历史，也得出完全相同的结论。

美国在 1789—1796 年建立一个完全自主独立的民族国家，与此同时也建立了信贷制度。乔治·华盛顿任总统期间的美国财政部长亚历山大·汉密尔顿创立了一种制度，密切协调公众存款与政府意图的关系，跟踪这些存款的用途去向。政府投入越多精力监管信贷产生过程，并恰当行使金融、贸易管理和税收这些辅助性权力，那么信贷的确定性就越高，相关方能够将其用作货币和支付方式的信用就越高。

1. 小约翰·温思罗普的计划，1663—1668 年

为了对抗英国皇家总督，马萨诸塞海湾殖民地在 17 世纪就自创了第一款货币，足够用于支付和贸易。“缺少交易媒介”常常是马萨诸塞湾和其他早期殖民地经济积累的制约因素，因为无法进行必要的交易。从 1663 年小约翰·温思罗普到 1729 年本杰明·富兰克林以及后来的许多作者都写到货币问题。足够的货币可增加制造业者、贸易、移民和国外利润；可降低利息，并可促进全面的改善。货币的缺乏，增加了债务，提高了价格和利息，而财产却贬值，贸易紧缩。1652 年，马萨诸塞湾殖民地铸造了自己的钱币“松树先令”，为他们之间的贸易提供足够的货币。此举在 1660—1680 年间多次遭到英国国王的批评。

在同一时期，温思罗普家族及其他人设计了很多替代金银的支付方式，但都基于信用之上。1663 年，小约翰·温思罗普制定了一个方案，标题为“有关无货币贸易和银行业务方式的一些建议”，并将它寄送给英国皇家学会。温思罗普写道，他的方案将会“极大地推动商业和其他重大公共事务，为穷人和富人带来利益”，将会达到世界其他“现款银行”所能达到的一切之目标。他写道，尽管这会涉及到土地，但不会使土地荒芜。

2.1686 年的信用银行

汲取这些早期的著作和做法，1686 年威特·温思罗普、亚当·温思罗普以及其他波斯顿领导人批准了一个更为先进的“信用银行”方案。该银行方案的细节由约翰·布莱克威尔于一年后撰写出来。

由几个“声望好的人签名、并以土地或货物抵押为基础的“银行信用票据”，被人们及商行自动当作“现款”而接受。这些票据“至少具有任何国家现行货币的各种优势”。银行内没有黄金、白银储备。

那些有真实财富和资产的人现在不用将其变成现钱，可以将其转化成一种信用。毛纺业者可以把他们的作坊抵押获得信用票据，然后用它增加羊毛供应；商人可以将其土地抵押，获得票据从制造商那里购买更多的器皿和商品；商店主可以将其商店进行抵押，获得票据，从商人那购买商品；开矿的矿主可以将其矿井抵押获得信用票据，换取资金，购买更多的资产、雇佣劳动力去开矿。矿主可用所开采的铁矿来付票据的利息，而其他零售商则可以商品的价值来付利息。阐述这一方案的 1687 年文献，做出这样的总结：

“通过银行，这个国家的贸易和财富（就会）在自己的基础上建立起来，立足于其内部的一种媒介或平衡——即该国的土地和产品；不再依赖从外国进口金、银、稀有的或大量的某种东西，而这些东西都会受到外国随意地控制、禁止或者增量。

本图所示的“松树先令”由马萨诸塞湾殖民地铸造，以促进实体经济的发展。

因此，我们本国的商品将得到增加，至少足够我们自己使用，这样便可以给许多聪明勤劳、但目前却难以为计的人带来一种安逸的生活；这又进而吸引更多的居民和种植园主来到这里。这样就不会再让任何人通过敲诈和压迫的方式使本国人成为贫穷的奴隶。”

由于受到英国国王代表埃德蒙·安德罗斯的影响，以及奥兰治王室的威廉接管了英格兰，1686 年的信用银行没有完全建立。

3. 科顿·马瑟笔下的 1690—1720 年

1690 年，马萨诸塞地区发行“信用钞”，作为支付士兵和给养的方式。科顿·马瑟在一家报纸上撰写了一篇题为“对新英格兰目前流通的信用钞的几点思考”。他写道，尽管殖民地没有银元，但却有信用（钞），如果殖民地居民接受便可让他们随意购买到所需商品。纸币的安全保证“不亚于整个国家的信用”。国家通过其工业生产获得良好的信用，而其居民则是“公共契约的安全保证”。

后来所收的税赋也可用殖民地发行的信用钞支付，这种循环对发行健全货币至关重要。“这些信用钞所承载的信用在人们进行交易时从一个人的手中流通到另一个人的手中，直至公共税赋又将它收回。”然后，政府可以把它再投入市场，重新流通起来。

尽管这些信用钞一开始发行时只供紧急使用，比如1690年殖民地的军事战役，但后来也用于一般经济用途——这类似于林肯政府及国会在1861—1865年间发行的“绿钞”。

1716年，一位不知名的作者，或许与科顿·马瑟有关联，就曾在“有关各种银行的几点思考”中建议一种“绿钞”政策。作者建议政府应“大量发行”，用于“有益的、有利大众的”事情，特别是基础设施和工业使用。发行的数额不仅可以弥补现金的不足，还“可以为国家提高生产奠定一个可靠而稳定的基础，这是所有国家的利益和智慧所在”。

本图为马萨诸塞州索格斯铁件制造厂铸造车间的重建，在17世纪60年代，该厂没用几年的时间，铁件的产量就超过了英国铁件生产商。

政府可用信用支付商会，让其“进行公共建设工程的建设，促进各个行业的发展”。他们建议“将大额的债券毫无利息地长期”贷给修桥和开挖运河之用，以提高船行速度。作者写道，政府提供几百笔钱建立一个炼铁厂，就会为国家一年节省几千笔钱。政府要采取措施增加殖民地的权力。与前文所述一样，这些钞票之后可用于支付政府的税赋。

就像 17 世纪 80 年代一样，这个银行方案以及 1720 年和 1740 年建议的、类似的银行都遭到英国皇家的反对和阻止。在 1710—1740 年间，罗德兰岛政府成功“发行与其经济增长比例相应的信用钞，供应给商人作为交易媒介使用”，从而使其航海业领先于其他殖民地[①]。政府试图发行货币的努力，有些是成功的，有些则失败了，这取决于他们的管控情况如何、用于何种目的。

英国皇家曾在 1741 年、1751 年和 1764 年多次试图取缔所有殖民地信用钞的使用。作为回应，本杰明·富兰克林在 1764 年告诉英国议会，“殖民地立法机构（必须）根据需要发行任何数量的纸币，根据抵押品、税收所能承担的资金差额以及能够满足当前开销的各种贷款利息进行借贷，用于税收缴纳、商业、贸易和农业生产。”

4.1781 年国家银行

亚历山大·汉密尔顿对大陆会议的财政家罗伯特·莫里斯致辞时，这样说道，“这是将秩序引入我们的财政，通过恢复公众信用，而不是通过赢得战争来最终实现我们的目标。”

汉密尔顿提出假设，殖民地经济危机的解决方法在于，通过联合认捐的方式成立一家国家银行，将个人在商业、贸易及工业方面的影响力和利益与政府资源和信用统一起来。结果就有了 1781 年注册成立的“北美银行”。人们不顾贬值，选择北美银行发行的大陆币以及它所体现的国家团结在独立战争期间（直至 1783 年）挽救了美国的财政、维护了国会的信用。

汉密尔顿论证了国有银行业成功的一项重要原则，即如果不把实体经济的资源和发展与信用货币的发行和流通统一起来，那么信用货币就没有实际价值，就无法持久流通。但是，各个州缺乏统一，国会权力不足，难以给北美银行提供适当的资金用于建立一个国家经济体或者支撑联邦信用。由于没有权力对商贸进行

① 引自《罗德兰岛殖民地档案》“普罗维登斯市卷，1860 年”，第 12 页。

管控、征收联邦税赋、管控货币以及协调债务的偿付，就无法获得可靠的资金去建立信用、提高全国生产力，或者给国家银行提供资金。

尽管北美银行由于特定原因不是非常成功，但它证明了一个重要原则。之前一个世纪，由于缺乏权力、无法从英国皇家那里获得独立，导致 1686、1720 和 1740 年的失败，现在有可能成功了：有了一个根据国家生产能力为基础的充足的支付系统，不再受人为的限制。

汉密尔顿成功地建立了美国银行，它将巨大的独立战争债务转化成国家繁荣的信用基础。本图为位于费城的第一个美国银行。

5. 政府债券制度

1789 年，要以战争期间所借的黄金和白银来看，新生共和国是个破产者，在现存制度下无法解决其账目问题。利用国会根据新《宪法》所获得的权力，汉密尔顿就执行了他已制定了十年之久的政府债券制度。

作为第一步，他把外国的、国家的和各州的债务以及债务利息转化成一种手段，通过联邦税收的形式将国家的各种资源都统一到一个目标上。外国债务就会再获资金——结构重新调整，而州债务可看作是国家债务而与其相统一，作为国家银行的新债务而重新发行并进行结构重调。然而，在同一《国会法案》中，根据汉密尔顿的“美国政府债券制度的重要原则”，对于这些新转化的债务，消化的手段就是在立法上写明，授予国会在经济发展上的有关权力。

汉密尔顿关于政府债券的各种建议分别于1790年8月4日、9日和12日在国会通过，以三项《国会法案》的形式变成了法律。申请全额国债和州债的新贷款，可凭旧债券书认购。认购者收到美国新（政府）债券书，附有利息的支付，并确保认购者永久的所有权，这都写进“8月4日法案”，授权发售新贷款，明确国家的担当。这些资金——即汉密尔顿的贷款“消化手段”，来自于之后不久通过立法设定的保护性新关税和消费税。留出美国邮局的收入作为特殊资金，以防有人投机政府债券，从而增加其面值。

通过确保政府债券的价值，使之转化成一种真正的商业媒介，为贸易提供一种巨大资金，并为新信用货币的发行奠定了基础，从而给商贸活动带来了生机和活力。固定债务现在成了政府新权力的一种体现，截至1790年底，其价值由一千五百万美元飙升到四千五百万美元。汉密尔顿的举措有效地给国家经济带来了三千万美元的资金来源。

其价值还会随着国家经济力量的发展壮大而继续提高，同样地，以固定债务的形式创造新的资金来源又成就了经济的增长。

6. 美国公共信用银行

巩固信用制度的举措是成立美国银行，根据汉密尔顿后来的建议由国会批准，于1791年建立。

尽管本身不作为货币进行流通，汉密尔顿通过固定债务创造的资金为国家货币奠定了基础。它现在可以给国家银行提供巨大的（临时）资金，足够整个经济的信用需求。那些收到新政府债券书的人可用它来认购股本。每一股的购买形式为一部分硬币、三部分政府债券。政府又发行两百万美元的债券，将银行的资金提高了五分之一，这就形成了足够大的流通量。银行能够发行与其资金相当的纸币——一千万美元，资金的大部分来自美国政府债券。

银行当时的主要经济功能就是提供交易媒介，信用能在商业、制造业、农业和工业之间转移，而且还可直接借贷，用于包括经济基础建设在内的各种用途。

银行增加了政府债券的价值。使用政府债券认购银行资金的行为就增加了债券的价值，而银行为政府提供的担保和便利则又进一步提升其价值。

汉密尔顿的银行与英国银行正好相反，因为英国银行的主要目的就是禁止买卖政府债券；此外，英国银行的商业作用是次要的，而商业借贷则是美国银行的主要职能。它的其他功能和益处还包括：用作政府税收的存放处，在拨款使用前它始终可以提供额外的信用之源；提供一种统一可靠的税赋收取媒介，又可以代替钱借贷给纳税人——进口商的情况即是如此，从而提高了它的可靠性；而且还可降低一种货币在各州之间的价值波动。1795 年，汉密尔顿在其最终版的“公共信用报告”中这样总结这一制度的作用：

本图为修建伊利湖运河工作场景，运河是美国第二家银行运行期间开工修建的。

公共信用……是实体企业和国内改良的主要动力。作为资金的替代品，其在农业、商业、制造业和机械工艺等方面的作用不亚于真金白银……某个人希望拿块地进行耕作，他以信用的方式购买了一块地，然后及时地通过劳动、用土地的产物支付购地款。另一个人做买卖，由于人品不错，信用好，他寻求并最终找到如何成为一个富商的途径。还有一个人，有手艺，但无资金，一开始是一名制造工或机械师；通过信用（贷款）他能购买相应的工具、材料、甚至所需的生活用品，直到他所从事的行业能给他提供资金；然后，他又通过已有的、以及不断提升的信用获得拓展事业的手段。

美国银行信用制度将私人存款用于恰当之处，吸引投资者为公共利益而投资。银行的资金有五分之四由私人认购，他们是美国公债结构调整后的持有者，而且资金也是由私人控制；不过，它的私有性质是保持其健康的一种手段，为其第二特性。根据其用途和功能，它的主要受益人为整个国家。汉密尔顿在其《国家银行报告》中谈到1781年北美银行组成时作出如下明确阐述：

大众的利益和经济帮助……更要屈从于股东的利益。诚然，若不考虑到后一点，就不会有银行的成立……但这并不等于说，只考虑这一点，或者说这是最重要的。公用事业，而不是私人利润，才是大众银行的（首要）目标。而且，根据这样的原则组建银行，乃政府要务；尽管后者（私人利润）会充分地激发人们积极参与，但前一点[①]不应屈从于后者。

银行发行、作为货币使用的钞票，被制作成一种法律支付手段，“在美国的所有支付活动中都可接受”；并且还可根据需要赎换成硬币，“会根据需要付以金币或银币”。由于该制度在设计时就刻意避免这种赎兑的必然性，一种流通货币的发行量就要与该国的流动资本相当，即制造业、农业和商业所使用的资金。在货物交易时就不必再使用硬币资金了。

汉密尔顿在国家—州职能经济框架内重新界定了债务的意义。国债并不是要靠攒税收加以解决的货币负担，也不是导致资金不足的罪魁祸首，它可以转变成一种资产，意味着国家经济资源的统一过程。

而且随着生产经济的发展壮大，尤其是工业的发展，就会带动银行资本的增值，促进国债的增值。所有这些都会提升发展商贸的借贷能力，给适合贸易的经济增添许多支付手段。

在杰斐逊派的影响下，国家银行的营业执照在1811年准许失效，之后，尼古拉斯·比德尔、马太·凯里和约翰·昆西·亚当斯复兴了汉密尔顿的信用制度，尤其在1823—1836年间，建立了第二个美国银行。在汉密尔顿和时任美国银行

① 即服务共用事业。——译注

主席比德尔的努力下，该制度用来增加使用信用的交易数额，而非根据目前财富变现后进行交易。交易可用将来生产出的资源予以支付，这样就赋予初始借钱人一种信用。信用和债务可根据生产周期进行协调，确定支付时间，直至其中一方有了足够的信用来结算其债务。这样就使生产盈余被吸收，进行未来发展和生产性投资。

银行直接介入经济，并非通过持有通胀的有价证券，而是通过资助生产性经济和急需的基础设施工程，以维持盈余生产能力。

汉密尔顿关于保护制造业以及进行国内设施改善的主张，直到19世纪20年代，在约翰·昆西·亚当斯总统的领导下才得以实现。各种大型运河、新的铁路以及新工业，由于受到联邦信贷和直接贷款以及银行的非直接作用而成为可能。亚当斯使用银行中的国家股份给大型项目提供资助；在比德尔的指示下，第二个美国银行直接认购和贷出所集资金的50%，用于修建大运河，给钢铁工业运输无烟煤。

在比德尔任职期间对信用制度的管控下，货币与国家的真实商业和交易之间存在特定的关系。随着更多的耕地被开发出来，生产了更多的制造设备，更多的交通网修建完毕，用于运输产品以及制造业所需的煤炭，银行能够通过贷款和贴现而安全投放市场进行流通的信用数额也相应地得到提高。

7. 林肯的大众信用制度

纽约的各家银行以及英国东印度公司反对第二个美国银行、国内设施改善以及它所促进的国内制造业。这些利益集团在政治上很成功，通过杰克逊和范布伦（Van Buren）执政途径贬低美国的信用制度。不过，亚布拉罕·林肯——约翰·昆西·亚当斯和亚历山大·汉密尔顿国家信用制度长久的支持者和倡导者——在任总统时又复兴了这一制度。

林肯采取的第一个措施就是在1861年夏通过一项坚挺的关税政策——即第二个“莫里尔关税法”。汉密尔顿已使人们接受这样一个观点，即对制造业的保护对于一个健康的银行和信用制度至关重要，不仅是因为它可以产生税收（关税），给国家信用提供资金和支持；而且还由于国家出现贸易逆差时，其硬币储备就难以维系，因为进口必须以硬币支付。

林肯的下一个措施，制定政策发行“绿钞”，这样就创造了复苏和提高国内生产和商业贸易的交易媒介。

1861年末，在(以高利率)购买了美国财政部为动员内战而发行的首轮债券后，纽约的银行家们与英法贷款者一起封堵了财政部所有的税收来源。这些银行中止使用黄金支付那些在他们银行存有黄金的人，停止政府债券的购买，也不接受政府债券，并封锁外国贷款。作为回应，政府控制了货币，并发行美国财政部钞票——"绿钞"，作为商贸和战争必要的支付流通媒介。1862 年 2 月 25 日通过的《合法支付法案》这样规定道，"为了授权发行美国纸币，以赎兑或由此而提供资金，为美国短期债务提供资金。"尽管国会普遍存在怀疑，即使在林肯的共和党内也是如此，但绿钞信用—发行政策就像汉密尔顿国家银行政策一样，很成功。

几乎一半的流通货币都变成了绿钞。林肯政府在内战期间通过发行四亿六千万美元的绿钞，将政府支出提高了 300%。这种合法的支付手段首次由财政部使用，用以支付士兵的军饷、合同商、运输工会会员、武器和军装制服制造商以及农场主等。投资人可使用绿钞（与各州银行纸币一道使用）购买财政部发售的债券。从 1862 年 10 月至 1864 年 1 月，财政部监督发售给公民个体 5 亿多美元的债券，足以给其发行的绿钞提供资金。而且绿钞还可用于支付进口商品、工业以及高收入（年收入超过 800 美元）等战争税赋。

在林肯总统国家银行制度下，美国建立庞大的基础设施和工业。其中一项大成就便是直到 1869 年才完工的"横贯大陆的铁路"。在本图中的这列火车载有一位校长去参加"金道钉"仪式（即 Leland Standford 连接到"横贯大陆的铁路"上，译注）。

已售的债券在很大程度上成为林肯政府下一步举措的一部分——即 1863 年和 1864 年的“国家货币和银行法案”，与绿钞措施和国家资金筹措制度相结合，根据汉密尔顿美国银行的原则建立了一种国家银行制度。各州银行根据要求重新注册为国家银行，即“要购买美国（政府）股本作为他们流通纸币的有价证券”[①]。各银行购买的美国公债，存放在财政部；而新注册的国家银行要接受绿钞作为借贷媒介。

当美国银行以及其分支机构以国债的形式有了大量的资金储备后，在林肯总统的领导下，绿钞和银行纸币就在国债的基础上流通起来，国家管控的私人银行也购买国债并存放在财政部。绿钞赖以发行给国家银行用于借贷的美国公债，是 20 年期的年金保险投资，利息可靠，但不可进行交易，在其到期前只能由政府赎回。就像汉密尔顿一样，对政府公债作了严格的条款规定，才能保证根据国债进行流通的信用成为发展的可靠媒介。

绿钞能够安全地流通使用，其基础乃是 20 年期的公债——它可作为有价证券持有，同时又可通过关税和税收提供资金。进口税远远超过公债要付的利息——硬币的数额。结余的硬币可用于赎回绿钞或者给其他公债提供资金。

林肯的经济学家亨利·凯里这样描述汉密尔顿和林肯制度的相似性，“（汉密尔顿的）美国银行不给我们提供硬币，而提供纸币，其流通所基于的基本前提与（林肯）合法支付手段的流通相同。”[②]

根据汉密尔顿公共信用原则，林肯的财政部长萨蒙·切斯（Salmon Chase）给公共信用提供了资金支持，并通过进口关税和提高国内税收来维持绿钞的价值，他在 1864 年通过一项法案将国内税率提高到美国历史最高点，“以提供足够的国内税收，用于支持政府，支付国债的利息”。

林肯发行财政币作为货币，汉密尔顿也曾作为国家银行纸币的补充在 1798 年发行过，但发行规模特别小。汉密尔顿在一封写给财政部长奥利弗·沃尔科特的信中说道，在“流通存在缺陷”情况下，税赋收取存在困难，单从银行借贷也不可靠。为了完善流通并“促进政府必需时的预支”，他说他已“得出结论，我们的财政部应建立自己的货币流通……通过发行可支付的财政部期票，一些是根据需求而发行，其他的则为不同期限的期票——非常短的短期期票到长期期票，

① 韦斯利·米歇尔，《绿钞史》，1903 年，芝加哥大学出版社出版。
② “亨利·凯里致财政部长麦克库罗（McCulloch）的信”，1868 年 12 月。

一开始只发行短期期票。

内战结束、林肯去世之后，林肯的经济顾问亨利·凯里——费城主要工业化主张者，在好几篇文章中都写道，绿钞的发行大大提升了美国的工业进步。不过，凯里警告说，自 1866 年以来美国财政部缩小绿钞发行量，对美国国家信用来说是错误的。凯里认为，由于好几个州新并入联邦，而且国家在向西拓展，绿钞的发行应该远远超过内战期间流通的 4.6 亿美元。凯里将绿钞看作一种“不可出口输出”、可靠的内部信用，对国内的使用者来说也是无债使用。由于在 1867 年底绿钞发行量缩小到 3.3 亿美元，美国的商人、农场主和工匠们不得不借贷更多的钱，而美国的工业发展再次要依赖各个欧洲银行中心、依赖黄金的使用。当美国 1879 年“恢复硬币货币”时，美国人都保存着手中的绿钞，而且几乎没有人愿意上交换取黄金持有证书，这就证明凯里的判断是对的，绿钞的数量太小，难以满足信用流通的需求。三十年后，1907 年发生了债务危机和恐慌，西奥多·罗斯福总统考虑大量发行新绿钞，增加其流通量；但是，他犹豫了，结果让华尔街的银行家们抢了先机，1908 年通过的“奥尔德里奇法案”允许私人银行发行“美国”货币，这在五年后就催生了联邦储备制度。美国财政部自那以后就没发行国家信用票据。

8. 富兰克林·罗斯福的复兴金融公司

富兰克林·罗斯福国家银行的权宜之计就是一种扩大的复兴金融公司，其在 1934 年至 1955 年之间贷给各经济部门 500 亿美元。

复兴金融公司类似汉密尔顿的信用制度，在整个 30 年代取得极大的成功，任何进行生产的公司、工业或农业家根据贷方的判断和合理的贷款担保可以获得相应的贷款。这就获得了结构性发展，因为取得信用的过程要依赖生产的提高。

工业和农业免遭不必要的破产，而且保存了有技能的劳动力和所需要的国家企业。价格不受任意的生产周期影响或者华尔街的操控，复兴金融公司的信用抵消了私有金融部门的经济周期影响。

复兴金融公司独立经营，不受联邦财政的授权和拨款，它根据国会设定的限制条件向美国财政部借钱。通过复兴金融公司所借的钱均为贷款，而非拨款，需要偿还；它不仅要向财政部支付金融利润，而且更为重要的是，它提高了整个国家的生产力，这不是用美元就可以衡量的；还有，若没有贷款投资，人力资源储蓄和生产资金就会遭受损失。

复兴金融公司的复兴计划严重依赖基础设施建设，资金的来源由田纳西流域管理局和复兴金融公司等机构提供。本图是 1942 年 6 月田纳西流域管理局在田纳西州修建道格拉斯水坝的建设工地。

在富兰克林·罗斯福的领导下，复兴金融公司是定向信用的化身，运行模式几乎与尼古拉斯·比德尔和亚历山大·汉密尔顿的美国银行完全一样，在总体上提高了经济中间接和直接的长期贷款信用，它本身就可以无条件地直接借贷给经济体。它们之间显著的区别在于，复兴金融公司不是美国税收的主要存放机构，因此不能像美国银行那样将税收作为信贷借给银行、工业和其他公司。它也不能接受私人认购其资金股份。复兴金融公司起着一种环境的作用，其中包括了联邦储备银行结构，因而没有美国银行那么有效；美国银行[①]则是银行系统中的主机构和原动力。

罗斯福总统 1934 年提议在联邦储备体系内直接为工业设立国家信用银行，用作美国税收的存放机构，但遭到国会的反对而流产。

① 原文为 Bank of the United States，译作“美国银行”，实为美国国家银行。——译注

三、国际发展信用协议

最近新出现两家不受银根紧缩限制、只用于基础设施发展的国际发展银行，备受关注——由中国倡导的“金砖国家新发展银行”和“亚洲基础设施投资银行”所展现的信用协议潜力，为布雷顿森林会议以来之最。这其中所提议的重大工程或者“基础设施平台”需要很多国家间的合作，包括经济大国的信用合作，为这些工程提供巨大的资金工具和工业产品——而不是超国家的指导。美国和以德国为主导的欧洲经济大国很容易、并且也需要参与其中，立即扩大这些银行规模，提供新经济信用实际所需的几万亿美元。不过，他们要这么做，必须放弃对最富有价值的科技进步那种“绿色”敌意。

举个例子吧，修建连接欧亚大陆和北美洲的白令海峡隧道高速铁路，现在看来越发紧迫，尤其是中俄两国更是这样认为；为控制北美洲西部沙漠化所必要的大规模水资源管理突破，都说明了同样的道理。参与联合基金的相关国家或完成这些大项目的机构之间要达成协议，就需要同意发放长期的低息贷款。而且，这些国家依然要保持独立的本国信用体系，这就要求长期贷款以几种货币形式发行，这些货币需长期相对等值，而且各央行之间要进行互惠外汇信贷安排。最近就有一个反面典型，2014 年由于俄国卢布受到制裁而大幅贬值，结果严重破坏了哈萨克斯坦的贸易和发展项目。

三十多年来，经济学家林顿·拉鲁什和他的同事一直建议回归一种“新布雷顿森林”协议，就像美国马歇尔计划和德国重建募资机构——德国复兴信贷银行之间的信用关系那样，回归战后期间各国间达成的信用贷款、货币和银行安排。

“马歇尔计划”所集中的专用拨款和贷款，尽管时间较短（1947—1951 年）、数额较小（大约相当目前的 1250 亿美元），但对战后欧洲的恢复和发展产生了非常大的影响，因为它已深深地嵌入了反投机的布雷顿森林体系。援助以三种形式进行：1）美元信贷，由于资金控制，这些贷款没有被重新输出用于偿还战争债务和其他外债（尽管英国多次试图打破这种限制，要用贷款还债）；2）商品货物，尤其是资本货物，这在美国代表着资本货物信用和投资，而且可以用马克或者其他欧洲货币支付；3）直接的美元援助，用于购买进口的建筑材料、资本货物和食品。没有“将各国重新整合到国际资本市场”的企图，那样会诱发资本的飙升和快速贬值。欧洲各国通过各自货币创立等价“匹配”的信用资金来“支付”货物，这些信用资金用于提高国内发展的信贷（德国复兴信贷银行是这一政策中最成功、影响最大、最持久之举）。欧洲合作局，在欧洲复兴计划（即“马歇尔计划”）下充当小型国际发展银行，于 1958 年解散；不过那个时候，所有欧洲国家都融入布雷顿森林体系之中；他们的货币可以固定汇率自由兑换。除了购买美国出口的商品和解决贸易失调问题，这些国家都不会大量使用美元；根据布雷顿森林体系，除非贸易需要，否则不许开设外币银行账户。

对战后“德国奇迹”的资金资助延续了富兰克林·德兰诺·罗斯福的“重建金融公司”做法，采用了一种叫做“重建信用银行”的机构（即德国复兴信贷银行），旨在帮助实体经济生产。

尽管缺点很多，还存在着发展信贷的国际交易原则。德国复兴信贷银行与美国所提供的初始信贷有关，在德国起着促进国内发展的信贷作用；这与亚历山大·汉密尔顿的第一家美国银行促进美国发展的作用一样，当时欧洲银行也在 1791 年对财务部长汉密尔顿的银行进行了大力投资。汉密尔顿对银行的设计、它的偿债基金以及给其提供支撑的新税收政策，防止了它所投资的资金立即回流——让那时已破产的美国用来支付巨额债务；相反地，把这些资金用于发展，包括运河、公路和钢铁工业。用亨利·凯里的话说，汉密尔顿银行所创造的流通货币是“不可输出的”；战后德国复兴信贷银行在德国创造的信贷也是如此。

本杰明·富兰克林和亚历山大·汉密尔顿以及后来的亨利·凯里都明确主张把“保护”作为国家银行的一个特色，以防止银行新投资的资金被迅速挥霍掉。比如，若无各种规定保护制造业和降低进口——进口需要现金支付（那时为硬币，现在为美元），国家银行及其分支机构的现金支付压力就会破坏这一体系。

布雷顿森林体系在欧洲美元的影响下彻底崩溃。欧洲美元指的是存储在美国以外，特别是欧洲银行的美元，初现于20世纪50年代末，伦敦（以及海外伦敦）银行创设了利息支付很高的美元账户，账户并非用于贸易，而是用于国际有价证券市场的投资、外债市场以及后来的外汇投机。管理者允许其这样做，而且这一业务呈指数增长。到了1979年，美元的三分之二都在美国经济体之外流通使用——被称为“欧洲美元”、“石油美元”等，而且由此产生的通货膨胀又将美元与黄金储备脱钩，从而破坏了布雷顿森林体系的固定汇率制。随后产生的“浮动汇率”制也对作为一种发展信贷机构的国际重建和发展银行（即世界银行）产生了严重的负面影响，因为该行的出资和贷款大都以美元结算，而贷款又必须使用相对于美元已贬值的货币进行偿还。

美国、中国、俄罗斯和日本都有能力大量发行国家信贷和货币用于发展目的，美国由于拥有巨额的、长期的、普遍接受的债务，可通过设立一个国家银行将债务转变为发展信贷用于大型项目建设；其他三国由于拥有巨额净外汇储备，可通过政府银行发行国家信贷。各种新兴国际发展银行提供了启动工具。中国已经这样做了，它已通过贸易积累了3.5万亿美元的外汇储备，并从2007年开始通过国有银行数倍地发行其货币。如果说发行货币的一小部分造成了房地产和商品泡沫（受到英国和香港各大银行以及其他金融公司的同谋教唆），那么大部分都用于发展基础设施、生产力和经济发展。与其他大国国家银行发行信贷用于特定大项目建设相比，中国的国家发展信贷要更安全，不会受世界（尤其是伦敦和香港的）投资银行和投机性投资公司的投机困扰。美国国会其实可以在任何一个月创立第三个美国国家银行，资金在1万亿美元以上，由美国财务部债券持有者提供资金，投资到银行换取其股份或者长期债券；然后通过该银行发行国际项目信贷。或者，美国可以发行相当数量的财政部纸币（“绿钞”货币），以不可随时支取的美国财政部长期公债为支撑，用于国际项目信贷。

1971 年 8 月布雷顿森林体系遭到像乔治·舒尔茨（见图）这样的官员破坏而崩溃，而这又极大地破坏了全球长期发展资助的基础。

作为世界第五大经济体的印度已创立了印度海外投资公司，设立主权财富基金，用于获得海外自然资源的金融借贷。不过，印度海外投资公司不是传统意义上的印度主权财富基金。它将以政府的臂膀为模式设计，并以非银行金融机构的形式向印度储备银行登记。

该公司将利用主权担保采取 15—20 年的卢比债券形式融资。国有实体机构、银行和金融机构将利用他们资金盈余认购这些有价证券。主权担保会使利率幅度高于政府有价证券。债券也可成为银行法定流动比率的一部分（或者说银行必须隔夜持有的最低现金额），以助他们认购。印度海外投资公司不会从印度储备银行那里借贷。

因此，印度能够参与金砖国家的新发展银行以及新的亚洲基础设施投资银行，因为这会促进它与其他国家、特别是其他亚洲国家的出口能力。

为了一个能够推动本报告所讨论的大项目发展的国际发展银行，在这些有望与美国进行合作的欧亚经济大国中，有些国家必须以自己的货币发行信贷，通过条约为国际发展银行提供几万亿美元的资金，这样才能成为这些大项目投资的出资者和倡导者。

其他国家一个或多个主权财富基金也可将资金投入国际发展银行，但由合作经济体所出的信贷必须详细规定如何将其变成资本——比如以一种“年金风险投资”方式进行20—30年的债券投资，支付年息，但是只有银行才能决定未到期的赎回问题，它可因某种原因而决定降低其资金，或者决定接受其他投资者。这其中的原则与国家信贷银行相同，只要投资信贷不是基于贸易盈余或外汇储备，美国或者其他投资国家也可以创立投资国际发展银行的国家信贷银行。

在为单个国家发展项目提供长期贷款时，国际发展银行要向该国的国家发展银行注册一个信用贷款，在此基础上以当地货币的形式向那些实施项目建设的机构和企业发行贷款。通过对借款国国家发展银行的设计规范以及资金控制，这一货币除了贸易外也必须是“不可输出的”。

借款国不仅要采取资金控制，而且还要进行更为重要的汇兑控制，以确保国际发展银行的信贷不会被转移用于资本外逃或者“套息交易”等有价证券投资，并确保借款国要把钱优先用于发展项目、而不是偿还该国的其他主权债务。

此外，国际发展银行发展信贷必要的发行效能条件，就是要确保那些由于他国非法强加而债务过重的国家能够全部或部分地将非法债务延期偿付，如果不能达成协议降低或勾销债务的话，就将其变成长期债务。否则，借款国外债偿还的财政负担就会破坏国际发展银行为该国重大基础设施建设发展而提供的信贷。

国际发展银行能够成为一种工具，对那些需要国际发展银行信贷建设重大基础设施平台而又债台高筑的国家或国家集团进行债务机构调整。

世界上许多国家承受着无法支付的债务，而且这些债务的全部或者部分是由于以下原因造成的非法债务：1）强加极为不利的贸易条件、或者将发展贷款贪腐花费掉，或者两者兼有（比如，阿根廷和墨西哥，他们处理这个问题的方式也不同）；2）为了帮助私人银行摆脱呆账而快速地把债务转嫁到政府头上（比如冰岛和希腊）。在上述情形下，债务过重的国家可以自某个特定日期起，向国际发展银行发行低息长期主权债券，通过协议取代它们所欠那些给国际发展银行提供信贷的经济大国的债务；并通过协议取代它们所欠国际借贷机构的债务，如国际货币基金和欧洲中央银行。国际发展银行能够以这些债券为基础，以这些国家货币的形式给这些国家的国家发展银行提供信贷。

一旦国家或地区政府当局获得了国际发展银行的贷款，用于新建重大基础设施工程或者用于会产生高效经济活动以及带来税收的科技发展，他们就会以同样的方式偿还国际发展银行的信贷——可按照二战后存在几十年之久的德国复兴信贷银行模式创立国家信贷银行，采用本国货币新增国内发展信贷，同时也可对国际发展银行进行投资。

1975 年，林顿·拉鲁什提议计划建立一个国际发展银行，他在计划中首次提出一个新国际信贷系统的框架。这也成为他 1976 年总统竞选平台的一个主要部分。

1982 年林顿·拉鲁什在对西班牙裔美洲国家债务结构重组和发展建议书——“胡亚雷斯行动[①]”中，洋洋洒洒，认为这一过程与债务国要求和（那时的）债

① 胡亚雷斯，贝尼托·帕布罗(1806—1872)：墨西哥政治家，他曾参加推翻圣安纳统治的运动并曾在 1858 至 1872 年间担任总统。——译注

权国美国的要求是一致的：

“1. 在任何共和国中，除以下信贷外，不许发行其他信贷：（1）货物和服务买卖双方的延期付款信用；（2）银行根据合法储备的合法资金和银条发放银行贷款；（3）以发行国家货币的形式发行信用贷款，即国家政府财政部的纸币。”

“2. 政府创立的信贷（流通券）必须引导到能够促进技术进步的投资上，充分发掘潜能，最大限度地运用那些否则会被闲置的资本货物、商品生产能力和劳动力，生产商品或者建设商品生产和流通所需要的经济基础设施……”

“3. 在每一个共和国内，必须有一家国家银行，在其法律允许的职能中，要杜绝央行中那些与英国银行和美国联邦储备制度中误导行为相关的私人银行特征……”

“4. 除非满足国家财政部的行业标准和审计标准、并接受国家银行的审核，否则不许成立借贷机构。外国金融机构，除非其国际业务满足共和国法律规定的储备标准和严格的银行从业标准，否则不许在共和国内运营，这些标准将定期通过适当的审计予以确定（外国借贷机构的‘透明度’）。”

“5. 作为一种合伙契约，财政部和国家银行一直有权进行资金控制和外汇控制的管理，通过发放单个进口许可和出口许可的方式履行这一职能，并依照制度对国外贷款谈判进行管控。”

……

“8. 必须建立一国货币外汇价值的主权评估……一国货币价值的首要近似值，为该货币在其国内经济中的购买力。与其他国家相同质量的商品和服务价格相比，国内生产的商品和服务的价格如何？”

由于参与这些大型项目建设协议的国家——既包括通过国际发展银行发放信贷的国家，也包括那些接受贷款的国家——会增加相互间的贸易量，这些参与国的国家银行有必要设立足够量的互惠外汇信贷，以提高彼此货币的贸易收支。这些提高贸易的互惠外汇信贷能够为货币间固定汇率协议的达成奠定基础。

国际发展银行的责任和目的就是确保各国提供的发展信贷只用于新基础设施平台建设和科技发展，这对提高国民经济和人类劳动力的生产率至关重要。

为全球生存而扩大核能使用

拉姆他奴·迈特拉

2014 年 7 月

现今，仍有超过 12 亿的人——世界人口的 20%——依然没有使用上电，而且大多数人都生活在发展中国家。这其中包括非洲的 5.5 亿人，印度的 4 亿多人。尽早地将这一数字清零、在 25 年内给所有人提供一个值得期待的未来，乃是世界领导人义不容辞的义务。能够用化石燃料、风能和太阳能来解决这个问题吗？答案显然是“不可能”。

要满足世界上所有人电力需求，唯一的途径就是充分开发利用目前通过核裂变而获得的高能流密度发电，而且开始使用氢（氘）、氚（氢的放射性同位素）和最具发展前景的氦 -3 作燃料，通过聚变发电。截至 2014 年 3 月 11 日，31 个国家的 435 座核电机组在运行，电网装机功率为 3720 亿瓦；另外 72 座发电站正在 15 个国家开工建设，装机功率为 680 亿瓦。已有的核电厂可提供全世界装机功率 11% 的电力。其他 89%，大部分都来自化石燃料的燃烧。

这些数字清晰地表明，不管大国还是小国，几乎没有哪个国家做出承诺——将来完全通过核裂变发电。相反地，我们看到像中国和印度这样的大国还致力于提高工农业的发展速度，每天挖掘、运送几亿吨的煤炭去发电，以满足他们的发展需要。

尽管煤炭在人类发展过程中起了一种至关重要的作用，并且就像任何一种没被完全替代的技术一样，它在将来一段时间内还起着重要作用，但其缺点越来越显著。比如，众所周知，煤炭火力发电会把空气变得难以呼吸——已有克服这一问题的技术，但代价高昂。可是，以煤炭为基础的火力发电所引起的另一个问题却无法解决。首先，在燃烧前，每天需要大量的水清洗几百万吨的煤。煤炭清洗间的污水在污染水道和地下水之前需要净化。此外，如何处理数量如此之多的煤炭也是个很大的负担：几百万吨的煤要从港口或者煤矿运送到煤炭清洗处。单凭经验可知，一家普通的煤电厂每天要燃烧大约200火车皮的煤。每年要烧掉73，000火车皮或者说730万吨的煤。核电厂日均消耗的燃料大约为0.005火车皮，一年为20吨。

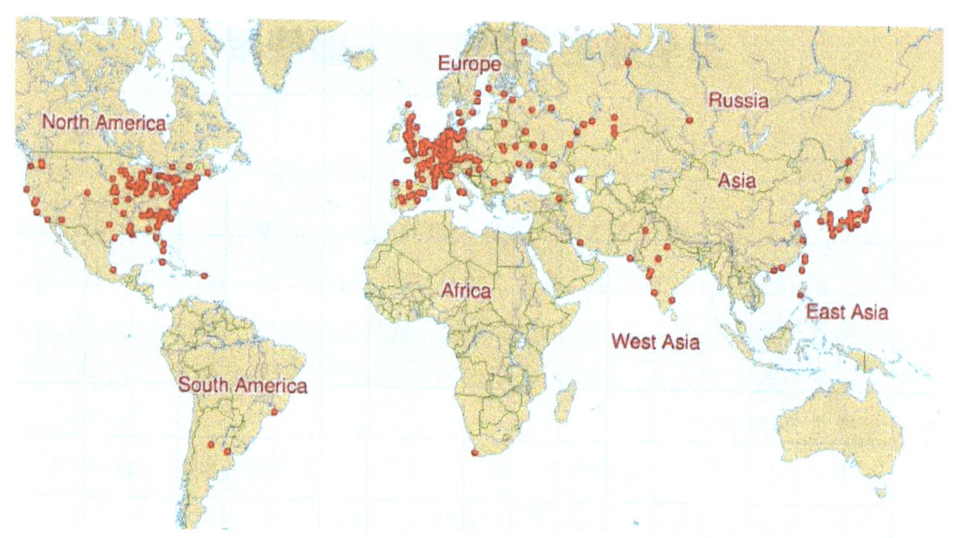

2005年8月，世界核电厂分布图

燃煤发电项目所带来的问题并不会以逻辑梦魇的方式结束。燃烧大量的煤炭会产生大量的烟尘，其中含有酸性化学物质，会污染土壤、堵塞水道并会杀死水道中所有的生物。仅在美国，燃煤发电厂平均会产生1.3亿吨的烟尘。所有正在积累发展燃煤发电项目的国家也遇到了这一逻辑梦魇。这意味着一国铁路的很大部分依然拥堵，忙于把煤从港口和矿区运到发电厂所在的内陆地区，然后又将烟尘运出去。随着越来越多电厂的兴建，这种情形越来越糟糕。

尽管政策制定者也很清楚，这种基于目前技术进行未来能源生产发展的政策会导致长期的灾难，但是，这些国家并没有致力于创造条件，让未来的电力生产完全来自于清洁能源——比如核裂变，它只需要少量的燃料，而且依然是最可靠、最有效的能源。

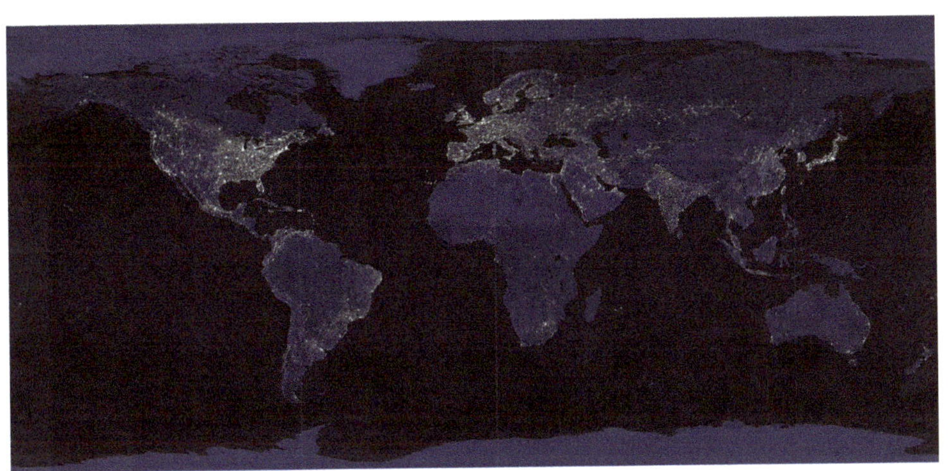

夜晚的地球：世界 20% 的人口没有电使用。

一、世界发电情况简述

多年来，世界两个人口大国——中国和印度已发展具备了本国建造核电厂的能力，而且也想给几亿居民提供生活所必须的电力。但是，尽管中国正努力快速提高其发电能力，却只是通过挖掘和进口更多的煤炭来提升，核电只是一种辅助能源。很显然，中国还没有加快核电建设，难以在可预见的未来改变目前这一情形。根据一些分析师的分析，中国有望在 2014 年增加燃煤发电功率 360 亿瓦、2015 年增加 420 亿瓦、2016 年 450 亿瓦，而且自 2017 年后每年增加 470 亿瓦。换言之，在 2014 至 2020 年间，中国有望增加燃煤发电 3100 亿瓦。

与此相对照的是，根据世界原子协会的报告，尽管中国目前通过原子裂变发电功率为 200 亿瓦，或者说约占总体发电量的 2%，可是已规划好的新建核反应堆、包括一些世界上最先进的反应堆，将在 2020 年通过裂变的方式生产 580 亿瓦的电力。

这就意味着在接下来的六年里，中国要增加燃煤发电 3100 亿瓦，增加核反应堆发电 380 亿瓦——不足新增燃煤发电的 13%。届时，核电的功率将占中国整个发电的 6%。更长远的规划揭示，以核能为基础的发电到 2030 年总功率有望达到 2000 亿瓦，2050 年达到 4000 亿瓦。可以得出结论，尽管中国知道核裂变的重要性，但还没有做出必要的努力在未来、甚至长远的未来以核能为基础进行发电。

印度的电力情形要比中国糟糕得多，尽管它发展具备了良好的核能发电能力，并且很久以前就一直在建设小规模的核反应堆。但是将核能作为未来电力的主要来源的努力，总体上依然停留在理论上。目前，印度发电的装机功率为2350亿瓦，其中，只有70亿瓦来自核能，约占整个发电量的3%。由于印度仍然有4亿人还没完全用上电，很显然，它要在短期内增加2500亿瓦的电力供应，为完全开发其人民内在固有的生产潜能而提供电力、教育和高效的生产工作。它的短期核项目计划表明，到2020年其核反应堆发电量为150亿瓦，这一数额相对其严重的电力缺口可以忽略不计。到2030年，印度计划的核电发电量为500亿瓦，占整个发电量的比列也不足10%。

二、发展核能，作何努力

首先，当今世界的装机发电功率约为5万2千亿瓦。其中五国（中国、美国、日本、俄罗斯和印度）发电量为2万9千亿瓦。世界的其他部分——占全世界70多亿人口55%的地区，发电量为2万3千亿瓦；而且发电量的大部分还在欧盟，它只有5亿的人口。也就是说，世界上还有很多人生活在黑暗之中。

另外，全世界每小时的发电也远远达不到核定的发电能力。“能力”是一台发电机在特定条件下能够发电的最大量，而“发电量”则是一台发电机一段时间内实际所发的电量。许多发电机都不能始终全负荷运行；其产出要根据电厂的条件、燃料价格、以及电网操作员的指示而有所不同。

全世界实际发电量远低于发电能力的一个主要原因，就是全世界只有11%的电力来自核能。核电厂平均具有92%—100%的能力系数。其他能源中，只有水力发电的能力系数达到90%。相比之下，构成世界发电量45%的燃煤发电，其能力系数只有50%—55%；而天然气发电厂的能力系数也只有大约60%。太阳能和风能发电的能力系数只有20%—30%。

换言之，只有核电厂按照规定的发电能力提供可靠的电力，几乎陆地上任何地方、甚至海洋上都可以建造核电厂。相比之下，水力发电只能在有水流的地方才能发电，因此严重受限。

从北京来看，中国燃煤发电厂造成了严重的空气污染，只有快速发展核能才会解决这个问题。

展望未来30年，很明显，世界发电能力到2050年必须翻一番达到11万亿瓦。而且，新增发电的大部分将用于满足中国和印度的电力需求。据估计，这两个国家在这30年间将另外需要增加装机功率2.5万亿瓦。非洲、南美洲、中亚、南亚、东南亚和东亚的部分地区也需要增加发电能力。未来30年新增6万亿瓦的电，其中的绝大部分——比如说5万亿瓦，需要由核电厂发电提供。

要在未来30年利用核能发电生产5万亿瓦电，需在全世界建造5000个10亿瓦装机功率的核反应堆。建造一个核反应堆需要4—5年的时间，因此，只有25年的时间用于建造5000个反应堆功率为2亿—10亿瓦的核电厂以及用于安装的相关设备。截至目前，全世界建造大型核反应堆（装机功率为10亿瓦—11亿瓦）以及核电厂相关设备（蒸汽涡轮）的能力有限，每年大约为30个。采用增压重水反应堆发电的印度，每年也只能建造少数几个6亿瓦—7亿瓦的核电发电装置。

这就说，要发展建立在高能流密度基础之上的经济，全世界的核电设备制造商需要加快生产速度，平均每年要多生产30—200套核电厂设备。

在制造新一代核反应堆过程中出现的另外一个问题便涉及冶金术。三代半（3+）核电厂可以使用目前的合金，但是，要在更高温度下运行的第四代核电厂就需要新材料。700℃高温所产生的降解问题要比目前运行温度严重得多。第四代反应堆目前正由一个国际任务队进行研制。其中的四个反应堆是快中子反应堆，而且所有的反应堆的运行温度都高于当前的反应堆。快中子反应堆指定用于氢的生产。

三、快速扩展意味着什么

由于中国和印度要独立发展、建造其未来所需核反应堆的能力，他们必须认识到，核电厂建设的最优化取决于国家重型工程能力。未来四十年两国需要大量核反应堆，即使从国外进口核电厂设备也难以建造出这么多。而且，几十年前开始发展核电的发达国家现在正逐步退出核电，因此，他们生产核反应堆及其设施的能力、以及相关人员的供应，都在快速地萎缩。

没有哪个国家会把多余的核电厂设备束之高阁。这些设备代价昂贵、而且耗费材料，只有订购时才生产。由于发达国家核电厂需求快速下降，而发展中国家缺乏金融实力大量购买这些核电厂，所以发达国家的总体工艺水平显著下降。

此外，核设备供应商必须要有资质，必须践行严格的质量控制。几十年前，当威斯汀豪斯和通用电气公司设计的核反应堆进行订购和建造时，建造者都是综合制造商，就是说，他们很少或者不用从外部供应商那里进货。但是现在就不同了，西方所定购的一个新设备需要几十家卖主供货，每个卖主提供一个或几个部件。这就很难确定一个严格的工程完工时间。威斯汀豪斯本身好像只负责设计、工艺和项目管理。

尽管大家都认识到西方国家业已形成的缺点，但不管在印度还是在中国，都没有花大力气快速发展其重型工程能力，以便在未来四十年中每年能建造 50—70 个所需的核反应堆。观察家们已经指出，供应上的挑战不仅体现在反应堆加压仓、蒸汽涡轮和发电机的重型锻造上，还扩展到其他工程加固零件的供应上。

2014 年 10 月，世界核协会在其网站上指出，“对于每个大型的三代半核反应堆来说，加压仓的生产都要求、或者最好要达到 140—150 中子静质量（相当于 1.4 万吨—1.5 万吨）的锻造压力，因为它要承受 500—600 吨的钢锭。这可不一般，而且每个大型压力设备不会有很高的产量——目前每年大约生产 4 个与其他机件相配的压力仓，尽管其生产潜力会比这更大一些。截至 2009 年，威斯汀豪斯在一些配件上还力不从心，核动力1000压力仓的外壳顶盖和三个复杂的蒸汽发电机部件只能通过京德勒西南钢铁公司（JSW）生产。法国核工业公司阿海珐选择权稍多一些。”

重型锻造或者其他核电设备的匮乏，毫不令人惊奇。比如，14亿瓦增压水反应堆容器所需的锻造压力大约为15,000吨，承受500吨的钢锭。这样的锻造在其他工业都不怎么用。核工业需要如此重型锻造的原因，是反应堆卖家倾向采用大型锻造将设备整合成一个单一的产品。尽管分裂的锻造也能使用，实践中也有应用，但它们需要焊接，而且这些焊接点在反应堆容器的使用期间都需要检查校验。

须指出的是，中国、印度和俄罗斯对核电反应堆的需求量在加大，增加比率要大于世界其他国家。因此，当这三个国家提高其核电厂设备生产能力，达到目前的理想水平时，却发现很难大量出口核反应堆给其他需要的国家。

这就意味着亚洲、非洲和南美洲许多其他国家未来必须快速发展自己的核工业。这就意味着要采用大量的科研核反应堆来培训人员，发展锻造核电厂设备的重型工程以及发展能够促进发电的其他基础设施。要重点从两个方面发展人力资源：（1）在国家层面进行核科学与技术的一般能力培养，以帮助政府和其他利益方就核电做出明智的决定；（2）在有关组织机构中培养执行核电项目计划的人。

此外，致力于发展核电的国家——包括那些拥有核电厂、或者只有研究核反应堆的国家，需要培养人才。目前受训的核工程师和即将退休的工程师之间已经存在一个巨大的数量差异，这个问题需加以解决，以维持现有的核反应堆的运行。因此，为加速核电发展，所有国家都需要制定大规模人员培训计划，以满足这一需求。要达到所需要的水平，核工业的优先事项就是培养适当的基础技能。

四、为何选择核能

地球目前没有其他选择，只有选择核裂变，并且要尽早地引入核聚变。因为核电是所有发电资源中能流密度最高的，它使用非常少的燃料便可产生巨大的电力。此外，尽管全球其他用于发电的自然资源会枯竭，但核燃料却永远用不完，因为核燃料是可再生的：快中子增殖反应堆产生的可裂变物质比它消耗的要多，这就使得核燃料永不枯竭。

法国“超级凤凰”曾是世界上第一个大型增殖反应堆。它于1984年服役，1997年，它作为商用发电厂停止了运行。它是“环保”抗议后欧洲最后一个用于发电的快中子增值反应堆。

在适当运行条件下，核裂变释放的中子能够从未裂变的同位素那儿“培育出”更多的可裂变物质。最普通的增值反应就是钚-239从不可裂变的铀-238获得增值反应。这之所以可能发生，是因为不裂变的铀-238的富裕度为可裂变的铀-235的141倍，因而可通过裂变链式反应产生中子将其转变成钚-239。钚-239是一种可用于发电的裂变材料。

比如液态金属快中子增值反应堆就是一种钚-239反应堆。在液态金属快中子增值反应堆中，冷却和热传递是由液态金属实现的。完成这一任务的金属是钠和锂，钠的储藏最丰富，因而最常使用。建造这类快中子增值反应堆所需的铀 -235 浓度，比轻水反应堆所需的铀浓度更高，通常为 15%—30%。反应堆中可裂变物质外面裹着“一层”不裂变的铀 -238。在增值反应堆中不使用慢化剂，因为快中子在把铀 -238 转变成钚 -239 方面效率更高。

印度卡尔帕卡姆快中子增值反应堆原型。反应堆目前在运行的第一阶段使用天然气作为燃料，反应堆的第三阶段会使用钍作为燃料。

法国的“超级凤凰”曾是第一个大型快中子增值反应堆，它在 1984 年投入使用，1997 年它作为商用发电厂停止了运行。反应堆的核心部位由数以千计的不锈钢管子组成，内含一种铀和钚氧化物的混合物，可裂变的钚 -239 的含量约为 15%—20%。在核心之外是一个称作增值反应堆覆盖层的区域，由那些只装有铀的氧化物的管子组成。整个套件大约为 3×5 米见方，由一个反应堆压力外壳支撑着，置于钠水中。核裂变释放的能量将钠加热至 500℃左右，液态钠然后将能量传递到一个次一级的钠管回路，它又将水加热，生成发电所需的蒸汽。这样的一个反应堆所产生的可裂变物质比所消耗的要多出 20%。二十多年所产生的盈余裂变物质足够给另外一个反应堆提供燃料。效果最佳的增值反应会利用自然铀元素中 75% 的能量，而标准轻水反应堆则只能利用其中的 1%。

印度现在正在发展一种能够产生铀 -233 裂变物质的快中子反应堆，由它裂变进行发电。以铀—钚氧化物为燃料，这些反应堆会有一个钍覆盖层，用以培育铀 -233 裂变物。钚在核心部位两个不同地区的比例分别为 21% 和 27%。印度快中子增值反应堆启动阶段会使用混合氧化物燃料，然后是金属燃料，以缩短倍增时间。

与原子能燃料相比，大多数常用的化石燃料是不可再生的。一座 10 亿瓦燃煤发电厂每天需要大约 6，600 吨的煤——这一数字根据所用煤的质量不同而略有不同。但核电厂则只需要非常少的燃料——只为燃煤发电厂微不足道的一小部分。使用过的核燃料依然含有巨大的能量——那么少的材料所蕴含的潜在能量中，超过 95% 的能量还未利用。将来某一天，更高级的反应堆会定期循环利用这一废物。

在以钍为核燃料的核电厂，燃料的需求量会更小。不像加密增压和沸水反应堆那样，非临界点前要燃烧 1% 的燃料，因此每隔 18—24 个月要增添燃料一次；以钍为核燃料的核电厂能够燃烧所填燃料的 90% 能量，因此每 30 年左右才需要增添一次燃料。也就是说，一个反应堆里的废物量只为目前以铀为燃料的反应堆的一小部分。

五、其他优点

除了低燃料消耗外，核电还给人类带来了其他好处。原子能的副产品可应用生产一些校准装置、放射性药物、骨骼元素分析仪、成像装置、外科手术设备、远距放射治疗仪以及牙科和脚病学所使用的诊断装置。一些心脏起搏器是由原子能电池驱动的。原材料物质还用于医疗装置的配重，用于辐射的防护。

20 世纪 50 年代内科医生发展了核医疗学，采用了碘 -131 进行甲状腺的诊断与治疗；现在利用放射提供人体各器官机能的诊断信息，或者对其进行治疗。在大多数情况下，这种信息被内科医生用于快速准确地诊断病人的疾病。甲状腺、骨骼、心脏、肝脏以及其他许多器官都很容易成像。在一些情况下，放射可用于治疗有病变的器官或者破坏肿瘤。全世界超过 10,000 家医院在医疗实践中都使用放射性同位素，而且 90% 的情况下都用于诊断。医疗诊断中最常用的放射同位素是锝 -99，每年 4 千万例检查（美国 2012 年为 1 千 6 百 70 万例）用的是锝 -99，占全世界核医疗学放射检查的 80%。

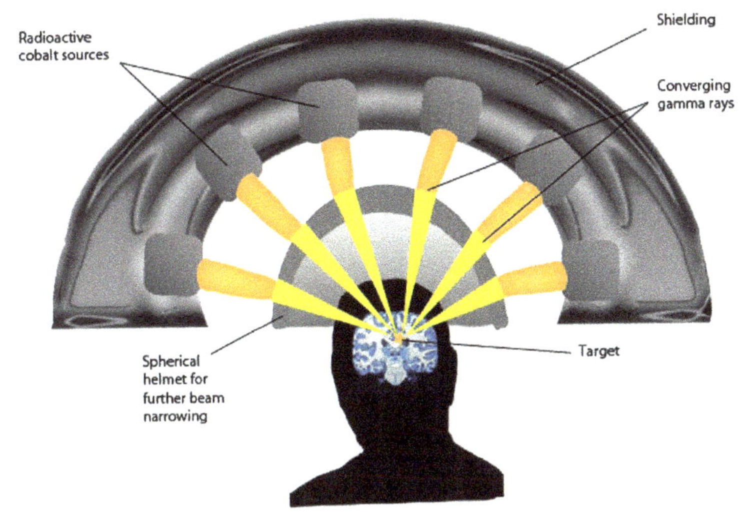

立体定位放射外科的伽马刀概念。放射用于脑瘤的治疗以及其他医疗应用。

核医疗学使用的一种诊断技术就是将放射性追踪剂（或者放射性药物）注射到体内，它就释放伽马射线以显示其踪迹。随后，追踪剂释放的放射物在要检查的身体部位逐步积累，被一种成像设备或伽马照相机捕捉到，通过图片收集分子信息。除了注射外，追踪剂还可吞服或者以一种气体形式吸入体内。这是一种无痛医疗方法，而且一点也不会侵害组织细胞。追踪剂是与化合物有关的短命同位素。

而放射治疗就是使用诸如 x 射线、伽马射线、电子束或质子等放射物治疗癌症。这是一种局部治疗，杀死或破坏癌细胞。健康细胞即使受到放射的破坏，通常也能自我修复。

许多放射同位素是在核反应堆中产生的，一些则由回旋加速器生成。一般来说，富含中子的放射物以及那些由核裂变产生的放射物需要在核反应堆中生成；中子衰竭的放射物则由回旋加速器产生。每年要进行几千万个核医疗检查，因此，对放射同位素的需求迅速增加。对医疗设备的消毒也是放射同位素的一种重要应用。

六、在食品保存以及工农业中的应用

核放射的另外一种重要应用就是食品的辐射处理。尽管食品辐射处理已有几十年的历史，但它仍被看做一种新的食品安全技术，因为它还未被广泛采用，即使那些能够最优化使用辐射处理的国家也没有广泛使用这一技术。辐射处理能够消灭引起疾病的细菌。它可以通过离子辐射方式（即高频紫外线放射，其有足够的能量破坏化学键），对牛奶和食品进行消毒，杀死那些导致健康问题的细菌和寄生虫。目前，宇航员在长久的太空旅行期间所吃的食物都经过放射消毒处理，以防食物中存在致病的细菌。

当前使用的食品放射处理技术主要有三种。它们使用了三种不同的射线：伽马射线、电子束和 X 射线。伽马射线是由元素钴（钴 -60）或者元素铯（铯 -137）释放的放射物。电子束，一种高能电子流，只能渗透到一英寸厚的食物内部。这就是它为何更多地用作医疗消毒器的原因。

第三种，即 X 射线放射处理技术，相对较新，因而还未广泛应用。就像钴或铯产生的伽马射线一样，X 射线能穿透很厚的食物，但是需要厚重的安全防护装备。

在核能经济条件下，农业本身也可进行改造。有了足够的能量，耕作的传统要素——比如土壤、季节性和每天日昼的光照周期或者对降雨和灌溉的依赖，将不再起作用了。相反地，人们会进行“受保护的农业”——像营养基、水、温度和阳光这些必要因素都完全可以在一个有组织的生长环境中进行控制调节。给植物提供所需的能量，不管它位于何处，在太空舱里、抑或在北极或者撒哈拉大沙漠。早期受保护的农业有个醒目的标题 CELSS——表示“受控环境生命支持系统”。不过，尽管溶液培养学有些应用，如日本农产品部门的一些应用，但相关技术还未广泛应用。

核技术在农业耕作上最直接的应用是种子的改良。研究人员使用放射改变作物的品性，然后培育理想的种类。这种被称作“基因突变育种”技术已被成功应用，比如，肯尼亚一组研究人员和国际原子能机构在 2013 年就宣布培育出一种新的小麦品种，它可抵抗 UG99 小麦品种所患的秸秆锈菌。

现代工业也在许多方面使用放射性同位素提高生产率，在某些情况下用来获取其他方式难以获取的信息。许多采用放射性同位素的核技术，能够进行不间断分析和快速反应，这就意味着能够不断地获取信息流和分析数据。这就降低了成本，提高了产品质量。

一个科研反应堆释放的中子能够与样品中的原子发生作用产生伽马射线，在对其进行能量特性和强度分析后可确定样品中各元素的种类和数量。两种主要技术分别为热中子俘获技术和中子非弹性散射技术。在低能量中子被原子核吸附后立即产生热中子俘获；中子非弹性散射则在一个快中子与原子核相撞时发生。这种技术的一项特殊应用就是将一个含有中子源的探测棒放入一个钻孔中，通过与周围土壤的碰撞产生非弹性散射。由于氢（水的主要成分）是迄今为止最好的散射原子，因此，返回到探测棒感应器的中子数目就反映了土壤中水的密度。

由于全世界燃煤电厂的迅速增多，尤其是在两个人口大国——中国和印度，因此在陆地上需要处置的一种剧毒废料——煤灰，正逐步成为一个重大问题。煤炭中大量的粉尘不仅增加了有毒的副产品，而且还降低了煤的制热能力，从而降低了热效率。现在可应用放射技术测定煤炭中的粉尘含量，以确定其质量。

粉尘含量与形成粉尘的元素浓度相关，主要元素为铝和硅（铝 -203 和硅 -02）。该行业采取中子伽马射线对固体和液体进行非破坏性、不接触元素分析。伽马射线与煤炭相互作用，与煤炭中的粉尘作用方式不同于它与烟煤的作用方式。这种相互作用可以测量，并可用来制作矩阵，从而确定煤炭中的粉尘含量。

放射性同位素可在许多情形下用作追踪剂。它们可用在某种植物或动物体内追踪某种化学物质的运动。植物通过根茎吸收含磷的化合物，因此，若在土壤中加入放射性磷 -32 元素，人们便可通过分析该植物的叶子来评估该植物吸收磷的速度。

它们还可用来测量杀虫剂的残留程度。可将一种放射同位素（比如氯 -36）加入某种杀虫剂中，并喷洒到田间作物上。过一段时间后，研究农作物的生物学家就能够确定作物中吸收了多少杀虫剂，土壤中残留了多少。

核技术中最显著的应用也许就是用于和平目的的核炸药，“世界路桥”中许多基础设施建设急需这种技术。早期和平使用核炸药研究工作始于 20 世纪 50 年代，在美国和平使用原子能政策下，“犁铧项目”进行了相关研究。比如，在 1961 年，进行了代号为“土地神”的地下核爆炸测试。此后，相关的研发被搁置了。现在，急需恢复和平核炸药的研发和应用。

七、核能用于海水淡化、水处理

核裂变产生的热量对人类另外一大贡献就是对海水以及含盐的咸水进行淡化处理。地球上的淡水很少，只为所有水源的一小部分。尽管地球表面 70% 都覆盖有水，但只有 2.5% 的淡水，其他都是海洋里的水。尽管有 2.5% 的淡水，但只有 1% 的淡水可以获得，因为大部分淡水被冰层和积雪覆盖着。

缺少干净的饮用水是一个世界性大问题。世界卫生组织宣称，超过 10 亿人居住在无法获得再生水源的地方。根据联合国的一份报告，非洲尤为严重，其次是亚洲和太平洋国家。全球缺少干净的饮用水，迫使几百万人饮用不安全的水。这就导致各种疾病的高发，比如痢疾——五岁以下儿童死亡的第二大杀手。不安全饮用水每年都夺走几十万儿童的性命。

印度自 20 世纪 70 年代以来就参与海水淡化研究。2002 年在卡尔帕卡姆“马德拉斯原子能核电站”就建立了一个试验厂。

不过，我们拥有海水淡化技术，利用原子能光束系统将海水和含盐水进行淡化处理，对废水进行消毒处理，从而为每个人提供大量的饮用水和可靠的卫生用水。不过，还未真正付出努力来做此事。利用电子光束手段对城市饮用水和废水、以及工业废水进行清洁，几十年来证明非常成功。比如，佛罗里达州迈阿密市中心区废水处理厂在 20 世纪 80 年代就装配了一个利用电子光束流对城市污水进行消毒的设备。在德克萨斯州，世界最大的国家电子光束研究中心就有成熟项目，利用电子光束和 X 光技术进行水质清洁。

核裂变产生的废弃热量用于海水淡化，可谓精打细算。帮助海水淡化的核反应堆同时也进行发电工作。同时进行发电和海水淡化工作的一个核反应堆是哈萨克斯坦阿克套 BN-350 快中子反应堆，它能够在提供 1.35 亿瓦电力的同时，每天生产 80,000 立方米的饮用水，使用寿命为 27 年，大约 60% 的电力用于供暖和海水淡化。日本、俄罗斯和加拿大都具有利用核反应堆进行海水淡化的经验，国际原子能机构也强烈主张这样利用原子能。

早在 20 世纪 60 年代，由于预见到将来淡水需求会超过供应，美国内政部盐水办公室就授权给五个研究机构并提供资金，为美国开发海水淡化技术。北卡罗来纳州哈勃岛上的莱特维尔沙滩研究室于 60 年代初成立，盐水办公室主任 C.F. 迈克格万称之为“世界盐水转化试验开发中心”。这是个非核能项目，并未取得什么进步。

核能海水淡化，可定义为在一个工厂内使用一个核反应堆作为海水淡化加工提供能源（电力或者热能）、从海水或者其他任何盐水中生产饮用水。这样的工厂也许只生产饮用水，或者既发电又生产饮用水——这时反应堆所产生的能量，只有一小部分用于生产水。在这两种情形下，核能海水淡化设备是整个工厂不可分割的一部分，反应堆和海水淡化系统都位于同一地方，而且海水淡化设备所用的能量都是现场生产的。它们至少在某些程度上共享一些设备、服务、员工、操作方法、停歇计划以及控制设施、海水的入口和排放口结构。

由于大多数缺乏淡水、经济贫穷的国家都没有大量的基础设施和足够的国家电网，因而中小型核反应堆用于海水淡化就显得非常重要。这就意味着，这些反应堆所产生的电就在当地使用，而它产生的热量则用于生产饮用水。小反应堆也更适合偏远地区使用，那里电网太远。

尽管核能海水淡化有诸多优点，但具有成熟核能海水淡化项目的国家并不多（参见附录）。海水淡化经验最丰富的主要有两个国家——哈萨克斯坦和日本。印度最近在卡尔帕卡姆建设了一个综合性工厂。在日本，报告了一百堆年的海水淡化。这些海水淡化设备与大型密封压力水反应堆相连，每天可生成14,000立方米的饮用水。由于日本所有核电厂现在都闲置着，很显然，这些海水淡化厂也不生产任何饮用水。

中国红沿河核电站海水循环泵所用的传动箱。

在哈萨克斯坦，现在已废止的 BN-35 快中子反应堆就曾多年用于海水淡化。许多报道表明，俄罗斯也积累了相关的技术经验，可使用船上的浮动核电厂进行海水淡化。

印度自 20 世纪 70 年代以来就参与海水淡化研究。2002 年，在印度西南部卡尔帕卡姆“马德拉斯核电站”就建立了一个海水淡化试验厂，同时生产 1.7 亿瓦的电力。这个混合核能海水淡化试验工程包括一个日处理 1,800 立方米的反渗透装置以及一个日处理 4,500 立方米的多级闪蒸车间设备。这是基于反渗透和多级闪蒸混合技术之上最大的核能海水淡化工厂，使用核电站的低压蒸汽和海水，但电厂要付出 4 百万瓦的电力损耗。

一个利用印度孟买附近特朗贝核试验反应堆余热进行低温海水淡化的工厂自 2004 年起就已运行了，为反应堆供水。

巴基斯坦于 2010 年列装了一个日处理 4,800 立方米水的多效蒸馏海水淡化厂，与卡拉奇附近一个 1.25 亿瓦、加压重水慢化反应堆发电厂——卡拉奇核电厂配合使用。一个反渗透水厂已运行，日处理 454 立方米的水，供其自己使用。

中广核电力在辽宁东北部大连红沿河新项目中列装了一个日处理 10,080 立方米水的海水淡化工厂，利用余热提供冷却水。俄罗斯、东欧和加拿大的核电厂都有大量的经验，在这些国家，区域性商业和住宅供暖也是核电厂的一种副产品。

在全球海岸地区发展大型核能海水淡化的最好方法就是建造许多 1 亿瓦—2 亿瓦小型核反应堆。这些小型反应堆连成一串，便可为工业和商业提供足够可靠的电力，同时又提供热量用于海水的淡化处理。

韩国已研制了一种小型核反应堆，利用废能进行发电和饮用水生产。这种 3.3 亿瓦（热能）小反应堆设计寿命长，而且每 3 年才需添加一次燃料。主要设想就是把小反应堆与四个 MED 设备相连，每个设备都有一个热蒸汽压缩机，每天可生产 40,000 立方米的水，并可发电 9000 万瓦。

阿根廷设计了一种功率为 1 亿瓦的加压水冷却反应堆“CAREM”，可利用发电废能进行海水淡化、或者单独用于海水淡化，在阿土查（Atucha）核电厂附近正在建一个标准反应堆。更大的反应堆也已初显端倪，也许会建在沙特阿拉伯。

中国新能源技术研究院在 500 万瓦试验工厂的基础上开发了 NHR-200 重水反应堆。

俄罗斯在开发以浮动核电厂为基础进行海水淡化方面走在前列，尽管有不少报道称中国也对这类工厂越来越感兴趣。媒体报道称，俄罗斯原子能海外公司——俄罗斯国有原子能垄断企业俄罗斯原子能公司的出口子公司已与中国签订了一份谅解备忘录，帮助中国自 2019 年起发展浮动核电厂。根据计划，要联合建造六座能同时生产饮用水的核电厂。截至目前还不清楚，这些浮动核电厂是沿海岸固定，给海岸地区提供电力和饮用水，还是只为电厂员工供应。

不过，俄罗斯正在“罗蒙诺索夫号”舰船上建造一座浮动核电站。该船将建两个经过改进的 KLT-40 核反应堆，能够发电 7 千万瓦或者生成 3 亿瓦热量，而且可同时用作海水淡化工厂。这意味着该船能够每天生产 240,000 立方米的淡水。

世界核协会于 2014 年在其网站上发布的一份报告指出，俄罗斯使用 ATETs-80 反应堆——即能 KLT-40 的孪生反应堆，够利用发电废能，每天生产 8500 万瓦电力的同时生产 120,000 立方米的饮用水。世界核协会还指出，俄罗斯还有更小一些的 ABV-6 反应堆，可产生 3800 万瓦的热能；两个反应堆安放在一条 96 米长的驳船上，被称作“沃尔诺洛姆号”核电站，将日产电力 1200 万瓦，同时通过反渗透作用每天生产 4 万多立方米的饮用水。

钍反应堆。下一波大量出现的核反应堆会是那些由钍做燃料的反应堆。钍作为核燃料有很多优点。钍矿或者说独居石，大量存在于印度、澳大利亚和巴西黑色沙滩上。同时，挪威、美国、加拿大和南非也发现了大量的钍矿。研究发现，以钍为基础的燃料周期大约为 30 年，但所用数量却比铀或者铀—钚混合小得多。德国、印度、日本、俄罗斯、英国和美国都进行了研发工作，包括将钍燃料放在试验反应堆里照射，高度燃烧掉。有几个反应堆已采用钍作为燃料。

印度是目前投入研究和利用钍燃料努力最大的国家；其他国家没有这样大量地进行钍中子物理学研究工作。所获得的积极成果已激励印度核工程师们计划将钍作为在建的、更先进的反应堆的燃料。因此，印度政策制定者有义务将燃钍反应堆作为主要的负荷机器，并发展相应的工程基础设施，以便在非常短的时间内大量建造这类反应堆。

除了钍有丰富的储量外，所有开采的钍矿都可能在反应堆里使用，相比之下，自然铀只有 0.7% 的可用率。换言之，单位物质中可获得的能量值，钍是铀的 40 倍。

从技术角度来说，钍比浓缩铀更受青睐的一个原因是：从钍培育U-233要比从U-238中培育钚更高效。这是因为钍燃料产生的非裂变同位素要少得多。燃料周期设计者可以利用这一效率，降低单位产能所耗的燃料数量，从而减少要处理的废物数量。此外，可裂变的钍-232（Th-232）衰变非常缓慢（它的半衰期大约为地球年龄的三倍）。

钍还有许多其他优点。比如，氧化钍——即钍作为核电燃料的形式，是一种高度稳定的化合物，比目前常规核燃料中所使用的二氧化铀更稳定。此外，氧化钍的热导性要比二氧化铀高10%—15%，这就使得反应堆中的热量容易从燃料棒中流出。而且，氧化钍的熔点比二氧化铀高500℃左右，这就让反应堆在出现冷却剂暂缺的情况下有更大的安全幅度。

使用钍作为燃料存在一个挑战，即它需要中子来启动它的裂变过程。钍不是像U-235那样的裂变燃料，钍-232吸收慢中子后产生U-233裂变物。换言之，像U-238一样，钍-232是能产生裂变物质的。钍-232吸收一个中子后变成钍-233，后者衰变成镤-233（Pa-233），然后接着衰变成可裂变物质U-233。当放射过的燃料从反应堆上卸载掉，U-233可与钍分离，然后作为燃料用于其他反应堆。U-233比其他常规核燃料U-235和钚-239更优越，因为单位吸收中子的中子产出量更高。也就是说，一旦它被U-235或钚-239释放的中子激活，钍的培育周期要比U-238和钚更短，效率更高。

采用钍作为核燃料的各种优点概括如下：

1. 钍燃料在其废料中不会生成核武器的制造材料；废料中含有放射性同位素U-233，它不可能用于武器制造。

2. 钍不像铀那样，在自然形态下拥有可裂变的同位素；因此，不含有经过浓缩就达到制造核武器水平的材料。

3. 钍燃料可以安全地焚烧地球上废弃的钚废料，并可发电、以及提供海水淡化所需要的热能。

4. 钍燃料周期的废料有害放射性时间不超过200年，与铀燃料周期废料超过1百万年的有害放射期相比，优势非常明显。

5. 钍燃料在很多方面更为经济；单位质量的钍比单位铀燃料生成更多的能量，约为其40倍，这意味着以钍为燃料的核电厂几十年才需要添加一次燃料。

6. 钍燃料周期废料能够经过再加工，可在燃料闭链中用作裂变材料；这就意味着最终无需新添裂变材料为反应堆提供动力；不过，再加工技术（即，把 U-233 分离）暂时还不存在。

解决世界水源危机

本杰明·丹尼斯顿

2014 年 9 月

要解决当今世界的水源危机，只有形成共识方可——即人类有义务成为地球的守护者，要成为一支有创造力的力量，不断改善整个地球（甚至其他星球）的条件。就像林顿·拉鲁什强调的那样，这就是俄罗斯—乌克兰伟大科学家弗拉基米尔·沃尔纳德斯基的著作所得出的科学结论；他证明了人类社会具有低级动物全都不具备的能力，比动物和植物（生物圈）的行为总和还强大的能力——即科学和文化思想（即人类知识的总和）。不管现代环境论者是否喜欢这一点，科学现实表明，人类天生就有责任不断地重新塑造和改善地球表面。否定这一点就等于否定人类的存在。

这也是当前全球水源危机中所争论的原则。近几十年来，基本的进步和发展遭到阻挠，以致 40 亿人——全球人口一半以上——没有安全可靠的水源供饮用和卫生清洁。食物生产受到了威胁。工业基础远远达不到未来生产需求。由于缺水而引发疾病和死亡。

超过 70% 的地球表面都被水覆盖着，叫人如何容忍这种缺水情形呢？从理论角度来看，如果全世界人口都能按照美国人均用水量使用水，全世界的水资源总量为 70 亿人按照美国人标准一年用水量的 10 万多倍[①]。就拿淡水来说，按照这

① 目前美国人均用水量是全球平均用水量的四倍。美国地质勘探局和美国内政部报告——“2005 年美国用水评估”，提供了淡水使用总量，转变为人均用量，为人均每年 160 立方米。这是社会的所有直接用水，其中包括公共用水（占整个用水的 11%），家庭用水（1%），灌溉或农业用水（31%），牲畜或水产业用水（3%），工业用水（4%）、矿业用水（1%）以及热电厂冷却用水（49%），不过，这并不包括“隐性”用水，比如食物生产过程用水，工业制造的食物以及其他生产过程需要用水、进口物品。

一理论概率来算，地球上共有淡水资源为全球所用淡水的三千多倍①。

不过，不能仅仅采用“使用”这一术语来探讨水的供应。水不是一种只能使用一次的“有限资源”（比如煤炭或天然气）。全球水系统具有循环特征，水常常由一种状态向另外一种状态转变（比如液态的海洋、冰冻的冰帽和大气中的水蒸气），并且可由一种系统转向另外一种系统（比如海洋、有生命的物质、和人类的经济活动）。有鉴于此，任何想解决几十亿人用水需求的努力，不管现在还是将来，都必须集中在水循环的管理操控或创造上，而非“使用”本身。

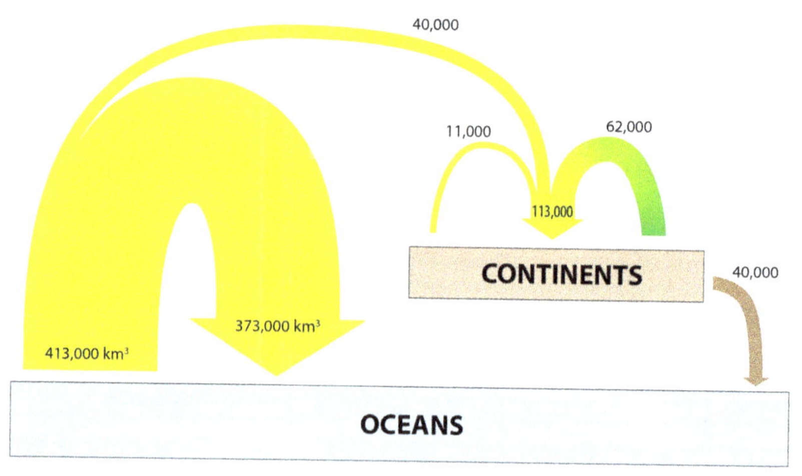

图 1　全球水循环示意图

纵观地球生命史，其中包括人类文明史，到目前为止，最重要的水循环莫过于海洋水汽蒸发、陆地降水、然后由陆地表面流回海洋。这被称为地球水循环（参见图 1）。这就维持了陆地上所有的生命（尽管植物日益扩大并促进了这一循环），而且也改善了海洋里的生物（水流从陆地带来许多营养物质）。据估计，现在的循环速度（以每年陆地新降雨量为测量手段），是全球 70 亿人按照美国人均用水量使用总量的 4.5 倍。不过，这还不算充分理解全球水循环能够提供的水源，

① 对当前全球水分布和水流的评估数据来自科罗拉多州博德尔国家气象研究中心凯文·特兰伯斯（Kevin Trenberth）等人的研究论文“利用观测和模型数据对全球水资源及其年度循环的预算评估”，该文发表于 2007 年《水文气象学》杂志第八卷。这里的数据并未涵盖最近的发现——海洋底下存在大量的含水土层以及地壳深处矿物层大量的蓄水。

因为水在一次循环过程中可以多次使用。比如，同一批量的水在冷却热电厂之后可以用于农田灌溉，然后再用于卫生清洁，在一次循环中“使用”三次。在许多情况下，再次使用率可能会更高。

因此，在谈论循环这一术语，全球年降水量可用来定义一次循环的速度，而利用和再利用的数量则可用来定义一次循环的生产率。这些测量方式可应用到全球水循环或细分到各大洲的水循环，或者再细分为一条河流的流域水循环，依次类推（比如，可参见下表“提高北美水循环的物理生产率”）。从这一点来研究全球的水系统，就会清晰地看到，水资源是有的；所缺乏的是必要的经济发展和能流密度，[①] 去改善现存水循环的生产率（采取净化、清洁等相关系统），控制或扩大现在的循环（比如利用水库和河流的导流系统），以及创造新的循环（采取改变气候系统或海水脱淡化）。

何谓资源？这是拉鲁什先生自然经济学一个基本教义。是人类创造了各种资源。“自然”资源这一概念，如果不是一种欺骗，也是对人的一种误导。对人类而言，决定某物是不是一种“资源”的因素从来都不是它的“自然”状态，而是一个社会的科学发展水平。水资源就是一个极好的例子，充分阐明了人类的这一原则。

直到最近几代人，人类能够获得的淡水资源仅限于某个地区陆地水循环的管理，包括水循环造就和维系的所有河流、湖泊、地下水等。尽管在过去（和现在）可以提高水循环的利用率和生产率，但这个资源的大部分都处于人类掌控范围之外——易受地区气候变化影响，比如太阳活动变化引起的气候变化（下文另作讨论）。

现在，由于有了能够与由裂变和聚变经济提供的能流密度一起在全球使用的新技术，人类第一次能够有望对陆地的水循环进行管控，甚至可以通过天气调节技术和脱盐方法来创造新的循环。在详细研究这些概念之前，我们从更广的角度来思考一下这其中所蕴含的意义。

直到今日，整个地球的水循环完全由太阳支配，它提供太阳能用于海水淡化（海洋蒸发）和水蒸气向内陆的输送。但是，现在地球历史上第一次出现了一种全新的能源。尽管一开始相对较小，按照弗拉基米尔·沃尔纳德斯基的理解，通过操控大气湿流（调节天气）制造淡水（利用海水淡化技术）并通过陆地水循环

① 参见本章的第一篇文章。

系统对这些新淡水资源进行分配，人类正逐步赶超太阳对地球的作用。

林顿·拉鲁什一直强调，水资源危机的解决需要支持实现沃尔纳德斯基的科学理念——运用科学力量的人类是一种地质力量，负责全球水系统的整体改善。对一个不断进步的人类来说，所需的水资源是存在的；所缺乏的是对人类社会力量的有效组织。

这就是本报告以下各节内容的科学基础。首先，恰当地确定各种挑战的解决条件；简要地从各个方面回顾一下全球水资源危机，挑选几个例子说明人类面临挑战的原则性特征；然后采用一种自上而下的方法，讨论全球应对水资源危机的前景。

一、水资源危机的方方面面

全球可获取的水资源匮乏情况，可以简要概括如下：在当今世界人口中，大约 9 亿人没有安全的饮用水，26 亿人因缺水而无法获得卫生设施[①]。如果把标准设定得再高一些——即含盖那些家中没有安全可靠自来水的人，那么缺水的人数可达到 40 亿人。此外，对于数百万已拥有很好水资源的人来说——比如美国西南部地区，他们未来的水安全也受到了威胁。

世界水资源管理危机的另一个显著表现就是饮水传播疾病的盛行。霍乱就是一种典型的、由于缺乏基本饮水管理而导致的疾病。根据世界卫生组织提供的数据，从 2000 年到 2010 年，全球霍乱的病例数增加了 130%。据世卫组织的估计，现在每年有 3 百万—5 百万例霍乱病人，死于该疾病的人数为 10 万—20 万。这是一种保守估计，因为世界卫生组织评估说，只有 5%—10% 的霍乱病例能够正式上报[②]。

“联合国 2012 年世界水资源发展报告”勾画了全球水资源危机分布图，确认了水资源危机的两个方面——“经济方面”和“自然方面”（参见图 2）[③]。“经

---

① “联合国 2014 年世界水资源发展报告——水与能源”，第 7 页。
② 世界卫生组织数据单，第 107 期，2014 年 2 月更新。
③ 2012 世界水资源评估项目，《联合国世界水资源发展报告（第四期）：在不确定性和风险下管理水资源》，巴黎，联合国教科文组织出版发行。

济方面”指的是基础实施不够发达、无法利用现有的水源；“自然方面”指的是社会需求已超过了当地的水源供应。

图 2 简短描述了水资源危机的全球特性和地理状况，随着时间的推移，一些地区的情形已更加恶化。

下面，将对全球水资源危机的四个方面进行分析。首先简要地探讨一些愚蠢政策，不必要地加速了水资源危机的恶化、必须立刻废止——即采矿业采用的水力压裂法以及生物燃料。接着分析水资源危机的两个方面——地下水资源储备的耗竭，地面水供应管控的不足与缺失。最后，我们分析太阳活动变化的作用，侧重于研究以前地区气候和水资源分布模式变化与太阳活动变化类型之间的关系，我们未来几十年也许也要经历这样的变化。

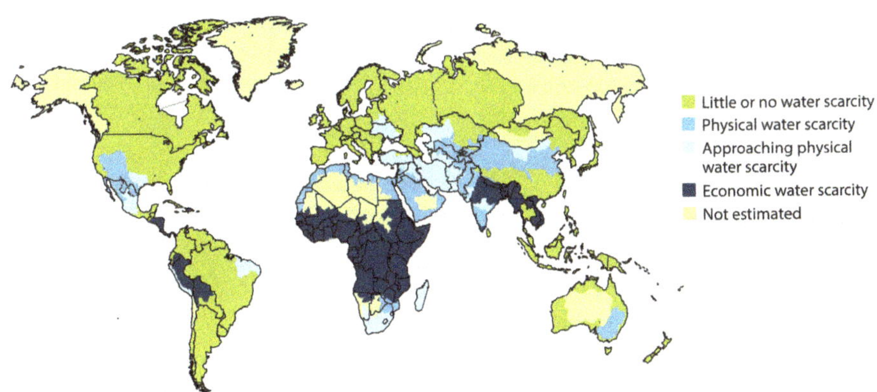

图 2　全球水资源自然匮乏与经济发展上的匮乏

根据未来因太阳变化而引起的地区水循环变化的可能性来看，目前水资源危机的深度要求自上而下地总体看待、全球一盘棋地加以解决，本文后半部分将予以讨论。

（一）加速危机恶化的政策

多种因素的综合作用，比如水资源的逐步消耗、自然和经济的局限、以及对基础设施和技术的故意阻碍——导致目前的全球水资源危机。不过，尽管如此，某些国家还在加强许多不必要的做法，致使本来就糟糕的情形变成了灾难。最显著的做法莫过于采矿业所用的水力压裂法以及生物燃料。这些做法不仅本身浪费水，而且它们作为能源也消耗水，事实上这对其经济体纯粹是一种消耗。

1. 水力压裂法以及生物燃料

水力压裂法开采石油和天然气，用水量大增，这直接威胁着某些地区水资源的可及性。尽管每口油井具体的水需求根据页岩种类的不同而不同（比如，经过多少次压裂形成孔洞、使用的水质量如何），但这一做法很明显是有害的。

在世界压裂法先驱的美国和加拿大，采用压裂法开采的油气井，几乎一半（47%）位于水资源高度紧张的地区，其中包括高原地带的加利福尼亚州、北达科他州、怀俄明州，以及德克萨斯州和新墨西哥州。就压裂法开采的油井数量来说，干旱严重的德克萨斯州为各州之最，9,000 多口井位于极端缺水地区，另外 9,000 口位于易于干旱的地方。压裂法开采油气所用的的水，只有 5% 是循环利用的；换言之，95% 被“消费”掉，用光了。美国和加拿大的这些油气井在 2 年半时间内所用的水，达到 3.67 亿立方米（970 亿加仑）。这相当于一个百万人口的城市年度用水。

尽管这在水资源危机背景下已构成水资源的浪费，但还有人要极大地推广这种做法。

2. 生物燃料

现在进行的乙醇、生物柴油和酒精汽油混合燃料生产，都在不同程度上将大量的水用于种植和加工那些用作燃料或能源的植物材料——这不仅浪费水，而且直接导致食物生产的损失。2014 年全球乙醇的产量有望达到历史新高，900 亿公升（230 亿加仑）。在世界乙醇生产先驱的美国，玉米年产量的 40% 现在都用作生物燃料。

每 1 升由玉米提取生产的乙醇，所需用水量由 7 升到 2000 升不等，这取决于玉米是否需要灌溉。因此，全世界 900 亿升乙醇至少要消耗 6,370 亿升水，相当于一个 450 万人口的城市年度用水[①]。

---

① 参见“玉米乙醇对水需求的测量”，发表于《麻省理工学院技术评论》，2009 年 4 月 14 日。

3. 倒退的政策

问题不仅仅是这两种特定的能源政策——水力压裂法开采油气与生物燃料耗费了大量的水。如果它们提供了能够提升整个经济的能源，那么它们也就成为整体促进经济发展的一部分——但是，情况并非如此。

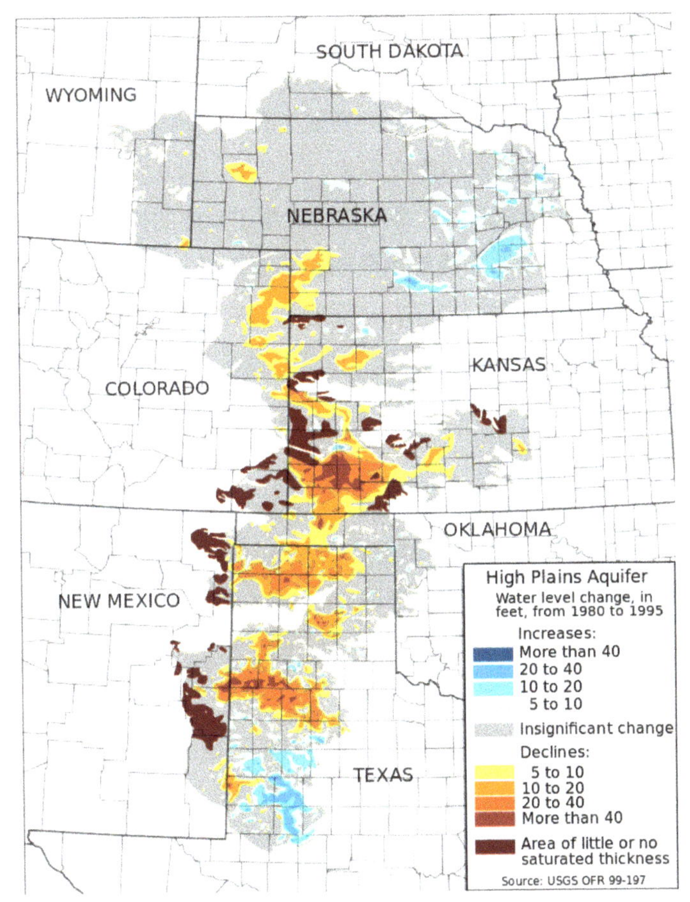

图 3　北美洲高原蓄水层的地下水位在下降，1980—1995 年。

人类未来能源需求在于核反应领域，核裂变、尤其是核聚变提供的能量。压裂法开采天然气作为一种能源供应是一种倒退，用实体经济学的话来说，那是利润率的降低——即为获得相同数额的能源，要增加实体努力和资金投入，因此单位实体经济投入的能源回报率在下降。这是一种耗损过程的典型特征，当一种资源库被逐步耗尽时，社会的实体努力就会增加，以维持之前的生产水平。尽管科技进步提高了劳动生产率，的确抵消了不断增长的实体代价，但采用核反应能够获得更高等级的能源，使得压裂法开采油气成为社会的一种净亏损。

生物燃料项目在某种程度上更为愚蠢。比如在美国，由玉米生产生物燃料的过程是能源密集型生产，以致于生物燃料的燃烧供能只为生产所耗能量的 1.3 倍[①]。与美国其他主要能源相比，这一比率通常为 10—100 倍，玉米乙醇为最低。能量回报率低的可怜，而且它耗水，并变更了食物的用途，这都表明通过政府补贴来支持生物燃料是一种犯罪的蠢政策。

再次声明，未来的能源和电力供应在于对原子反应的控制。除了提供电力外，这些高能流密度手段会帮助人类解决全球水资源危机。在简要介绍导致水资源危机恶化的政策之后，我们现在来分析一下地下水枯竭和地表水不足（以及经营管理的缺失）所带来的挑战。

（二）地下水的枯竭

世界各大蓄水层的位置和状况已被许多科学机构、特别是联合国教科文组织绘制成图，联合国教科文组织 2008 年的“国际水文项目”建立了一个内容广泛的全球数据库。许多地方的地下水位已达到危险界点，必须使用更深的水泵进行泵水，而且水质很差。许多地区的地表正在沉降[②]。图 3 就表明了北美洲高原蓄水层的水位下降情况。

地下水供应之所以会成为问题，主要是因为许多蓄水层再生水的速度相对缓慢[③]。再回到一开始所讨论的全球水循环这一概念，所有地下水的终极源泉就是太阳辐射作用而给陆地带来的降雨。这就是淡水层的积累、维护过程。对许多蓄

① 美国农业部，侯赛因·夏普里等，“玉米乙醇的能量平衡：更新”，2002 年 7 月。

② 不过，也有一些地方的地下水能够使用、并可以获取，但还未开采，应加以开采以解燃眉之急，以后再发展更先进的方法。比如在非洲，苏丹的西北部的人就急需水，却没有修建相应的基础设施（水泵以及储蓄和输送系统）来开发利用努比亚蓄水层的地下水。该地区的和平政策应给该地区的农业耕作、食品加工和家庭提供足够的水源。空间地质学家、卫星遥感和沙漠地下水识别专家法鲁克·埃尔·巴斯博士就曾做过这样的呼吁。参见《行政情报评论》2007 年 9 月 14 日版“法鲁克·埃尔·巴斯博士：地质学家建议给达尔富尔打井 1000 口，利用科学服务人类”。

③ 一些蓄水层再生水速度很慢，而其他一些则根本无法再生，是储藏量有限的“化石水”。

水层来说，这一周期太慢了，难以赶上人类活动对水的消耗。这就导致循环周期内水的耗竭，人类要么加速水的循环周期（通过增加新的补充系统），要么创造新的水循环，增大地下水储量或者取代地下水的使用。为了说明这一点，我们来看一下美国的三个例子。

世界时最大蓄水层——美国奥加拉拉为全美四分之一灌溉面积的土地提供灌溉水源，并为二百万人提供饮用水。根据美国地质勘探局 2007 年的一份报告，整个蓄水层能够使用的水量较五十年代减少了 10%，比“开发前”少了 310 立方千米（在一些地区，水位在一年内会下降 5 英尺）[①]。根据美国地质勘探局 2002 年给国会提交的一份报告，从 1987 年到 1999 年这段期间，年度消耗速度平均为 5 立方千米[②]（相当于科罗拉多河分配给加州的水量），而且自那时起，消耗速度在不断增加。

另外一个例子是加州的中央谷。面积为 6 万平方公里，占美国耕地总面积的 1% 不到，但中央谷却生产出全国 8% 的农产品（以价值计算），成为世界上最富饶的农产区之一。根据 2014 年 2 月加州大学水文建模中心提供的一份水资源报告，中央谷蓄水层在 1962 至 2013 年间已减少了 75 立方千米的水；换言之，地下水每年的消耗远大于再生能力，平均每年减少 1.5 立方千米[③]。由于加州干旱加剧，地下水的使用不断加快。

第三个美国的例子便是其西部的科罗拉多河流域。该流域面积超过一百万平方公里，而且科罗拉多河本身给所流经的 7 个州 3300 多万人提供水源，尽管其流量在过去十年里显著减少。2014 年 7 月，一个由来自航空航天管理局和欧文市加州大学科学家领导的研究小组认为，该流域在 2004 年 12 月至 2013 年 11 月期间共损失 65 立方千米的淡水——几乎为美国最大水库、内华达州米德湖储水量的两倍。耗损速度超过每年 7 立方千米（几乎为科罗拉多河目前流量的一半），而

---

① “从开发前至 2005 年高原蓄水层水位和储量变化”，作者：V.L. 迈克瓜尔（V.L.McGuire），参见网址：http://pubs.usgs.gov/fs/2007/3029/

② “提交国会报告——水的可及性与使用全国性评估的几个概念，美国地质勘探局第 1223 号传阅报告”，2002 年。

③ “GRACE 报告——加利福尼亚州萨克拉曼多和圣华金河流域水资源储量变化：2003—2013 初始更新数据”，欧文市加州大学水文建模中心；2014 年 2 月 3 日，加州大学水文建模中心 1 号水资源报告。

且研究认为 75% 的损耗为地下水量的减少[①]。

再放眼全球，目前盛行的估计认为，全世界蓄水层自近现代以来已缩小了 20%。世界地下水每年以 1%—2% 的速度减少（在过去 50 里翻了三倍），据粗略的估计，2010 年减少 1,000 立方千米[②]。

需再次说明的是，这些蓄水层不是有限储备，它们正在得到不断的补充，只不过补充的速度低于人类需求的速度。下面会展开讨论，上述美国三个蓄水层问题的解决方案在半个世纪前就提出来了；北美水电联盟建议通过对大陆水循环管理而实现一种更高层次的控制。

（三）地表水的匮乏

尽管陆地上有大量的降水，但地表水的分布极不均匀。气候、地理和天气的相互作用，使得全球不同地区、同一大陆的不同地区、甚至一个国家、州或者省的不同地方，水的“自然”可及性差异迥异。图 4 就反映了这一情况，它展示了各地区的“水资源压力”，即现行的水供应难以满足社会需求。

不愿忍受这种差异的人类可采用两大类方法来改善陆地水循环：让地表水以一种有益的方式进行分布；或者提高现有水循环的生产速率。这主要通过基础设施系统予以实现，如修建大坝、水库、运河、水泵站、灌溉、净化和卫生设施。

在大多数地区，这类发展滞后了，因此还有巨大的潜力可供挖掘。有两个显著的例外——在北美，20 世纪上半叶田纳西河和科罗拉多河（加利福尼亚州）流域的水利工程；以及当前中国所修建的“南水北调”工程，将长江流域的水北调至黄河流域。

20 世纪 30 年代，富兰克林·德拉诺·罗斯福设立的田纳西河流域管理局，驯服了田纳西河流域各河流的桀骜不驯。田纳西河流域管理局修建了很多大坝和水

---

① 这种损耗不仅是抽水泵抽水所致，还有干旱造成的水量减少。“美国地球物理协会：卫星研究表明，干旱的美国西部正用光地下水”，2014 年 7 月 24 日美国航空航天管理局和美国地球物理协会联合发布。

② 其中，67% 的水用于灌溉，22% 的水家用，11% 的水用于工业。参见“2014 年联合国水资源发展报告”第二章；联合国教科文组织“水与能源第一卷”；以及“地下水印迹所揭示的全球蓄水层的水资源平衡”，作者为格里森等人，发表于《自然》杂志 2012 年 8 月 8 日刊。

库，从而确保在水盈和缺水季节都有稳定的水流。这极大地改善了农业，而且激活了新的航运，促进了水力发电的发展。这一工程将一个贫穷和疾病（如疟疾）横行的地区变成了当时最先进科学研究项目的基地，即“曼哈顿计划”（参见田纳西河流域管理局这一节）。

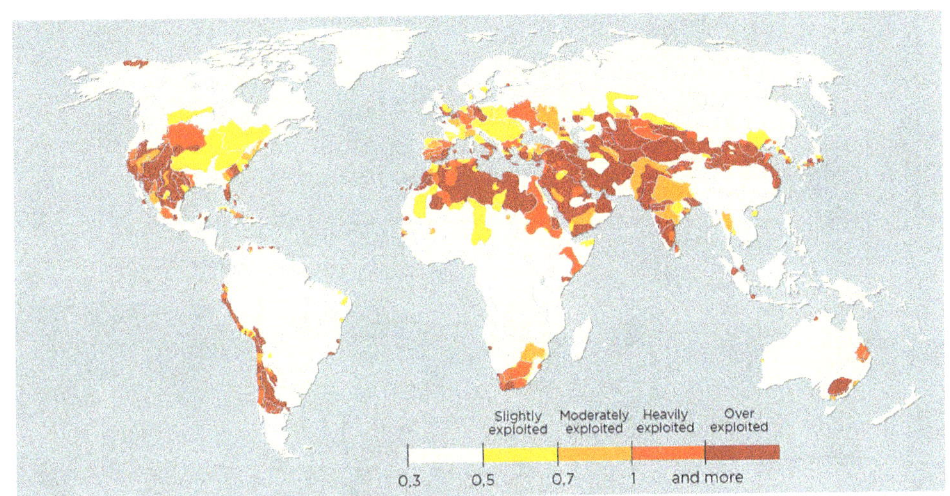

图 4　世界各大盆地水资源压力指示图

美国干旱的西部曾经面临着更大的挑战。通过一系列的大坝、水库、灌溉以及相关的设施建设（其中以胡佛大坝和米德湖最为有名），科罗拉多河流域更大面积的水资源得到了控制。目前，四千万人的农业用水、工业用水和家庭用水都依赖科罗拉多河的管理，几十个大坝、几百英里的运河以及灌溉渠给 16,000 平方公里的地域供水。对西部后续的开发包括：“亚利桑那州中央运河工程”，分流了科罗拉多河的河水；“加利福尼亚水利工程”，调节萨克拉曼多河和圣华金河的水流。这就是加利福尼亚中央谷如何变成美国粮仓的原因，在不足全国耕地面积 1% 的土地上种植生产全国十分之一的粮食。

不过，尽管美国西南部的这些地方项目都很成功，但科罗拉多河、萨克拉曼多河和圣华金河的水流与它们流域面积相比还是小得多。从 20 世纪 50 年代和 60 年代起人们就认识到，一个更大的问题需要解决，即大陆性水资源不均——北美的西北部、整个加拿大和阿拉斯加州水资源过剩，而美国西南部和墨西哥北部水资源匮乏。以河流的流量来测算的话，北美洲西北部的水流量为西南部可用水的十倍。

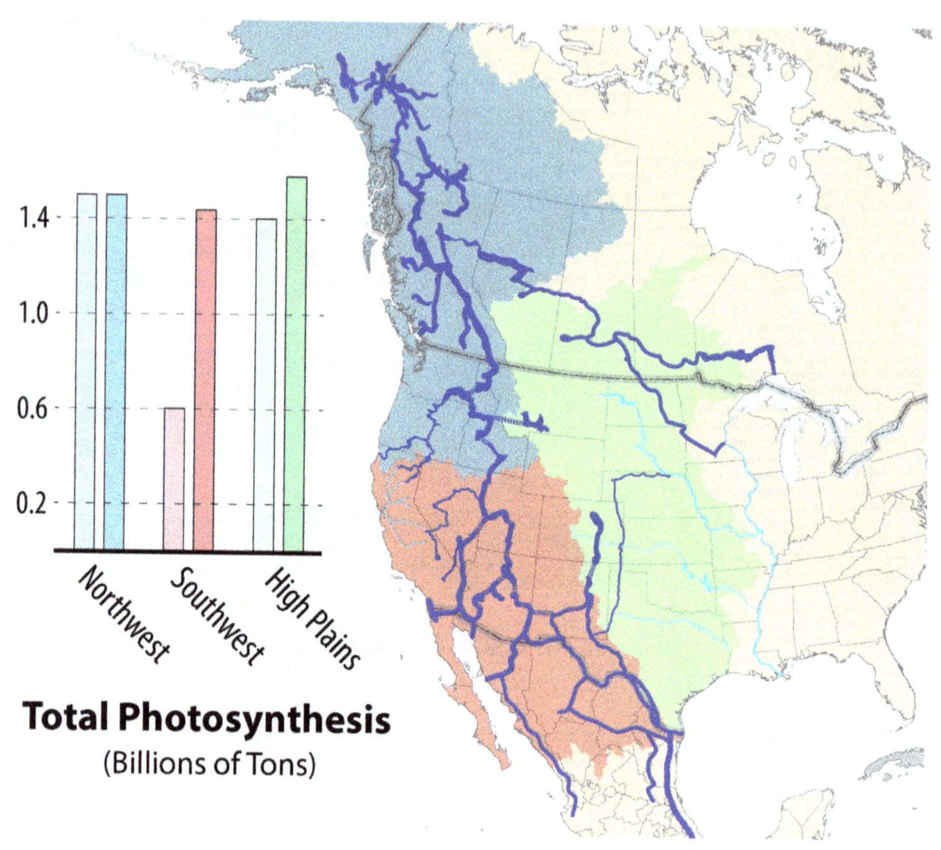

图 5　北美水电联盟，PLHINO 项目，PLHIGON 项目[①] 和光合作用

到了 20 世纪 60 年代，设计成立了规模庞大的“北美水电联盟”来矫正这个巨大的水资源不均问题，有人提议建立一个大陆水资源管理体系，将西北部河流中 20% 的流水引入到西南部。从 2010 年到 2014 年，“拉鲁什计划顾问委员会”[②]

① PLHINO 和 PLHIGON 为墨西哥两个水利项目名称，将水从墨西哥南部雨量充沛的山区向北输送。——译注

① 原文缩写形式 PAC 可表示 political action committee（政治行动委员会）、Pan-American Congress（泛美大会）、和 Program Advisory Committee（计划顾问委员会）等，译者采用更符合本文语境的“计划顾问委员会”。——译注

基础研究小组重新审查了“北美水电联盟”，并提议进一步提升和扩大这一项目[①]（参见图5）。若考虑其扩展潜力，北美水电联盟能够为西南部各州增加供水50%—200%，第一序列评估表明，它可提高西部各河流域内水循环的光合作用率，增幅为30%；并可使整个北美大陆水循环的光合作用率提高10%（参见图中加框文字，“提高北美洲水循环的物理生产率”）。

提高北美洲水循环的物理生产率。北美洲大陆水循环年均水量据估计约为3,150立方千米（由淡水河流的流量测定）。其中，1,466立方千米由西北部流入海洋，而西南部只有113立方千米。采用美国航天航空管理局地球监测卫星的测量结果和分析，可估计出这些地区的光合作用的总生产量。将这两个值进行比较便可得出北美大陆水循环以及每条河流的生产率，这是一种简单但富有洞察力的测量方法。以下测量数据代表“每年几十亿吨光合作用”除以“每年流失淡水量的立方千米数”，以测量“每立方千米淡水流量所产生的光合作用吨数”这一生产率。

北美洲：74亿吨/3,150立方千米 = 230万吨/立方千米

西北部：15亿吨/1,466立方千米 =1百万吨/立方千米

西南部：6亿吨/113立方千米 = 550万吨/立方千米

高原地带：12亿吨/251立方千米 = 480万吨/立方千米

这些数据表明，就光合作用的产量来说，西南部水的光合作用产量为西北部的5.5倍。这也印证了我们的直觉——西北部的淡水富余，那儿寒冷的气候、缺乏阳光限制了水的产能。利用这些数值，可获得北美水电联盟项目效果的第一序列评估值，估算光合作用的潜在增长以及大陆水循环生产率的提高。

西南部：北美水电联盟项目给西南部带来159立方千米的淡水，生产率为550万吨/立方千米，因此，西南部年度光合作用可由6亿吨提高到15亿吨。

高原地带：北美水电联盟项目给高原地带带来37立方千米的淡水，生产率为480万吨/立方千米，因此，高原地带年度光合作用可由12亿吨提高到14亿吨。

由于西北部的水量充沛，水不是光合作用的一个限制因素，因此，从这个地区取走少量的水对西北部光合作用产量的影响微乎其微。而整个西部（西北部、西南部和高原地带）的水循环生产率便可由1.8吨/立方千米提高到2.3吨/立

② 参见“北美水电联盟的原子能21世纪：通向核聚变经济之门”，《二十一世纪科学与技术》，2014年刊。

方千米——大约提高了 30%。

整个大陆水循环生产率（即包括那些不直接受到北美水电联盟项目影响的地区），可由 2.3 提高的 2.6 吨 / 立方千米——在没有增加水量净输入的情况下，只是通过改善现存的水循环就可以将这个大陆的水循环生产率提高 13%。

不过，尽管获得重大支持，北美水电联盟项目在 60 年代末和 70 年代被电力零增长运动扼杀了[①]。

田纳西河流域管理局被当作全世界的模板，为许多国家所效仿。在一些地方，比如南亚的印度河流域、北苏格兰以及澳大利亚的墨累河—达尔灵河流域，都仿效修建了相应的水利设施。在其他地区，如约旦、非洲、南美洲和东南亚，计划运用田纳西河流域管理局模式，但遭到了阻碍。

与之形成鲜明对照的是，中国大型河流之间“南水北调工程”现在几乎成了唯一的大型地面水管理机构的典范。“南水北调”三条路线，现在已部分竣工。其概念就是将位于季风带、水量充沛的长江水系的一部分水输送到干旱的北部。20 世纪 50 年代首次提出该设想。设计方案经过几十年的争论，在 2002 年底开始动工，自 2009 年起，工程建设速度加快。

东线工程已于 2013 年 12 月开始运作，将水输送到东部省份江苏、安徽和山东地区。到 2015 年，中线的水将输送到北京、天津以及周边地区。2014 年 9 月，开始测试东线的水质，为全面调水做准备。西线将长江上游三条支流的水引向北方，现在还处在规划阶段；它会涉及费力的工程和建设工作。

南水北调工程的规模浩大。东线利用改造了一条有着 1,500 年历史的运河，一条连接南北的航道。目前东线每年可输送大约 148 亿立方米的水。中线将输送 90—130 亿立方米的水。这条水路需要新建 1,400 公里长的河道，其源头为丹江口水库。

西线计划将长江上游的水流引到黄河上游，以增加其水流。其水利工程包括修建许多大型的大坝和隧道，把水流北引，穿越青藏高原和云南西部高原，再穿越巴颜喀拉山脉。这些分水岭皆在中国边境内；初步可行性研究正在进行之中。

一旦全部竣工，这三条南水北调线路将把 200—400 亿立方米的水从长江流

① 参见 2011 年特辑文献，《北美水电联盟 1964 年》，文献网址：http://larouchepac.com/nawapa1964

域引到干旱的北方。此外，还有计划将跨境河流的水进行北调——如雅鲁藏布江、怒江（萨尔温江）和湄公河，这将极大地增加南水北调的流量。

概略地考虑一下在地面水管理方面我们已做的、能做的、必须要做的事情，最近的证据表明有必要从更高的角度——从太阳的角度来重新研究全球水危机的方方面面。

（四）太阳驱动的气候变化

再回到陆地水循环这个基本概念。所有地表水和地下水以及河流的水最终都源自海洋水汽蒸发而行成的降雨；而且根据美国西部地区目前的情况来看，认为降雨模式固定不变是毫无根据的。最近对西部地区的气候历史研究表明，在过去几千年里，气候有极大的变化——从极旱到极涝，而且，与漫长的历史相比，20世纪是历史上最稳定、最湿润的世纪[①]。

美国西部现在似乎正要偏离气候稳定、相对湿润的幸运期。举个例子，上文提到的科罗拉多河，从1900年到2000年，年均流量为20立方千米；但是从2001年到2011年，年均流量仅为15立方千米，而且地下水耗损速度加快，该河的流量会进一步下降。

这只是气候和降雨模式诸多变化的一个例子，这些变化经常发生，对目前的管理系统带来了挑战。这些变化涉及很多因素，如海洋系统周期性以及其他变化，还有生物圈的各种变化，不过我们这里集中讨论太阳的活动。尽管这不是唯一因素，但太阳活动变化是最容易让人忽视、但又最重要的一种因素。

1. 太阳周期、大极小和地区气候

根据对太阳表面显著的黑点数量增减变化，可确定太阳周期大约为11年。尽管太阳黑点数量是观察测量太阳周期历史最久的方法（定期记录测量可追溯到17世纪），但我们现在知道这些黑点变化只是太阳活动更为剧烈、但又无从认识的周期变化的一种表现，这种变化超越了太阳表面，弥漫于太阳大气之中——包括地球在内的所有行星都在太阳大气的包裹之中。

尽管太阳周期的平均时长为11年，但特定周期的实际长度会有所不同，强

---

① 《无水的西部：过去的洪灾、干旱和其他气候线索给我们的未来启示》，B·林·英格拉姆和弗朗西丝·玛拉穆德－罗姆著，伯克利，加州大学伯克利分校出版社，2013年出版。

度也会不同。可能会有一系列时间更久、强度较强（以黑点数量测量）的太阳周期，也会有一系列强度较弱的太阳周期，或者甚至会出现太阳黑点消失几十年的现象（参见图 7）。比如，19 世纪前几个周期的强度较弱，这一段时期被称作“道尔顿极小”。更早时期，在 1650—1700 年间，只有极少量或根本就没有太阳黑点，好像太阳周期消失了半个多世纪，这段时期现在被称为“徘徊极小”，它只是过去一千年中几个大极小中最近的一次。

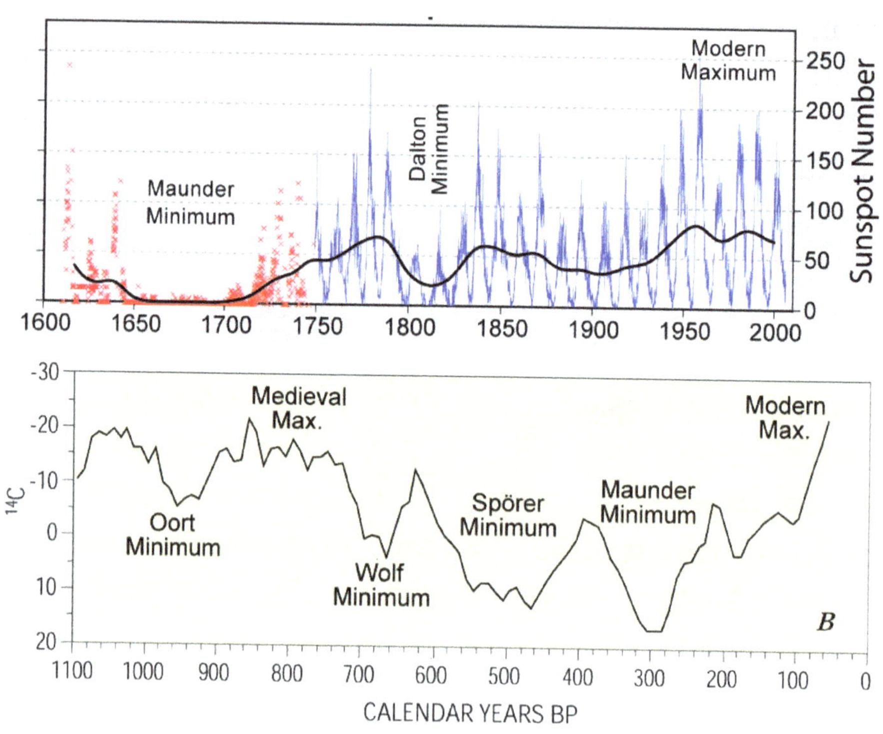

图 6　400 年来太阳斑点观测结果

图示：1,100 多年的太阳活动，根据大气中生成碳 -14 的数量变化测定。当太阳活动减弱时，不断增强的银河系宇宙射线就会产生更多的碳 -14。

“徘徊极小”这一时期之所以有名，还有另外一个原因——即它正好与整个欧洲的小冰世纪重合。这就引起了人们的期望，或许太阳大极小时期会对地球气候系统产生显著影响。

现在有许多研究瞄准了这一点。根据一份调查，对之前全球各地气候和水文变化的各种研究统计后发现了一个有趣的模式。在太阳大极小时期，地球北部的多个记录表明那时极冷（在欧亚至少有四个不同地方的记录都表明了这一点）；热带地区的记录则表明平均雨量增加（在非洲和南美洲至少有三个不同地方的记录表明了这一点）；而亚热带的记录则表明降雨量减少、干旱增多（在亚洲和南北美洲至少十个地方的记录表明了这一点）。

这些研究中最典型的是中国科学院院士 2012 年所撰写的一篇论文，该研究对西藏高原树木的年轮（树对于水很敏感）进行测量，以证明太阳活动弱的大极小时期与干旱时期相对应①。不同的研究分别对中国南海、巴基斯坦、西北亚、印度东部、加勒比海地区的几个地点、中美洲、佛罗里达州和墨西哥等地进行了调查，这些研究均表明在太阳大极小期间降雨量减少。

关于太阳活动变化对地球天气、气候和水文系统的影响，尽管还有许多原因有待认识，但不断的证据表明，太阳活动现在正不断变弱，可能要进入一个新的延长的大极小时期。

没人确切知道太阳要干什么，也没人确切知道新的太阳大极小会产生哪些具体的影响。不过，我们的确知道的是，气候和水文模式的大变化确实会发生，而且这些变化与太阳过去的变化有关。不管变化如何发生、何时发生，人类必须准备应对这样的变化。

这表明，仅仅依赖目前的降水模式以及由这些降水模式所产生的地表水和地下水流量，或许就不够用了。即使进行大规模河流改道引流，也易受到这种变化的影响。未来地球水资源最终不仅要管理好用过的地表和地下水，而且还要研究如何管控大气湿流，以及进行大规模脱盐工作，以创造全新的人造的地球水循环。

以上对人类面临水资源挑战的特性进行了回顾，为研究如何解决这些问题奠定了两大概念基础。

---

① “以树轮为基础重构青藏高原东北部、中部祁连山脉南坡地带近千年来的降雨量”，作者为孙和刘，《地球物理学研究：大气版》，2012 年。（此文的汉语名称未能查到，译注。）

二、从全球视角来看未来的水资源

存在开发新的水资源的技术。基于地球水循环的观点，可将我们采取的行动分为两大类。第一，管理和改善当前地球水循环的使用、效率和生产率。第二，识别这些自然周期可预测的波动，人类必须做好准备，对现行的水循环进行更高级别的控制，甚至创造出新的水循环。

第一大类行动——即对现有循环进行管理，又可细分为两种：第一，已经改善的水资源管理系统能够提高现有水供应的效率、促进水的再利用，从而提高现有水循环的生产率。第二，对江河流域和大陆河流系统加以开发和改善，修建大型的河流引水工程、大坝和灌溉系统。已有的与建议进行的、地区性及整个大陆性河流引水与管理工程案例，前文已进行了讨论。这些工程至关重要，而且必须发展；不过，就像加利福尼亚和周边各州现在所面临的情形那样，这些工程不一定够用。

这就需要我们注意研究第二类方法——即控制现有水循环，甚至创造新的水循环；因此，该方法又可细分为两种。第一，大气湿流和降水能够通过天气改良技术加以影响，而且有可能加以控制。第二，一旦利用核裂变和热核聚变生产出充足的动力，就可进行大规模海水淡化，生产出新的淡水。首先，我们来看一下天气的变更。

（一）“天空中”的资源

根据前文已提及的全球水循环评估，不足 10% 的海洋蒸汽最后降落到陆地上，这表明在大气中还有大量未使用的淡水储存。从海洋蒸发到大气中的湿流流量大得惊人，大约相当于 1,000 个密西西比河的流量，而且总是不断地从海洋上升到天空中。

这种大气中的水能够引导降落到最需的地方、或者避免降落到会引起灾害的地方吗？云的催化技术已在某些条件下取得了有限的成功，而且人们还提出了将大气湿流引入陆地的其他一些方案。不过，这里需强调一下一种不太有名的方法，它的理论基础是大气和天气系统的带电特性——即大气的离子化系统。

这种方法采用很多电线杆和电线网阵，将精确调整的电流输入电线网，对周围的大气进行电离。提高大气的离子化程度可促进云层的形成和降雨。如果规模适当的话，这些系统能够把更多的海洋湿流引到陆地上，从而增加陆地水循环的总量。这些技术已在俄罗斯、阿拉伯联合酋长国、墨西哥、以色列和澳大利亚应用过。我们来看一下几个案例分析。

案例分析一：墨西哥

在 20 世纪 90 年代，时任墨西哥国家大学墨西哥太空研究和发展项目组主任的吉昂弗朗科·比斯阿奇博士（Gianfranco Bissiachi）开始与俄罗斯一位科学家列夫·伯克梅尔尼克（Lev Pokhmelnykh）合作，后者自 80 年代开始就在俄罗斯进行天气改良研究工作。1996 年，在时任墨西哥参议院科技委员会主席赫伯托·卡斯蒂洛（Heberto Castillo）的支持下，伯克梅尔尼克和比斯阿奇根据伯克梅尔尼克设计方案建设一个具有三个电离子站的网络。初步的效果引起了人们极大的兴趣，并获得了支持，这一系统由 1999 年的三个电离子站扩展到 2004 年的 21 个，而进一步的成功又使离子站的数目在 2006 年扩展到 36 个。

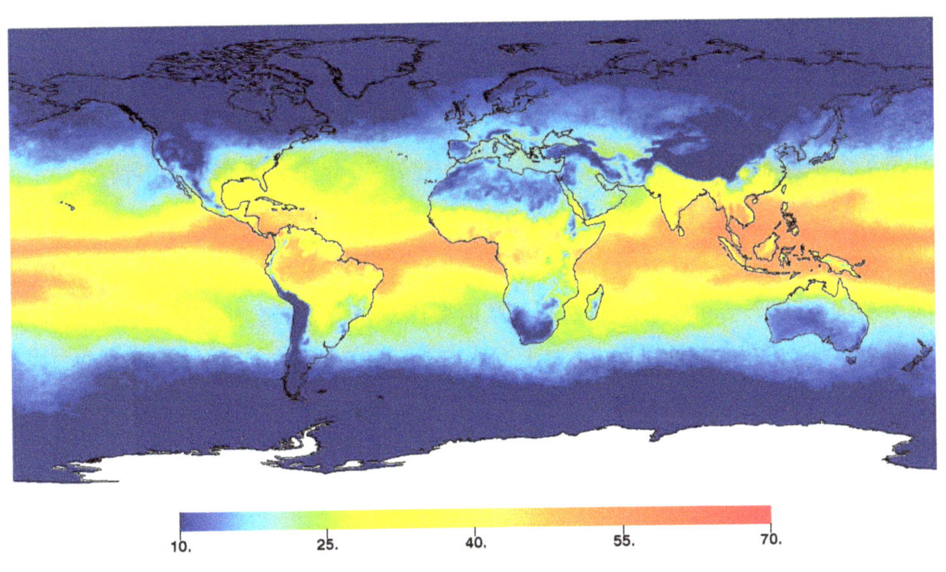

图 7　水 / 大气红外探测器所拍 2009 年 5 月可形成降雨的水蒸气总量

2003 年，马萨诸塞州科学刊物《马萨诸塞州高科技》刊登了一篇文章，讨论了美国根据墨西哥的做法使用等离子系统的潜力。该文这样描述了墨西哥第一个电离子站的成功之处：

“根据墨西哥农业部的数据，该国位于干旱之州索诺拉的第一个电离子站在第一年就把年均降雨量由10.6英寸提高到51英寸。第二年由于该州缺乏资金而关闭该离子站时，该地区的平均降雨量又回落至11英寸。第三年，当离子站再次运行时，该地区降雨量又上升到47英寸。2003年，该技术应用到墨西哥八个最干旱的州，结果一些地区的年降雨量（据报告）翻了一倍或三倍。”

2004年，《电气和电子工程师学会会刊》也报道了墨西哥的做法，并引证在墨西哥中部盆地降雨量较历史记录翻了一倍，促进当地大豆产量提高61%。2008年，在一篇阐述德克萨斯州可能应用这些电离子系统的论文中，作者分析了墨西哥杜兰哥州中部和南部地区的降雨量水平。从1999年至2003年，每年雨量都增加到预计的水平。论文作者计算后认为，这种增加若看作是偶然事件，其概率小于四千亿分之一[①]。尽管有这么多成功的效果指标，但墨西哥这些增雨举措却无法获得必要的资金支持。

案例分析二：以色列

列夫·伯克梅尔尼克开始在以色列建造以电离子为基础的天气改良系统，安装了一整套、三个电离子站。从2011年年末开始，他们增加了戈兰高地的降雨量，结果7个水库都蓄满了水，这是自这些水库建好40年来从未有过的事情[②]。

案例分析三：澳大利亚

2007年，天气改良公司“澳大利亚雨水公司”成立，旨在研发促进降雨的电离子系统。2007—2008年，澳大利亚政府全国水资源委员会给一些初步实验提供了资金。从2008年到2010年，澳大利亚雨水科技公司进行了三个实验项目：

邦德伯格市的天堂大坝（2008年1月至5月）：在以离子站为中心30°的顺风弧形范围内提高了17.6%的降雨量。

阿德莱德市洛芙蒂山脉（2008年8月至11月）：在以离子站为中心120°的顺风弧形范围内提高了15.8%的降雨量。

---

① 参见“扩大21世纪的北美水电联盟：改变天气，抑止饥饿”，《行政情报评论》2013年8月9日版。

② 参见马里奥·多明戈兹和列夫·伯克梅尔尼克2013年论文，“Inducción Experimental De Lluvias Por Ionización Atmosférica En Las Alturas Del Golán, Israel, En El Período Invernal 2012-2013”。

阿德莱德市洛芙蒂山脉（2009年8月至12月）：在面积为之前实验两倍的地域内提高了9.4%的降雨量。

2011年，该公司向澳大利亚国会地方事务常务委员会提交了一份建议，要求增拨1100万美元，在澳大利亚东南部的两个集水盆地修建14个电离子站（Gwydir河和休姆—达特默思水库），以增加墨累—达尔灵河流域灌溉系统的降雨量（该流域为澳大利亚最重要的农业生产区域之一，现在面临严重的缺水，主要由于环境保护者霸道政策所致）[①]。

案例分析四：阿拉伯联合酋长国

2011年初，接二连三的媒体报道披露了阿拉伯联合酋长国要进行的一项天气改良项目。在伦敦《星期天时报》详细报道了阿国与瑞士一家公司——气象系统国际公司的合同之后，这一媒体热论才告一段落，该合同写明要建一系列电离子站，将雨水带到阿拉伯联合酋长国的各个地区，其中也包括首都阿布扎比。

最初的报道声称，有证据表明此举在2011年很成功，下了52场不曾预料到的雨，而且还举例说许多参与该项目科学家所表现出的兴趣。

根据网站资料，该公司成立于2004年，2005年在瑞士进行了几次实验，然后分别于2006年在阿拉伯联合酋长国、2007年在澳大利亚开始实验，之后才获得在阿拉伯联合酋长国阿莱因进行额外实验的资助。该网站声称，“气象系统天气技术手册是经过多年科学研究和实验发展而来的、成熟的思想。”[②]

以上四个案例表明，这些以电离子为基础的天气改良系统具有潜力。还需要做更多的工作，也许要研究出其他方法，但这已开启了人类整个行动范畴的窗户。不再依赖现有的降雨模式和可获得的地表水，人类可能采取更高形式的控制方式，影响大气湿流，获得对陆地水循环更高程度的控制，甚至可以通过把更多的海洋湿流引到陆地上增加水循环的速度。

这就要来看一看第二大类方法中第二小类方法，即采用更高的能流密度，通过海水淡化来创造全新的陆地水循环。

---

① 参见“扩大21世纪的北美水电联盟：改变天气，抑止饥饿”，《行政情报评论》2013年8月9日版。

② 出处同上。

（二）无污水排放的海水淡化

到目前为止，所有一切都依赖太阳蒸发进行海水淡化和淡水的运送。不过现在，整个地球历史上第一次出现了一种新力量。

人类能够利用海水淡化系统直接从海洋里提取淡水，开创了生物圈不依赖太阳活动生产淡水的先例。这种方法和手段现都已存在，而且正在提高其效率。现在所需做的就是大规模发展核裂变和核聚变能量，以便能够把海水淡化扩大到人类所需的规模。这就清晰地表达了更高能流密度在改变一种经济体资源获取中的作用。

有了核裂变和核聚变这种更高质量的能量来源，经济体中每个人所能获得的能量能够得到极大地提升（即全国经济能流密度），从而能够使用更多的能量去开发使用低能流密度经济国家所无法大规模开发使用的资源。通过海水淡化生产淡水就是个很好的例子。

现在已有好几种先进的盐水淡化工业方法，这些工艺已经过几十年不断的改进，其优点已在大规模非核盐水淡化设施以及几个小型核能设施多年的应用中得到了很好的展示①。目前，非核海水淡化给全世界大约 3 亿人提供一些淡水，而更多居住在淡水不足地区的人还缺水。

全球海水淡化设施的总数量超过 15,000 个，几乎全部为化石燃料提供动力。其中大型海水淡化工厂都集中在西南亚——波斯湾地区、以及近来以色列的外约旦地区。全球每年提供海水淡化生产淡水约 30 立方千米，这些大型工厂的产量占了大头。

其他数千个小型、低量海水淡化厂大多数位于偏僻的社区，为加勒比海或地中海旅游岛屿上的酒店使用或用于加工高价值的食品。尽管现在全球每年能够生产 30 立方千米的水，数字似乎显得量很大——相当于科罗拉多河流量的两倍、或者尼罗河所排水量的五分之一，也较 20 年前 5.5 立方千米的海水淡化能力有了很大的提高，但是当前的产量远远不能满足国际上许多缺水干旱地区的需

---

① 两种主要脱盐淡化方法，即使用热量蒸发水，以及利用膜过滤水。这些脱盐方法在本报告“为全球生存而扩大核能使用”部分里已作描述。

求[①]。试回想一下，2011 年就有 1,000 立方千米的地下水被耗尽，是目前全球海水淡化量的 34 倍。

尽管西南亚盛产石油和天然气的国家（以沙特为首）率先发展碳氢化合物为动力的海水淡化，但只有核时代的能流密度才能满足全球海水淡化需求，才能跟上和超过地区水循环消耗的速度。这一点可用一个案例予以说明。前文已述，科罗拉多河流域每年丧失 7 立方千米的水。为了补充大量损耗掉的水，采用目前最有效的海水淡化系统[②]就需要巨大的动力，而且除了使用原子能外，还需要提供数量惊人的燃料。假设利用燃煤进行海水淡化、用于提供科罗拉多河流域所丧失的水，那么每年需要 670 万公吨的煤，足够装载 67,000 节火车皮——其长度为整个加州那么长，即从墨西哥到俄勒冈那么长。

但是，如果海水淡化系统采用核裂变通常使用的铀燃料提供动力，就重量而言，只需十万分之一的燃料，或者每年大约需要 50 公吨，只要一个半拖挂卡车就可运输这些燃料。如果能够开发并使用高级的核聚变燃料氦 -3，那时只需从月球上运送三分之一公吨的氦 -3（为所需燃煤重量的 2 千万分之一），就可以提供所需的动力，解决整个科罗拉多河流域的缺水问题。三分之一公吨的燃料可以放在一辆常用皮卡车的后面装载运送。

这只是核反应能流密度与化学反应能流密度量差五至七个等级中的一个例证。尽管核聚变正处开发中，但最迫切的事情莫过于发展核裂变系统，它能为人类开创一个全新的水资源时代——有效地创造出许多从海洋流向陆地的河流。这已超越了水循环管理，属水循环创造，证明了人类是地球上真正独特的一支创造力量。

附录是一份调查，列举了欧亚大陆及其他地方正在进行的一些核能海水淡化创举。

---

② 使用核能大量生产淡化水的地理优先位置非常明显。它包括整个非洲中东部—北部地区，印度次大陆的南部，从地中海到巴基斯坦的西南亚地区，环太平洋缺水地区——中国的北部、北美的西南部以及南美洲的西海岸，大西洋南部一些地区——包括巴西东北部和非洲的西南部，以及澳洲的部分地区。此外，在欧亚大陆也有优先发展的内陆地区，如咸海盆地，干旱的蒙古以及其他地方。

① 采用反渗透方法，加州卡尔斯巴德市正在建设的新海水淡化厂就采取此法达到理想效率（每立方淡化水耗能为 1 亿 8 百万焦耳）。

（三）概念合题

目前全球水危机不是哪儿有水哪儿缺水的问题，更多的是人类作为地球上一个独特的创造力量要做什么的问题。人类现在已有能力或者说有潜力发展必要的能力，从整体上解决全球水资源系统（参见图 8）。

如前文所述，人类所能采取的水文行动可标准清晰地分为几类：

第一类：管理和改善目前水循环的分布和生产率：

子类 A：经过改善的水管理系统能够提高目前水供应的效率以及水的再利用，通过提高每个水循环周期的生产性使用量来提高现行水循环周期的生产率。

子类 B：河流的流域以及大陆河流系统能够开发、改善，修建大型的引流工程、大坝和灌溉系统，以确保特定陆地区域内水资源的分布平衡。

第二类：调节、提高以及新创立陆地水循环系统：

子类 C：大气电离子技术也许只是影响和控制大气湿流和降雨的初步技术，但它开启了从更高级别控制陆地水循环的大门——先从陆地降雨（控制）开始，然后去影响那些决定陆地水分布的大气湿流。

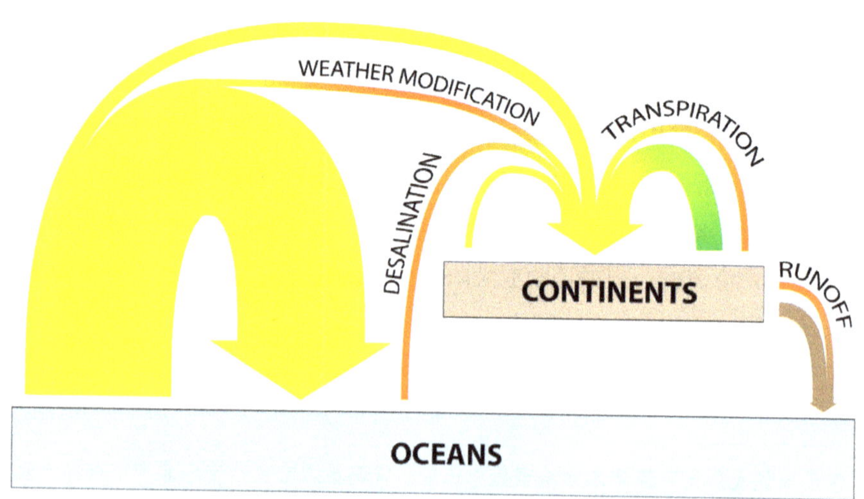

图 8　人类控制下的陆地水循环示意图

子类 D：随着核裂变和热核聚变等能流密度的发展，能够通过海水淡化技术大规模生产淡水。

没有一种技术能够独自解决全球水资源危机。所有这些行动必须根据不同地区的情况需求进行不同程度的应用。全球水危机的最终解决在于人类要认识到，作为地球上一种创造性力量，人类有发展科学技术的责任。

伟大的俄罗斯—乌克兰科学家弗拉基米尔·沃尔纳德斯基科学地界定了人类与其他简单动物形式的绝对区别。根据沃尔纳德斯基的表述，人类活动领域的出现——人类活动逐渐支配并压倒生物圈。现在，人类活动的一个崭新阶段即将到来，人类创造性影响将扩展到整个太阳系。也许这只是一个小小的开始，但人类开始控制和创造我们陆地水循环的前景就是这一过程的开端。

人类开始在地球上起一种之前完全由太阳活动控制的作用。只有科学理解人类在地球上以及宇宙间的作用，人类全球水资源危机才能在遥远的未来得以解决。

附录：核能海水淡化创新

玛西娅·梅丽·贝克尔

2014 年 9 月

中国、俄罗斯、印度和韩国都发展了核能脱盐，并在欧亚数处有项目点，而且在其他洲也开展了合作项目，比如在南美洲，阿根廷与俄罗斯、中国和韩国等都有合作项目。美国的工程师曾在 20 世纪 50 和 60 年代受“原子能用于和平”法案和约翰·F. 肯尼迪的鼓舞制定了积极的计划，要在北美和全球沙漠地带修建大型核能脱盐设施。美国核能协会前主席爱德华·L. 奎恩早就呼吁要在加利福尼亚州重振核能脱盐。

以下是一份各国海水淡化进展情况的调查报告：

本图为 2014 年 3 月在建的卡尔斯巴德脱盐厂，位于加利福尼亚南部、太平洋沿岸，将成为西半球最大的脱盐工厂，不过，这不是核动力的，因此只能提供圣地亚哥用水需求的 7%。

成立于1957年的国际原子能机构在1998年设立“协调研究项目”，旨在“优化核反应堆和海水淡化耦合系统”，有九个成员国参与。该项目现在有二十多个国家在合作，而且这是一种有发展潜力的系统，随时准备扩大。2012年4月，在巴黎全球水资源峰会上，许多水利专家发言支持未来将海水淡化和核电厂放在一起。

2014年9月18日，俄罗斯在莫斯科举办了首届海水淡化国际专家会议，在会上，俄罗斯原子能公司海外原子能出口公司阐明它已准备好在全球修建或合作修建及运营海水淡化工厂。

一、中国

中国广核在东北部辽宁大连新建红沿河核电项目，它将用废热进行海水淡化，每天生产10，080立方米的淡水将用于冷却。

ACP100小反应堆。中国广核新能源公司——一家中国广核（51%）与中国国家电力集团合资企业，在2011年4月开始致力于发展小型模块化核反应堆，用于发电、海水淡化以及其他用途。该项目包括在福建漳州市的两个模块化集成ACP100反应堆、江西省两个地方（上饶市和赣州市）ACP100小反应堆以及供出口的反应堆。

中国政府正考虑在山东半岛烟台地区建一个海水淡化设施，采用NHR-200供热反应堆每天可通过多效蒸馏生产16万立方米的淡水。

二、印度

2002年，在印度西南部卡尔帕卡姆“马德拉斯核电站”一建立了一个海水淡化试验厂，同时生产1.7亿瓦的电力。这个混合核能海水淡化试验厂包括一个日处理1,800立方米的反渗透装置以及一个日处理4,500立方米的多级闪蒸车间设备，并且最近又增添了一个安装在驳船上的反渗透装置。根据世界核协会的说法，这是基于反渗透和多级闪蒸混合技术之上最大的核能海水淡化工厂。

2013年4月又取得进展，在泰米尔德州，在库丹库拉姆核电站增建一个海水淡化装置，利用机械蒸汽压缩的方式每天提供淡水7,200立方米，而2009年核电站建造时已建有一个每天生产淡水 10,200 立方米的机械蒸汽压缩水厂，给反应堆和库丹库拉姆市供水。

图为印度洋上印度泰米尔德州处于建设中的库丹库拉姆核电厂；现在该厂给该市和反应堆提供海水淡化（机械蒸汽压缩）。

三、俄罗斯

在俄罗斯，几个在建的浮动核电厂项目的创新设计都结合了海水淡化。源自俄罗斯破冰船的小堆发电装置——KLT-40S 核反应堆，既可安装在陆地，也可安装在船上。一组这类核反应堆能够发电 8500 万瓦，并且每天可生产 12 万立方米饮用水。还有其他一些配置。其中一个是“沃尔诺洛姆号”核电站，日产电力 1200 万瓦，同时通过反渗透作用每天生产 4 万多立方米的饮用水。另一个更大的浮动核电海水淡化厂是在一个 170 米长的驳船或者说浮舟上，装有功率更大的核反应堆。该厂的服役期为 60 年，20 年后需要进行大修。

四、非洲

1. 埃及

2014年9月6日，总统阿卜杜勒·法塔赫·塞西在一次全国电视讲话中，要求给未来五年的电力投资120亿美元。这就推动之前的努力（可追溯到1980年），完成在地中海岸边阿尔达巴尔建设发电和海水淡化双用途核电设施。计划安装四个10亿瓦功率的反应堆。

2. 摩洛哥

中国已完成在大西洋海岸坦坦建核设施项目的前期研究。将使用1000万瓦供热反应堆，每天通过MED生产饮用水8,000立方米。俄罗斯已计划合作在西迪—布尔布拉建一个启动核反应堆，预计2016—2017年完工；俄罗斯核电建设出口公司正协助进行可行性研究。

3. 阿尔及利亚

2012年公布的一项研究，说明了在阿尔及利亚西部海岸莫斯塔加纳姆建设双用途核电海水淡化设施。该地的降雨量很少。目标是根据全国发电指示程序进行发电，同时给该地区的人口提供25年的供水需求，超过原定计划的2026年。

4. 利比亚

2007年，与法国签订了一份谅解备忘录，在海岸边修建一座具有海水淡化功能的中型核反应堆。法国核能公司Areva TA（阿赫瓦塔）将提供具体支持。但随着该国血腥的政治制度更迭，这一项目也流产了。

五、亚洲其他地方

1. 伊朗

俄罗斯原子能公司将在布什尔纳省南部再建两座新反应堆（此外，有一座反应堆已建成运行），每座反应堆的功率为10亿瓦，并附有海水淡化设备。第一座已建成的反应堆也有海水淡化装置，它在2014年夏季开始运行。

2. 约旦

有很多发展核能海水淡化和核电的积极计划处于研究之中。

3. 波斯湾

科威特已在考虑双用途项目，与一个功率为 10 亿瓦的反应堆耦合，每天可生产 140,000 立方米的淡水。阿拉伯联合酋长国正在建设四个核电厂。卡塔尔正考虑核能海水淡化。

4. 东南亚

印度尼西亚考虑在巴丹建一个大型核反应堆。在马都拉岛，已与韩国完成一项可行性研究，重点是建造一个核电系统—— 一个利用多级闪蒸进行海水淡化的综合模块高级反应堆。

六、南美洲

阿根廷

2014 年 7 月 12 日，俄罗斯原子能公司与阿根廷政府签订了一项核电合作协议，俄罗斯总统弗拉基米尔·普金和阿根廷总统克里斯蒂娜·基什内尔均强调这一项目包括“海水淡化设施”。这个协议是 2010 年被取消协议的续写——自 2010 年以后阿根廷取消了与俄罗斯、中国和韩国的协议。俄罗斯原子能公司已递交了技术和商业投标书，参与阿土查（Atucha）核电厂的三期工程建设。

第三部分

中国：丝绸之路通向和平与发展

中国成为国家间的典范：以科学为驱动力提升人类进步

克雷顿·琼斯 迈克尔·比林顿

2014年10月

尽管中国仍是一个发展中国家，在中国的许多地区还面临着贫穷、落后等巨大问题，但中国已成为国家间的典范。中国始终不渝地坚持以科学为驱动力的经济政策，并在此基础上制定国内与国外政策，中国的太空探索与开发计划充分印证了这一点。中国正在执行的是真正以人为本的政策，扩展人类的创造力开发利用太阳能，这也正是人类未来之所在。

2013年12月，中国的“玉兔”月球车着陆月球。在经过近40年的停滞之后，将人类的关注重新带回到月球，体现了中国在太空领域的引领地位。此项成果是其宣布的宏大任务的一部分，该项任务包括探索、开发月球，从月球获取矿产，并把重点放在了月球土壤中储存相对丰富的化学同位素氦-3的最终使用上。致力于开发氦-3作为燃料用于热核聚变能量生产——这是科技革命的下一个前沿——反映出人类文明再次复兴所必需的科学视野高度，而这早就应当到来了。

中国领导层的科学驱动战略对其经济与外交政策的转型同样十分关键。为完成自己的目标，中国政府制定了一项长期战略，着眼于国内及贸易伙伴国的尖端科技提升与大型基础项目建设。这些政策还体现在外交范围的拓展上，中国的确在每个大洲都开展了经济合作与投资。总之，中国正秉持经济发展是取得和平的必要条件这一既定立场，稳步前行。

一、蓄势腾飞

中国近来在开发利用核聚变能量和工业化利用月球的道路上所取得的飞跃，是其在过去 20 多年里基础建设领域取得非凡成就这一背景下产生。其中突出的例子有：

世界上最大的水坝——三峡大坝于 2008 年建成，最后一个机组于 2012 年 7 月 4 日满负荷运行，总发电能力达到 22,500 兆瓦。大坝能用于长江下游地区的防涝，从而保证数以万计的居民免受定期出现的洪涝灾害威胁。

世界第三大坝——位于长江上游的溪洛渡工程于 2014 年 6 月完成。

同样位于长江上游的世界第六大坝——向家坝于 2014 年 7 月完成。至此，中国拥有的大坝数比其他国家的大坝总和还要多。

中国拥有世界上最大发电能力，每年增长达 7.5%（每年新增发电能力超过英国的总发电能力）。

自 2000 年以来，建成总长 11，028 公里的高速铁路轨道，目前名列世界第一，计划到 2015 年底增加到 18,000 公里。其中包括世界最长的高铁线路——总长 2,398 公里的京广高铁。

世界上唯一的一条商用磁悬浮铁路，连接上海浦东新区与上海国际机场。

世界上最大的输水工程——南水北调工程。设计有三条路线将长江盆地的水输送到干旱的北方地区，东部线路于 2013 年 11 月建成，中部线路于 2014 年下半年建成。西部线路仍处于计划阶段。该工程总计将每年输送 448 亿立方米淡水到北方的工业和农业地区。

制造业大军由 2002 年的 8590 万扩大到 2012 年的 10590 万，是美、德、日三国总和的三倍。这三个国家制造业工人总数同期下降至 3290 万，减少了 10%。

建设了数以百计的新城区。到 2019 年底，新城区数量还将增加几百个。

建设了 21 座核电站（首个核电站于 1991 年 12 月并网发电），目前在建的有 28 座，计划到 2020 年，核发电能力增长超过三倍。尽管届时中国核电占全部电量供应的比例仅有 6% （美国为 20%， 法国为 74%），但按目前的发展速度，中国将在十年内成为世界主要核电生产国。

“中国探月工程之父”欧阳自远院士，自 20 世纪 90 年代长期推动中国的探月工程。

开工建设世界上最大的光纤通信线路，连接北京和上海，进一步巩固中国世界科技领先者的地位。

这些成就共同为中国经济打造了新的科技平台，使中国经济呈现出能源生产中通量密度更高、工人生产力水平更高的态势——这与日渐衰落的跨大西洋金融体试图宣扬的理念恰恰相反。该政策中一个明显的不和谐音符是中国政府对于国际上反增长的环保运动长期持默许态度。环保运动特别反对发展核能，提倡使用从科学角度来讲容易造成浪费和短缺的能源，如太阳能、风能和生物能源。事实上，可持续发展越来越多的需要通量密度更高的能源，而不是像太阳能那样的低密度的“绿色”能源。

在后续文章里，我们将详细阐述中国的名片——交通工程。习近平主席将其比作丝绸之路经济带。交通领域也成为中国与其他国家，尤其是金砖国家开展合作的主要领域。但要想更好地理解合作的重要特征，你必须从头开始，首先了解中国关于太空和能源生产的政策。

二、中国的月球工程与氦 -3 的开发

中国高层对太空与能源的看法是高度一致的。中国政府任命同一个人——许达哲，同时担任三个机构的负责人——中国国家航天局（CNSA），国家原子能机构和国防科技工业局。

中国未来的打算，从接近空间科学圈子人士的讨论中，尤其是 2013 年 12 月 14 日中国嫦娥三号太空舱成功完成月球表面软着陆和玉兔月球车完成部署后，他们发表的观点中可一探究竟。中国实现月球登陆后，著名的阿波罗 17 号宇航员、美国前参议员哈里森·斯密特表示：“中国毫不掩饰对月球氦 -3 聚变能源的兴趣……事实上，我可以断定，这项任务既是地缘政治上的宣告，又是对与月球土壤开采处理有关软硬件的一次测试。”斯密特对太空领域非常熟悉，撰写过许多有关未来月球开发与氦 -3 开采的文章与书籍，并与威斯康星大学开发氦 -3 聚变能科技的团队工作联系紧密。

从“中国月球工程之父”欧阳自远的话中可以看出斯密特的论断显然是正确的。欧阳院士从 20 世纪 90 年代起就游说中国政府开展月球工程，他的努力于 2004 年最终取得回报。中国政府宣布实施“探月工程（CLEP）”并任命欧阳自远为工程首席科学家。早在 2006 年，欧阳院士就指出“月球上蕴藏着丰富的金属

矿产，例如铁矿”，“氦-3，作为氦元素的一种同位素，是产生下一代核能——核聚变能的理想燃料。据估计，地球上氦-3的总储量仅有15吨。如果核聚变技术投入运用后，每年要消耗100吨的氦-3才能满足全球能量需求。而另一方面，月球上氦-3的储量估计介于100万—500万吨之间。”

艺术家描绘的在月球表面开采氦-3的想象图

此外，欧阳院士在2013年11月29日接受BBC采访时表示，“月球上资源丰富——主要是稀土资源，钽和铀，都是地球上所稀缺的。这些资源可以无限地使用……开发的潜力十分巨大——这多好啊，所以希望我们能充分利用月球资源来支持人类社会的可持续发展。”

欧阳指出了开展奔月行动的三大动机：“首先是发展我们的科技，包括通信、电脑、各种信息技术和材料的应用。其次，从科学的角度来讲，除地球外，我们还应了解它的姐妹星球，例如月球，了解它们的诞生与演变，从而了解我们自己的地球。第三，从人才培养的角度来讲，中国需要自己的人才队伍，全面探索整个月球和太阳系——这也是我们的主要目的。”

上述有关发展动机的言论表明，中国认识到以科学为驱动力的项目工程在整个国家的发展与科技进步中所起的作用。过去美国政府层也曾认识到这一点，它们常挂在嘴边的是阿波罗计划的投资收益比为1:10，带动了美国科技的飞速发展和生产力的提高，建立了一大批高科技企业。在阿波罗计划结束之后，仍维持了美国长期的繁荣。

三、准备开展载人工程

尽管玉兔月球车的电路曾出现小的故障，嫦娥三号工程仍宣告成功，这也是名至实归。中国目前又明确了月球探索的下一步计划。

据《中国日报》2014 年 1 月 8 日报道，一位嫦娥三号太空飞船的管理人员在上海通信科学论坛上发言时表示：中国科学家和工程师们正在为月球基地做设计，包括“新能源的开发和生存空间的拓展”。中国上海航天技术研究院研究员、嫦娥三号探测器系统副总指导、副总设计师张玉花证实，由于目前各项工程进展顺利，中国的月球模拟返回项目——嫦娥五号，计划将于 2017 年发射，比原计划有所提前。

1. 中国太空时间表

中国国家航天局成立于 1992 年，是首个民用太空管理机构，其目的是实施国家民用太空发展计划和开展国际合作项目。冷战结束后，苏联解体，俄罗斯联邦建立的同时也建立了民用太空管理机构。

2. 太空科技重大进展

1970：中国发射首颗地球轨道卫星“东方红 1 号”。

1984：发射首颗地球同步轨道通信卫星。

2000：北斗导航系统首颗实验卫星正式运行。

2003：导航系统三颗实验卫星运行，为中国用户提供有限服务。

2007：北斗二代系统首颗卫星发射，到 2020 年卫星数量最终达到 35 颗，提供覆盖全球的服务。

2011：北斗二代系统中的首批 10 颗卫星开始工作，为中国和地区用户提供服务。

3. 载人工程

1992：政府批准载人航天计划。

1999：神舟 1 号升空对载人舱进行无人测试。

2003：神舟 5 号进行中国首次载人飞行，搭载杨利伟绕地球轨道飞行了 14 圈。

2005：神舟 6 号搭载两名宇航员执行 5 天的飞行任务。

2008：神舟 7 号三名宇航员中的两名首次完成了太空行走。

2011：天宫一号无人太空舱发射。

2011：神舟 8 号与天宫一号实现无人自动对接。

2012：神舟 9 号与天宫一号实现载人交会对接。神舟 9 号搭载三名宇航员包括中国首位女宇航员。

2013：神舟 10 号三名宇航员中的中国第二位女宇航员，在天宫太空舱内进行授课。

4. 探月工程

2004：政府批准三步走探月计划。.

2007：嫦娥一号绕月飞行，发回月球表面图片。

2010：嫦娥二号发射，其任务是拍摄月球表面更详细的图片。随后该飞船离开月球轨道，飞往更遥远的太空。2012 年对 4179 号小行星图塔蒂斯近距离飞越探测。

2013：嫦娥三号登陆月球表面并投放玉兔月球车。

发射将不会是目前项目的简单重复，而是会纳入一些新科技，这些技术将会在高度复杂的模拟返回项目中运用。返回舱带回的约 5 磅的月球土壤与岩石将有助于详细分析物质、化学和其他特征，这对未来将人类搬上月球是十分必要的。据张玉花的描述，未来月球基地的功能包括农业与工业生产，真空状态下的药物制造以及“能源革命”等。

此外，中国探月工程的高级顾问栾恩杰 2013 年 12 月对政府媒体谈及探月工程的长期目标时表示，工程的最终目的是利用月球作为跳板，探索更深远的太空，而很多专家认为这必须要在月球表面建立基地。

尽管政府并未官方证实，但很多人明白，随着中国载人航天的发展，未来某一天，中国人一定会登上月球。2014 年 1 月 13 日，在接受《科学》杂志采访时，中国总理李克强谈到了中国的载人工程，他说，“中国的载人航天与探月工程有着两层目的：一是探索宇宙的起源和生命的奥秘，二是和平利用外太空……和平利用外太空有助于中国的发展。中国的载人航天已经到了建立空间站的阶段，并将一步步持续下去……人的生命是宝贵的，我们将进行机器人模拟，然后逐步过渡到载人太空探索。太空真是太神秘了。我们需要冒险，但在条件未成熟前不能以人的生命为代价。”

最近，中国宣布了一系列有关月球的近期和中远期计划。

“月宫一号”（永久型人工模拟宇航员太空生存封闭生态体系）是为测试月球基地上生存所需条件所建立的设施，经过 105 天的实验，完成了一份报告。报告中明确了中远期的目标。

据 2014 年 6 月 26 日美国新闻网报道，“自 2 月 3 日至 5 月 20 日，三位‘月球居民’待在封闭的模拟舱内喝循环净化水，吃蠕虫和自己种植的食物，开展实验和通过网络与自己的家人交谈。”总设计师和首席科学家刘红评价说，“月宫一号与生物空间 2 号（美国的一项地球系统科学研究设施）不同。生物空间 2 号是对地球生存环境的模拟，被证明是失败的，我们不想再重复。我们建造的设施是以人类需求为指导的。我们仔细挑选了在生态系统中最应该被包括的植物、动物和微生物”。

刘红说，“许多外国专家认为，近期难以建成太空基地，因此他们没有把太多的资源投入到该研究领域。”“生态系统的复杂性需要足够长的时间去了解，这就是为什么现在要着手去做实验”。刘还表示，“有必要建设两个小型的月宫一号系统——一个作为月球上的检测站，一个作为地球上的检测站，从而可以进行两套数据的对比。”

中国也在深入研究如何将火星上的样本带回地球，计划于 2020 年将探测器送上火星。并于 2030 年带回样本。6 月 24 日在北京举行的国际小行星研究学会会议上，欧阳自远更细致地说明了中国的“火星”计划。他说，“中国太空探索的目标是太阳系。”他补充说中国未来对太阳系的探索包括寻找外星球生命，太阳系的起源与演化，太阳耀斑和其他现象。6 月 26 日，欧阳院士对《中国日报》表示，火星计划的另一个重要目标是探索地球以外的太阳系，比较类地球的行星的起源与太阳系的构成有何不同。中国航天机构最具雄心的计划是他们希望能根据探索获得的信息“再造”一个星球。

四、国际合作：中国与俄罗斯

2014 年 5 月初，俄罗斯与中国签订具有重大意义的协议，将向中国出口价值 4000 亿美元的天然气，标志着两国在许多领域进一步深化合作，其中就有太空领域的合作。据 2014 年 6 月 30 日 RIA Novosti 报道，在首届中俄博览会上，俄罗斯副总理德米特利·罗戈津表示俄罗斯准备与中国合作探索月球和火星。他说："我们准备与中国朋友携手前行，共同开展太空载人飞行和探索外太空，以及联合探索太阳系，首先是月球与火星。"罗戈津相信中俄会共同开发太空飞船、建设"不依赖第三方的联合通信部件基地"以及在绘图与通信领域开展合作。

俄罗斯联邦航天局（ROSCOMOS）和中国同行还签署了一份"有关全球卫星导航系统的谅解备忘录"。罗戈津表示俄罗斯的导航系统格洛纳斯（GLONASS）和中国的北斗系统将互为补充。中国还在推进与印度和欧洲空间机构之间的太空合作。

五、中国的核聚变工程

中国的长期战略中首推是发展热核聚变能源。中国不仅是国际托卡马克核聚变试验反应堆项目的参与者，还在加快建设自己的托卡马克反应堆项目。事实上，中国已经拥有自己的先进超导托卡马克试验反应堆（ESAT），比美国现有的托卡马克装置水平更高。中国的EAST运用了超导磁场(美国目前任何反应堆都不具备)，从而在磁约束核聚变方面处于领先地位。

此外，在 2014 年 5 月，中国科学院等离子体物理所的科学家们完成了对 EAST 超导托卡马克装置 20 个月的升级，很快将开始 2014 试验项目。目标是将聚变时间延长至 400 秒，力争保持聚变机的工作状态稳定。

中国在发展惯性约束聚变（ICF）设施方面也进展顺利，发展水平与位于加利福尼亚利弗摩尔的国家点火装置（NIF）中的激光聚变设施相当。名为"神光 3"（SG-Ⅲ）的该设施，按设计使用 48 道激光束来箍缩同位素燃料球以引发聚变反应。目前该设施仅处于目标设计试验阶段，下一步，"神光 4"将于 2020 年运行，计划用于引燃实际燃料。

中国的先进实验超导托卡马克反应堆（EAST），是世界上首个全超导托卡马克装置，比美国当今所有同类装置水平更高。

与此相关的是，中国正打造自己的激光武器库。目前正在发展是的一种领先的自动机器人，能够产生军用激光。该技术能使中国具备大规模激光生产能力，可以用于经济发展的众多领域。

中国还宣布了一项政策，计划到 21 世纪头十年结束时将新培养出 2,000 名核聚变领域的科学家与工程师。

六、中国与美国的合作

美国国会禁止与中国开展一切载人航天合作，这是典型的自己损害自己利益的行为。尽管如此，中美目前有关核聚变研究的合作最好地诠释了如果国家间能真正开展合作的话，未来将会呈现什么样的景象。

在核聚变研究领域所取得的一系列重大突破都是中美合作的直接产物。其中包括 2013 年 11 月由中国 EAST 反应堆创造的，对 H 型等离子脉宽箍缩时间达 30 秒的创纪录的成就。中国科学家运用微波激光束射入等离子体，改变箍缩等离子的磁线形状，从而降低了不稳定性，取得了创纪录的结果。这项新技术与工作在普林斯顿等离子物理实验室的科学家们发明的技术（他们是用锂金属覆盖托卡马克装置中等离子所面对的墙体）相结合，能吸收等离子放射的分子，防止它们干扰核聚变进程。

另一项合作取得的突破发生在加利福尼亚，那里的美国科学家与来访的中国 EAST 项目的等离子科学家一道，开展实验从而演示出等离子自身产生的电流占等离子内部电流的 85% 以上。这种强大的“自举”电流将能极大地减少箍缩等离子所需的外部能量。在 DⅢ-D 托卡马克实验中获得的发现，有可能对前面提到的中国世上最强 EAST 反应堆所取得的突破作出了部分贡献。这些突破与结果同样也会对与 ITER 开展的更大国际间合作作出贡献。

具有讽刺意味的是，在本领域，很多中国以及其他国家研发的高端科技，最初都来源于美国。该领域主要科技的产生，归功于在富兰克林罗斯福总统的领导下——以及此后受他影响，在艾森豪威尔和肯尼迪执政期间——奠定出的科学与创造潜力，例如“曼哈顿工程”、和平利用原子能以及阿波罗计划。这些工程使世界获得了原子能、原子药品和深层太空探索能力，吸引全球科学家们移居到美国以加入为人类进步所作出的努力。

下一代的基础设施领域技术，特别是交通与能源技术，同样在很大程度上借鉴了美国的成果。例如，中国是唯一正式运营商用磁悬浮列车的国家，但所运用的科技最早是美国和德国的工程师发明的。最新设计出的磁悬浮列车，能在真空的封闭轨道舱里跑出时速达 4,000 英里，并已在中国西南交通大学应用超导实验室进行了测试。该项技术最早出现在纽约的布鲁克海文国家实验室，并于 20 世纪 60 年代取得了专利。

另外，中国创造纪录的超导托卡马克反应堆（EAST），使用的是普林斯顿等离子物理实验室的设计（和科学家），特别是借鉴了托卡马克物理实验装置（TPX），该装置被设计用来开展下一代的托卡马克实验，但后来由于缺乏资金被美国所放弃。

七、未来寄托在外太空的星球

随着太空科技和核聚变技术的发展，中国把未来的希望寄托在外太空的星球。这使得中国成为世界各国的典范，全世界都应追随中国的脚步，为我们地球文明探索新的生存方式。

既讽刺又意味深长的是，中国已经从西方，特别是美国手中接过了创造科学发展与进步的使命。中国致力于建设“知识型社会”，正系统提高全社会的科技水平。同时，中国正加大科研的投入。据《研究与发展》杂志 2013 年 12 月一篇文章中的数字，过去 20 年里，中国每年科研投资增长 12% 到 20%，而美国的增长率不到中国的一半。

最重要的，中国的领导层为实现发展目标而寻求与其他国家的合作，包括美国、欧洲等其他主要大国，金砖国家和其他盟国。当我们回顾“一带一路”的巨大成就时，能明显看到这一点。

延伸阅读

万原西博士：“中国核聚变能征途上的雄心”EIR，2011 年 3 月 11 日

“太空中的中国：中国雄心勃勃的太空工程速览”，《21 世纪科技》2006 年秋冬季合刊“开发月球，为地球提供能源”，EIR，2014 年 1 月 24 日

中国的“一带一路”：改变原有发展模式，迈向全球共同发展

威廉·C. 琼斯 迈克尔·比林顿

2014年10月

2013年9月7日是个令世界改变的日子。这一天，中国国家主席习近平在哈萨克斯坦阿斯塔纳的纳扎尔巴耶夫大学发表演讲，呼吁建设一条“从太平洋延伸到波罗的海”的“丝绸之路经济带（SREB）”。习近平指出，“我们必须扩大对亚欧大陆的开发”，“建立一条沿丝绸之路的经济带。”

丝绸之路的提法可以追溯到二千多年前的中国汉朝。当时，张骞作为汉朝皇帝的特使出使中亚，寻求与该地区的国家建立贸易往来，并一直延伸到欧洲、中东和非洲。“二十多年前，中国与中亚的关系开始高速发展。”习近平说，“古老的丝绸之路日益焕发出新的生机与活力。”习近平主席执意为正急速自我消亡的“当今世界经济注入新的活力。”“与中亚国家发展友好关系已成为中国对外政策中的优先方向。”习近平指出，“我们要以更宽的胸襟、更广的视野拓展区域合作，共创新的辉煌。”

一个月后，在出访印尼期间，习近平主席宣布了建立类似的海上丝绸之路的倡议，该倡议同样参照了中国的历史，尤其是在十五世纪，郑和率领一支中国船队航海至东南亚、南亚与非洲，沿途建立起国家间经济与文化的纽带。

中国经济在过去四十年间的高速发展，无疑给上述倡议增添了份量。建立“两大丝绸之路”这一重大外交倡议不仅是中国为建立和平繁荣的周边环境所做出的认真尝试——一项在亚欧大陆的富兰克林·罗斯福“睦邻政策”，而且为整个世界走向繁荣提供了范例（见图示）。

2014 年春天，习近平主席与李克强总理对欧洲的访问凸显了这一重要性。习近平主席在访问丝绸之路的西端——德国城市杜伊斯堡时强调了中德之间的联系。他指出："两国经济的深度融合，或亚欧两个经济增长极的合作，将会对世界经济与世界贸易结构产生深远的影响。致力于和平发展道路的中国，与德国开展更紧密的合作，将有益于多极世界的形成，有益于世界和平、稳定和繁荣。

李克强总理 6 月访问东欧和希腊时，提议通过铁路、港口及相关工程建设，将上述国家纳入到丝绸之路经济带。他的提议与因纽约—伦敦金融体系崩溃而给这些国家带来的灾难形成了鲜明的对比。

几个月后，在金砖国家影响日益国际化之际，丝绸之路经济带范式正与全球发展理念相融合，越来越多的国家加入其中，为太空、核能、水利、铁路等重大工程及深度发展而相互合作——从而形成真正的国际经济新秩序。

一、"一带一路"的发展历程

中国 2013 年宣布的丝绸之路经济带与海上丝绸之路的发展计划，与 20 世纪 90 年代初苏联解体后，林登·拉鲁什及其妻子黑尔佳所提出的"欧亚大陆桥"——连接大西洋与太平洋的走廊——计划中的发展原则一脉相承。

经拉鲁什夫妇与中俄同行们协商，最终于 1996 年 5 月在北京举行了主题为"欧亚大陆桥"的会议。会议由中国科技部资助，黑尔佳是会议的主讲嘉宾。自那次会议之后，拉鲁什运动与 EIR 在国际上共同发起欧亚大陆桥 /"一带一路"构想，出版广泛的特别报告，在全球组织相关会议。

1998 年，拉鲁什夫人再次来到中国，在另一个有关构建丝绸之路的会议上发表题为“21 世纪的亚欧经贸关系与第二欧亚大陆桥”的主题演讲。由于她为“谋发展、求和平”的计划所作出的不懈努力，为她赢得了“欧亚大陆桥女士”的称号。同年，中国、印度和俄罗斯开始三方合作。根据时任俄总理叶夫根尼·普里马科夫 12 月访问印度时提出的重要提议，三国构成了“战略三角同盟”，为亚太地区及世界的和平与稳定作出贡献。

但 1997—1998 年，风险基金（几乎摧毁了世界金融体系）攻击亚洲货币所造成的亚洲金融危机，给了势头正劲的欧亚大陆桥计划当头一棒。中国继续建设首条穿越国内、哈萨克斯坦、俄罗斯，直至西欧的铁路，但放慢了建设速度。2008 年 1 月，第一列集装箱列车驶离北京开往德国的汉堡，途经哈萨克斯坦、俄罗斯、白俄罗斯和波兰。2011 年，开通中国与杜伊斯堡之间的服务，满载电子产品和纺织品从中国发往德国，并把德国的工业产品和机械运往中国中部的工业地区。

目前丝绸之路的构想已成为现实。每个月都有新线路、物流与基础设施被纳入规划、投入建设或建成完工。在习主席 2013 年 11 月发表讲话，呼吁建设丝绸之路经济带之时，沿途已有 8 个国家的 24 座城市签署协议，致力于共同发展与繁荣。丝绸之路经济带直接经过 18 个亚欧国家，但受影响的国家达 40 个，总人口达 30 亿人。

2014 年 6 月，高铁线路在中国西部——丝绸之路中段开通，标志着这一进程取得重大进展。这条线路从甘肃兰州出发，进入新疆到达乌鲁木齐，在此既可以沿丝绸之路北部走廊穿过哈萨克斯坦到达俄罗斯及更远的地区，也可以转向亚洲的西南，到达南欧和非洲。

2014 年 6 月 3 日，高铁列车沿新的兰州至乌鲁木齐线路首次测试运行。正式商业运行将于年底开通。线路总长 1,776 公里（1,104 英里），仅次于总长 2,298 公里（1,428 英里）的京广线名列第二。该线路经过的西部地区条件恶劣，列车最高时速可达 350 公里（217 英里）。考虑到沙漠地区猛烈的风沙，部分路段建有 67 公里（42 英里）的挡风设施。该线路上还有世界上通行速度最快的高铁隧道——祁连山附近的 2 号隧道，该隧道海拔 3607 米（11,834 英尺）。

黑尔佳 2014 年 8 月底重返中国，访问了兰州和北京，所到之处，感受到对丝绸之路经济带建设前景的乐观态度。9 月 5 日，在北京由政府主办的有关丝绸之路经济政策的会议上，这种乐观态度也是显而易见的。拉鲁什运动，特别是黑尔佳和她丈夫林登，为丝绸之路经济带构想作出的贡献，得到了高度的赞赏。（详见本文的结论部分）。

二、高铁——推动生产力进步

用第四条铁路将三条线路连接起来，再来判断，今后十年秘鲁是否会发生一场革命，一场从物质到精神上的革命。因为火车将变魔术般地改变途经之处的面貌——并带来文明。这就是火车所具有的优势，它促进人民的交往。它不仅带来了文明，它还教育人民。秘鲁所有的小学一百年所能教的，还不如火车 10 年教的多。

——秘鲁总统 曼努埃尔·帕尔多 1872—1876

铁路好像酵母，能在人群中产生文化上的发酵。即使铁路穿过的地区居住的是极其野蛮的人们，它也能在短时间内提升他们的文化层次，达到铁路运行所需的水平。

——沙皇尼古拉斯二世 1905—1906

正如上述两位领导人所说，铁路建设，特别是高铁建设，连同发展走廊的形成，能为提升当地人民生产力水平服务，从而为沿线居民投身科学驱动战略基础上的宏大国家使命做好更充分的准备。

壮观的新兰—乌高铁，贯穿丝绸之路经济带，它的建成证实了这一基本观点。图 -1 是一张由中铁发布的地图，展现了到 2014 年 9 月所形成的铁路网络，按运行时速注明了高铁线路。

中国的总铁路里程超过了 100,000 公里（62,140 英里），是世界上铁路总里程第二长的国家，排在美国之后，但后者的陆地面积更大（原文如此——译者注）。而中国的高铁总里程截至 2013 年 12 月超过了 11,028 公里（6,852 英里），目前世界第一。预计到 2015 年底，将达到 18,000 公里（11,000 英里），到 2020 年计划建成 50,000 公里（31，070 英里）。

2000 年，中国还根本没有高铁！但 20 世纪 90 年代，高铁项目的计划已经拟定，仅在十年间，世界上最大的高铁体系已经建成，并仍在快速扩大。

从一开始，制定的原则就是将旅客运输与货物运输分离，从而提高地面交通运输的生产力，以及建设重要的交通走廊。这一原则取得了多项收获，将全国的生产力水平提升到新的高度。俄罗斯科学院东方研究所的高级研究员谢尔盖·萨佐诺夫博士于2014年6月24日在俄罗斯铁路报纸——古东克报（Gudok）撰文（“高铁干线的建设刺激了国民经济发展”），着重指出了这一点。萨佐诺夫文章中所列举的中国高铁建设主要成就，在图 -1 中的中国铁路线路图上作了标注。他关于高铁对生产力影响的总结令人印象深刻：

“中国铁路领域改革（升级）所取得的关键成就在于对复合用途的铁路线路进行了专门分工，大幅提升了列车速度，同时提高了普通铁路的运力，降低了原有线路上货物运输的成本。据中国铁道部的分析，每从复合用途的干线剥离（即修建专门供旅客运输的高铁线路）1 辆客车，将增加该线路 1.5 到 2 辆货车的运力。”

“京沪高铁开通运营后，该线路的货物列车运力每天增加了 140，000 吨，即年增加五千万吨。”

“中国的高铁发展在工业领域产生了多种效应。高铁‘拉近’了国内的距离，不仅联通了各座城市，而且拉动了内需，正成为中国工业的战略性产业，推动了相关高科技产业的发展。”

高铁推动中国经济发展

据谢尔盖·萨佐诺夫博士提供的数据：

·2006 年世界最高的铁路开始运营，连接青海和西藏。其中，格尔木至拉萨段为高铁线路。2008 年，经过 18 年的设计准备，总长 1,318 公里（819 英里）京沪高铁开工建设。 2012 年 12 月，哈尔滨至大连（总长 904 公里 /561.7 英里），北京至广州（2,298 公里 /1,428 英里）两条高铁线路开通运营。后者将北京和广州这两大都市间火车运行时间由 22 小时缩短至 8 小时。

·2013 年 6 月，从杭州始发的两条高铁线路开始运营：一条通往南京，总长 249 公里（154.7 英里），另一条通往宁波，总长 150 公里（93.2 英里）。

> ·2014年4月18日，南宁至温州的高铁运营。2013年12月28日，全长1,249公里（776.1英里）的北京至哈尔滨高铁建设完工。当月，共有总长2,285公里（1,420英里）的七条高铁线路投入运营。
>
> ·从2004年开始的10年间，世界规模最大的高铁体系在中国建成，总里程达10,463公里（6,214英里），其中约7,000公里（4,350英里）位于中国的内陆地区。
>
> ·高铁极大提高了中国人口的流动性：到2014年初，铁路旅客的约25%乘坐的是高铁。自开通以来，乘坐京津高铁的旅客每年增加20%，京沪高铁的旅客年增40%。这些线路上每四到五分钟就发出一趟高铁列车……在运营的头一年，世界上最长的高铁线路——京广高铁共运送了1亿人次的旅客。
>
> 资料来源："高铁干线的建设刺激了国民经济发展"，俄罗斯铁路报纸Gudok对俄罗斯科学院东方研究所的高级研究员谢尔盖·萨佐诺夫博士的专访，2014年6月24日

磁悬浮是地面交通科技的前沿，在该领域，中国同样领跑世界。连接浦东与上海国际机场的磁悬浮列车，是目前世界上唯一投入商业运营的磁悬浮线路。在全长30公里（18.6英里）的线路上，列车时速可达430公里（268英里）。该线路于2004年1月开通。其他项目正在考虑中，包括将该线路从上海浦东向西南延伸210公里（130.5英里）到达杭州。

西藏铁路（"天路"）是另一项新科技的展示。青藏铁路是第一条连接西藏自治区的铁路，那里全是高原，地形恶劣复杂。首段840公里（506英里）于1984年建成，位于青海省境内，连接格尔木与西宁。2006年，格尔木延伸至西藏首府拉萨的1142公里（710英里）线路完工，工程令人赞叹地克服了诸多极端条件带来的困难，为日后在欧洲和北美的极北冰冻地区修建铁路积累了宝贵的经验。格尔木至拉萨干线中有550公里（340英里）穿越的是冻土层，共架设了675座桥梁。

许多新的世界纪录在此诞生。该线路上有世界海拔最高的铁路轨道和车站——位于唐古拉山口，海拔5,072米（16,640英尺）。烽火山隧道世上最高，海拔4,905米（16，093英尺）。该线路上运行的列车能为旅客提供紧急供氧服务。

2014年8月，青藏铁路延伸线三期竣工，全长253公里（157.2英里）连接

拉萨和西藏第二大城市日喀则，距尼泊尔边境仅540公里（335.5英里）。2014年9月，在拉萨举行的尼泊尔—西藏贸易促进委员会第五次会议上，有关将青藏铁路延伸至尼泊尔的计划被正式提出。

由中国推动的先进铁路设施建设正将亚洲的方方面面联系起来。中国建设星罗棋布的高科技铁路网络，最初的设想还要追溯到上世纪初由国父孙逸仙博士提出的国家铁路建设计划。（参见图2）。

三、国际上的认可

如今，国际上越来越需要中国为非洲、南美以及其他像丝路地区等重点地域修建高铁和普通铁路。这源于中国一项清醒的战略。2013年11月北京交通大学工程学教授、全国人大代表王梦恕告诉环球时报记者，中国显然已成为国际高铁领域的领头羊。“人们一谈起手表，就想到瑞士；一谈到小家电，就想起日本；一谈起航天，就想到美国；一谈到机械，就想到德国；而谈到高铁时，中国就成为品牌的代名词。”

在王教授所描绘的战略指引下，中国为土耳其建成了连接伊斯坦布尔和首都安卡拉的高铁线路。中国公司正蓄势待发，准备为许多打算建设高铁的地区修建轨道或提供列车厢体。例如，哈萨克斯坦正准备决定是否修建连接阿拉木图和首都阿斯塔纳的高铁。

王梦恕还提出建设一条铁路，贯穿中国东北，进入西伯利亚，到达楚科托卡，在那里与计划中的另一条铁路线相接，通往白令海峡隧道。

2014年10月，李克强总理与普京总统会见时，中俄两国的铁路公司与交通官员们签署了一份谅解备忘录，计划建设一条803公里（499英里）的高铁线路连接莫斯科与鞑靼斯坦的喀山。这被认为是通向北京线路的第一阶段。全部工程总长将超过7,000公里（4，350英里），用高速列车连接中俄两国的首都，线路总长是目前世界上最长高铁——京广线的三倍。

在美洲，据报道，一家中国的联营企业参与竞标建设从墨西哥城到北部中心地区克雷塔罗的高铁线路，项目总长210公里（130.5英里）。在委内瑞拉，中铁集团正建设从提纳科到阿纳科的项目工程，把中部平原的边缘和内陆经济活动与人口增长潜力巨大的地区连接起来。在美国，中国制造商已向官方机构递交了正式的意向书，一旦连接圣弗朗西斯科与洛杉矶的加利福尼亚高铁项目上马（线路总长 1,287 公里 /800 英里），将准备提供列车厢体。

四、新疆——丝路上的“交通驿站”

对于中国来说，新疆是丝绸之路经济带中向西和向南的跳板。中国计划建设三条经过新疆的走廊。最北边的线路（图上没有显示），是从北京出发，经呼和浩特，从乌鲁木齐的北面进入哈萨克斯坦，再到俄罗斯及更远的地区，目前尚未建成。其他两条走廊可参见图 3 中的地图。自北向南分别是：（1）目前的线路，穿过乌鲁木齐，形成两条分支，向西通过哈萨克斯坦边境；（2）计划中的从塔什干经吉尔吉斯坦向西的线路；（3）提议中的南部线路，建设一条铁路向南穿过巴基斯坦到阿拉伯海滨的瓜达尔港。中国正在研究这条总长 1,800 公里（1,118.5 英里）线路的可行性。

该线路将穿越喀喇昆仑山和帕米尔高原，修建时面临严峻的挑战。2013 年 5 月，作为回报，巴基斯坦将瓜达尔港的经营权从一家新加坡的港口经营企业收回，转交给了中国海外港口经营公司。

有关上述线路出现了许多令人振奋的成就和富有远见的计划。2014 年 7 月，中铁公司（CSR）主席赵晓阳谈到有关修建一条从中国经吉尔吉斯坦、乌兹别克斯坦、土库曼斯坦、伊朗到土耳其的铁路方案。该铁路能与土耳其国内的中国建安卡拉—伊斯坦布尔线路相连接。

新疆面积与阿拉斯加相当，与 8 个国家接壤，国境线长 5,700 公里（3,542 英里）。境内有塔克拉玛干等沙漠、山脉和陆地上高温差地区。目前，新疆已成为世界上最令人振奋的发展前沿。远程探测分析表明，塔克拉玛干盆地拥有地下水资源，该发现有助于建设新的铁路走廊、新的工业与商业设施，提高新疆这个政治敏感性强的区域两千两百万人民的生活水平。

中国早已制定了中西部发展战略，丝绸之路经济带的建设将给这一战略带来新的活力。连接东部沿海地区与西部的铁路干线将全部为高铁所代替。新疆自身也将实现互联互通。在新疆南部，中国最大的快速通道工程正在建设。该高速西至阿克苏（新疆的最西端），总长 428.5 公里（266.3 英里）；向西南至塔什干。该高速由多车道组成，作为一条经济走廊，将于 2014 年底通车。

图 3　新疆——丝绸之路经济带沿线现有及规划中的铁路线路

图上显示的是通过新疆的铁路线路，有的已经完成，如乌鲁木齐至兰州线（高铁线路），有的在规划中，如格尔木到和田。

2014 年 6 月 26—27 日，在乌鲁木齐举办的一次论坛上，新疆发改委主任张春林宣布了更多有关发展新疆的计划。他说新疆自治区将成为丝绸之路经济带上的“交通驿站”，该地区将“充分发挥地理和文化优势，继续改革开放，努力成为丝绸之路经济带建设的主力军与先头部队。”他谈到了一系列经济措施，包括开发石油与天然气，开采煤和其他矿产，提供新的医疗服务和建立科教中心等。

目前，新疆有 17 处陆上口岸，正计划增加和扩建一批边境铁路口岸、贸易协定区等设施以满足国内外丝绸之路经济带主干线与地方的各种需求。新疆地处欧亚大陆的腹地，致力于物流体系的建设将为中国—中亚贸易区的早期谈判奠定基础。

延伸阅读

“中国建造孙逸仙博士的大国家铁路工程”，玛丽·布德曼，EIR，2010年1月29日“关于沿丝路合作的构想”，中国国际研究院国际能源战略研究所所长、高级研究员史泽在席勒研究院德国法兰克福会议上的讲话，2014年10月18—19日

详见： www.newparadigm.schillerinstitute.com

“一带一路”：通向新的人类文明

鲍世修

2014 年 9 月

认清新丝路，圆我中国梦。两千多年前，始于中国汉代的“丝绸之路”开启了不同文明之间跨越时空的经济和政治交往，而各种科技、宗教、文学艺术、哲学思想也随之频繁交流和沟通，成就了一条辉耀千古的贸易和文明之路。

21 世纪的今天，在中国“一带一路”倡议感召下，世界经济版图面临巨变并将重塑人类文明。中华民族伟大复兴的中国梦如何与“一带一路”同进？如何与沿线国家共建？

以上就是“一带一路”华夏论坛摆在我们大家面前的、我国下一步走向世界面临的地缘、政治、经济等方面的客观形势和有待与会者共同加深认识和认真研讨加以解决的各种现实问题。

“一带一路”构想，由我国国家领导人自 2013 年九十月最先提出，到今天，很快就是一年。这一构想，它所包含的多重意义和它在今后多极化世界全球治理方面和中国自身建设及其融入外部世界等方面所将要发挥的作用，还有待我们认真去揣摩和细细品味。

一、一种全新的战略思维

我想谈两个方面的问题。一是“一带一路”构想对构建新型全球治理学说所作贡献。“构想”体现了新型国际关系理论的精髓，为科学合理的全球治理学说提供了有形的理论支撑。二战后近 70 年的国际风云变幻，呼唤全球治理新思维的出现，1945 年二战结束迄今，半个多世纪又悄悄地走过，今天的世界呈现出的，又是一个什么样的状况呢？

黑尔佳·策普－拉鲁什与鲍世修

最近三四十年来，随着国际格局多极化与经济全球化态势的发展，世界各国相互联系日益紧密，相互依存日益加深，遍布全球的众多发展中国家、几十亿人口正在努力走向现代化，和平、发展、合作、共赢的时代潮流更加强劲。同时，天下仍不太平，发展问题依然突出，世界经济进入深度调整期，整体复苏艰难曲折，国际金融领域仍然存在较多风险，各种形式的保护主义上升，各国调整经济结构面临不少困难。席卷全球的国际金融危机更显示了金融市场运作的体制性失效，同时，粮食、燃料、气候等多重危机接踵而至，也暴露出当前全球治理机制在应对这些挑战方面存在的弱点，全球治理机制有待进一步完善。正是在这样一个全球政治、贸易格局发生复杂变化、国际秩序亟待变换更新的关键时刻，“一带一路”构想，应运而生。

这一构想之所以刚一露头就引起八方瞩目，原因是显而易见的，因为她有一个充分尊重各方意愿、平等相待、友好协商、互利互惠、合作共赢的崇高目标，从而为开发和创建真能反映全世界各国人民切身利益、合乎理性的 21 世纪全球治理方略，提供了可资借鉴的、厚实的思想素材。

这一点，我们从习近平 2013 年秋两次出访的言谈中可以看得十分清楚，这里的核心思想就是：提出“一带一路”构想的目的，只有一个，即：为所有参与这一创新工程的国家和地区的人民谋福祉，决不追求中国一国的私利。

在提出共建“一带一路”的倡议时，习近平申言：中国要同中亚各国“不断增进互信、巩固友好、加强合作，促进共同发展繁荣，为各国人民谋福祉”；并且他深信，“只要坚持团结互助、平等互利、包容包鉴、合作共赢，不同种族、不同信仰、不同文化背景的国家完全可以共享和平，共同发展。”在访问印度尼西亚时，习近平又提出了要使主宾两国“成为兴衰相伴、安危与共、同舟共济的好邻居、好朋友、好伙伴，携手建设更为紧密的中国—东盟命运共同体。”“一带一路”构想，更实际一些说，她是一种区域经济合作创新模式，她承载着区域安全与繁荣、推动东西方文明交融的历史重任。她的稳步推进，一定会重塑“丝绸之路”辉煌，让欧亚经济共同体走向深层融合，新的地缘政治格局必将再度深刻影响世界。

二、黑尔佳·策普－拉鲁什和林登·拉鲁什的作用

“一带一路”构想得到国际有识之士的赞赏。前面已经说到，这一构想是在世界各方热心人士正齐心协力寻找新的、更为合理的全球治理方案的特定背景下出现的。其实，在这之前，不少有识之士已在这方面做了大量尝试。这里特别要提一提的，是美国席勒研究院的院长黑尔佳·策普－拉鲁什女士和她的丈夫林登·拉鲁什先生。

为了改变二战后几十年来沿用已久的不合理全球治理模式，推动世界经济秩序沿着更为健康的轨道前进，他俩早在 20 世纪 90 年代初，就曾提出通过在白令海峡修建海底隧道和欧亚大陆桥把全世界连成一片、科学有序地发展世界经济，以惠及各国四海众生。他们认为，这是建立 21 世纪全球和平新秩序的根本。

这两位长期致力于当今世界经济结构改造和国际秩序重建的战略家，非常重视亚洲、特别是中国在实现他们提出的新全球治理方案中的地位和作用。黑尔佳·策普－拉鲁什早在 1997 年发表的一篇题为《欧亚大陆桥：当今最重要的战略问题》的文章中，就用了很大篇幅来介绍中国。而在去年秋天，当她得知中国国家主席习近平先后在哈萨克斯坦和印度尼西亚提出了“一带一路”构想后，则更是欣喜万分，所以她说，习主席的这一思想“将使世界上这一地区走上振兴之路，将提高那里人民的生活水准。”

她评论道，“现在，在世界上有这样一种共识，即，“一带一路”，只是世界经济今后更大规模整合的开始……同时，它也是人类整个文明步入全新时代的肇始”。

三、反击无端的指责与攻击

维护“一带一路”构想的权威是一项重大的理论战略工程。在当今错综纷繁的国际学术领域，任何一个主张和观点、特别是一些出自名家的主张和观点，一经提出，受到来自各方善意、公正的评说，那是十分正常的事情。现在的问题是，有些人，出于某些政治上和集团利益方面的需要，带着强烈的意识形态上的偏见，对中国提出的“一带一路”构想横加指责，任意注解，妄作评论，从而达到搞乱人们思想的目的。这是我们绝对不能容忍的。

近年来，国际上流传的那些曲解妄说“一带一路”构想的言论，在人们今天的认识上，必须作出彻底澄清。这既是维护这一“构想”权威的需要，也是当前我们面临的一项重大的理论战略工程。

当然，这里，我只谈这其中最具代表性的两个例子。

一是有人撰文称“一带一路”的提出，包藏有一己“野心”。就在今年 5 月亚信峰会在上海召开期间，在人们普遍关心中国为什么要在前不久提出“一带一路”倡议的时候，在澳大利亚的一家著名国际关系、经济和商业杂志《外交家》(TheDiplomat)上，有人撰文说，“一带一路”的发展方向绝不是一个象征性的工程，而将建立一个链接东亚、中亚和欧洲的新经济秩序，即中国可以利用它构造一个强经济生态圈，而非是简单的合作交流。该文甚至提出，以中国为核心，相互之间原本没有直接经济伙伴关系的国家可以直接通过中方斡旋牵手，文章还特别举例说比如德国和哈萨克斯坦之间就是这种情况。该文认为，中国的“野心”在于建立一个跨洲自由贸易区。而这，恰好是很多西方主流媒体对于“一带一路”保持静默的主因。

二是还有人说，中国推出“一带一路”构想是在搞“门罗主义”。什么是“门罗主义”？先做一下简要解释。它原是1823年12月2日美国第5任总统詹姆斯·门罗（1758—1831）在国情咨文中提出的美国对外政策原则，史称“门罗主义”。它是美国对外扩张政策的重要标志。它明确对外宣称：“你们别插手”。其具体内容则是：欧洲列强不应再殖民美洲，或涉足美国与墨西哥等美洲国家之主权相关事务。而对于欧洲各国之间的争端，或各国与所取坚定立场的一再表露，西方不少研究国际关系和安全形势的学者、专家齐声惊呼：中国这是在搞“门罗主义”啊！

2012年，美国海军战争学院副教授詹姆斯·霍尔姆斯把南海对中国的意义类其美洲殖民地之间的战事，美国保持中立。相关战事若发生于美洲，美国将视为具敌意之行为。

近年来随着中国在维护自己陆上和海上、特别是海上领土和资源权益方面比为马汉眼中的墨西哥湾和加勒比海，并认为中国终将排除邻国和外部势力的挑战，建立新的地区秩序。而就在这之后不久，另一位曾以《大国政治的悲剧》一书为中国人熟知的芝加哥大学教授约翰·米尔斯海默在悉尼发表演讲，称“如果中国大陆发展成香港那样，它将试图把美国从亚洲挤出去，发展它自己的‘门罗主义’”。

当然，这一话题在国际业界被炒作得更为红火，那是在中国国家主席习近平于今年5月在上海亚信峰会阐明亚洲新安全观，即“亚洲安全归根结底靠亚洲人民来维护”之后。比如，有日本学者就认为，中国在亚信峰会上是在力图发挥“地区领导者”或“亚洲领袖”的作用。

综合上述种种指责和非议，我们不难看出，这些基于历史比较研究，将体现“一带一路”构想精神的中国新亚洲外交与1823年美国的门罗主义，或与日本20世纪40年代的“大东亚共荣圈”及后来的“东亚共同体”构想相提并论，是不合适的，也是极端荒谬的。

中国的新亚洲外交与美国门罗主义和日本“东亚共同体”构想截然不同。中国新亚洲外交的核心指导思想是通过平等开放的伙伴计划和行为准则，深化经济和安全领域合作，以中国的可持续发展带动亚洲国家的共同发展，最终实现全亚洲的繁荣、和平与稳定。这与门罗主义的划定势力范围、强做美洲警察以及与服务于日本大陆政策并有殖民侵略色彩的“大东亚共荣圈”，无论在旨归还是在路径上，都有着质的区别。

习近平主席提出的“一带一路”构想，代表了21世纪中国的国家意志和对外形象，它的权威，我们必须鼎力维护。只有真正切实稳固地维护好这一权威，我们才能踏踏实实地圆好各自的中国梦。当然，这不是一两个人的事，也不仅仅是某些专家学者的事，而是每一个觉醒的中国人的事，所以我说，这是一项重大的理论战略工程。

第四部分

俄罗斯在欧亚大陆中北部和北极圈的使命

欧亚大陆的基石经济体 俄罗斯把目光投向东方

雷切尔·道格拉斯

2014 年 10 月

俄罗斯的欧亚大陆桥

EIR1997 年发布的特别报告《欧亚大陆桥：“一带一路”——世界经济发展的火车头》受到狂热追捧，在俄罗斯产生了持久影响。这一现象十分自然，因为正如林登·拉鲁什 1998 年一篇文章的标题所指出的，俄罗斯是“欧亚大陆的基石经济体”。[①]

一如 1917 年前的沙俄帝国以及 1922 年至 1991 年间的苏联，现在的俄罗斯联邦横跨九个时区，从西边的波罗的海和黑海一直到东边的库页岛、堪察加半岛以及白令海峡（图 1）。俄罗斯在里海和日本海上最南端的城市距离其最北端东西长达 5000 公里（3100 英里）的北极冻土地带最远有 4200 公里（2610 英里）。俄罗斯北极圈以内地区及西伯利亚其他地方仍然留有地球上未经开发的一些领土。

几个世纪以来，征服西伯利亚边疆地区的努力一直是俄罗斯经济和文化发展的一个动力来源。在俄国臣服于蒙古—鞑靼大军两个半世纪后，“俄国的拓疆人”莫斯科大公伊凡三世为现代俄罗斯打下了坚实的基础。他于 1499 年派出一支军队，由莫斯科出发，向东行至欧亚大陆之间的乌拉尔山脉，在此建立根据地，后来历史学家尼古拉·卡拉姆津这样描述此地：“可怕的蛮荒之地、光秃秃的陡壁、湍

---

① 林登·H. 小拉鲁什，“俄罗斯是欧亚大陆的基石经济体，” EIR，1998 年 3 月 27 日。

急的溪流、孤寂的雪松、白色的灰背隼……，在这里，长满青苔的花岗岩下，掩藏着富饶的金属及有色宝石矿藏。”到 18 世纪末，乌拉尔地区的钢铁厂已经帮助俄国打下了工业增长的基础。1807 年亚历山大·汉密尔顿《制造业报告》俄文版的出版商在前言中写道，由于俄美两国的相似性体现在“幅员辽阔、气候及自然条件、与领土不相匹配的人口规模等方面，……报告中提出的所有制度、评论及手段都适用于我们国家。”

图 1　欧亚大陆中北部

一个世纪后（1891—1916），在美国建成横贯大陆铁路之后，俄国也修建了西伯利亚大铁路，一举确立了其陆地强国的地位。20 世纪 30 年代末以及 1941 年纳粹入侵之后，苏联将其所有工厂都向东搬迁到乌拉尔山脉背后的新址，此举对保证其作战能力至关重要，也就此永久性地增强了乌拉尔地区叶卡捷琳堡及车里雅宾斯克等城市的工业实力。另外一个西伯利亚工业中心——新西伯利亚建成于 1893 年，后来西伯利亚大铁路于此地跨过鄂毕河，它在 1957 年被选作苏联（现俄罗斯）科学院西伯利亚分院及其“科学城”的所在地，这座城市后来将引领西伯利亚地区的地区发展及新技术开发。

然而，当 ELB 报告出炉时，莫斯科的掌权派根本没考虑欧亚大陆的实体经济发展。后苏联时期的俄罗斯已经实施了五年的“休克疗法”，价格放开、破产私有化，落实这些政策的是叶利钦总统政权内一群在伦敦、芝加哥接受过培训的新自由主义经济学家。这些被称作“年轻的改革派”当中有一位名叫阿纳托利·丘拜斯，当叶利钦于 1996 年再次当选总统后，此人在维克托·切尔诺梅尔金总理的政府中担任财政部长和副总理。对于丘拜斯来说，在 1996 至 1997 期间，即 ELB 报告发表那年，俄罗斯经济政策最大的创新就在于，放宽途径、允许外国投资者交易俄罗斯政府债券，即 GKO。这相当于邀请世界热钱涌入莫斯科，建起一座金融金字塔，这座金字塔将于一年后，也就是 1998 年 8 月，自行瓦解，几乎引发全球性金融灾难。1998 这个危机年份宣告切尔诺梅尔金政府的终结，也打破了年轻改革派对经济政策的控制。

随着这些事态的进展，俄罗斯政治反对派及学术圈对于拉鲁什“实体经济”概念、席勒研究所核能变革及基础设施项目的关注度急骤上升。该研究所“巴黎—柏林—维也纳生产三角计划”的俄语摘要广为流传，呼吁在欧洲传统心脏区域激发机器生产活力、培育基础设施能力及熟练工人，以作为前社会主义集团经济复苏的发动机。传递的信息就是，冷战之后可以有一段时期的和平与繁荣，但前提是各国结束在国际金融活动中的投机性洗劫行为，并打造新的体系，对实体经济发展予以资金支持。1995 年，拉鲁什向俄罗斯国家杜马提交了一份名为“俄罗斯经济复苏前景”的备忘录[①]，提出了发展走廊的概念，并建议前苏联的工业及技术能力不应被废弃，——这是当时的实际情况，而要加以利用，生产出新的、更先进的基础设施及其他资本产品。

在俄罗斯人及其他许多人对于生产三角区域的讨论中，大陆桥概念浮出水面：沿基础设施走廊的合作项目，仿佛从生产三角区域伸出的臂膀，具备延伸至欧亚大陆的前景。1996 年 4 月，在访问莫斯科期间，拉鲁什在一次学术研讨会上做主题发言，这次研讨会由俄罗斯科学院院士阿帕尔金（Leonid Abalkin）和奥西波夫（Gennadi Osipov）主持。拉鲁什提议重新推广罗斯福总统（FDR）对于后殖民世界经济发展的构想，由美国、俄罗斯及中国共同行使领导职责。“我们面前的工作有时……归根于外交官及选举产生的政府官员，”拉鲁什在该研讨会上总

① 拉鲁什，“俄罗斯经济复苏前景，”EIR，1998 年 3 月 17 日。

结发言时说，“但政府不能依想法行事，除非这些想法在一些有影响的圈子里得到确立。我关注的是，在知识分子群体中拓宽并加深对上述话题的讨论，他们对于塑造政府的思维方式十分有影响力。”①

图 2

1996 年 4 月 24 日，莫斯科“俄罗斯、美国及全球金融危机”研讨会，拉鲁什（左二）对面为俄罗斯科学院院士阿帕尔金（右四）。阿帕尔金左侧是经济学家、前苏联总理瓦伦丁·帕夫洛夫。

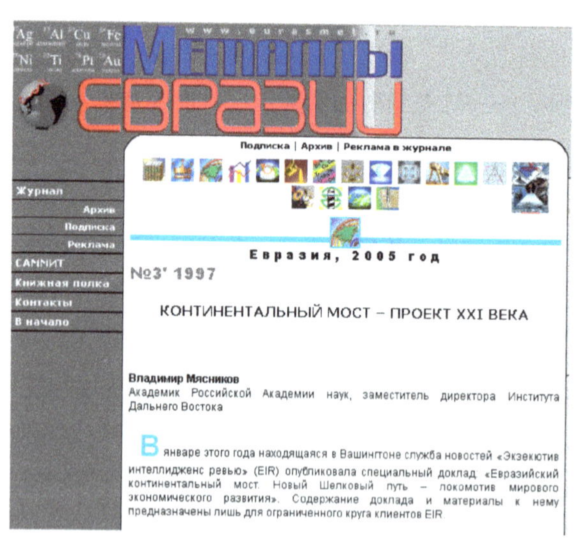

Металлы Евразии

Журнал
Архив
Подписка
Реклама
САММИТ
Книжная полка
Контакты
В начало

Подписка | Архив | Реклама в журнале

Евразия, 2005 год

№3' 1997

КОНТИНЕНТАЛЬНЫЙ МОСТ – ПРОЕКТ XXI ВЕКА

Владимир Мясников
Академик Российской Академии наук, заместитель директора Института Дальнего Востока

В январе этого года находящаяся в Вашингтоне служба новостей «Экзекютив интеллидженс ревью» (EIR) опубликовала специальный доклад «Евразийский континентальный мост. Новый Шелковый путь – локомотив мирового экономического развития». Содержание доклада и материалы к нему предназначены лишь для ограниченного круга клиентов EIR.

① “俄罗斯、美国及全球金融危机，”研讨会记录，EIR，1996 年 5 月 31 日。

《欧亚金属》的在线档案列有俄罗斯科学院院士米亚斯尼科夫（Vladimir Myasnikov）为该杂志 1997 年第 3 期撰写的文章《大陆桥：21 世纪工程》。这篇文章是 EIR 于当年 1 月特别报告《欧洲大陆桥》的摘要和评论。

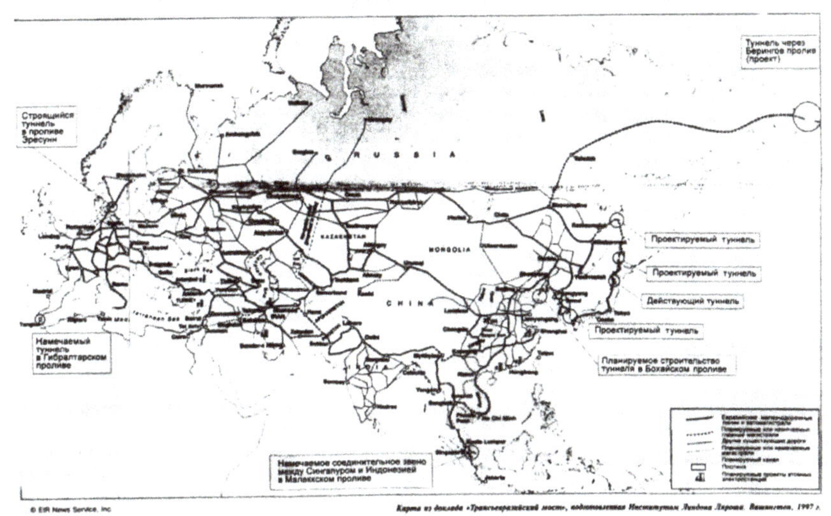

图 3

俄罗斯科学院院士谢尔盖·罗戈夫（Sergei Rogov）1998 年在俄罗斯主要报纸《独立报》发表两个版面的文章《俄罗斯新战略概论：只有其在欧亚大陆地理经济地图上的中心位置可以拯救它》。本图系复制 EIR 特别报告《欧洲大陆桥》主图，示意文章内容。

在俄罗斯，欧亚大陆桥概念触动的有影响力群体包括俄罗斯科学院各研究所，拉鲁什曾受邀于 1994、1995、1996 几年参加研讨会以及私下交流讨论。亚洲事务著名专家、科学院院士米亚斯尼科夫时任俄罗斯科学院远东问题研究所副所长，在工业杂志《欧亚金属》1997 年 5-6 月一期对 ELR 的欧洲大陆桥报告作出友好评论（图 2）。1998 年，俄罗斯主要报纸《独立报》副刊刊载俄罗斯科学院美加研究所院士谢尔盖·罗戈夫文章《俄罗斯新战略概论：只有其在欧亚大陆地理经济地图上的中心位置可以拯救它》。表现这两个版面文章内容的配图系 EIR1997 年报告《欧亚大陆桥》主图的复制品，应归功于EIR和拉鲁什（图3）。

2001年5月，在参加席勒研究所会议期间，俄罗斯经济学家谢尔盖·格拉济耶夫（Sergei Glazyev）回答了有关欧亚大陆的问题。[①] 当时，格拉济耶夫博士是俄罗斯国家杜马经济政策委员会主席；如今，他成了俄罗斯科学院的正式成员以及普京总统在欧亚融合问题上的顾问。

EIR：您和俄罗斯其他专家如何看待席勒研究所及拉鲁什先生有关欧亚大陆桥的基础设施提议？

格拉济耶夫：我认为，俄罗斯确实可以而且应该在建立世界新格局过程中扮演非常重要的角色。如果抛开虚拟经济活动来讨论实体经济增长问题，我们应该考虑如何促进经济发展，不只是在俄罗斯或其他某些国家的问题，而是整个世界范围的经济发展。目前，全世界金融系统正陷入困境。很多国家现在缺少资本……它们没有发展基础设施及开发产品的信用。

正因为如此，在本次会议期间，特别是在席勒研究所和拉鲁什先生所做的工作中，我们看到许多有关促进经济增长的卓有成效的见解。在这些见解中，建立大型基础设施项目是俄罗斯讨论最热烈的。我们在讨论西伯利亚大铁路的新阶段，它可以把我们的远东地区与西欧连接起来……贝阿铁路是西伯利亚走廊的一部分，现在已经竣工了。就在几个月前，最后一个重要隧道——北穆亚山隧道建成，现在我们准备好让这条铁路全面运营。这意味着各种商品可以从远东地区在两周内运往东欧及西欧国家……

在欧亚大陆，……我们必须考虑如何改善南北纽带……近来，在伊朗总统访问俄罗斯期间，双方同意开发另外一条非常重要的由南向北的纽带及发展通道：从伊朗，经里海及伏尔加河，通往俄罗斯北部及波罗的海。

EIR：伊朗也就完成这一南北通道问题与印度进行了磋商。

格拉济耶夫：是的，这条通道也可以借助现有连接里海和波罗的海的水路。通过这些跨国线路，大宗商品的运输更加容易而且便宜……这些发展走廊的形成将建立在现代运输技术的基础之上，是刺激经济增长及发展的非常重要的手段。

我想在这次会议上强调，我们正在考虑如何把这一广泛地区各个国家的竞争

① 格拉济耶夫（采访），“世界如何走出当前危机？”EIR，2001年5月25日。

优势结合起来，推动它们进行互惠合作——如何整合力量，实现经济更快增长。

一、普里马科夫的政治遗产

在1998年8月危机之后，俄罗斯科学院院士普里马科夫（Yevgeni Primakov）和国防工业专家马斯柳科夫（Yuri Maslyukov）联手组建政府，分别担任总理及第一副总理。在北约次年春季轰炸塞尔维亚引发的全球危机中，普里马科夫被迫下台。在仅有的八个月执政时间内，他们采取紧急行动，稳定俄罗斯工业及国内金融流通。普里马科夫—马斯柳科夫政府拯救俄罗斯实体经济的成果由普京进行了传承，后者被叶利钦任命为政府总理（1999年8月），随后又出任代总统（1999年12月；于2000年3月正式当选总统）。普里马科夫和马斯柳科夫缔造了一个框架，在这个框架内倾向于欧亚大陆发展的决策可以得到郑重考虑。

普里马科夫这届政府杰出的外交活动也具有战略意义：他于1998年12月访问印度，在此期间提出在俄、印、中三国组建“战略三角”。经过三方多年学术及外交会晤，这几个欧亚大国的合作最终成为现实；经历诸多曲折后，“俄、印、中”组合目前已是金砖国家的核心。

然而，对于普京而言，欧亚大陆发展的道路并非一帆风顺。就职后，他面临着俄联邦可能瓦解的现实，更有北高加索地区的暴动，后来演变成第二次车臣战争。之后，作为2001年9·11恐怖袭击后第一位致电小布什总统的外国首脑，普京提出与美进行战略合作。尽管如此，三个月后，美国撤出1972年《反弹道导弹条约》，而以美国副总统迪克·切尼为首的主战派更力主打造全球弹道导弹防御体系（BMD），拥有此屏障后，美国最终可以尝试对俄中两国实施核导弹打击。因此，俄罗斯总统脑子里充斥着防御及安全问题，2007年2月慕尼黑安全政策会议上，他在发言中表达了这一重点关切，他警告说“北约扩张进程与确保欧洲安全……没有任何关联。相反，这是严重的挑衅，降低了互信水平。”

与此同时，俄罗斯20世纪90年代遗留下来的严重的经济问题也不容易克服。俄罗斯许多工业那时都被新出现的“寡头执政者”持有，他们在国外注册公司，并把资金放在境外的避税港。过去年轻的改革派仍然掌握着政府经济部委及机构。过去曾摧毁过跨大西洋地区经济的相同的货币主义教条仍在俄罗斯处于主导地位，直到今天，一直反复妨碍基础设施及工业发展计划的实施。2014 年金砖国家集团发生的诸多大事给俄罗斯提供了一个机会，让它放弃货币主义做法，在欧亚大陆发展过程中承担领导责任。

二、沃纳德斯基战略

在普京担任俄罗斯总统最初几年里，拉鲁什给俄罗斯知识界的众多朋友写了大量信件，阐述俄罗斯发现其世界使命过程中面临的挑战。在“沃纳德斯基战略”、“俄罗斯的科学精神”等文中，他援引俄院士沃纳德斯基（1863—1945）的人类圈概念，将其作为改变欧亚大陆的正确指引。[①] 拉鲁什访问莫斯科，亲自就这些见解进行讨论，包括 2001 年 6 月在国家杜马听证会上作证，听证会由格拉济耶夫召集，主题是金融危机期间的国家经济安全。

2001 年 12 月 14 日，自然、社会与人类全球体系演变时间与空间国际研讨会在莫斯科举行，以纪念科学家库兹涅佐夫。拉鲁什以“沃纳德斯基欧亚大陆战略”为题进行发言。

① 拉鲁什，“沃纳德斯基战略”，EIR，2001 年 5 月 4 日；“门捷列夫与沃纳德斯基的遗产：俄罗斯的科学精神”，EIR，2001 年 12 月 7 日。

他说道：有些国家内部及跨国的地区，它们可以构成科技输出的“源泉”，输送给那些缺少技术供应来源的地区。前者一定不要被视作贷款供应方，而要被看成以名义借款成本换取的长期购买力来源。欧亚大陆应该成为此类经济复苏及增长的中心，但全世界将在这些过程中作为合作者进行参与并从中获益。①

2001 年 12 月 14 日，自然、社会与人类全球体系演变时间与空间国际研讨会在莫斯科举行。拉鲁什在研讨会上发言，主题为沃纳德斯基欧亚战略②。摘录如下。

如果世界想要成功摆脱这次巨大的金融、货币及经济危机，作为欧亚大陆国家，俄罗斯必须要扮演非常关键的中心角色。

跨越欧亚大陆，由大西洋向太平洋看，我们看到一些国家，如中国、印度、东南亚还有其他国家，它们拥有的技术总量严重短缺，总体而言，也能够供应满足各自人口的紧急需求。因此，这些国家，如中国、东南亚和印度必须在技术方面迎头赶上，掌握那些它们在最近一个世纪尚未拥有、没有吸收、或者没有研发的技术。在相当程度上，印度拥有一个重要的科学群体……中国拥有重要的技术。但是中国技术远远满足不了中国作为一个国家整体上的迫切需求。欧亚大陆内可以找到技术的来源，包括日本、俄罗斯、绝大部分来自西欧。我们今天可以观察得到，……俄罗斯的科学潜力已经沉睡了一段时间，没什么作为。

相关问题也存在于世界其他地方，但我们可以把精力集中在欧亚大陆以及相关岛屿上，将其作为当前世界问题的典型中心。

这让我们把目光投向沃纳德斯基。当今世界，矿产及相关资源最为集中的地带之一，少不了包括中北亚在内的这一地区，其中也包括俄罗斯的苔原地带。当然，人们可以掠夺这些资源的一部分，并廉价运往国外，这是有可能的。对俄罗斯而言，那将是场悲剧，也是对欧亚大陆整体利益的背叛。所以，我提议，必须开发发展走廊，取代横跨欧亚大陆的西伯利亚大铁路。通过大型水利治理、改善交通、发电及其他基础设施，包括人力保障基础设施，我们可以转变亚洲的这些地区。

俄罗斯以西，欧洲有一些破产的国家：德国、法国、意大利及其他国家。它们目前破了产——这些国家传统上是现代技术的缔造者。因此，如果适当的经济发展体系能得以建立，欧洲这些地区拥有天然市场——就如同日本在亚洲有市场

---

① 拉鲁什，“克服解体所需的政策转变”，EIR，2001 年 7 月 6 日。
② 拉鲁什，“俄罗斯在解决全球危机中的重要作用”，2001 年 12 月 28 日。

一样。俄罗斯和哈萨克斯坦代表着发展以及其他内容的主要输送带，它们对于联合欧洲及亚洲各地的潜力十分必要。这将要求、也意味着人类生态圈有史以来最大的转变。

现在，显然我们不能像经常从事的那样，去做掠夺生态圈的那类事情。目前，通过劫掠政策，我们对生态圈的侵蚀常常要比从中获取有用结果要快得多；比方说：矿产资源。

因此，当我们要通过政策行为改变生态圈的时候，我们必须考虑我们的行为有何后果，并且处理问题的方式对生态圈是种单纯的改善，这是人类活动的基础。这迫使我们在所有现代经济问题上以沃纳德斯基的视角去思考。

这还包括我们如何看待人类与太阳系以及更广阔太空的关系。这意味着太空探索及太空科学成为地球生命发展不可或缺的一部分。

三、白令海峡通道

横跨白令海峡联结欧亚大陆和北美洲的想法在过去 150 年间引发人们无数想象。甚至在沙俄于 1867 年把阿拉斯加出售给美国之前，美国国会就有人支持跨白令海峡搭设一条电话线，与沙俄——美国当时的盟友相联。1890 年，科罗拉多州州长威廉·吉尔平（William Gilpin）力促“大都市铁路宏大项目”，“跨白令海峡向北、西方向延伸；再贯穿西伯利亚，连接欧洲及世界所有铁路”（图 4）。之后数十年，直到 1917 年俄国革命前后，有多项方案要推进这一项目。

自 1978 年以来，拉鲁什运动一直在为连接白令海峡项目奔走活动。1995 年，EIR 发表了一篇概述，由美国顾问工程师小库柏（Hal B.H. Cooper, Jr.）和新西伯利亚西伯利亚国家运输学院贝卡德洛夫（Sergei A. Bykadorov）教授完成，介绍了西伯利亚和俄罗斯远东地区的铁路：现有线路，开工但未完成的项目，以及铁路网宏大构想——该铁路网更为密集、可以支撑欧亚大陆经济发展及资源运输。[①] 图 5 展示的是库柏—贝卡德洛夫西伯利亚大铁路网设计、贝阿铁路、近极地铁路竣工、跨白令海峡铁路建设、北西伯利亚铁路以及跨西伯利亚枢纽铁路。

① 库柏、贝卡德洛夫，“北欧亚大陆铁路体系及其对西伯利亚经济增长的影响，”EIR，1995 年 5 月 19 日。

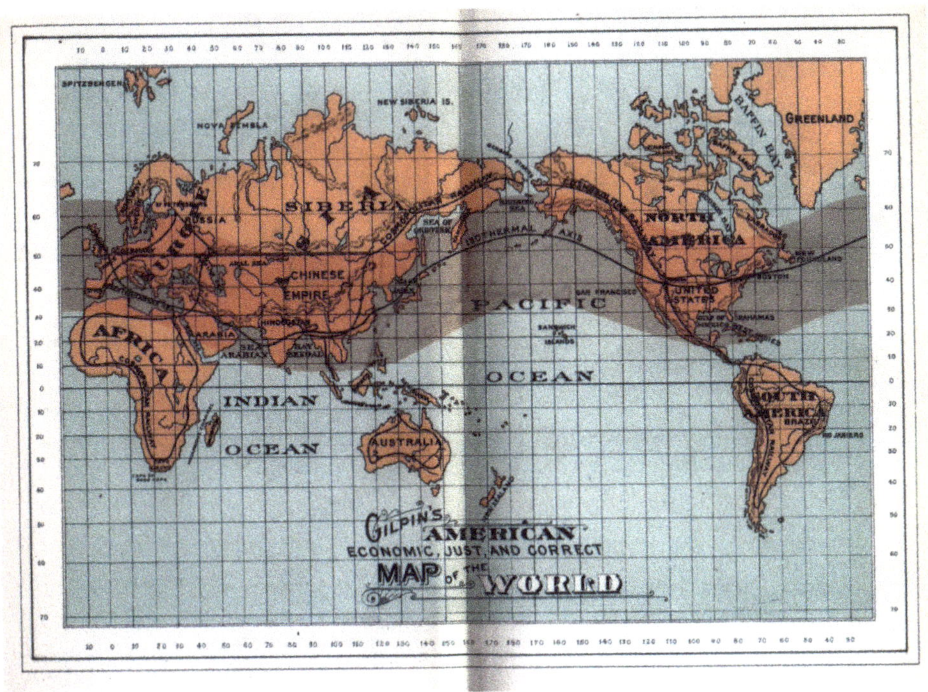

图 4

这幅“公正、正确的美国世界经济地图”包括一条跨白令海峡的大都市铁路，是科罗拉多州州长威廉·吉尔平于 1890 年发行的。他支持延伸洲际铁路“跨白令海峡向北、西方向延伸；再贯穿西伯利亚，连接欧洲及世界所有铁路。”

在俄罗斯，生产力研究委员会（俄文缩写为 SOPS）主导推进跨白令海峡项目。该委员会系俄罗斯科学院及经济部组成的联合机构，其前身为沃纳德斯基的 KEPS 机构，即 1915 年至 1930 年间的自然生产力研究委员会。从 1992 年起至 2010 年逝世，新西伯利亚籍院士亚历山大·格兰伯格（Alexander Granberg）一直担任生产力研究委员会的会长，他是俄罗斯地区发展问题的领军专家。2009 年 11 月，格兰伯格公开呼吁“把‘拉鲁什拯救世界经济计划’提上日程”。

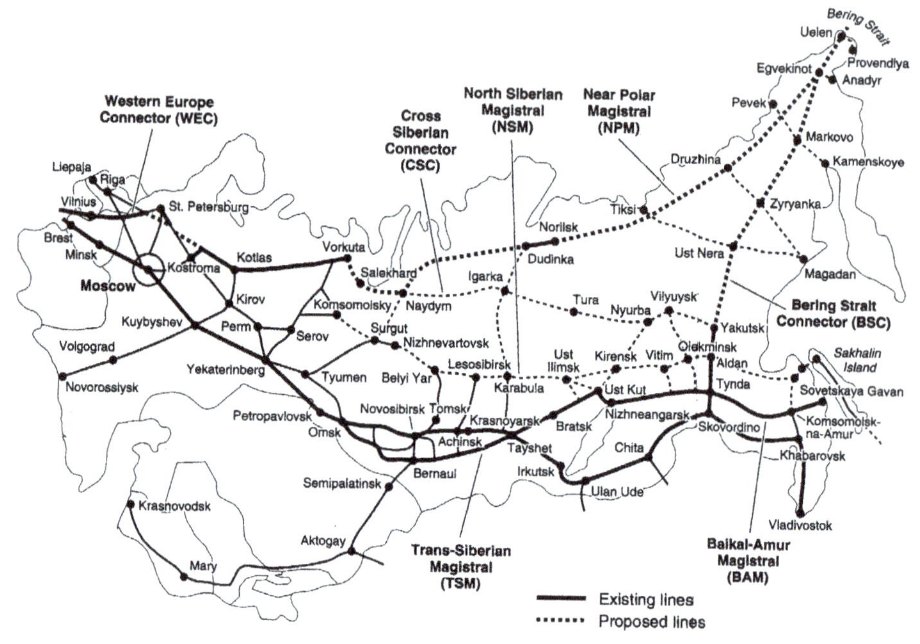

图 5　北欧亚大陆铁路系统扩展提案图

由库柏和贝卡德洛夫完成的这幅 1995 年现有及拟建铁路图包括邻近俄罗斯的几个国家：西边有爱沙尼亚、拉脱维亚、立陶宛及白俄罗斯，南面有哈萨克斯坦、乌兹别克斯坦、土库曼斯坦、吉尔吉斯斯坦和塔吉克斯坦。1995 年以后建设的没有显示，如哈萨克斯坦的新首都城市阿斯塔纳和中亚的一些铁路。

2007 年 4 月 24 日，生产力研究委员会在莫斯科联合举办会议，名称为俄罗斯东部大型项目：欧亚大陆—美洲洲际白令海峡运输通道。① 格兰伯格告诉与会人员，俄罗斯领导人把交通基础设施视作促进俄辽阔边远地区发展的根本。他引用了亚库宁的报告，后者是俄罗斯国有铁路公司的首席执行官，于当月早些时候参加了由普京总统主持的一次铁路运输会议并做报告。报告支持兴建一条由勒拿河到白令海峡的 2500 至 3000 公里的铁路。后来在 2007 年，那条通往沿岸村庄乌厄连（Uelen）并刺激鄂霍次克海上马加丹（Magadan）金矿中心发展的铁路，

① 雷切尔·道格拉斯，“俄美组合：世界需要白令海峡隧道！” EIR，2007 年 5 月 4 日。会议记录刊登在莫斯科英俄双语期刊《国际会议》上（2007 第 7 期）。

将作为“具有战略意义的新铁路”，被纳入《俄罗斯铁路战略（2030 年）》（图 6）

生产力研究委员会邀请拉鲁什在大型项目会议上发言。虽然他本人未能参加，但大会宣读了他的发言稿：“世界政治地图转变：就连门捷列夫也会同意！”

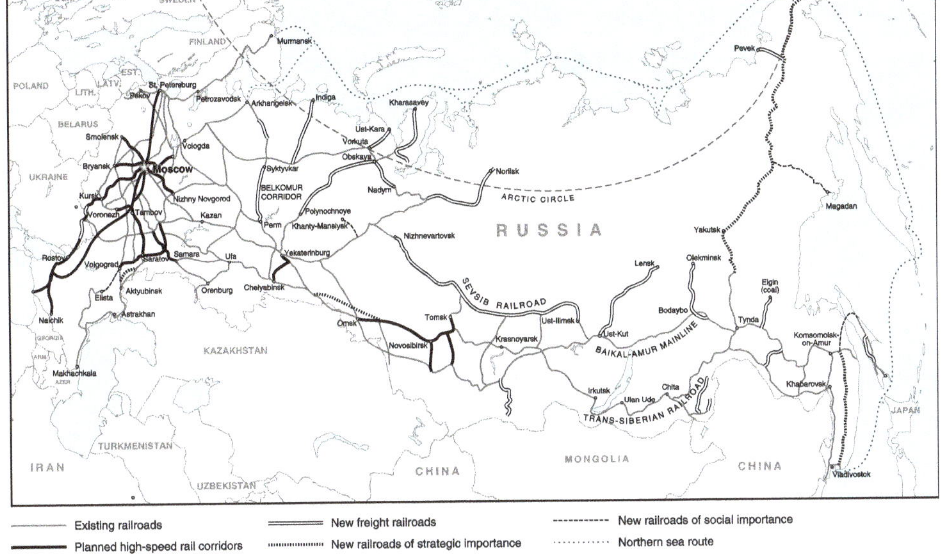

图 6　2007 年《俄罗斯铁路战略（2030 年）》

本图反映了俄罗斯现有及计划建造的铁路，由 EIR 绘制于 2007 年，依据的是同年批准的俄罗斯 2030 年前铁路战略。不是全部现有铁路都进行了标注，而且周边国家与俄铁路系统相连的许多铁路也未在图中显示。

在东西伯利亚，阿穆尔（黑龙江）—雅库茨克南北铁路的别尔卡基特—雅库茨克段已经从雅库茨克穿越勒拿河修筑到了下诺夫哥罗德。对于白令海峡而言，阿穆尔—雅库茨克铁路是“具有战略意义的铁路”的第一阶段。

2007 年，远东地区的哈巴罗夫斯克（伯力）与海参崴之间尚未计划修筑高速铁路，但两年后，这条线路被确定为一项可能兴建的中俄高铁项目。与传统火车共用铁轨的高铁现已在下诺夫哥罗德、莫斯科、圣彼得堡以及芬兰的赫尔辛基之间营运。现在拟建的经下诺夫哥罗德至喀山高铁延伸段未出现在 2007 年地图中。乌拉尔地区（车里雅宾斯克—叶卡捷琳堡）及西伯利亚（鄂木斯克—新西伯利亚—

托木斯克，加上支线）拟建高铁没有动工，但考虑到2014年10月中俄关于修筑莫斯科—喀山高铁作为莫斯科—北京高铁走廊一部分而达成的备忘录，上述情况可能有所改变。

图6中左上中间部分计划的新货运铁路包括贝尔科姆尔走廊（彼尔姆—阿尔汉格尔斯克）及其东北方向的巴伦茨科穆尔走廊（乌拉尔—印迪加）。它们是现在处于停顿状态的乌拉尔—北极乌拉尔工程项目的组成部分。总体来看，贝尔科姆尔走廊、中西伯利亚的“北西伯利亚”货运铁路以及通至太平洋的贝阿铁路效法的是1928年俄北方大铁路方案——从西部的白海一直到东边的日本海。

已故院士亚历山大·格兰伯格，他长期担任生产力研究委员会会长职务。

亚马尔半岛货运铁路的主要部分、525公里的鄂毕湾—博瓦年科沃段，于2010年动工，是世界最北端的铁路。贝阿铁路的一些支线已经建成（由贝阿铁路通往埃尔加炼焦煤矿的321公里铁路于2012年由梅切尔矿山冶金公司建成，是条私有铁路），其他也有尚未竣工的。例如，2014年，由于乌斯季库特—连斯克铁路没有建成，连斯克市附近恰扬达气田的中俄合作项目、“西伯利亚力量”天然气管道建筑材料得用驳船从贝阿铁路沿勒拿河运到连斯克。

在这张地图上，北方海路（NSR）从两处伸入北极沿岸：诺里尔斯克矿藏中心西北的叶尼塞河河口，以及向东1500公里外的勒拿河河口的季克西港。萨哈共和国—雅库特的领导人想要开发经勒拿河到北方海路的雅库茨克—季克西水上航运。

ARTIST'S CONCEPTUAL VIEW OF THE NORTH AMERICAN ENTRANCE TO THE BERING STRAIT RAIL TUNNEL

四、生产力研究委员会的白令海峡方案

2007 年 9 月，生产力研究委员会副会长拉兹贝津（Razbegin）博士向席勒研究所德国会议提交文章，陈述白令海峡大型项目。[①] 以下删节版节选内容包括了该计划的关键数据。

大家都清楚，有必要打造一个连接六个大洲中的四个、多种运输形式联运的运输走廊。科学家们几乎已经解决了所有的技术难题。对最初设计进行仔细研究后，人们发现拟建线路并不比其他已经运营的运输干线更长、或是更加复杂。

极北地区的永久冻土及严酷条件对于建筑人员来说并不是难题，因为俄罗斯在类似气候带拥有大量建筑经验。虽然在白令海峡下铺设隧道需要复杂的工程解决方案，但可能性还是非常大的。近几十年来的世界经验表明，即便在地震活动多发的国家，这类线路也能成功运营。

2007 年 9 月 6 日，俄罗斯政府批准了《俄罗斯铁路发展战略（2030 年）》。

---

① 拉兹贝津，“欧亚—北美多方式运输”，EIR，2007 年 9 月 28 日。

该计划包括了由雅库茨克（勒拿河右岸）到乌厄连的线路，在白令海峡伸出，作为具有战略意义的重点项目。

俄罗斯拥有在北极气候带条件下的建筑经验。图中离岸抗冰固定采气平台“Prirazlomnaya”号由白海北德文斯克港口运往巴伦支海的摩尔曼斯克，2011 年 1 月 18 日。

该洲际线路将是多种运输形式的运输走廊，包括：

一条双轨、全线供电的高速铁轨，雅库茨克－祖尔扬卡－乌厄连－（加拿大）尼尔森港，全长 6000 公里；

一条电力输送线路，高达 1500 千伏的直流电流，用电容量为 12000 － 15000 兆瓦；

光纤通信线路。

该洲际线路项目将在单一全球网络中连接各大洲运输线路，打造一个国际运输走廊，并使在欧亚大陆和美洲之间组织大规模货运成为可能。这将加速全球经济整合，为发展创造新机遇。尤其是，开发俄罗斯、美国及加拿大北部地区成为可能，将它们巨大的自然资源与世界市场联系起来。跨白令海峡的洲际铁路项目是全球运输网目前欠缺的一环（图 7）。这条 6000 公里长的铁路线具备年均 5000 亿吨公里的运输潜力，或者说世界铁路货运总量的 3%。

拉兹贝津说明了白令海峡的下述成本，数据由生产力研究委员会估算得出。

白令海峡洲际枢纽投资要求	
	十亿美元 2005 年币值
铁路部分总值	12—15
雅库茨克—乌厄连（俄罗斯）铁路	（9.5—11.5）
威尔士（阿拉斯加）—尼尔森港（英属哥伦比亚）	（2.5—3.5）
隧道建设	10—12
电力工业，包括洲际传输线路	23—25
其他（社会基础设施，光纤线路，等）	10—15
共计	55—67

按照拉兹贝津的说法，上述投资将在 13 至 15 年内收回，途径包括铁路沿线各地区的发展及其自然资源（250—300 亿美元）、货物运输收入（年均 80—100 亿美元）及其他收入。他总结道：

洲际枢纽项目对于俄罗斯来说是个重要的国家项目。它将赋予俄罗斯在亚太地区更重大的地缘政治存在，提升俄罗斯在世界运输服务、能源及工业市场上的地位。它将是俄罗斯本国运输网的重要一环，连接着俄罗斯东北部地区与国际运输走廊。

运输走廊的建设也将是俄罗斯东北部地区经济深化发展和开发的前提条件，可以提供全年运输通道、降低运输成本并促进关键制造产业的竞争优势。它可以改善生活水平，创造新的就业岗位并扭转该地区人口不断外迁的局面。

与此同时，洲际枢纽还是个具有世界意义的工程。该工程将为美国、加拿大以及南美国家提供通向中国、东南亚、中亚、南亚及更远地区的途径，获取产品和技术。同时，亚太地区将取得获取西伯利亚资源的正常、互惠途径。该工程可以使世界减少军工产品制造，转向民用工业生产活动。

作为跨国工程，洲际枢纽项目可以改善国际关系。这是个可以改变世界的工程。它把各种创造性能量凝聚到一起。我们可以创建一个国际合作地带，而非弹道导弹防御体系。跨国基础设施项目是唯一解决民族国家之间、不同种族人民之间对抗、包括军事对抗的真正替代良方。

生产力研究委员会把白令海峡多运输方式隧道项目带到了 2010 年上海世博会，并赢得了创新大奖。习近平主席在 2013 年末宣布了丝绸之路经济带政策，该政策逐渐成形，德高望重的铁路专家王梦恕院士表达了中国对于白令海峡项目的极大兴趣。2014 年 5 月，王梦恕告诉《京华时报》说，中国高铁计划现在包括白令海峡隧道在内，正与俄罗斯进行商洽。在高铁技术帮助下，王梦想院士预测，一名乘客只需两天就可乘火车完成中国与北美洲之间的旅程。高速列车目前已经在中国东北地区北京－沈阳－哈尔滨一线运营。《大图们江开发计划走廊 4》（见后文）旨在跨黑龙江把这一线路与西伯利亚大铁路进行连接，由此黑龙江－雅库茨克铁路和计划的白令海峡枢纽铁路可以接至白令海峡（图 6）。

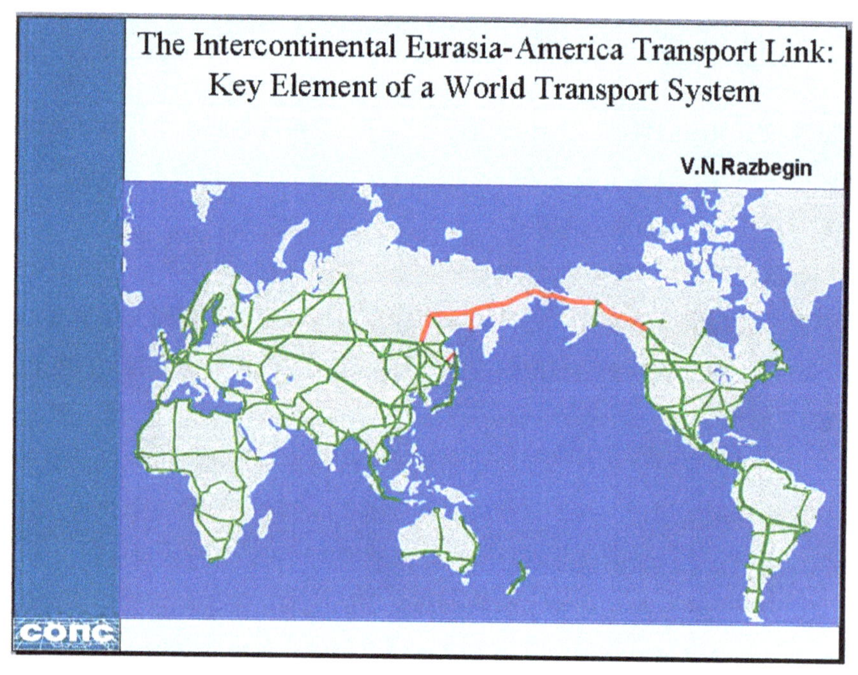

图 7

俄罗斯生产力研究委员会（SOPS，其俄文标识在图的左下角）的拉兹贝津博士调整了 EIR 的世界大陆桥地图，说明白令海峡是“世界运输系统的关键元素。”

俄罗斯科学院远东研究所的彼得罗夫斯基博士（Vladimir Petrovsky）2011 年提出，中国的参与对于白令海峡项目的实现可能至关重要。他不仅援引中国在山东和福建等省竣工的海底隧道经验，还指出中国国家铁路项目的规模，“在可见的未来，中国可能成为白令海峡项目的重大利益关切方。”这位俄罗斯专家如此写道："如果不是中国已经处于世界最大高速铁路网的建设过程中，人们很难认真对待上述说法。但是，在最近的大型公共工程建设中，这个地球上人口最多的国家证明自己不缺少技术，表现出了雄心壮志——以及投资大型公共工程的意愿——没有任何减缓脚步的迹象。"①

五、西伯利亚需要更多人口

2007 年 4 月会议上，俄罗斯铁路公司宣布白令海峡铁路枢纽项目包括在其 2030 年前的发展计划内，普京总统提到"向国内人口稀少地区及发展潜力大的工业区提供运输途径，"从而使得此类地区得到发展。完成这项任务、发展实体经济，首先要看一下西伯利亚边疆地区的地理情况。

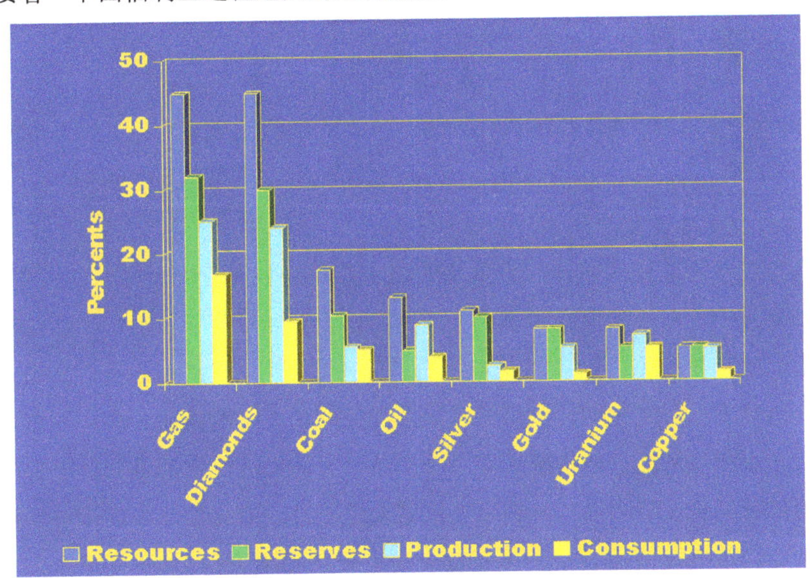

图 8　俄罗斯资源：储备、生产与消费

维尔纳特斯基国家地质博物馆这张 2007 年图表比较了俄罗斯特定地下资源矿藏及证明储量占世界比例及其生产与消费方面的较低世界占比。这反映出俄罗斯的出口潜力，以及促进其本国制造业发展的需求。

---

① 彼得罗夫斯基，"白令海峡项目——俄罗斯最新视角"，全球和平联盟，2011 年 10 月 4 日。

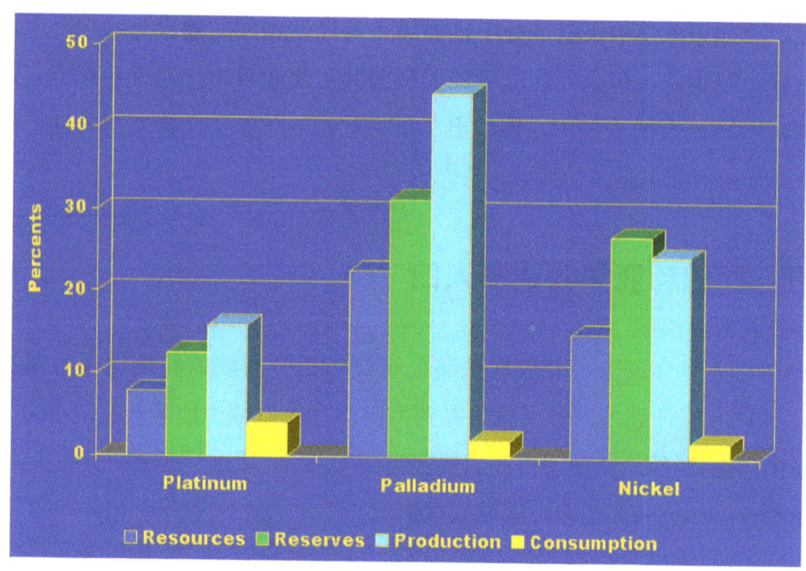

图 9 俄罗斯镍、铂族元素

俄罗斯相对而言是镍、铂族元素的大生产国，在北极圈内的诺里尔斯克市附近开采，但国内消费却极少。

从乌拉尔山脉到太平洋，俄罗斯的领土面积为 1310 万平方公里。世界上 12 条最长河流中，有 3 条流经西伯利亚地区：西西伯利亚有鄂毕河，中西伯利亚有叶尼塞—安加拉河系，勒拿河在东西伯利亚（图 1）。西伯利亚东南部的贝加尔湖拥有地球上五分之一的淡水资源。除了西伯利亚西部的南北走向乌拉尔山脉，东西伯利亚和俄罗斯远东地区还有不少山脉。上述地区绝大部分都处于针叶林气候和植被带，生长着沼泽针叶林。在俄罗斯最北方，沿北极海岸，有一条狭窄的苔原带。连续冰冻两年以上的多年冻土覆盖着俄罗斯大约 1000 万平方公里的领土面积，绝大多数在西伯利亚及远东地区。

在提交给 2007 年 9 月席勒研究会会议[①]的论文中，俄罗斯科学院维尔纳特斯基（Vernadsky）国家地质博物馆的切尔卡索夫（Sergei Cherkasov）博士和伦德奎斯特（Dmitri Rundqvist）院士总结了俄罗斯的丰富地质资源，以及未来白

① 切尔卡索夫及伦德奎斯特，“原材料及俄罗斯基础设施”，EIR，2007 年 9 月 28 日。

令海峡枢纽项目面临的严苛条件。他们报告称，俄罗斯拥有世界 20.5% 的陆地面积，3% 的人口，22% 的森林，30% 的总大陆架面积，以及 16% 的矿产资源。除了石油和天然气外，俄罗斯还有占世界很大比例的稀土资源，以及钾盐、磷灰石及磷钙土等农化矿石。其钻石资源世界第一，黄金储量世界第三。俄罗斯某些金属矿藏占全球比例高达 50%，但其生产和消费量却要小得多（图 8），铂族元素（PGE）和镍除外（图 9）。

这两位地质学家列举了在 20 世纪 90 年代，俄罗斯工业崩溃及放开经济管制期间发生的大规模洗劫现象。例如，1999 年，俄罗斯出口了 57.3% 的石油产量，32% 的天然气，而重要金属的出口水平为：铜，总产量的 85%；镍，91%；钨，96%。1996 年，俄罗斯出口的铀几乎相当于当年产量的 417%。另外一年，钼出口量高达当年产量的 356%。

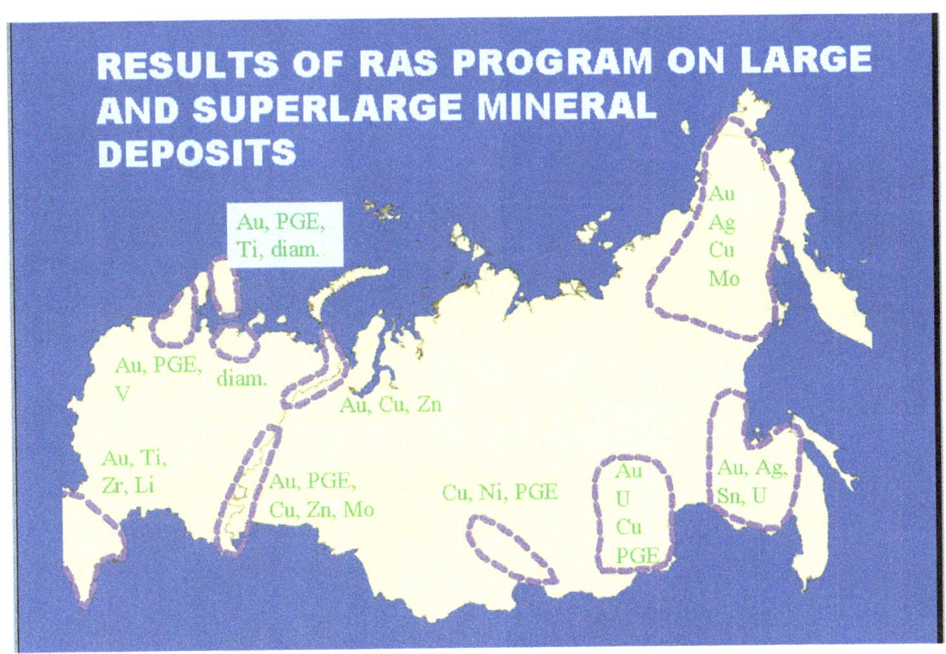

图 10

这份 2007 年维尔纳特斯基国家地质博物馆地图总结了俄罗斯科学院一个调研项目的结果。先前已经确认并开采的资源未在图中显示，如西伯利亚西北部诺里尔斯克附近的镍及铂族元素矿床，以及东部萨哈共和国—雅库特著名的钻石矿藏。

尽管在苏联解体后地质勘探活动急骤减少（现在仍存在这样的问题），但地质博物馆团队出具了俄罗斯科学院一项研究的结果，显示西伯利亚东北部先前没有得到开发的黄金、银、铜及钼矿产地（图 10）。切尔卡索夫对与会人员说：“金属的利用正在发生转变，”俄罗斯又发现了新的矿藏种类，如富含钛铁矿的含油沙，而钛铁矿是最重要的钛矿石。

这些资源必须在严苛的气候条件下进行开采，如北极圈内的诺里尔斯克工业城，就是建在镍铂族元素矿藏地附近。切尔卡索夫和伦德奎斯特描述了萨哈共和国—雅库特一线白令海峡走廊路线的恶劣气候和地形。因为永久冻土，那里的房子建在桩柱上。他们报告说，雅库特的波皮盖（Popigay）钻石矿是陨石撞击形成的陨石坑，含有比世界其他已知资源都要多的工业钻石，“但没有得到开发，因为那里没有任何基础设施。200 公里范围内没有任何人烟。”俄罗斯地质勘探制图显示，雅拿—科累马金银矿区与德国储量相当，对这一地区的开发将创造大约 30 万就业岗位，“但，在该地区我们只有 1 万人口。”

诺里尔斯克（左图），人口 17.5 万，位于俄罗斯克拉斯诺亚尔斯克区，在北极圈以内。世界近 25% 的镍、44% 的钯都产于此地。西伯利亚油田暴风雪（右图）。

2001 年，俄科学院院士利沃夫（Dmitri Lvov）警告说，俄罗斯正变成西方金融的“原材料附庸”。对此，拉鲁什撰文，称俄罗斯、甚至全世界恐怕会丧失更为珍贵的资源：技术熟练、有创造性的人类，他们生产活动的结果不是“物品”，而是人类生命的延续。[①]

① 拉鲁什，“论院士利沃夫的警告：什么是‘原始积累’？”，EIR，2001 年 8 月 17 日。

西伯利亚的情况与绝大多数地方相似，但表现得更明显——世界需要更多人口，特别是更多受过良好教育、往往又十分有勇气的知识分子，正是他们让苏联科学在20世纪形成一股令人生畏的力量。在其于1906年完成的最后一本书中，世界奇才门捷列夫称，到2000年，俄国人口应该达到5亿才能维持发展。到1991年苏联解体时，这期间的85年，苏联经历过革命、国内战争、两次世界大战以及其他创伤，其人口达到了2.93亿；俄罗斯联邦人口为1.486亿。到2013年，俄罗斯人口降至1.435亿，但较2009年1.419亿的人口低谷还有所反弹。[①] 有近20年时间，俄罗斯人口不断减少，因为虽然俄罗斯人从其他前苏联共和国回到俄罗斯，所以净移民不少，但其人口死亡率要大于出生率。

全国范围内，俄罗斯在上世纪90年代遭受了人才流失，因为科学家们所在研究机构所得资助骤然下降，又面临着向外移民的诱惑；许多受过教育的年轻人也到国外另谋高就。俄罗斯国内人才流失破坏性有过之而无不及，在同一时期，大量大学求学年龄的年轻人都转而学习商业教育，新一代科学家和工程师没有培养起来。资深宇航员格列奇科（Georgi Grechko）直言这一现象对于俄罗斯太空领域的影响。“我们的主要麻烦是什么？”他在俄罗斯“火卫一－土壤”火星探测于2011年失败后说：“这对专家人员来说是个公开的秘密。项目成员要么超过了60岁，要么还不到30。没有中年团队。在国家危难时期，航天工业流失了一代人。人们、大多数都年轻、有精力、有才华，他们都到其他地方另谋高就了。”

在绝对人口及就业质量方面，远东联邦区情况尤为糟糕。该地区人口比1989年少了近200万。远东及东西伯利亚加起来，人口在1989－2012期间下跌21%。滨海边疆区人口净减30万，与中国接壤的阿穆尔地区减少23万，都十分典型（图11）。社会及文化基础设施先前由苏联政府或国有公司提供经费，现在大幅缩减，交通支出承担不起，包括原来到俄罗斯其他地区的交通补助也取消了，这些都是导致人们想离开的原因。

苏联远东工业过去大部分都生产军用品，在20世纪90年代生产规模大幅削减。面向太平洋捕鱼船队以及海军的造船业也进行了裁减。戈沃鲁欣（Stanislav Govorukhin）导演1994年电影《犯罪大革命》记录了苏联解体头两年内俄罗斯

② 2014年5月克里米亚半岛加入后，俄罗斯又获得250万人口。

靠近与中国边境地区的生活：卡车司机拉着从工厂盗窃来的金属制品，驶入中国进行售卖；失业的成年男性和一伙伙小孩子抢劫火车；影片还做了对比：一边是压抑的滨海边疆区城镇，边境另一侧，则是像黑龙江省绥芬河这样繁荣的城市。十五年后，到了 2009 年，该地区的经济仍然萎靡不振——海参崴（符拉迪沃斯托克）近 60 万人口中，估计有 10 万人从事该市最大的行业：日韩二手车的进口与销售服务。

图 11

西伯利亚 / 远东地区跨越俄罗斯三个联邦区：乌拉尔、西伯利亚和远东联邦区。它们总共面积为 1310 万平方公里，人口略少于 3800 万（2010 年人口普查结果，每平方公里 2.8 人）。不算乌拉尔，另外两个最东面的广阔联邦区，是人口最稀少的，只有 2560 万居民。远东联邦区 620 万平方公里土地上仅有 630 万人，每平方公里仅有一人。在西伯利亚联邦区，1930 万人生活在 510 万平方公里土地上，平均人口密度为每平方公里 3.7 人；其中 350 万集中生活在三大城市里：鄂木斯克（110 万），新西伯利亚（150 万），克拉斯诺雅茨克（100 万）。港口城市阿尔汉格尔斯克和摩尔曼斯克所在的西北联邦区人口也十分稀少。除了圣彼得堡的 500 万人口以外，800 万人居住在其余 170 万平方公里土地上（每平方公里 4.7 人）。

20 世纪 90 年代，许多被称作往返商贩的中国跨境走街商贩在俄罗斯远东地区城市里工作。超过 13 万来自黑龙江省的中国工人开始到俄罗斯，从事建筑或农业合同工人工作。虽然有些媒体报道夸大其辞，称“数百万”中国人涌入远东地区，生活在“丛林深处的自治社区”，但据俄方客观估计，目前在俄罗斯全境生活着 20 到 40 万中国公民。

对于生活在远东地区的中俄两国居民来说，跨越边境并不是什么新鲜事。今天远东联邦区的南部直到 19 世纪中业都是中国领土，后来俄国在修建中东铁路（赤塔—哈尔滨—海参崴）过程中一直在中国东北占据着自 1898 年起从中国手中索取的租界。1913 年，俄罗斯人是中国哈尔滨最大的少数族裔，到 1921 年仍占当地人口的三分之一。另一方，苏联 1926 年人口普查记载，海参崴全部人口中有 22% 为中国人。

今天，生活在远东地区的中国人要少于那些从前苏联中亚地区来的人，后者不用签证即可进入俄罗斯，更有可能非法驻留，接手许多不需要技能的低收入工作。俄前总理普里马科夫在 2014 年 3 月一次会议上指出，目前在俄罗斯的 1250 万移民中，有 60% 是非法的；他说，受俄罗斯企业雇佣这些无证工人影响，企业逃税、工人收入微薄，俄罗斯经济每年损失 1170 亿卢比（近年来，36 至 40 亿美元）。虽然对雇佣外国客籍工人做了限制，2003 年出台法律，2007 年又提高标准，但俄联邦移民局报告称，2011 — 2013 年，进入俄罗斯的移民数量增长了 50%，数量最多的几个国家包括哈萨克斯坦、乌兹别克斯坦及乌克兰，更不用说后来乌克兰内战又使数十万人逃难到俄罗斯。

移民在满足西伯利亚和远东地区用工需求方面的作用继续受到热议，而移民到俄罗斯的中国人的构成却发生着变化。俄罗斯联邦移民局远东办事处的一名前官员批评俄罗斯国内对于中国移民的反对，他报告说：“上世纪 90 年代，我们首次开放海参崴时——那时中国经济还不是很发达——有很多中国人在边境市场（干活），睡在列车上。现在，你得支付大约 1000 美元的月薪才能吸引来中国的专家。上帝给了我们一个和平的、勤奋工作的邻居，渴望参与互惠的经济活动……（但是）我们却害怕中国！”①

① Artem Zagorodnov，“俄罗斯远东地区的中国移民是否过多？”采访海参崴俄联邦移民局前局长 Sergei Pushkarev，RBTH，2012 年 4 月 28 日。

中国哈尔滨建成于上世纪初的俄国东正教圣·伊维尔大教堂。

对于那些严肃对待俄罗斯重新工业化以及边疆发展问题的人来说，要在俄联邦内改善家庭结构、形成积极的人口趋势，除了经济政策，别无他法。但短期内，还是需要移民。贝加尔经济与法律国立大学（伊尔库茨克）的校长维诺库罗夫（Mikhail Vinokurov）在 2013 年呼吁，在未来 100 年内，俄罗斯人口数量应翻倍，达到 3 亿。对于近期前景，他说，在管理良好的移民计划指导下，“让 4000 万到 5000 万人来俄罗斯工作，是要做的一件正确的事。”俄罗斯科学院远东研究所杰出所长季塔连科（Mikhail Titarenko）院士同意这种说法。2014 年 3 月，在与普里马科夫一同参加的会议上发言时，他说：“如果我们想要发展西伯利亚及远东地区的经济，我们需要移民，”并呼吁联邦移民局减少惩罚非法移民的精力，更多精力放在“创造对外来人口进行教育和同化的条件上。”

两项对比鲜明的投票调查让事情富有戏剧性，表明俄罗斯东部边疆的未来取决于政策决定，而并非所谓的客观因素。2012 年夏，民意测验机构 VTsIOM 的一项调查让许多人沮丧不已，调查结果表明，39% 的西伯利亚及远东地区居民表示，如果可以的话他们会离开这些地区。原因包括工资低、事业发展没有前景、不能获得他们自己的住房、子女缺少教育及其他机遇等。然而，塔夫罗夫斯基（Yuri Tavrovsky）教授去年报告的研究结果却完全相反：“投票结果表明，如果东部启动重大国家项目、有高工资、也有购买住房的机会，俄罗斯欧洲部分的国民中，超过三分之一都表示很乐意搬到东部去。”

六、走廊解决方案

当年的沙俄财政大臣维特伯爵（Count Sergei Witte）（1849—1915）是西伯利亚大铁路工程的组织者，他深谙上述乐观调查所传递的原则。在其著名格言——铁路创造“文化发酵”（见第3部分，中国的丝绸之路）中维特很清楚地指出，铁路沿线的发展，集中在铁轨两侧的走廊区域，将转变该地区以及整个国家。在一本为1893年芝加哥世界哥伦比亚博览会准备的英文书里，维特的财政部官员写道，西伯利亚大铁路“贯穿整个西伯利亚，蜿蜒7112俄里，[①]覆盖范围非常广，沿线两侧均不少于100俄里，面积约150万平方俄里”——比欧洲的任何国家面积都要大。他们承诺，西伯利亚铁路的收益不可能用金钱来衡量，因为“从字面意义上严格来说，这条铁路在很长时间内都不会有回报，”但将拥有“无数数学运算算不出来的好处。”其“对国家整体经济发展的强大推动力，[将]催生许多工业活动的新分支。”[②]

西伯利亚大铁路上一名布里亚特蒙古少数族裔扳道工，1910年。

① 7539公里（1俄里＝1.0668公里）。西伯利亚大铁路这一长度不是从莫斯科测量的，而是从车里雅宾斯克向东测量，新建设工程从这里开始。

② 沙俄帝国财政部贸易与制造署，《西伯利亚与西伯利亚大铁路》，圣彼得堡，1893年。

THE
INDUSTRIES OF RUSSIA

SIBERIA
AND
THE GREAT SIBERIAN RAILWAY
WITH A GENERAL MAP
BY THE
Department of Trade and Manufactures Ministry of Finance
FOR THE
WORLD'S COLUMBIAN EXPOSITION
AT
CHICAGO
EDITOR OF THE ENGLISH TRANSLATION
JOHN MARTIN CRAWFORD
U S CONSUL GENERAL TO RUSSIA

Vol V

ST PETERSBURG
1893

维特公爵的财政部官员为1893年芝加哥世界哥伦比亚博览会准备的英文书，《西伯利亚与西伯利亚大铁路》称沿西伯利亚大铁路发展走廊的收益不可能以金钱来衡量。

鄂木斯克、新西伯利亚与克拉斯诺雅茨克是一百年前西伯利亚大铁路上的三个新兴都市，现在每个城市都有超过100万的人口。在一项有关西伯利亚大铁路工程历史的研究中，俄罗斯科学院西伯利亚分院经济与工业生产机构研究所（SD IEOIP）的经济学家苏斯洛夫（Victor Suslov）把贯穿俄罗斯东南部的西伯利亚大铁路的倍增效应描述为“出乎意料地伟大”。他在2008年一篇文章中写道，每当西伯利亚大铁路与俄罗斯在欧亚大陆上主要南北走向水路交汇，“它可对两个方向600－800公里的范围产生有益影响。”

自然，西伯利亚大铁路本身也对今天有关俄罗斯发展走廊的最先进见解的形成发挥了作用。比如，西伯利亚溪流工程（图12），这是个高速铁路与城市建设理念，新世纪开始十年内由列扎瓦（Ilya Lezhava）教授提出，他是莫斯科建筑学院（国家学院）城市建设系主任。人口、移民及地区发展研究所（IDMRD）2012年一份报告讨论了这个工程的意义，报告名称为《西伯利亚：新俄罗斯中部，或西西伯利亚南部将如何成为世界的经济中心》。和所有有关西伯利亚开发的最佳设计方案一样，这个项目强调：该地区的基础设施绝不能局限于碳氢化合物出口管道或用于向外输送矿产的铁路支线：人们必须能够在这些地区过上快乐、有成效的生活。

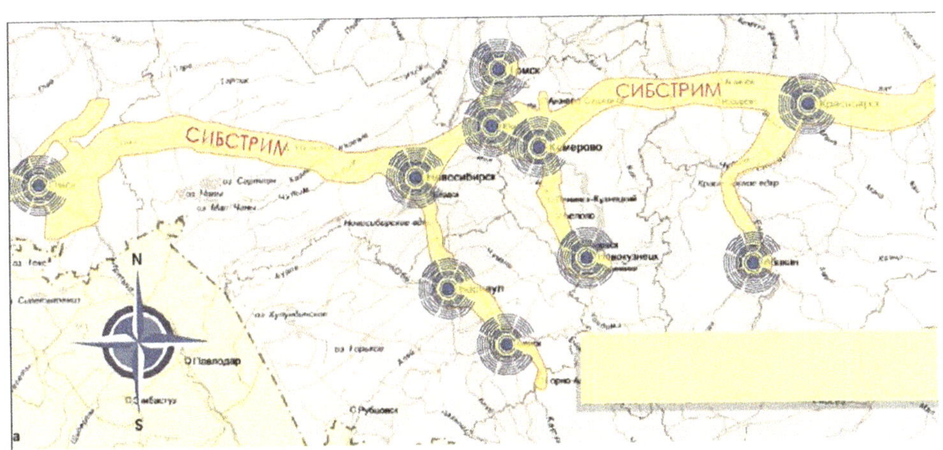

图 12　西伯利亚溪流工程“线性城市”，重新振兴西伯利亚的科学中心

本示意图展示的是提议建设的延展城市，名为西伯利亚溪流，以与西伯利亚大铁路（TSR）共同线路的高速铁路作为主线，由俄罗斯建筑师 Ilya Lezhava 设计。这幅图中，西伯利亚溪流在淡黄色东西向宽走廊区域以红色字体标出。图中圆形标记标注的是现有城市，沿西伯利亚大铁路由西向东依次为，鄂木斯克、新西伯利亚、尤尔加、克麦罗沃和克拉斯诺雅茨克。在尤尔加以北的鄂木斯克，以及西伯利亚大铁路以南的工业城镇——巴尔瑙尔（机械、煤炭）、比斯克（国防工业）、新库兹涅茨克（煤炭）及亚巴坎（轻工业）——将重新发展为科学及新技术中心。

七、西伯利亚溪流：西伯利亚大铁路沿线的新型、线性城市 2.0

以高速铁路线为中心、以牢固的基础设施平台为基础、建设一个从鄂木斯克到新西伯利亚再到克拉斯诺雅茨克的具有独创性的线性城市、并使其成为繁荣的地理文化及经济区域，这种做法十分妥当。这就是西伯利亚溪流项目，是由（建筑学院）院士 Ilya Lezhava 领导的小组研究得出的。

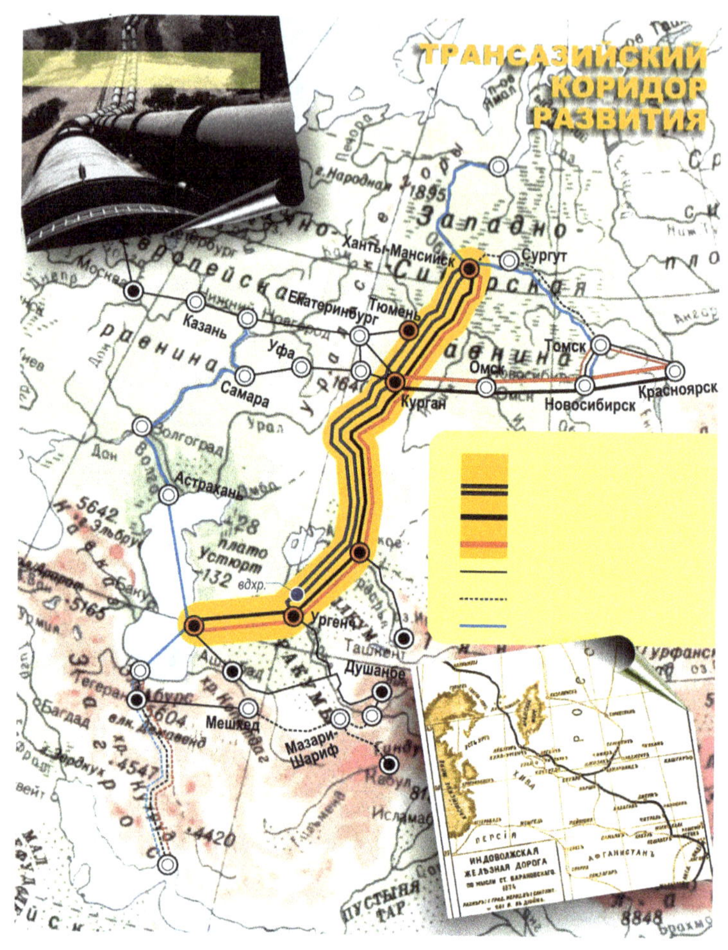

图 13　跨亚洲发展走廊

跨亚洲发展走廊，双排输水管道，高速铁路，高速公路，现有铁路，拟建铁路，水路。

图中右上角为本图标题“跨亚洲发展走廊”。这个南北走向基础设施计划从西西伯利亚的科学及工业中心出发、经哈萨克斯坦一直到中亚，是由（俄罗斯）人口、移民及地区发展研究所提出的。图中显示水域为波斯湾（底部左侧）、黑海（最左边）、里海（中间靠左）、目前干枯的咸海（中间）以及俄罗斯北极海岸的巴伦支海和喀拉海（顶端）。拟建东西高速铁路及高速公路（水平黑色及红色线条）在西伯利亚中西部（鄂木斯克、新西伯利亚、克拉斯诺雅茨克）沿西伯利亚大铁路部分线路进行开发。发展走廊南端止于里海上土库曼斯坦的土库曼巴希港。

围绕西伯利亚溪流项目，在适当位置，人们要做的除了沿主线建设起城市“架构”，还要对现有城市进行重建，建设出各种新型传统（聚焦）城市：技术城市、大学城市、农业城市、科学城市、工业城市以及休闲、疗养温泉、旅游和自然保护区。一座延展型超级城市可以作为特大都市中城市化典型样式的替代形式；它不仅不妨碍、实际上还要求城市化进程应以附带土地的低层建筑为基础，这应该成为俄罗斯所有城市发展的样板。这将促成一个地理上分散、但却统一团结的领袖和专家群体——一个“发展阶级”。至少一百万个这样的新型、自由家庭应该在该地区建造起来，以吸引俄罗斯全国的专家并促进这个社会阶层的形成，目标是到2030年把该地区的人口增加到1200至1400万。

既然西伯利亚溪流“承载”运输的主干力量将是沿西伯利亚大铁路的高速铁路，那么执行这个项目也将是西伯利亚大铁路进行现代化的重要启动机制。围绕新的哲学理念、体系或Lezhava所说的安置“途径”，对经济及人口发展进行精心规划，西伯利亚溪流项目将在此基础上为拟定并执行俄罗斯城市建设原则铺平道路。

人口、移民及地区发展研究所的新俄罗斯中部项目提出，要重新建设西伯利亚中西部传统工业及科研重地，使其作为俄罗斯利用先进技术进行再次工业化的引擎，并且要生产资本产品及基础设施、支持俄罗斯南方各国的发展——中亚各国以及阿富汗（见第5部分附录）。图13说明了人口、移民及地区发展研究所有关从这个西西伯利亚资源和工业区到里海的南北向跨亚洲发展走廊的概念。

在2007年3月一份有关俄罗斯科学院上年度主要科研工作的报告中，时任科学院院长奥西波夫（Yuri Osipov）院士重点强调了西伯利亚分院经济与工业生产机构研究所为西伯利亚中西部相同地区起草的一份工业、科学及技术方案（图14）。

俄罗斯铁路公司首席执行官亚库宁（Vladimir Yakunin）继续主张白令海峡跨海铁路的建设，他还完成了另外一项走廊规划纲要，他称之为跨欧亚大陆发展带。该项规划重点集中在沿西伯利亚大铁路及贝阿铁路修筑高速铁路，整合能源及电信体系、新城镇以及“10到15个新产业”，强调铁路建设通过创造对资本产品的需求而产生的经济涟漪效应。2014年3月，亚库宁与其他两名俄罗斯科学院资深院士共同完成的草案在提交后得到科学院常务委员会的认可。2014年10

月29日，亚库宁的计划作为科学院为起动俄罗斯经济而拟定的四项提案之一，由科学院院长弗尔托夫（Vladimir Fortov）院士向普京总统做了介绍。虽然亚库宁3月份的报告几乎没有提及“连接阿拉斯与楚科塔地区、可能的欧亚大陆—美洲发展带”，但根据俄罗斯媒体报道，弗尔托夫此次强调了这个方面，称“这个见解基于新的高铁技术，旨在沿西伯利亚大铁路建设一条铁路，有可能延伸至楚科塔、再穿过白令海峡、最后到达美洲大陆”，他还提出这将有可能让人们在西伯利亚安顿下来并实现该地区的工业化。

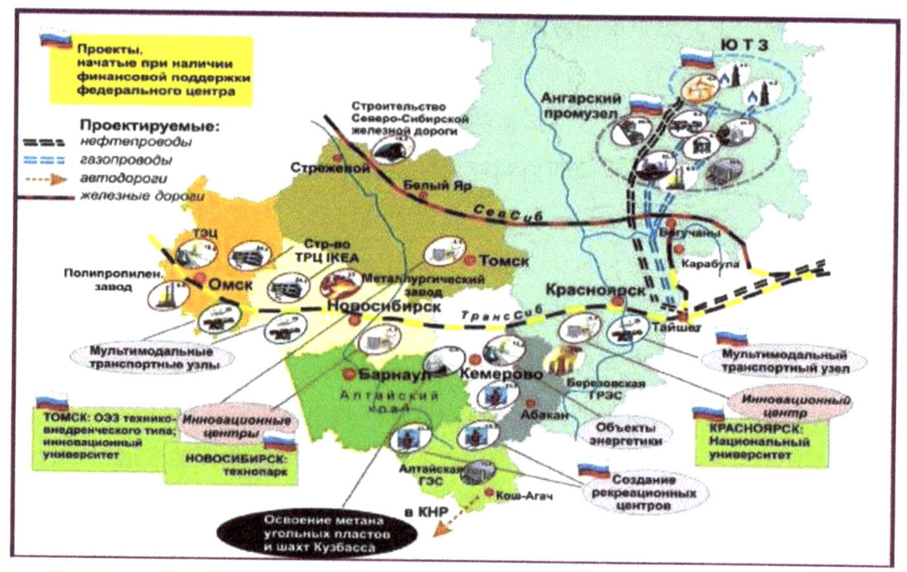

图14　俄罗斯科学院制图：西西伯利亚及克拉斯诺亚尔斯克地区战略工程

俄罗斯科学院西伯利亚分院一研究所2006年绘制的这份图显示，在联邦政府支持下，可以在西伯利亚中西部立即上马的工程。不同颜色区域是西伯利亚联邦区下辖地区。西伯利亚大铁路及贝阿铁路的部分路段以黄、黑线表示，拟建的北西伯利亚（SevSib铁路）（红黑两色）从东南端乌拉尔山脉开始，沿安加拉河蜿蜒前行，与贝阿铁路相连。西伯利亚大铁路上的红点表示鄂木斯克、新西伯利亚、克拉斯诺雅茨克等城市（由西向东），之后是泰舍特，西伯利亚大铁路与贝阿铁路在此地分开，东西伯利亚—太平洋石油管线也始于此地。如人口、移民及地区发展研究所的西伯利亚溪流项目（图12）规划的那样，西伯利亚大铁路以南区域是未来技术、大学、资源开发以及能源设施，在北西伯利亚铁路（右上角断续线）以北，将依托当地自然资源建立安加拉工业园。双排断续线表示石油及天然气管线。

同样地，国家地质博物馆的切尔卡索夫和伦德奎斯特也提出西伯利亚从发展走廊角度考虑所拥有的潜力，它是合理开发新矿产资源的关键所在。俄罗斯科学院调研绘制的矿藏区（图 10）恰好与现有及拟建铁路如白令海峡联结枢纽、乌拉尔地区的铁路等路线重合。他们指出，工业乌拉尔北极乌拉尔超级工程涉及从叶卡捷琳堡向北的一条价值 24 亿美元、1000 公里的铁路，以及价值 35 亿美元的能源基础设施。

这个工业乌拉尔—北极乌拉尔计划俄文缩写为 UP-UP，由格兰伯格和生产力研究委员会一个团队为北乌拉尔山区的发展而设计。其主要组成成分有 60 座新矿山及矿石处理设施、发电厂及新铁路。相关理念是，这些纬度偏北地区的地下资源不仅可以出口，而且还能作为乌拉尔南部地区复苏及新建企业的原材料。2006—2007 年，时任乌拉尔联邦区总统代表的拉特舍夫（Pyotr Latyshev）为该计划开展了游说，它从北极圈向南延伸到百万人口城市叶卡捷琳堡和车里雅宾斯克，并包括西西伯利亚的油田在内。拉特舍夫和为监管该项目而成立的 UP-UP 公司指出，这一区域北部没多少地方进行过彻底勘察，他们希望能在此找到煤炭、铁矿石、钛锰矿石、黄金、铂、石英、铜、铬、氧化铝、钽铌矿石、膨润土及珍贵宝石等矿藏。①

《俄罗斯铁路发展战略（2030 年）》包括 UP-UP 项目的主要铁路——鄂毕（在鄂毕河西岸，与东岸的萨列哈尔德隔河相望，位于富含天然气的亚马尔半岛上）以北叶卡捷琳堡—波卢诺奇诺耶铁路的延长线，以及 UP-UP 另外两条铁路。贝尔科穆尔和巴伦支科穆尔走廊，各自以它们从乌拉尔出发的铁路线命名，这两条铁路线穿过乌拉尔西侧的科米共和国，通向白海上的阿尔汉格尔斯克港，并在未来延伸到巴伦支海上的印迪加港（图 6）。这些路线将向西通过斯堪的纳维亚为俄罗斯提供贸易出口，还可通达不列颠群岛甚至北美洲，向东则通过沿俄罗斯北极海岸的北海路线直达亚洲。

贝尔科穆尔走廊和拟建的北西伯利亚工业铁路——后者从乌拉尔地区向东延伸，沿安加拉河前行，并与贝阿铁路相连，二者的路线已经处于计划阶段很长时

---

① Latyshev 与格兰伯格分别于 2008 年和 2010 年逝世，而 UP-UP 公司又不能在始于 2008 年并日益加剧的全球危机中吸引国家资助或是国际投资者，因此，上述计划得以快速开展的希望日渐渺茫。

间了。如我们的世界大陆桥网络地图（见第 1 部分）显示的那样，贝尔科穆尔、北西伯利亚和贝阿三条铁路能够首尾相连，它们遵循了俄国北方大铁路（或北西伯利亚铁路）的轨迹，这个由西北向东南斜穿俄罗斯的跨欧亚大陆铁路设计是由极富远见的鲍里索夫（Alexander Borisov）（1866—1934）在 1928 年提出的。他是一名艺术家，曾同维特伯爵于 1894 年在北冰洋水域航行过。他描绘过北极风光，也探索过俄国的北极岛屿，后半生都在设计铁路。俄国北方大铁路计划从沙俄西北端科拉半岛上的摩尔曼斯克出发，直到太平洋上紧临库页岛的鞑靼海峡，总长一万多公里。

八、航天发射场走廊

2007 年末，普京总统批准在阿穆尔地区新建一个航天发射场。东部航天发射场将是俄罗斯领土上第一个能够把人造卫星送上地球同步轨道以及执行其他太空任务的设施，现在俄罗斯仍然使用哈萨克斯坦境内的前苏联拜科努尔航天发射与控制中心。在 2008—2012 年担任俄总理期间，在面临财政预算削减压力下，普京仍继续推进东部航天发射场的建设。

当是否建设新航天发射场的话题讨论最激烈时，人口、移民及地区发展研究所提议，以新航天发射场为牵引，建设“太空工业群”及高技术工业区，其范围从乌格里哥斯克到阿穆尔河上的考姆索莫尔斯克，后者是靠近贝阿铁路东端的一个制造业城市（图 15）。2007 年 9 月，在席勒研究所会议上，人口、移民及地区发展研究所监事会主席克鲁普诺夫（Yuri Krupnov）在论文中提出了这个航天发射场走廊的概念，他当时还担任着远东地区政府官员顾问。①

紧临乌格里哥斯克，斯沃博德内小型军事航天发射场当时正处于关闭状态。人口、移民及地区发展研究所呼吁保留该发射场技术熟练并生活在乌格里哥斯克的军事人员，使其成为地区劳动力的中坚力量，并鼓励“内部移民”——从俄罗斯西部及前苏联共和国吸引人才。如此以来，这个项目将成为西伯利亚及远东地区充实人口的样板工程，还能创造高技能生产岗位。具体目标包括：

① 克鲁普诺夫，巴特尔辛，“斯沃博德内航天发射场：俄罗斯阿穆尔地区的潜在太空工业群及发展走廊，”EIR，2007 年 9 月 28 日。

图 15　拟建乌格里哥斯克至阿穆尔河考姆索莫尔斯克发展走廊

俄罗斯于 2007 年决定在原军事发射基地斯沃博德内发射场建设东部航天发射场，人口、移民及地区发展研究所提议，兴建一个发展走廊，范围从现军事城镇乌格里哥斯克到阿穆尔河考姆索莫尔斯克，后者是俄主要飞机及船舶制造地，在贝阿铁路终端附近。本图显示的是该走廊与中国、俄罗斯远东联邦区十个省份和主要城市的位置关系。“Krai”用于地名表示地区概念；oblast 州（前苏联各加盟共和国的行政区划名称）。

五年内使阿穆尔州人口增加 17.5 万，达到 100 万居民，把人口密度从每平方公里 2.4 人提高到每平方公里 2.8 或 3 人，黑龙江（阿穆尔河）对面中国黑龙江省的人口密度为每平方公里 80 人。

围绕太空探索工业、机器制造业、木材工业、大豆、以及运输和能源基础设施，在经济集群带创造数万个高技能新就业岗位。

在考姆索莫尔斯克飞机公司及同城市内的船厂创造 3 万个以上熟练工种以及至少 6 万个半熟练工种，以支持太空工业生产各个环节并为发射场提供各种服务。这些工人及他们的家庭将使阿穆尔河考姆索莫尔斯克人口几乎翻倍，达到50万人。

人口、移民及地区发展研究所的报告把该走廊定义为“在创新基础上促进远东地区工业发展的一个平台。”因为乌格里哥斯克到阿穆尔河考姆索莫尔斯克线路通往库页岛以及太平洋，这将刺激贝阿铁路的现代化进程，接下来自然要发展跨越鞑靼海峡通向库页岛的桥梁或隧道。阿穆尔州及哈巴罗夫斯克边疆区计划的工业增长将创造对新的钢铁及冶金工厂的需求，而阿穆尔州的加林铁矿石储备将得到开发以提供原材料。

人口、移民及地区发展研究所称，斯沃博德内项目十分适合“在整个地区的发展、乃至欧亚大陆桥的发展中发挥十分重要的作用”，也是出于其距离现有东—西基础设施项目较近的原因。赤塔—哈巴罗夫斯克联邦高速公路距离乌格里哥斯克仅几百米远，距离西伯利亚大铁路也只有一公里。贝阿铁路在这条高速公路以北 220 公里处。距离较近的还有两个机场、新东西伯利亚—太平洋石油管线、两座水电厂的输电线路以及结雅河上一个水运码头，从这里可以前往布拉戈维申斯岛及其他阿穆尔河上的码头。

按照实际采纳的项目方案，工程建设于 2011 年开工，东部航天发射场计划于 2016—2018 年完工，2015 年首次执行发射任务。在 2014 年 9 月视察后，普京总统让副总理德米特利·罗戈津（Dmitri Rogozin）负责，追赶延误两个月的建设工期。他还授权把 6000 人的工人总数增加一倍。东部航天发射场工程包括保障发射基地的生产设施，如生产液态火箭燃料的工厂。在乌格里哥斯克周围，扩建一个至少容纳 3 万人的新城市；这座城市将以俄罗斯太空先驱齐奥尔科夫斯基命名。该市计划建设研究中心、培养年轻科学家的学院以及一个宇航员培训中心。

到日前为止，人口、移民及地区发展研究所建设通达阿穆尔河考姆索莫尔斯克走廊的建议并没有被采纳。生产苏霍伊战斗喷气机且仍是俄罗斯主要飞机工厂的阿穆尔河考姆索莫尔斯克飞机制造联合公司，其雇员人数从 2007 的 17000 降至 2011 年的 13500。由于重大工业事故并且前厂长接受金融欺诈调查，过去建造核潜艇的著名的阿穆尔造船厂（原列宁共青团船厂）在 2009 年几近破产。

2013 年 4 月 12 日，普京总统参观阿穆尔州正在建设的东部航天发射场。时任俄罗斯联邦航天局局长、已故普沃金（Vladimir Popovkin）将军向其做情况汇报。由左到右依次为：时任远东发展部长伊沙耶夫（Victor Ishayev）、国防部长绍伊古（Sergei Shoygu）、阿穆尔州州长奥列格·科热米亚科（Oleg Kozhemyako）、普沃金、普京及副总理罗戈津。

九、转向东方

美国及欧盟 2014 年对俄罗斯实施制裁，在此很久以前，俄罗斯“转向东方”政策就已开始落实了。普京 2012 年 2 月参加总统选举期间有一篇外交政策文章，副标题为“亚太地区日益增长的作用，”另一篇 2011 年 10 月发表在俄罗斯《消息报》上的文章“欧亚大陆新综合项目”宣布了创建欧亚经济联盟的计划，这两篇文章算得上后苏联时期俄罗斯外交政策的里程碑。[①] 在此很早以前，亚太经济合作会议（APEC）2000 年 11 月在文莱召开前夕——这是普京当选总统后的第一次 APEC 会议，普京就在一篇文章中提出了上述概念，文章在该地区范围内发表，标题为“俄罗斯是个欧亚大陆国家”。在那次 APEC 会议上，普京呼吁全世界共同努力，

① 普京，“俄罗斯及变化中的世界”，《莫斯科新闻报》，2012 年 2 月 27 日；“欧亚大陆新综合项目：正在成形的未来，”《消息报》，2011 年 10 月 3 日。

克服南北经济发展差距。他强调指出亚洲投资俄罗斯、特别是西伯利亚和远东地区基础设施项目的潜力，以及俄罗斯出口资本产品、而不止于原材料的能力。普京宣布，俄罗斯科学将促进欧亚大陆开发，指出各方有可能在太空发射服务、核反应堆技术以及安全核燃料循环等方面开展合作。[①]

普京的个人外交——2000 年到访印度、2001 年访问中国、2002 年再次对两国进行访问，更进一步推进了普里马科夫 1998 年在新德里提出的欧亚大陆“战略大三角”概念。

在国内政策方面，普京及历任俄罗斯总理试图转变 20 世纪 90 年代的模式，即以货币衡量的“增长”绝大多数都集中在首都莫斯科，而边远地区情况却不断恶化。一项由俄联邦主抓的跨贝加尔地区及远东地区经济社会发展项目早已在册若干年，于 2004 年由重组过的地区发展部进行监管。2007 年，俄罗斯成立了一个国家委员会，负责这些地区的发展。其主席、时任俄总理米哈伊尔·弗拉德科夫（Mikhail Fradkov）视察东部省份，此举提升了建设俄罗斯交通基础设施的战略意义。他与日本及其他邻国开展外交活动，力图扩大远东地区的投资与贸易规模。

2007 年，中俄两国共同承诺，在两国远东接壤地区开展合作。着手建设东部航天发射场的决策也是当年制订的。东西伯利亚—太平洋（ESPO）石油管线建设始于 2006 年；这个价值 428 亿卢布（近 15 亿美元）的项目 2010 年完成了连接海参崴附近一港口的主线修筑，2012 年通往中国东北的一条支线建成，最多时创造了 6000 多个工作岗位。东西伯利亚—太平洋石油管线最初每年向中国提供 1500 万公吨石油（每天 30 万桶）；该线路总供油量计划于 2016 年达到每天 100 万桶，2025 年达到每天 160 万桶。

航天发射场及东西伯利亚—太平洋石油管线项目在列俄罗斯主要投资项目官方清单，已于 21 世纪前十几年内在俄罗斯远东及贝加尔地区实现：

建设两条东西伯利亚—太平洋石油管线。

为 2012 海参崴 APEC 峰会建设的基础设施，包括连接会议举办地海参崴半岛与俄罗斯岛的第一座大桥。峰会新建设施后来移交给远东联邦大学作为校园。

---

① 道格拉斯，“俄罗斯的欧亚大陆外交可能激活实体经济，”EIR，2000 年 11 月 24 日，部分内容摘选自普京在峰会前发表的文章。

铺设跨西伯利亚高速公路的“阿穆尔”段，连接赤塔与哈巴罗夫斯克。

在阿穆尔河考姆索莫尔斯克的苏霍伊制造厂生产苏霍伊—100中距超级喷气式飞机（2004年开始样机生产；2011年生产第一架商业飞机）。

东部航天发射场破土动工。

从海参崴到俄罗斯岛新建斜拉桥2012年7月正式投入使用，俄罗斯于当年在海参崴举办APEC峰会，大桥正好派上用场。

另外一项远东能源项目是库页岛—哈巴罗夫斯克—海参崴天然气管线，于2011年9月投入使用。这条输气管道所有权归属国企巨头俄罗斯天然气公司并由该公司运营，其天然气供国内使用，还计划增加出口，对象国包括日本和韩国。自2005年起，俄罗斯天然气公司一直与日本经济产业省合作，在海参崴建设一座液化天然气厂及出口终端，以此促进俄罗斯输送液化天然气到日本——世界最大的液化天然气进口国。在2011年海啸摧毁了福岛核电站后，日本国内倾向于采取“无核日本”政策，俄罗斯天然气公司对日天然气销量加大，其在日天然气市场所占份额增加似乎已成必然。2012年6月，俄罗斯能源部与日本经济产业省就海参崴项目签署备忘录，计划每年生产1500万公吨液化天然气（207亿立方米天然气）。

时任俄总理普京 2010 年在阿穆尔高速公路上驾驶一辆拉达汽车。当时，跨西伯利亚高速公路赤塔与哈巴罗夫斯克段首次铺设完毕。距离该高速公路不远处，东方航天发射场于次年开始动工。高速公路穿过别洛戈尔斯克——此地建有西伯利亚大铁路的一个车站，它也是亚洲高速公路网 AH31 线及大图们江开发计划走廊 4 号项目的北端起点，后两者向南延伸 1437 公里，通达黄海上的中国大连港。

自从上世纪 90 年代起，西伯利亚及远东地区的采矿企业就一直是以伦敦及英联邦为中心的金属联合企业投资的对象。它们在基础设施上的投资绝大部分是为了剥削俄罗斯的矿产资源，严格限于出口，正是拉鲁什在 2001 年提出警告的那种“掠夺然后廉价出口”的模式，这是“维尔纳茨基战略”应该避免出现的情况。例如，俄罗斯的黄金产业，外国投资控股 15%~20%，活跃其中的有像金罗斯黄金公司（加拿大）这样的联合企业巨头。跨西伯利亚黄金公司为一家小经营商，其 31% 股份为英美黄金阿散蒂有限公司所有。其首席执行官曾吹嘘道，在 1998 年 8 月危机后，他的公司“嗅觉灵敏”，抢购堪察加半岛以及克拉斯诺雅茨克附近叶尼塞山的资产，其西伯利亚金矿收益也很好。

一些资源就这样落入外国资本直接控制，除此之外，还有一些名义上的俄罗斯公司在采矿业赚了大钱，这是私有化过程中出现的加勒比海盗现象的一部分——那些一夜暴富的亿万富翁们收购前苏联公司，然后在一些离岸避税天堂再行注册。

俄罗斯最大的黄金生产商、位列世界前十的极地黄金公司（Polyus Gold）注册地为英国海峡群岛之一的泽西岛，在伦敦股票交易所上市，而俄罗斯也一直对其施加压力，要求其重新在俄国内上市。[①]

私有钢铁公司梅切尔于2008至2011年间投资25亿美元，开始开采雅库特埃尔加巨型煤矿，其资金来源为国有VEB银行及俄罗斯和哈萨克斯坦于2006年共同成立的欧亚发展银行。梅切尔公司是南库兹巴斯煤炭公司和车里雅宾斯克钢铁厂合并与私有化的结果，现为伊戈尔·兹乌辛（Igor Zyuzin）通过三家总部设在塞浦路斯的股份公司持有。梅切尔公司投资高达12.5亿美元，建设一条321公里长、连接埃尔加煤矿与贝阿铁路的私有铁路。此后，该公司2011年开始开采高质量炼焦煤，2012年实现销售。（2014年，这家接近破产的公司试图把该铁路卖给俄罗斯铁路公司。）

除了这些出口型能源及采矿项目，俄罗斯政府官员一直在寻找行之有效的西伯利亚—远东发展模式。

伊亚耶夫（Victor Ishayev）曾长期担任哈巴罗夫斯克边疆区长官，2009年，他成为俄总统远东联邦区特使。伊亚耶夫接受过工程师培训，拥有铝厂厂长的经历，政治上又担任过地区高官，他还有经济学博士学位。他牵头为2000年11月国家议会（地区长官）开幕会议起草了一份报告，呼吁俄罗斯在遭受十年破坏后采取统制主义手段重振俄罗斯工业。[②]格拉济耶夫和格兰伯格是《伊亚耶夫报告》的共同起草人。

2011年末，伊亚耶夫抱怨说，远东地区的联邦项目仅得到政府划拨资金的20%。第二年，他警告说，随着APEC相关项目及东西伯利亚—太平洋项目竣工，该地区的联邦投资将很快用光。他表达了自己的担心——远东地区经济从俄罗斯剥离出来，指出在短短20年时间里，该地区向俄罗斯其他地区输出产品的比例从75%降到只有21%。在伊亚耶夫看来，“只有通过联邦投资和大型项目，远东

① 2006年，极地黄金公司从诺里尔斯克镍业公司脱离出来，后者是1995年私有化进程中最臭名昭著的“贷款换股份”案例。“股票”价格放开后，1992年出现2600%的通货膨胀，一些俄罗斯工厂就此被摧垮。在上述私有化过程中，暴富起来的莫斯科私有银行把钱借给那些走投无路的工厂，并借机换取这些公司的股份。当这些公司违约后，银行家们最终取得了这些工业设施的所有权。

② “2010国家发展战略”（翻译节选），EIR，2001年3月2日。

地区才能得到发展。”

2010 年，伊亚耶夫与俄罗斯铁路公司首席执行官亚库宁一道，提出一项价值 4000 亿卢布（约 130 亿美元）的计划，旨在对贝阿铁路进行升级并铺设双轨。他力推库页岛—俄大陆枢纽项目（见第 1 部分，世界大陆桥网络），生产力研究委员会曾在 2008 年就该项目起草方案并进行预算。2013 年初，伊亚耶夫称，库页岛对外桥梁项目建设可以也应该在 2016 年开始动工。

2010 年夏末，时任俄总理普京视察西伯利亚及远东地区，参加东西伯利亚—太平洋输油管道俄—中段落成典礼，在全新的哈巴罗夫斯克—赤塔高速公路上驱车行驶，还参观了东部航天发射场。期间，他发表全国讲话，称大型项目是经济生活的中心。

在普京新的总统任期开始的第一年，即 2012 年，为海参崴九月份 APEC 峰会进行的舆论造势引发了全国范围的讨论：西伯利亚及远东大型项目政策或其他替代政策该如何开展。甚至在三月份选举之前，政界人士就讨论了时任紧急事务部部长绍伊古建立国家远东发展公司的主张，绍伊古是普京的盟友，来自与蒙古接壤的图瓦共和国。提议中“打开西伯利亚百宝箱”的措辞让很多人惊慌失措，在公众中间引发争论，——这个新实体仿效的是英国东印度公司的掠夺行径，还是富兰克林·罗斯福田纳西河谷管理局的国家建设。2012 年 5 月，普京宣布成立一个新的政府部委。伊亚耶夫执掌远东发展部，但仍然保留总统代表身份。然而，到了 12 月，普京就批评该部无所作为，缺乏新见解。

在 APEC 会议前夕，著名的瓦尔代国际辩论俱乐部借用太平洋在俄语中的历史名称，发布了一份名为“走向伟大海洋”的报告。[①] 该报告承认了“全球经济与政治中心以前所未有的规模和速度，转向‘新亚洲’，或更准确些东南亚和印度。”报告指出，“俄罗斯已经太长时间未能参与”亚洲的发展进程，“受基础设施落后、经济欠发达以及人口形势等因素制约”，当然也少不了“以欧洲为中心的过时”政策。与此同时，瓦尔代俱乐部提出这一切将很快积重难返的论断，声称没有任

① 谢尔盖·卡拉加诺夫等，“走向伟大海洋，或俄罗斯新全球化，”2012 年 7 月 5 日；伊格·马卡洛夫等，“走向伟大海洋 2，或俄罗斯向亚洲地区的突破，”2014 年 2 月 27 日。两份文件均可在瓦尔代国际辩论俱乐部出版物网页获取。瓦尔代俱乐部举办俄罗斯及外国分析人士年度聚会。其 2014 年报告详述了西伯利亚及远东地区实体经济潜力，并研究了俄罗斯与亚洲各个国家的经济关系。这些报告的不足主要在于其货币主义假设。

何“针对西伯利亚及俄罗斯远东地区的综合发展战略”可能奏效，因为这类项目“以国家为中心”，必将不可避免地陷入贪腐泥潭。

2013 年夏，阿穆尔河洪水泛滥，肆虐成灾；紧接着，伊亚耶夫突然卸任其在远东地区的两项职务。接替伊亚耶夫担任远东发展部部长的是年轻商人加卢什卡（Alexander Galushka），其专长主要在财产评估方面。在其 2013 年末联邦议会发言中，普京宣布远东发展项目为俄罗斯 21 世纪的战略重点。

2013 年夏，阿穆尔河洪水导致俄罗斯阿穆尔地区 8000 间房屋被淹，使得 36000 人无家可归，同时总共疏散人数为 12 万。在哈巴罗夫斯克边疆区，3000 座房屋及公寓建筑被淹，导致 35000 人失去家园。洪水冲垮了桥梁和高速公路，摧毁了庄稼。在中国东三省，60000 间房屋被毁，84 万人被疏散，78.7 万公顷农田被淹。

加卢什卡开始推行新办法，称之为“新加坡模式”，内容与瓦尔代俱乐部报告相契合。办法提出，特区名为 TOR，代表俄语内容“重点发展区”，它将吸引俄罗斯及外国投资者，鼓励措施有政府建设的基础设施及免税等，包括十年内不用支付 18% 的价值附加税。支持意见称，它们的成功将拉动俄东部地区共同发展。一年后，远东发展部为 TOR 起草完成配套立法工作——虽然尚未获得通过，但审查了大量提议，从中选取了 2020 年前要发展起来的 14 个 TOR 以及 18 个可以随时启动的工程。TOR 将立足在亚太市场上销售加工产品，而不是完全的原材料。根据 2014 年 8 月加卢什卡向普京提交的计算结果，政府 3450 亿卢布（TOR 开支 890 亿，项目开支 2560 亿）的开支[①]有望吸引俄罗斯及外国企业对 TOR10000 亿卢布的投资，对各项目则达到 25000 亿。

2014 全年，TOR 计划被介绍给中国、日本等国的投资者。它在俄罗斯国内外也引发了严重的问题，首先就是新加坡和俄罗斯远东地区存在不同：新加坡是国际主要金融中心，位于世界海运任务最繁重的贸易路线上，人口密度为每平方公里 7615 人，而俄罗斯远东地区及西伯利亚覆盖面积广，人口密度前文也有详述（图 11）。相应地，计划的 TOR 中有七个位于沿海地区，还有两个在哈巴罗夫斯克边疆区的大城市地区，只有五个位于更远的内陆地区。18 个重点项目中，九个是采矿及矿产品加工业，四个是农工项目，两个港口，两个油气项目，一个化肥厂项目。项目中被确定为“关键投资商”的有国有石油公司俄罗斯石油公司，还有几家公司来自于 20 世纪 90 年代形成的“寡头政治资本主义”阶层——前文提过的极地黄金公司和梅切尔公司；西伯利亚—乌拉尔油气化工股份公司（主营天然气）；吉亚乌丁·马戈梅多夫(Ziyavudin Magometov)的电信及物流持股公司——申马 (Summa) 集团；还有国际金属公司——维克多·维克塞尔伯格的雷诺瓦集团 (Renova) 的矿业经营下属公司。[②]项目体现的是这些大型矿产出口公司的企业经营重点，而并非边疆区的发展计划。TOR 规模很小：除了雅库茨克附近有一处达到 59 平方公里，被指定为钻石谷宝石切割中心和游客公园，其他的面积有大有小，大的 1200 公顷（12 平方公里），小的只有 186 公顷。

远东地区的中小企业担心 TOR 会产生的影响，怕大企业赢得 TOR 内的优势地位。在这些区域内经营的俄罗斯主要企业可能决意和亚洲生产商相抗衡，但是，滨海边疆区（Primorsky Territory）工商会主管察廖夫（Dmitri Tsaryov）在

---

① 其价值 2014 年末约合 80 亿美元（此处引用仅为表示项目的大概规模），卢布在 2014 年 10 月末对美元汇率较一年前下降了 30%。

② 斯坦尼斯拉夫·缅希科夫(Stanislav M. Menshikov)，《对俄罗斯资本主义的剖析》(EIR 新闻服务社：华盛顿特区，2007)，对这些俄罗斯综合性大企业进行了梳理研究，并阐明它们是如何形成的。在巴哈马群岛注册的雷诺瓦股份有限公司拥有雷诺瓦集团并通过英属维京群岛的 TZ 哥伦比亚服务有限公司对其进行经营管理。

接受采访时称，因为 TOR 的激励机制，外国公司成本下降 20%~30%，它们可以远远超过本地公司。他担心，TOR 单独的管理规定会使它们成为“国中国”，免于接受合理的监管。日本对俄及新独立国家贸易协会的经济学家齐藤大介曾于 2014 年 10 月游历过滨海边疆区的三个未来 TOR 地。他告诉俄罗斯“PrimaMedia”新闻网，日本公司认为，在俄罗斯的成功项目更多取决于同地区政府的良好关系，而并非税收激励政策。

除了新加坡以外，TOR 支持者还引述中国经济特区的成功经验。远东发展部副部长谢里金（Maxim Shereykin）向中国投资者提供有利条件，让其帮助设计 TOR 基础设施。但俄罗斯主要经济周刊《专家》杂志称，把中国经济特区当作样板没什么意义，这不仅因为两国人口密度方面存在数量级差异，还因为中国也已经超越了其过去的发展方法：“亚太国家在某个特定时期采纳出口模式，其经验表明，这导致了对于出口对象国的依赖。因为对美国及欧洲经济的依赖关系，中国出现了经济下行现象。因此，中国现在已经转变重心，增加内需。”类似地，俄罗斯科学院远东研究所的专家也总结说，中国经济最大的转型动力来自于其惊人的高速铁路项目，而并非其经济特区。

十、打破“金钱”壁垒

与针叶林、暴风雪或永久冻土相比，西伯利亚发展面临的更大障碍是货币主义。

普京总统宣布，要使俄罗斯经济摆脱对于原材料出口的依赖，让俄罗斯公司从境外回迁国内，拓展新的制造业，并通过大型项目开发西伯利亚边疆。但是，这些目标被现在垮塌的跨大西洋金融世界制定的规章制度所绑架，俄罗斯的主要经济政策制订机构一直遵守这些制度。随着 2014 年西方对俄罗斯进行制裁，这种混合政策导致的僵局有可能被打破。

从 1992 年起，俄罗斯新自由主义政府以防止通涨为名，遏制货币供应及信用。从 2000 年到 2011 年担任财政部长的阿列克谢·库德林（Alexei Kudrin）延续了这一做法。从 2004 年开始，占到俄罗斯 GDP 一定比例的油气生产与出口税从经济活动中扣除，放入稳定基金，用于投资购买外国政府债券。该基金到 2008 年时累积达到 3.8 万亿卢布（当时价值约 1570 亿美元），又被拆分为延续同一功能的储备基金和指定用于支持养老金制度的国家福利基金。

当全球经济危机于2008年再次袭击俄罗斯，特别是在油价暴跌的情况下，政府征用了储备基金和俄罗斯的6000亿美元的外汇储备，拯救那些欠下巨额外债的公私企业。库德林当时呼吁国内采取更为严格的金融政策，并强制执行“全球性马斯特里赫特协议”，以防止有些国家“开销无度，入不敷出。” 《马斯特里赫特协议》要求欧盟国家预算赤字不得超过本国GDP的3%，而普京则坚信，零联邦预算赤字是到2015年要实现的一个重要目标。库德林于2011年离职，但2012年俄罗斯政府通过了一个严格的预算新规，是由接替其出任财政部长的西卢安诺夫（Anton Siluanov）指挥起草的。现在，联邦赤字开支限定为GDP的1%；此外，根据五年期平均浮动油价预测，油气税收超出部分转入储备基金，而低于预测的差额部分则必须通过削减预算进行弥补。

在这些政策下，大型项目可能会提上日程，但也经常会被再次拿下。目前处境危险的地区发展计划包括,UP-UP、以及连接库页岛的鞑靼海峡桥梁或隧道等——伊亚耶夫想在2016年启动后一项工程。

2013年6月，事情有了进展。普京当月宣布，国家福利基金资金将得到释放，用于重点基础设施目标。在圣彼得堡国际经济论坛（SPIEF）上发言时，普京称，“大约一半”国家福利基金——当时有4500亿卢布（150亿美元）——将“投资于俄罗斯境内的项目。”普京提到了三个项目：

这是些什么项目呢？第一个是连接莫斯科与喀山的高速铁路项目。对于最终将连接中部、伏尔加及乌拉尔经济区的线路来说，这将是个试点项目。

第二，将从零基础起开建一条中央环形路，它穿过莫斯科地区及新莫斯科区域……这条中央环形路……将转变俄罗斯欧洲地区的运输物流，连接本国的中部地区，并创造新的发展机遇……

至于第三个项目，我们将对西伯利亚大铁路进行重大升级并增加其运力……直接横贯欧亚大陆的铁路线将成为欧洲和亚太地区间的运输主动脉。它将对远东及西伯利亚地区的发展提供强大推动力。

到2013年末，普京力推的莫斯科—喀山高速铁路项目已经被预算规定这只拦路虎挡了下来。在九月份的预算会议上，西卢安诺夫告诉普京，财政部提议要节省575亿卢布，办法就是把对上述项目的联邦资助推迟到2016年。11月，俄政府推迟了原定于下月举行的项目设计阶段竞标，而此时已经有两家欧洲财团提交了初期申请。

虽然俄罗斯铁路公司对于俄罗斯参与世界大陆桥进程十分重要，但却受制于这种混合经济政策——一方面是宏大的发展意向，另一方面则是货币主义规定，两者交织在一起。俄罗斯铁路公司成立于 2003 年，亚库宁担任首席执行官，该公司脱胎于前苏联铁路体系的俄罗斯分支，这个政府部委在 1991 年时雇佣了 250 万人。像俄罗斯天然气公司一样，俄罗斯铁路公司作为国有所谓“自然垄断企业”，受到保护，免于完全、立即开展的私有化，但最终将其私有化的政策依然有效。与英联邦在私有化进程中把主要国有基础设施企业下属单位分离出来的做法相一致，俄罗斯铁路公司在 2011—2012 期间不得不出售其货运子公司——货运一号。75% 的股份卖给了弗拉基米尔·利辛（Vladimir Lisin），他是上世纪九十年代的钢铁大亨，通过一家塞浦路斯控股公司运营他的最大资产——新利佩茨克冶金公司（NLMK），其他公司则通过注册于英国海外领地直布罗陀的基金进行管理。利辛手上拥有了货运一号的全部货运车辆，现在控制着俄罗斯四分之一的货运市场，这可是俄罗斯铁路公司业务中原来营利的一部分。

2012 年，在意欲启动的第二次私有化大进程中，时任俄总统助理并将成为俄罗斯副总理的德沃尔科维奇（Arkadi Dvorkovich）在 2012 － 2013 国家资产出售清单中加入了俄罗斯铁路公司 25%+1 的股份。亚库宁抵制这一时间表，而由于当时的全球经济及政治条件，绝大多数出售清单内容很快都被叫停。因为经济萧条，加上由于铁路货运费率高、有些货主转而使用长途卡车运输（借用俄罗斯并非为货运修建的高速公路）。为了使运费上涨速度不超过法律允许的范围，俄罗斯铁路公司客运服务需要联邦预算补贴扶持，但亚库宁称——补贴水平只达到所需的一半。2014 年 10 月，俄罗斯新闻机构报道，俄罗斯铁路公司可能不得不把西伯利亚大铁路、贝阿铁路现代化基金用于运费补贴。

这些压力常常限制俄罗斯铁路公司开展新项目。如图 6 详述的那样，该公司的 2007 铁路扩张战略几乎没有任何进展：

目前连接下诺夫哥罗德、莫斯科、圣彼得堡及芬兰赫尔辛基的高速运输服务用的都是共用铁轨，而非专用轨道。

两条货运铁路由企业出资兴建，一条由俄罗斯天然气公司出资，另一条通往煤矿的铁路由梅切尔矿山冶金公司出资。

阿穆尔－雅库茨克铁路 2014 年勉强可以运营，但只通达勒拿河对岸的一个车站，没有连接雅库茨克。2014 年秋，跨勒拿河大桥建设再次从联邦预算中拿掉。

西伯利亚大铁路梅日杜列琴斯克（西伯利亚中部煤田）－泰舍特（贝阿铁路分支点）段的升级正在进行，但俄罗斯货运火车的速度已经降至不到每小时 10 公里或约每小时 6（六）英里（2012 年）。

2011 年，工人和官员庆祝别尔卡基特—托莫特—雅库茨克（下别斯佳赫）铁路的建设进度，这是阿穆尔—雅库茨克铁路的一部分，白令海峡运输线路将从此处开始。“金钉子”典礼在 2011 年 11 月举行；2014 年进行第一次货运。像贝阿铁路一样，阿穆尔—雅库茨克铁路为单轨线路，仅供柴油火车使用。雅库茨克是萨哈（雅库特）共和国首都，人口 27 万，但勒拿河上没有建任何桥梁通往此地。最为乐观的计划是把阿穆尔—雅库茨克铁路、白令海峡运输线路建成双轨的电气高速铁路。

俄罗斯科学院远东研究所的彼得罗夫斯基 (Vladimir Petrovsky)2011 年警告说，按照阿穆尔－雅库茨克铁路每年 12 到 15 公里的平均建设速度，得需要 200 年才能修到白令海峡，而一百年前俄国人修建西伯利亚大铁路的速度能达到每年 560 公里。2014 年 9 月普京在雅库茨克主持的一次投资会议上，亚库宁当众与加鲁什卡闹翻，拒绝后者提出的把原定升级跨西伯利亚／贝阿铁路的国家福利基金用于设立远东 TOR 的要求。

像许多其他俄罗斯公司一样，俄罗斯铁路公司通过向国外借钱来解决国内资金和信贷不足的问题。（2014 年，俄罗斯全部外资企业债务攀升到 6500 亿美元，高于 2008 年经济危机时的水平。）2014 年中，俄罗斯铁路公司的债务达到 6058 亿卢布（约 180 亿美元），外币计价占 37%。其中有 1750 亿卢布的特殊基础设施债券，是俄罗斯铁路公司于 2013 年在政府批准后开始发行的。

外国金融界曾向俄罗斯、特别是俄罗斯铁路公司示好，力促公一私合作伙伴（PPP）模式。长期投资者俱乐部（LTIC）是个由欧洲大陆超大银行组建的机构，支持像风力发电厂等低能流密度项目的绿色立项。其经济学家在俄罗斯举办讲座，讲解从养老基金、主权财富基金及保险资产等来源筹集并投资资金池的需求，声称在危机重重的全球化经济条件下，政府和商业银行再也不能延长长期信用了。PPP 模式的一个致命缺陷在于，上世纪三十年代美国重建金融公司采取的那种私企转包做法已不再存在，而力主 PPP 模式的人则对项目债券承诺了高利贷式的巨额回报。[①] 这样的金融工具可能与基础设施项目挂钩，但设计它们的主要目的就是从基础设施使用者那里提取源源不断的货币收入，而对于投资者来说，为其加分的是政府保证：这是个透明的骗局，“公众”承担风险，却由“私人”赚取利润。

2011 年夏，白令海峡项目会议在雅库茨克由萨哈（雅库特）共和国主持召开，主要议题是研究如何运用 PPP 获取融资。会议由麦肯锡公司一名官员召集，集中讨论授权立法，例如计划性区域《公私合作伙伴关系法》，从而推出私人投资激励措施。在 2013 年圣彼得堡国际经济论坛上，一个俄罗斯铁路公司资助的港口、铁路及公路发展小组听取长期投资者俱乐部一名经济学家的意见，并由世界主要私人基础设施经理人之一——“麦格理—列涅桑斯”基础设施投资基金（Macquarie Renaissance Infrastructure Fund）的 Damien Ronald Secen 作主旨发言。[②]

---

① 项目债券支持者们向投资者宣传其“可预见的高回报”（PPP 专家 Mark Hellowell 在伦敦经济学院欧洲政治及政策博客上留言，2012 年 6 月 27 日）；George Inderst，“作为资产的基础设施”，养老金研究协会 EIB 资助讨论论文 PI — 1103，第 15 卷，2010 年第一期，引述未上市基础设施基金的回报率能力可达 14% 以上。

② 赫夫勒（John Hoefle），“麦格理银行走低端路线”，EI——2006 年 7 月 28 日，全面介绍英澳公司巨头麦格理，——世界首要私人基础设施专业基金。

格拉济耶夫，经济学家、普京总统顾问。

俄罗斯确实有其他选择，可以听取一些合理的建议，为其经济发展融资。2014 年春，俄政府内部出现分歧，一方是以西卢阿诺夫为首的财政紧缩派，另一方则以经济发展部长乌尤卡耶夫为代表，他跟进普京总统 2013 年动用国家福利基金的决定，试图增加在经济项目方面的联邦投入。在这两派货币主义思想发生冲突的背景下，格拉济耶夫院士在金融日报《俄罗斯商业日报》上提议，采取措施保护俄罗斯经济以应对外国制裁。格拉济耶夫的 15 点计划意味着升级普京宣布的让俄罗斯经济摆脱境外裁决的政策，并增加为实体经济投资生成国家指导的新信用的可能性。①

另外一个前景光明的计划，是联邦禁毒局 (Federal Drug Control Service) 局长伊万诺夫（Victor Ivanov）提出的。伊万诺夫负责保护俄罗斯民众不受海洛因毒害，在世界各地的演讲中，他呼吁启动国际计划，进行格拉斯－斯蒂格尔式的银行业务划分，作为全球金融新框架的重要组成部分，中断非法的毒品洗钱。2012 年，伊万诺夫在阿根廷说：“我确定，如果把经济体发展机构作为解决问题

① 道格拉斯，“对制裁的非对称回应：俄罗斯辩论统制主义创造信用计划，”EI——2014 年 5 月 2 日，详细阐述了这 15 点计划。

的主要方法，反毒品政策的有效性将得到大大提升。”他宣称，为了确保富有成效的信用生成，各国必须进行“主权发展”，并被“赋予金融及信用独立”，而“现有世界货币及金融体系建立在没落的国家经济之上，并且榨取其资源，是毒品走私在全世界扩散的主要原因。”[①] 2012 年 1 月，伊万诺夫提议，在俄罗斯第二大银行——俄罗斯国有开发银行的基础上，创建俄罗斯中亚发展合作公司（见附录，第 5 部分）。2008 年，俄罗斯国有开发银行受理了政府救助基金对俄罗斯各银行及企业的发放工作。2013 年，它成为向入选基础设施项目进行国家福利基金资助的指定部门。在行使伊万诺夫提出的职能后，国有开发银行将追随重建金融公司的步伐——从胡佛政府末期的救市机制，演变为富兰克林·罗斯福任内羽翼丰满的经济发展体制。

伊万诺夫，联邦禁毒局局长。

十一、中国因素

莫斯科－喀山高速铁路 2013 年被普京总统提上议程，后来又被俄罗斯财政部拿下，现在它又回来了，是北京－莫斯科高铁走廊的组成部分。亚历山大·米

① 伊万诺夫，“毒品走私及金融危机，”EI——2011 年 12 月 2 日；拉什（Cynthia R. Rush），“伊万诺夫：用格拉斯－斯蒂格尔制度打击毒品贸易，”EIR，2012.

沙林（Alexander Misharin）[1]是俄罗斯铁路公司第一副总裁及负责高速铁路业务的总经理，2014 年夏天，他与中国投资集团及中国铁路工程总公司（CREC）进行磋商。中国国家总理李克强访问莫斯科期间，俄罗斯铁路公司、俄罗斯交通运输部及中方相关部门单位签署了备忘录。这些协议证明，随着中俄关系及金砖国家资金融通活动的发展，大型项目面临的障碍可能开始得以克服。

在 2013 年一篇有关俄罗斯需要学习中国高铁项目经验的文章里，中国通塔甫罗夫斯基（Tavrovsky）指出，这么做将回报一百多年前俄罗斯给中国经济注入的动力，在当时，因为俄罗斯修筑到海参崴的中东铁路，哈尔滨和大连（那时叫亚瑟港）这样的城市得以繁荣壮大。20 世纪 50 年代，中苏之间也有一段紧密工业合作的时期，但随着之后中苏决裂，两国关系恶化，1969 年甚至在乌苏里江发生武装冲突。

这种状况差不多持续到 1991 年苏联解体。20 世纪 90 年代，双方外交接触偶有发生，但 1998 年时任中国国家主席江泽民访问俄罗斯，这奠定了之后两国关系改善的基调。[2]当年 8 月发生了金融危机，三个月后，江泽民到访俄罗斯，他不仅参观了莫斯科，还在返程时访问了新西伯利亚。在新西伯利亚科学城会见俄罗斯科学院高层时，他做了发言，拉鲁什称之为“一次精彩的、精心准备的干预，摆明了政策的原则。”大西洋两岸的金融家们还在为俄罗斯政府债券违约产生的全球效应而心惊胆战，之所以会有这种结果，还是因为他们灌输给莫斯科的政策，江泽民在这种情况下与俄罗斯坦诚对话。人们应该全文阅读这次演讲，它包括以下亮点：

我很久以前就听说新西伯利亚科学城了，但眼见为实。在访问期间，你们的科研实力和探索氛围给我留下了深刻的印象……

俄罗斯是世界上的一个科技大国。俄罗斯科学家为人类文明的发展做出了杰出的贡献……直到今天，俄罗斯仍然在许多关键科技领域引领世界……

人类文明的发展越来越有力地证明，科技是主要生产力，也是经济发展和社

① 2007 年 4 月，在 SOPS 举办的未来白令海峡跨海项目会议上，作为交通运输部副部长，米沙林是主要发言人。他讨论了欧亚大陆及北美洲之间多运输方式基础设施连接项目的战略意义。

② 玛丽·布尔德曼，“江泽民在俄罗斯：可以改变历史的一次演讲，”EIR，1998年12月4日，附演讲全文。

会进步的主要驱动力。没有科技进步，人类就不可能实现其在理解和利用自然方面所取得的成就。人类智慧是无穷的。科技是人类智慧的指向灯。许多科学家通过刻苦努力，克服无数困难，前赴后继地攀登新的科技高峰……

为了应对科技快速进步和快速崛起的知识经济带来的挑战，我们必须坚持创造与创新。创造力是一个国家的灵魂，也是一个国家繁荣取之不尽的资源来源。创造与创新的关键在于人力资源，而人的发展又依赖于教育。只有良好的教育才能维持科技进步与经济发展。一个国家的科技力量和教育水平一直是衡量该国综合国力以及社会文明的重要标准。它们就像不可或缺的车轮，推动着一个国家走向繁荣。

一个月后，普里马科夫提出他的俄—印—中“战略大三角”计划，两年之内，普京时代的俄—中外交开始了。除了双边及三边接触外，2011 年成立的上海合作组织是欧亚大陆进行磋商的一个重要场所。上海合作组织前身是 1996 年的上海五国组织——中国与接壤的前苏联国家（哈萨克斯坦、吉尔吉斯斯坦、俄罗斯及塔吉克斯坦）签署了《关于在边境地区加强军事领域信任的协定》，它关心的问题已经从安全问题拓展到经济问题，成员国也有所增加。

随着两国间贸易开始增长，普京与中国下任国家主席胡锦涛在 2007 年 3 月达成共识，“两国应该在实施各自战略方面加强合作，以重振中国东北地区的老工业基地，促进俄罗斯远东及东西伯利亚地区的发展，并制订在此领域合作的方案。”这一承诺后来得以兑现，2009 年 9 月，胡锦涛与俄罗斯新总统梅德韦杰夫签署协议，同意在两国边境省份成立 205 个联合项目。其中许多都与原材料和木材相关，它们为中国的建设热潮助力，但协议清单上也有八个联合技术园区，还有相当一部分是有关交通基础设施的，包括连接中国与西伯利亚大铁路的铁路线。次月，俄总理普京访问北京，期间签署的合同及其他协议涉及七个高科技领域。普京告诫媒体，不要只把注意力集中在天然气价格问题上，而应关注俄罗斯帮助连云港田湾核电站扩建的协议以及俄罗斯首次向中国出口的两个钠冷却增值反应堆。在那次访问期间，亚库宁与中国铁道部长签署关于“在俄罗斯联邦领土上组织并发展高速铁路服务”第一份备忘录。

拉鲁什对 2009 年 10 月中俄签署的协议表示欢迎，称如果这些协议能让中国投资基础设施及其他有形生产，它们可以使中国的美元储备成为真金白银。拉鲁什说，如果俄—中、加上印度之间的经济合作得以进展，那么这将给美国创造机遇，使其改变本国政策并参与与上述其他大国在经济方面的合作。

中国已经超越德国，成为俄罗斯最大的贸易伙伴，两国贸易额2012年为956亿美元，2013年为890亿美元。随着2014年9月在金融贸易方面做出新的货币及信用互换安排，两国贸易额将超过1000亿美元（但以卢布和人民币计价）。2014年5月，在圣彼得堡国际经济论坛上发言时，中国国家副主席李源潮称，中国对俄直接投资在2013年达到了40亿美元，但又补充说，与中国每年超过1000亿美元的对外直接投资总额相比——其中包括与南美洲一些国家累积达数百亿的投资，这一数字就微不足道了。日本和韩国在俄罗斯的投资均比中国多。为促进这一领域的增长，中俄于2012年设立了俄—中投资基金（RCIF）俄罗斯直接投资基金和中国投资集团分别初期注资10亿美元，并计划再从私人机构投资商筹集同样多的注资。截至2014年5月，俄—中投资基金已经投资近10亿美元。此外，2014年还成立了俄—中投资委员会。

在2009备忘录签署之后，2014年以前两国高铁合作没什么进展。2013年7月，俄罗斯政府金融大学俄—中中心主任弗拉基米尔·雷米加接受采访时说，“中国人认真对待我们在2009年签署的备忘录。他们成立了大量特别研究中心，集中金融资源，中国国家发展银行具体负责落实；最近，它在莫斯科设立了办事处。但在俄罗斯方面，没什么动静。这（205个工程）项目成功地从（裁撤的）地区发展部移交给了远东发展部，但却缺少资金来源。”

现在，中国对俄罗斯经济的参与必定会快速增长。2014年5月，在普京访问上海期间，建设4000公里长从东西伯利亚到中国黑龙江省的“西伯利亚力量”天然气管道合同得以签署。合同要求该管道中国段由中国投资约200亿美元进行建设，另外中国需预先支付250亿美元作为俄罗斯的启动投资基金，这笔款项从日后俄方天然气供应中抵扣，供气于2019年开始，每年380亿立方米。此外，据2014年8月报道，俄罗斯经济部正在征集有意接受中方投资的俄方企业的申请，总额已达72亿美元。

除了上文提到的“西伯利亚力量”输气管道、高铁以及核电厂项目，双方合作交易还包括以下内容：

2014年9月，俄罗斯国有科技集团（Rostekh)）和中国国有神华集团——

世界最大的煤炭生产商就开发西伯利亚及远东地区煤田、特别是阿穆尔地区 Ogodzhinskoye 矿区的一项价值 100 亿美元的工程签署了备忘录。双方将在海参崴东部乌苏里湾的维拉港口建设一个两千万吨的运煤码头。该工程包括一座电厂及输电线路，并承诺改善社会及交通基础设施。

扎鲁比诺港位于海参崴东南、俄罗斯滨海边疆区的日本海沿岸，在俄朝边境以北 40 公里，距离中国吉林省 18 公里。该港目前吞吐量为 120 万吨，但近年来实际吞吐量仅达到十分之一，扎鲁比诺与吉林之间已有铁路连接，向北到海参崴也有铁路。作为大图们江开发计划走廊 1 号项目的东部终点站，该港已经计划进行扩建。俄罗斯私人持股公司申马集团已经与中国机构达到协议，在扎鲁比诺港建设一个 500 万吨的粮食码头，传言称还会扩容至 1000 万吨，最后到 6000 万吨。

与大图们江开发计划走廊 1 号和 2 号工程（也称滨海边疆区走廊 1 号和 2 号工程）相关，中国和马戈梅多夫的申马集团正力推俄罗斯未来最大港口的建设，港口位于海参崴西南、日本海上的扎鲁比诺。申马集团及其下属公司已经与中国签署协议，在扎鲁比诺建设一个 500 吨的运粮码头，但申马集团高管与中国《人民日报》都在 2014 年夏天建议，扎鲁比诺可进行扩建，到 2018 年达到年均处理

1000万吨粮食及集装箱货物，之后达到6000万吨。吉林珲春还将建一个大型“无水港”物流终端。两国边境距离扎鲁比诺仅18公里，而在此区域中国没有自己的海岸。中国迫切希望获取一条从重工业省份吉林通向港口的现代化短距离路线。滨海边疆区官员十分关注任何“纯出口”投资趋势，目前正同时探索与日本和韩国进行更为密集的创造就业机会的合作，特别是在海参崴和哈桑及其周边地区，后者位于俄罗斯图们江与朝鲜接壤位置（见下文）。

还有另外几个采矿项目正与中国公司进行接洽，其中包括跨贝加尔边疆区乌多坎（Udokan）的开发，这里有世界已知第三大铜矿；贝加尔湖以东布里亚特（Buryatia）的铅矿和锌矿；以及图瓦共和国的多金属矿石。

在其2014年4月出版的《俄罗斯与中国：战略合作伙伴关系及当今挑战》一书中，俄罗斯院士季塔连科写道，俄—中战略合作伙伴关系是种“构造上的转变。”并不是所有俄罗斯人都对此表示欢迎；认定地缘政治冲突不可避免的想法与货币主义一样顽固。政府智库当代发展研究院（INSOR）直到乌克兰危机前都一直鼓励俄罗斯加强与北约合作，以抵制所谓来自于中国的威胁。因此，中国人对于俄罗斯人敏感的事物保持敏感十分重要。例如，在2013年一篇讨论丝绸之路经济带对于中亚地区的意义的文章中，塔甫罗夫斯基引用了中国社会科学院俄罗斯问题专家姜毅（音）的一段话：“中国面临的最大挑战是处理我们与俄罗斯的关系。我们不能让我们与中亚国家间的紧密纽带危及中俄合作。” 季塔连科的评价是，“北京已经宣布其目标是，打造一个世界，让所有国家……拥有实现自己合法利益的平等权力。这与孔子的名言完全相符，‘己所不欲，勿施于人。’”

十二、北方海路 (Northern Sea Route) 与北极地区

据水平不低于门捷列夫（Dmitri Mendeleyev）的权威人士称，是沙皇彼得大帝（1672—1725）派出维图斯·白令进行远征探险，正是在此过程中发现了太平洋与北极之间的海峡，并找到了今天的北方海路这一航道。在1901年11月给维特伯爵的一封名为“关于北冰洋探索”的备忘录中，门捷列夫本人提出，希望亲率一次远征行动，穿过冰封之地并建立一条航道。他认为海路缩短是推进文明和工业发展的一种方式，其中也包括俄国北冰洋海岸的开发。

在太空时代，门捷列夫的使命必须相应地拓展到更高的层次，与人类作为太阳系公民的身份相符。北极地区除了连接两个半球外，它还是、而且一直被称作人类“走向外太空的窗口”，它是一个天然实验室，可用于探索气候及天气的形成原因，还可用来找出办法，应对宇宙辐射在与我们的星球进行动态交互时带来的挑战。这样一个实验室，就像研究核聚变的“国际热核聚变实验堆（ITER）计划”，需要全世界主要国家的科学家们开展国际范围的通力合作。

这一方法与目前对于北极地区发展的主流讨论内容形成了鲜明的对比，后者往往集中于自然资源的开采以及针对潜在对手确立地缘政治方面的优势。适当的方法则要求，世界主要大国围绕以下共同目标进行共同投资，即通过最为先进的科学研发活动，把北极地区变为维尔纳特斯基转变地球战略的实验场。①

实体经济学使得这一切变得完全有可能。任何有效的复苏计划必须是具有革命性的，在最具挑战性的物理环境下，由科学工作推动。北极地区发展将会跨过看似难以逾越的经济难题，而这些仅靠按部就班地增加投资是永远解决不了的。随着主权信用的出现，以及与欧亚大陆和北极邻国进行合作，这一切就能够完成。

十三、东北航道

北方海路也称东北航道，有着与另一半球上难以捉摸的西北航道同样悠久且引人注目的历史，甚至有过之而无不及，印度的巴尔·甘加达尔·蒂拉克（Bal Gangadhar Tilak）在《吠陀经中的北极家园》一书中说，印欧文明就是发端于那些生活在这一海岸地区并研究星象的人。

根据二战租借法案，120 艘船将 45 万吨物资从美国西海岸港口途经北方海路运到苏联北极地区，再转往东部战线。它们当中，有 54 艘在勒拿河口的季克西停靠码头，13 艘绕过泰梅尔半岛到达叶尼塞河上的各港口，1 艘继续西行，到达白海上的阿尔汉格尔斯克。在所有这些北方海路上的港口中，只有最靠西北的摩

① 这一部分包括三篇深入研究北极地区发展的 EIR 文章的重点部分：Ulf Sandmark，“北极发展：瑞典和芬兰试水，可能与挪威、俄罗斯联手，”2012 年 1 月 6 日；Michelle Fuchs, Sky Shields，“自主开发体系及北极发展，”2012 年 1 月 6 日；William C. Jones，“俄罗斯准备开发北极地区，使其成为地球上下一个伟大工程，”2012 年 9 月 7 日。

尔曼斯克被划定为全年“无冰港”。加强船船体以及破冰船护航是惯常做法。

苏联解体后，由于国家停止了对北方海路各港口城市的冬季供应，所以这条线路就进入了暂时搁置状态。至少有一艘大型破冰船被偷，在国际市场上贩卖。正如在前文引用过的采访中格拉济耶夫告诉 EIR 的那样，到 2001 年俄罗斯有计划要恢复北方海路。多年来的大范围北极冰川融化鼓励了人们的这种想法，但想法的实现却不取决于气候；宣布的所有北极政策都指向新破冰船及水下技术的研发。

在 2001 年最初宣布新北极政策以后，俄罗斯政府 2009 年的一份重要报告把北极称作“本国的战略资源基地”，要求升级社会及经济基础设施、加强军事存在以及北部各国间在利用该地区资源方面的合作。

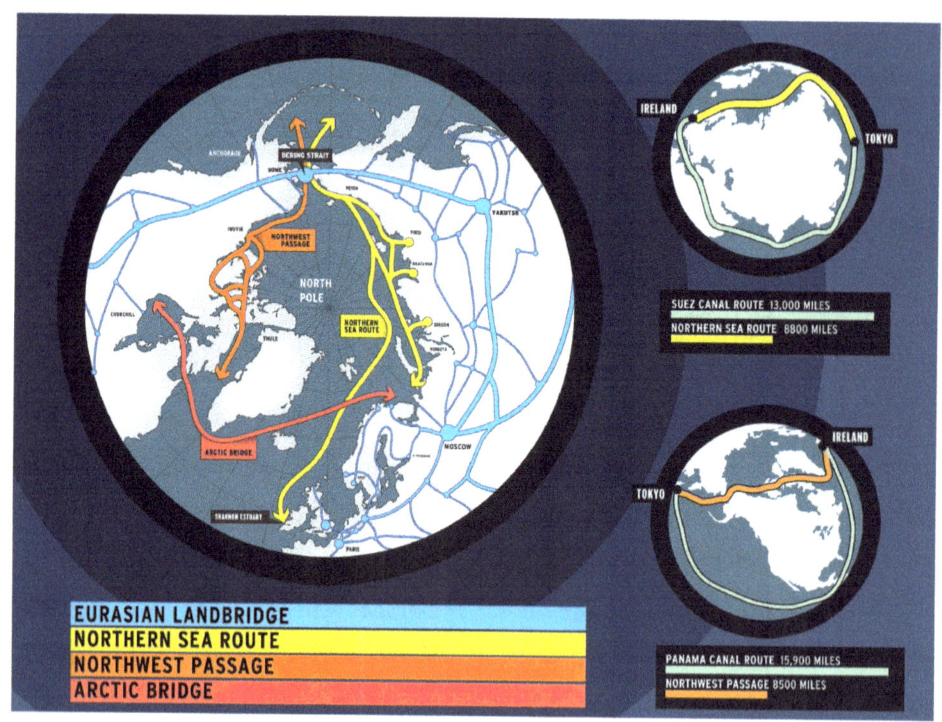

图 16　北方海路及西北航道

地球东西两半球的北部海洋路线分别与传统航道苏伊士运河以及巴拿马运河进行了比较。本图所示北方海路长度要比文章中说明的长度要长，这是由于正文中仅关注俄罗斯北冰洋沿岸部分的长度。

俄罗斯地理学会是北极研究的领军机构。从 2009 年起，绍伊古就一直担任该项学会会长——他现在还是俄罗斯的国防部长。2010 年起，俄罗斯地理学会开始定期举办“北极——领土对话会议”，与会人员包括俄罗斯总统普京以及其他北冰洋沿岸国家的领导人。俄罗斯地理学会第一副会长阿尔图尔·奇林加罗夫（Artur Chilingarov）是名北极探险家、俄罗斯联邦委员会前成员。2007 年，他乘深海潜艇在北极点附近下潜，并把一面俄罗斯国旗插在了海床上，这让他登上了各大媒体头条。同时，俄罗斯政府向联合国大陆架界限委员会（UNCLOS）提交领土声明，证据则为北冰洋的罗蒙诺索夫海岭和门捷列夫海岭是欧亚大陆的自然延伸，因此根据《海洋法》也是俄罗斯大陆架的一部分。到 2014 年秋，俄罗斯仍在收集其他文件以支持其向 UNCLOS 提交的请求。

然而，北方海路沿岸区域无可争议地处于俄罗斯领海之内。它包括数条航运线路，从 2200 海里到 2900 海里不等（4075—5370 公里），从首尔到鹿特丹，走这条线路要比走欧亚大陆南端再穿过苏伊士运河近 6400 公里（图 16）。2011 年，有 34 艘船穿越北方海路，运送货物 82 万吨，而之前一年仅有四艘船在此航行，运货 11 万吨。北方海路货运在 2012 年超过 100 万吨；而在苏联时期的顶峰是 1987 年，全年货运 660 万吨。同样在 2011 年，吉洪诺夫号成为第一艘走完北方海路全程的超级油轮，运送货物为凝析油。2010 年，铁矿石第一次通过北方海路从挪威运到中国。

铁路通向摩尔曼斯克商业港口的码头设施。

在中国和北欧，人们对于扩大北方海路运力、增加铁路线路连通白海及巴伦支各港口有极大兴趣，相关港口包括摩尔曼斯克、阿尔汉格尔斯克以及未来在印迪加兴建的港口。如图 17 所示，摩尔曼斯克是北方东西货运走廊跨欧亚大陆航运线路的中枢，而如果俄罗斯完成由乌拉尔向西北延伸的 Belkomur 或 Barentskomur 铁路走廊，上述线路将变得更为直接。

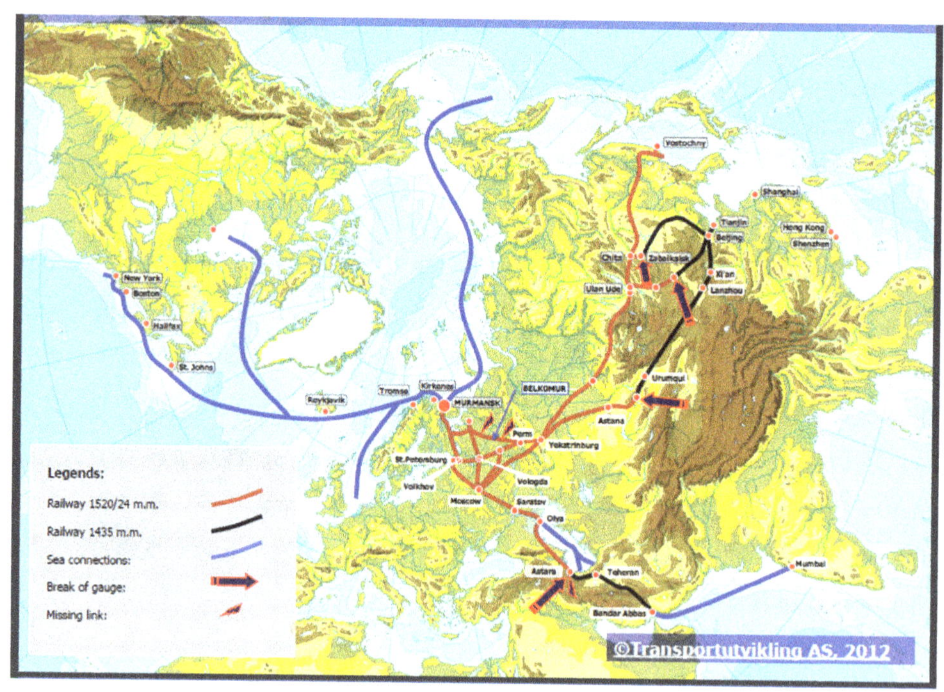

图 17　北方东西货运走廊中枢在摩尔曼斯克

这幅由挪威咨询公司（Transportutvikling AS）运输物流专家提供的极地投影图重点突出了俄罗斯巴伦支海摩尔曼斯克港作为多运输模式交通中枢的作用。北方海路、西伯利亚大铁路（太平洋—赤塔—乌兰乌德—叶卡捷琳堡—彼尔姆—莫斯科），大图们江开发计划走廊 4 号及 2 号工程（北京—哈尔滨—贝加尔斯克—赤塔—西伯利亚大铁路）及 8 号工程（天津—北京—乌兰巴托—乌兰乌德—西伯利亚大铁路），丝绸之路欧亚大陆桥（北京—西安—兰州—乌鲁木齐—阿斯塔纳—叶卡捷琳堡—西伯利亚大铁路）及国际南北运输走廊（孟买—班达阿巴斯—德黑兰—阿斯塔拉—奥利亚—萨拉托夫—莫斯科）都与摩尔曼斯克相连。目前，陆上通往该地通过圣彼得堡 - 摩尔曼斯克铁路，该路段于 2005 年实现了完全电气化。

经挪威提议，北方东西货运走廊已由国际铁路联合会 (International Union of Railways) 批准通过，该走廊有连接北欧与北美的出口。中国有意每年在此线路上发送 5 万个集装箱，北方东西货运走廊终端设在挪威港口城市纳尔维克的最初计划又进行了调整，以强化摩尔曼斯克的地位，这是因为斯堪的纳维亚半岛上存在铁矿石货运拥堵情况，而且从芬兰到瑞典时还另外需要进行轨距调整（芬兰 1524 毫米宽的轨道与俄罗斯 1520 毫米轨道可以兼容）。在未来，当连接摩尔曼斯克铁路和芬兰的东西铁路建成后，Belkomur 走廊（已标注）可允许直接从彼尔姆转运到白海上的阿尔汉格尔斯克（图中显示但未标注）。

为了作为完善的运输走廊发挥作用，北方海路需要新的监管与指导体系、一支行政舰队以及水道测量和水文气象支持。对于几个现有北极港口的现代化改造以及海港扩建已列入规划，新港建设也上了日程。摩尔曼斯克的新设施分别在 2007 年和 2010 年获得了经济特区地位升级，包括石油、煤炭和集装箱码头等。从 2004 年到 2009 年，44 亿英磅的投资把该港口的吞吐量增加到了 2000 万吨，预计到 2020 年能达到 5200 万吨。① 俄罗斯联邦航天局及海岸巡防队现在把全球导航卫星系统（GLONASS）用于北极导航、环境监测以及救援服务。2012 年 8 月，俄罗斯联邦国家安全委员会主席帕特鲁舍夫（Nikolai Patrushev）宣布，即将沿北方海路在各河口、港口及铁路终端建设十个码头和机场。中国交通运输部 2014 年称，将发布北方海路完整航海指南。

俄罗斯北极船队正在进行现代化改造，船队包括可供海上及江河使用的船只、干湿货船、集装箱船、破冰船级油轮、捕鱼船以及科考船。俄罗斯是少数拥有破冰船队的国家之一，下一代核动力破冰船包括专用破冰船、加强破冰船及双层钢

① 摩尔曼斯克商业港口为梅尔尼琴科（Andrei Melnichenko）的西伯利亚煤炭能源（SUEK）公司独家持有。SUEK 是俄罗斯最大的独立煤炭企业，由梅尔尼琴科通过塞浦路斯一家控股公司以及其总部位于瑞士的欧洲化工集团（EuroChem Group）AG 进行控制，主要在俄罗斯生产化肥。1993 年，21 岁的梅尔尼琴科与人共同成立了 MDM 银行，并通过街头自动货币兑换机发家致富。经济学家缅希科夫（Stanislav Menshikov）在 2006 年对其进行了描述："MDM 银行迎合来自于西伯利亚和乌拉尔地区的相对年轻的工业巨头，其中有奥列格·德里帕斯卡（铝业）、马克穆多夫（铜）、阿布拉莫夫（钢铁行业 Evraz 集团的创始人）。" 2009 年，梅尔尼琴科把他手中的银行股份卖给了商业伙伴谢尔盖·波波夫，同时收购后者在 MDM 集团化工及煤炭股份公司的股份。缅希科夫（注 26）如实记述了这些新"寡头"如何在上世纪九十年代贱卖前苏联工业资产过程中获取他们的财富。

板油轮正处于研发过程。六艘新破冰船已计划建造或处于建造过程之中，其中有三艘核动力船。2013 年 11 年，第一艘新型破冰船进行龙骨安装，这是有史以来最大的一艘破冰船，将由两个核反应器提供动力。另有计划将北方海路的作业期由七个月延长到全年。

十四、北极发展走廊

迄今为止，货运中转及石油、天然气产业是俄罗斯北极地区发展的推动力量。2011 年，俄罗斯自然资源部发布的一份 2030 年前大陆架探索计划预测，届时俄罗斯 8%~16% 的石油产量及 32%~35% 的天然气产量将来自海洋，包括太平洋、主要是巴伦支海和北冰洋。

图 18

一名俄罗斯艺术家的构想，运用于极北区的创新悬轨运输、磁悬浮列车及栈桥运输体系

以碳氢化合物和矿产为中心的发展意味着要沿北极海岸地区建设矿山、冶炼厂、食品加工企业以及住房。像西伯利亚和远东地区开发中的每个区域一样，俄罗斯对于北极地区还有更有抱负的想法。一个就是让北方海路与一条平行于海岸线的陆上铁路运输线路结合。这一路线曾经计划过建设近极铁路，生产力研究委

员会的拉兹贝津曾有报告："在苏联时期，20 世纪 30 年代和 50 年代，曾设计过一条从西北的沃尔库塔到东北阿纳德尔的北极铁路，这条铁路从西端起建设了 1700 公里。"该工程动用战俘营里的劳力，1953 年后就取缔了，后来成了烂尾路。今天，它将在更为体面的条件下重新启动，建成一条铁路，或者，也有可能成为一个适宜极地气候的工业运输技术体系。人口、移民及地区发展研究所 2012 年关于西伯利亚工业化的报告提议，利用图 18 中勾勒的设计，"近极铁路干线可能成为新 [发展] 平台的重要组成部分，该干线借用悬轨运输及有轨电车原则，作为某种北方陆路平行于北方海路。"

一列火车沿鄂毕—博瓦年科沃铁路穿过休奇亚河大桥。这条铁路是俄罗斯天然气公司在亚马尔半岛上修建的，2010 年通车，是世界上最北端的铁路。

中国为高海拔西藏铁路及中国东北纬度较高的铁路研发的高铁技术将派得上用场。俄罗斯于 2010 年在亚马尔半岛上开通了世界最北端的传统铁路。

俄罗斯还计划建设几座浮动核电厂，每座电厂都配备两个在破冰船上使用的 35 兆瓦核反应器，用于部署在北冰洋沿岸地区。院士罗蒙诺索夫号样船的龙骨已于 2007 年铺设完毕；在经过数次延期后，它计划于 2016 年在堪察加半岛下水启用。图 19 展示了北极地区经济及科学发展的繁荣态势。

像窗帘一样的极光现象，拍摄于阿拉斯加州的小镇怀斯曼。

十五、通向太空的窗口

2012年1月，生产力研究委员会发布了《俄罗斯联邦北极地区及捍卫国防2020年发展战略》。像其白令海峡工程设计及UP-UP采矿及工业规划一样，生产力研究委员会目光超越当前预算，给出了更为远大的愿景。上述战略还包括对前苏联在法兰士约瑟夫地群岛上的军事基地进行清理的指导方针，该项工作现已接近完成。生产力研究委员会借鉴之前UP-UP计划的想法，提议采用创新的采矿技术，从而在北极圈以内采矿时不必把垃圾丢弃在矿区周边。人口、移民及地区发展研究所项目及生产力研究委员会均呼吁开发南北河流及铁路走廊，从而打造北极地区和现有洲际铁路之间的多种连接方式。

北极距离地球磁极和地磁场很近，这使得它成为地球和银河宇宙辐射的交汇之地，是探索气候及天气成因、应对地球上活跃宇宙辐射挑战的理想场所。看不见的地球磁场有两个极点，其中一个就在北极地区，在这里可以接收到太空辐射，而极光则只是太空辐射可见的美丽现象，因此这里被称作“通向太空的窗口”。

针对北极地区发展转型，生产力研究委员会提出了一项以科学为指引的政策。战略包括建造新一代科学船的计划，以借助针对极地条件做相应调整的设备对深海环境进行研究。一个名为“北极号”的卫星观测系统借助全球导航卫星系统，用以支持极地水文测量（北冰洋的动态过程）、研究地球物理条件以及水文气象。俄罗斯联邦航天局前局长阿纳托利·佩尔米诺夫（Anatoli Perminov）2010 年说，“北极号”系统将帮助实现对北极大陆架环境、水温、冰川厚度、污染级别进行全年监测，并确保对大陆架进行安全、高效的探索。

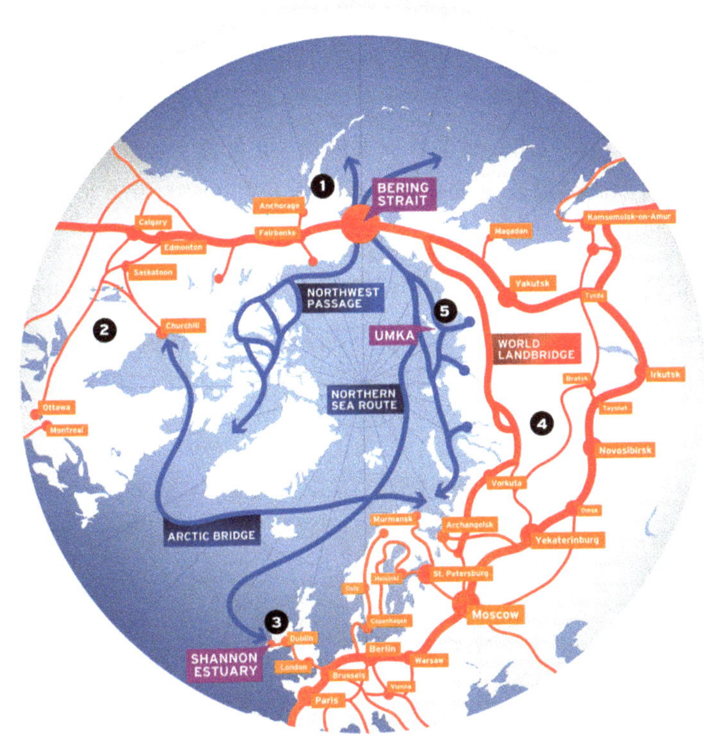

图 19　与世界大陆桥及北方海道相关的北极地区发展

1. 白令海峡隧道建成后，阿拉斯加和加拿大西部出现的新城市将不会处于文明边缘。它们将处在从俄罗斯到美国、或通过世界大陆桥到阿根廷、通过磁力悬浮火车到南非的唯一陆地路线上。

2. 加拿大北部是另一条通往北极的通道。曼尼托巴哈得逊湾的丘吉尔港是北极桥航运路线在西半球的终端，这条路线另外一个终端在俄罗斯的摩尔曼斯克。

3. 爱尔兰既可以在其西海岸的香农湾（Shannon estuary）建设深水港，又可通过深海探索引领天体生物学。在未来北极大开发过程中，目前专门从事近海风力发电厂建设的贝尔法斯特（北爱尔兰首府）Harland & Wolff船厂，有可能恢复生机，用来建造核动力破冰船。

4. 人口稀少的西伯利亚不但要开矿，还要进行开发、进行人口安置。现有西伯利亚大铁路和相关走廊的高速现代化，未来还有与北方海路平行的近极铁路等，沿这些路线可以发展起一批新城镇，从而吸引人们落户。

5. 提议建设的自足型城市乌姆卡（Umka）坐落于勒拿河河口附近、濒临俄罗斯北极海岸的科特尼岛上。它地理位置极佳，正好位于地球北极的“太空窗口”处，可以进行科学研究以及技术开发，从而接下来征服人类的下一个边疆——月球和火星。

俄罗斯正在扩大位于阿尔汉格尔斯克的俄罗斯北极联邦大学，使其成为培训北极开发专家的中心。另有提议在该地区成立一个北极研究中心，以在俄罗斯科学院资助下进行跨学科北极研究。

北极穹顶城市乌姆卡模型的剖面设计样品。

在2011年9月的北极——领土对话会议上，俄罗斯建筑师勒热夫斯基（Valeri Rzhevsky）“太空窗口”崭新一面的方案进行了展示。时任俄总理普京查看了这个北极地区“神奇城市”的三维设计，这个设计将探索人类在和地球上大不相同的环境里的生存方式。这项工程名为乌姆卡，这个词在俄语里的意思是“聪明”

（这也是一部苏联时期动画片里一只乐观向上的北极熊的名字）。这座装有穹顶的自足型城市在科特尼岛上，该岛位于拉普捷夫海和东西伯利亚海之间，在勒拿河三角洲东北约 400 公里处。乌姆卡距离北极点 1500 公里。巨大的穹顶以国际空间站为模型，设计用来安装生命维持系统。乌姆卡电力供应来自于浮动核电站，将拥有受调控的温带气候，城市内部的空气循环以及所有动植物的生物循环相互依赖。氧气以及植物生长所产生的二氧化碳的循环将限制在穹顶之内，尽量减少与外部严寒环境的接触。在核电厂稍微加热的水域可以进行鱼类养殖，从而提供食物。所有垃圾都将进行再循环利用或处理成灰烬。娱乐设施将减少乌姆卡居民的心理压力，帮助他们适应在密闭环境下生活。

乌姆卡项目设计已经提交给所有五个北极周边国家（加拿大、丹麦/格陵兰岛、挪威、俄罗斯以及美国）。它与先前的极北发展计划相呼应，如加拿大总理约翰·迪芬贝克（John Diefenbaker）（1957—1963）在载人太空飞行刚刚起步时所主张的穹顶城市概念。

乌姆卡长 1.2 公里，宽 800 米，居民 5000 人，人口密度趋近于香港的每平方公里 6349 人。这座城市最初的 5000 居民中可能有科学家、工程师以及石油平台和采矿公司的工人，但生活在乌姆卡的科研人员还将探索北冰洋下的丰富世界，发现生物及物理科学方面的未知知识。乌姆卡项目从太空角度考虑最为可取。它位于北纬 75 度，有强劲的风力及低于零下 30 度的气温——和月球熔岩管的温度相同。这些恶劣条件为研发并运用在太空探索前沿领域所需的技术创造了条件。

十六、欧亚联盟（Eurasian Union）

瓦尔代俱乐部 2014 年《走向伟大海洋——2》报告中有段较荒唐的话是这么说的："理论上讲，后苏联时期的区域整合与亚太地区整合并非两个对抗性的工程……然而，考虑到资金和人力资源有限，不能同时满足两个工程，……有可能要优先考虑欧亚整合。"如果不是这份报告发表得早，人们可能会以为这是在试图拆台，无视普京总统与习近平主席于 2014 年 5 月所做的承诺——寻求"机遇，把'丝绸之路经济带'与'欧亚经济联盟'概念结合起来"——黑尔佳·策普·拉鲁什为本 EIR 特别报告所做的介绍中曾有引述。

事实上，欧亚经济联盟（EEU）的创始成员国——白俄罗斯、哈萨克斯坦和俄罗斯——以及未来成员如亚美尼亚和吉尔吉斯斯坦等肯定可以从丝绸之路经济带合作政策中获益，前提是受摆布的地缘政治敌对关系可以放在一边，而且上文描述的俄罗斯在20世纪90年代老掉牙的历史被抹去。

普京、白俄罗斯总统卢卡申科（Alexander Lukashenka）以及哈萨克斯坦总统纳扎尔巴耶夫（Nursultan Nazarbayev）于2011年在同一时间发表的文章中宣布成立欧亚经济联盟。该组织前身是前苏联共和国之间的若干个经济计划，以试图恢复它们之间1991年突然被切断的实体经济纽带。纳扎尔巴耶夫于1994年最先提议成立一个欧亚经济联盟。2000年，欧亚经济共同体（EurAsEC）得以成立并开始召开定期会议，但直到新世纪头十年的后半段，关于成立关税联盟的实质性工作才开始在白俄罗斯、哈萨克斯坦和俄罗斯之间展开。格拉济耶夫院士首先担任欧亚经济共同体的副秘书长，后来任关税联盟委员会的责任秘书。他从2008年到2010年开展工作，负责组建关税联盟，该机构后来于2010年1月1日正式运行。这几个创始国接着成立了共同经济区（2012）并在2014年5月签署了《欧亚经济联盟条约》。亚美尼亚后来也遵守这一条约，因此当欧亚经济联盟于2015年1月1日正式启动时，它至少有四个成员国，而且吉尔吉斯斯坦总统阿坦巴耶夫（Atambayev）也在2014年10月称，吉尔吉斯斯坦也希望从一开始就成为欧亚经济联盟成员。

在2014年5月29日讲话中，普京强调欧亚经济联盟内部在能源、工业、农业及运输政策加强协调，并把这与跨欧亚大陆活动联系起来："地理位置可以让我们创造不仅有地区意义而且有全球意义的交通物流路线，吸引欧洲和亚洲大规模的贸易流量。"最早在其2011年《消息报》文章中，普京称随着俄罗斯、白俄罗斯、哈萨克斯坦以及其他可能加入欧亚联盟的后苏联时期国家整合它们之间的经济纽带，它们将力争成为连接欧洲及亚太地区的一座桥梁。

十七、处于中心位置的哈萨克斯坦

哈萨克斯坦的地理位置和资源使得该国在拉鲁什的"维尔纳特斯基战略"中占有一席之地。同时，哈萨克斯坦的矿产在该地区只比俄罗斯少，所以吸引来大量的国际原材料联合企业，它们迫切希望开采这些资源，同时不必考虑这个国家的发展。哈萨克斯坦在地缘政治和意识形态领域也是众矢之的。纳扎尔巴耶夫总统经常采纳从国外兜售来的暧昧政策，比如他向所谓“绿色”经济过渡的绿色桥梁项目。

然而，涉及到能源及基础设施项目，哈萨克斯坦一直处于寻求发展的最前沿，对欧亚经济联盟和丝绸之路经济带内的潜在合作都表示欢迎。迄今为止，中国一直在修筑哈萨克斯坦境内的两条铁路，一条通向哈萨克斯坦新首都阿斯塔纳，然后到俄罗斯，另外一条通往更靠南的原首都阿拉木图，铁路在此向西北通向俄罗斯，向西穿过中亚及伊朗抵达土耳其。中哈边境上的霍尔果斯陆地港正得到巨额投资，成为中国与欧洲及西南亚贸易的物流中心。哈萨克斯坦还在与土库曼斯坦以及伊朗合作，建设国际南北交通走廊在里海东海岸上的子项目。

关税联盟让俄罗斯市场对哈萨克斯坦全面开放，但目前俄哈合作的重点在能源领域。5 月 29 日，普京在阿斯塔纳签署欧亚经济联盟条约时，两国还签署了一项双边核协议。俄罗斯国家原子能公司（Rosatom）承诺在哈萨克斯坦修建一座新核电站，并协助哈萨克斯坦进行铀处理。作为世界上这一核燃料最大的生产国，哈萨克斯坦拥有俄罗斯国家原子能公司在西伯利亚安加尔斯克经营的国际铀提炼中心的 10% 的股份。

十八、乌克兰的使命

俄罗斯力图吸引乌克兰加入欧亚大陆整合进程，而出生于乌克兰的格拉济耶夫在 2011 年至 2013 年期间做了大量工作，组织乌克兰与关税联盟以及未来的欧亚经济联盟间进行更大合作。西方社会对乌克兰政府施压十多年，要求其选择与欧盟之间的自由贸易关系，所以乌政府反对更为紧密的欧亚大陆整合。尽管如此，由于乌克兰与俄罗斯两国经济之间存在历史渊源，所以乌克兰的欧亚大陆关系问题并没有消失。

2013 年 11 月，乌克兰中断了在与欧盟联合协议方面的工作，而这一举动成为反对派发起暴动抵制乌当选政府的一个借口，时任乌总理阿扎罗夫（Mykola Azarov）政府出于“国家安全利益”考虑，宣布将研究如何“恢复其丧失的生产力以及与俄罗斯联邦还有其他独联体成员国之间的贸易及经济合作，”特别是恢复与（欧亚大陆）关税联盟之间的磋商。乌克兰科学院的详细研究从货币方面量化了乌克兰与欧亚经济联盟更紧密合作的好处，而与之形成对比的则是其在欧盟框架下的惨淡前景——它只能作为廉价土地及劳动力的来源。乌克兰政治人物、经济学家娜塔莉亚·维特连科(Natalia Vitrenko)2013年针对这些研究做了报告，称：“如果乌克兰加入欧亚关税联盟，其 GDP 将有 1.5% 到 6% 的增幅……俄罗斯科学院国家经济预测研究所曾预测，如果乌克兰加入关税联盟，乌克兰经济将每年收入 70 亿美元，其出口额将增加 60%，或每年 90 亿美元。”

真正用来衡量乌克兰在欧亚大陆内部的潜力的不是货币或者 GDP。乌克兰东南部是苏联时期的机床及发动机首要生产中心。其钢铁工业生产高质量的合金。这些实力在私有化进程中、甚至远在当前的内战之前就遭到了破坏，但底子还在，还能东山再起。类似地，苏联末期乌克兰人口的教育水平被联合国报告认定处于世界最高水平。这些技能娴熟的人现在老了，但维特连科估计，他们当中的一部分人还能在未来十年的经济复苏过程中发挥作用。

如果乌克兰不能在欧亚经济发展过程中发挥它的本来作用，这将是可悲的。除了在 2014 年 2 月政变后出现的极度内乱局面，乌克兰的局势与其他曾经发达的工业国家十分相似，特别是那些拥有高技能劳动力和机器制造业的国家，如美国、欧洲或澳大利亚。在健全的政策下，它们能发挥的作用是不可或缺的。

大图们江开发计划
东北亚迈向和平的重要一步

迈克尔·比林顿

2014 年 9 月

2014 年 7 月 18 日，朝鲜罗津港——罗先经济特区（原来称罗津—先锋）的一部分，来自俄罗斯、朝鲜、特别是韩国的领导人在此参加俄罗斯制造的最先进港口设施的正式落成典礼。罗津位于图们江汇入日本海的入海口，也是最近竣工的俄朝铁路的终点站。中国也正在罗津建设港口，最近完成了从中、俄、朝三国交界处附近区域通往该港口的一条道路的建设。

罗津港此次活动标志着大图们江开发计划距离完成又有了重大进展，大图们江开发计划是基于该边境地区建设、特别是铁路运输走廊建设的一项发展工程。1991 年，联合国开发计划署宣布，支持中国、俄罗斯、蒙古、朝鲜和韩国共同开发中朝界河图们江周边地区（图 1）。日本也与该项目多少有些联系。尽管有几次开局不利情况，该项目在过去两三年开始启动，而自从 1999 年起，该项目官方名单中就没有了朝鲜。

这个发展概念除了给该地区各个国家带来巨大的经济利益（图 2），它还是终结冷战在亚洲的最后遗留问题——所谓朝鲜问题的关键的核心发展项目。正如林登·拉鲁什多年以来所强调的，对于帝国主义“分而治之”的政策造成的每个危机，其解决办法就在于相关各方的共同发展利益——并最终在于人类的共同利益。如果把图们江发展计划放在发展整个东亚的更广泛利益、特别是俄罗斯远东艰苦（但却资源丰富）地区、或者甚至是从密西西比河到中国西部边境以及东南亚的太平洋盆地的更加广泛的利益这个背景下去考虑，那么这项工程可被视作各国之间长期合作、提高该地区人民生活质量及水准的基础。

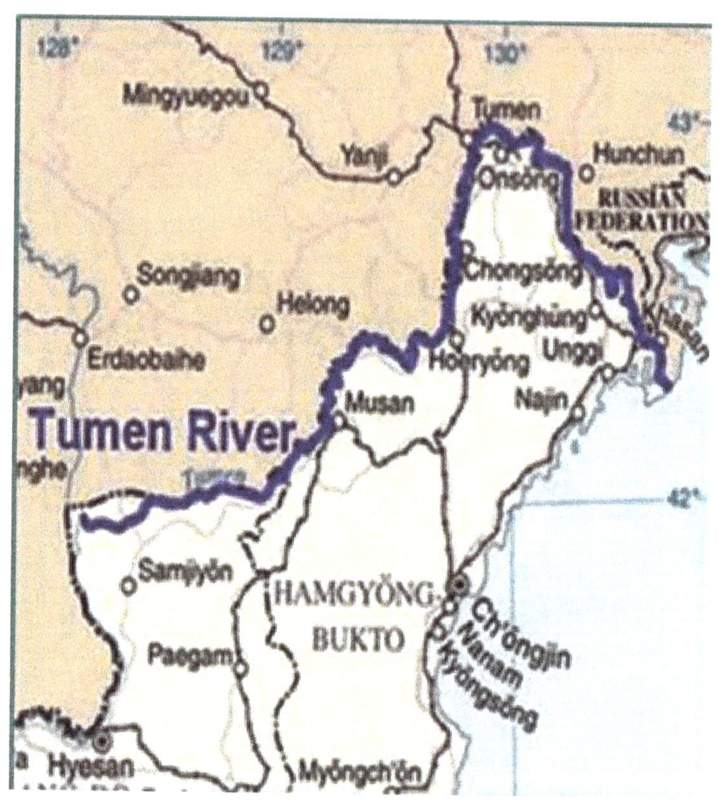

图 1　图们江：俄罗斯、中国、朝鲜三国界河

在过去一年，俄罗斯总统普京、中国国家主席习近平、韩国新任总统朴槿惠举行了数次双边会谈，主要议题就是俄罗斯远东地区发展及按照最初目标完成欧亚大陆桥的建设——从韩国釜山到荷兰鹿特丹。这片广阔的发展走廊上有个空缺地带，那就是它必须要通过朝鲜。

由于朝鲜与美国之间一场几乎导致战争的对抗，朝鲜于 1993 年退出了最初的图们江发展成员集团。在美国克林顿总统努力下，朝美之间的战争得以避免，取而代之的是一份《美朝框架协议》——朝鲜放弃其可能用于发展武器系统的核计划，从而换取食物和能源支援、以及美 / 韩为朝鲜建设一座不发展核武器的核电厂的项目。这一进程一直持续到 20 世纪末，到美国副总统迪克 · 切尼 2001 年入职后被彻底终止。切尼主张对抗而非合作，这让朝鲜走上制造核武器的道路。

图 2　大图们江地区

大图们江开发计划极其明智地选择继续推进，依据就是朝鲜问题最终会得到解决。数个大图们江地区优先发展走廊得以圈定（图 3）。2013 年 2 月的大图们江开发计划报告“跨大图们江地区交通走廊运输基础设施及促进跨境综合研究”称，“朝鲜在 2009 年退出后不再是大图们江开发计划的成员。因此，从韩国出发的 5 号和 6 号走廊[①]到达不了其他的大图们江开发计划国家（除非通过空运和海运）。这对于本研究带来严重限制。然而，本研究还是决定从乐观方面考虑，设想朝鲜进一步自由化和开放、重新建立与韩国的联系并且朝鲜半岛走廊能够正常运转。”

事实上，俄罗斯发展远东地区及北极地区的计划要取得成功，这在很大程度上取决于朝鲜问题的成功解决。日本和韩国都拥有技术和建设能力，这对于俄罗斯辽阔而又险峻的远东和北极地区的发展是十分必要的，而朝鲜又有技能娴熟的劳动力，这对于上述项目是笔宝贵财富，同时通过互惠项目的开发，还可以让朝

① 连接韩国与中国和俄罗斯的、沿朝鲜东西两边境的公路和铁路走廊。

鲜进一步融入东亚国家共同体。

图 3　跨大图们江地区交通走廊

大图们江开发计划覆盖范围包括中国辽宁、吉林、黑龙江三省及内蒙古东部地区；韩国和朝鲜；俄罗斯滨海边疆区、哈巴罗夫斯克边疆区、阿穆尔州、犹太自治州（都属于远东联邦区）及跨贝加尔边疆区；蒙古；在某种程度上还有日本。中国延边朝鲜族自治州是连接朝鲜半岛和吉林省的关键纽带。

大图们江开发计划两个主要东西走廊——地图上的 1 号和 2 号走廊（分别为图们交通走廊和绥芬河交通走廊）连接沿海地区与内陆地区，并与赤塔的西伯利亚大铁路衔接。中国东北是中国的工业腹地，而且，虽然南方取得了快速增长，但该地区仍然是中国重工业的核心区域。它与日本海之间被俄罗斯的滨海边疆区和朝鲜阻断，该边疆区一直向下沿海岸延伸与朝鲜相接，这样中国东北的大量工业进出口业务就得通过南面距离很远的辽宁大连港进行运输。2 号走廊的公路与铁路连接哈尔滨与海参崴及其附近东方港和纳霍德卡港、在另一个方向通往内蒙古的满洲里再到俄罗斯，虽然需要升级，但这一区域占到中俄贸易的 60%。1 号走廊从俄罗斯海岸港口扎鲁比诺通往珲春、长春，再到蒙古和俄罗斯，在中国境内有公路、铁路两种交通方式，但在蒙古境内则只有碎石路。如何发挥潜力，把蒙古的煤炭及其他资源运到中国、俄罗斯，再到各个港口，这是大图们江开发计划面临的一个主要瓶颈。

这两个走廊还有待大幅改进，而它们之间的连接带以及海参崴的西伯利亚大铁路还有穿过朝鲜抵达韩国的走廊地带才是这一地区发展以及和平的最为关键的瓶颈。

从政治方面来看，处理朝鲜困境离不开的几个地区关键国家——中国、俄罗斯和韩国——全力以赴地在一系列大型地区间发展项目中找出和平解决方案。2013 年，中国国家主席习近平在上任第一年内与俄总统普京私下会晤高达五次——2014 年两人又在索契冬奥会上会面。他们在这些会晤中的议程始终围绕在中亚、北极、俄罗斯远东地区面临的紧迫发展形势下保持必要合作，自然在此背景下合作领域也涵盖朝鲜半岛。

普京也于 2013 年 11 月访问首尔，并与朴槿惠总统签署了一系列具有历史意义的协议，其中包括几项必须要朝鲜参与的发展项目。虽然朝鲜在这些项目中的合作问题没有公开进行讨论，但可以肯定的是，普京肯定就这些项目事先与平壤进行了协调。

朴槿惠总统如此评价她与普京会晤所达成的协议：“作为两个国家的领导人，我们同意把韩国加强欧亚合作的政策与俄罗斯高度重视亚太地区的政策结合起来，以最大程度实现我们双方的潜力，推进两国间的关系……韩国和俄罗斯将携手为未来打造一个新的欧亚时代。”

俄韩两国首脑峰会达成了 17 项合作协议，绝大多数都与联合经济发展有关，许多都有朝鲜某种层次的参与，最重要的是关于韩国参与俄罗斯主导、朝鲜境内的罗津—先锋港（简称罗先）发展项目的备忘录。该备忘录要求 POSCO（韩国钢铁业巨头）、韩国现代商船有限公司以及韩国铁路公司都参与罗先发展项目——这是除了韩朝边境上的开城（Kaesong）联合工业园外，首个此类韩国在朝工业投资提案。韩国企业联合体计划收购 RasonKonTrans 公司股份，该公司是俄朝合资企业，负责铁路及港口整修项目，其中包括现已竣工的从罗先到俄罗斯哈桑再到海参崴的铁路重建工作。俄罗斯国有铁路公司拥有该合资企业 70% 的股份，朝鲜持有剩余的 30% 股份。新闻报道称，韩国企业联合体计划收购俄罗斯约一半的股份。

事实上，那三家企业2014年确实两次参观过罗先项目。虽然到2014年10月，计划购买RasonKonTrans公司股份的决定还没有最终达成，但这三家韩国企业在10月份宣布，它们准备11月从俄罗斯进口煤炭，通过罗津港运到韩国南部港口浦项（Pohang），先进行3.5万吨试运。现代商船有限公司将提供商船，把煤炭运至韩国国有钢铁公司POSCO。这将是首个此类俄罗斯—朝鲜—韩国合作工业项目。

该项目符合朴槿惠总统提出的“欧亚倡议”，倡议呼吁，通过公路、铁路互连互通，把欧亚大陆国家紧密团结起来，以实现她命名的从韩国经朝鲜、中国、俄罗斯到欧洲的“快捷丝路”。2014年初，朴槿惠宣布，如果朝韩之间可以实现和平统一，“朝鲜半岛好运”将摆在该地区和全世界面前。她说：“统一可以让韩国经济实现新的飞跃，并注入极大的活力和能量。”

当罗津港现代化改造项目完成后，连接铁路的港口可用作枢纽，通过铁路把货物从东亚远送到欧洲。韩国企业将可以把出口货物先船运至罗津，再通过俄罗斯铁路公司转运到其他地方。

讨论已久的项目——通过朝鲜连接韩国铁路与俄罗斯的西伯利亚大铁路再通往欧洲，“从釜山到鹿特丹”的项目也重回谈判桌——双方签署了关于铁路合作的备忘录，并同意把该项目作为一项长期投资进行研究——“通过发展建立和平”。和白令海峡隧道的建设一道，加上与之相连的近5000公里（3107英里）运输线路，朝鲜半岛铁路项目竣工后将使得火车从釜山运行至纽约成为可能，还将扩大朝鲜半岛与北美洲西部的贸易。

其他韩国与俄罗斯同意作为长期投资进行合作的项目包括，建设一条通过朝鲜连接韩国与俄罗斯的天然气管道以及开发北极航运线路以缩减亚洲和欧洲之间的航运距离和时间。

第五部分

南亚和中亚——从危机之弧到发展走廊

印度准备履行传统领导力

兰塔努·麦特拉

2014年9月

印度人口超过12亿，是世界第二人口大国，拥有得天独厚的区位优势，可以与中国和俄罗斯一起，为实现世界经济转型、促进全球科技和工业合作发挥至关重要的作用。尽管其实体基础设施（physical infrastructure）——特别是交通、电力和水——亟需现代化改造，但印度自1947年独立以来在科学、工程、农业方面已取得很大进步，接下来只要政治上作出决策就可以实现质的飞跃。

作为曾经的不结盟运动领袖，印度有两位杰出的具有全球视野的总理，他们为印度今天的发展铺平了道路。第一位是印度首任总理贾瓦哈拉尔·尼赫鲁，他初步奠定了印度强大科学和工业的基础。另一位是他的女儿英迪拉·甘地，20世纪七八十年代她领导全球发展中国家为建立世界经济新秩序而斗争，为贫穷落后国家争取公平和技术转让大声疾呼。甘地夫人还领导了印度的农业革命，为该国实现粮食自给作出了不可替代的贡献。

1984年甘地夫人遇刺身亡后，不仅印度的国际地位总体下降，其年久失修的基础设施更是影响了经济发展。经过10年乏善可陈、固步自封的经济政策（由受训于国际货币基金组织和世界银行的经济学家们牵头制定），印度如今有了新的领导人——纳伦德拉·莫迪。与前任们不同，莫迪在2014年的竞选中郑重承诺：未来将进行大规模的基础设施建设，为工业、制造业和农业的快速发展铺平道路，同时为印度青年创造数百万个就业机会。他的竞选口号巧妙地迎合了数亿渴望参与国家建设、为自己和后代创造美好未来的印度青年的梦想，从而令他在2014年5月的大选中大获全胜，也给了他兑现竞选承诺的机会。

印度新任总理纳伦德拉·莫迪在选举前。

莫迪知道，要兑现竞选承诺并不轻松。往届政府的政策失误不仅使经济受损，还使负责政策执行的政府部门腐败严重。另外，2008 年以来的全球经济下行也令欧洲和日本的潜在投资者损失惨重。对莫迪有利的因素有两个：一是印度独立以来建立起来的雄厚经济基础，二是莫迪与其他金砖国家在力争打破货币主义的束缚上目标一致。

一、尼赫鲁的贡献

印度独立之初，首任总理尼赫鲁就采取了几项明智措施。其中之一是大力发展尖端科技，奠定本国工业和制造业的基础。尼赫鲁十分清楚印度发展实体经济以及进行基础设施建设的重要性。从一开始，他就意识到，为了今天和下一代印度人民的未来，印度必须摆脱英国体制下的苦力经济，掌握尖端技术。

在一些优秀的爱国科学家——最著名的是霍米·巴巴（Homi Bhabha）博士和香提·斯瓦鲁普·巴特纳格尔（Shanti Swarup Bhatnagar）教授——的帮助下，尼赫鲁着手为印度科学，特别是核科学，奠定基础。早在 1945 年，巴巴博士就已开始核科学的基础研究，印度在此基础上于 1954 年在特朗贝成立了原子能委员会（1966 年，巴巴博士在赴维也纳参加国际原子能组织会议途中去世，死因不明。为纪念他，该委员会于 1967 年更名为巴巴原子研究中心），目的在于发展独立自主的原子能项目，最终实现印度电力的自给自足。50 年代末，巴巴博士制定了一个包括三个阶段的原子项目发展计划，并沿用至今。目前，印度的原子能设施即将进入第二阶段，即使用增殖反应堆的阶段。进入第三阶段后，印度的核项目将完全使用本国储量丰富的钍作燃料。按计划，一座由印度自行开发的 300 兆瓦钍燃料实验型核反应堆将于 2015 年 3 月在南部的卡培坎（Kalpakkam）核电站建成投产。

印度核工业之父霍米·巴巴（右）与印度第一任总理贾瓦哈拉尔·尼赫鲁。尼赫鲁致力于提高本国科学水平。

由于多种原因，如数十年来发达国家一致阻挠印度进口核设备或原料，以及印度领导人——尤其近 30 年的印度掌权者——未能认识到巴巴博士实现能源自给理想的重要性，印度的原子能设施在降低该国电力缺口方面的贡献不大。但经过核科学家数十年的深入研究，印度原子科学在很多方面已位居世界前列，已踏入这一无限能源的应用之门。未来几年，印度在原子能领域的成功将为该国工业和制造业的腾飞奠定基础。莫迪总理需要抓住时机。

印度建设以科技为基础的工农业强国的理想始于 1958 年颁布的《科学政策决议》。该决议简要制定了新德里发展科学的规划，被视为印度科技的“大宪章”[①]。决议指出，国家繁荣的关键在于工业化，其中技术、原料和资本的作用不容忽视，而“技术只来自于科学研究及其应用”。另外，决议注意到 20 世纪科学发展速度加快，提出“对于印度这样一个拥有深厚学术传统、原创精神和文化传统的伟大国家而言，理所当然应该积极投入科学研究这一人类最了不起的事业。”

印度发展科学的另一重要举措是 1969 年成立印度太空研究组织（ISRO），开始太空领域的研究。尽管财政紧张、基础设施落后，印度的太空项目却进展顺利，已开发出一大批可用于工业生产的新技术和新材料，衍生产品包括聚氨酯假足、自动气象站、压力传感器等数百种之多。另外，还培养了一大批位居太空技术前沿的科学家和技术人员。

1975 年，印度太空研究组织的第一颗卫星“阿耶波多”号由前苏联发射；1980 年，“罗希尼”号升空，这是首颗由印度自行研制的火箭（卫星发射火箭 3 号）送入轨道的卫星。印度太空研究组织随后研制了另外两型火箭——极地卫星运载火箭（PSLV）和地球同步太空发射火箭 (GSLV)。利用这些火箭印度发射了通信卫星、地球观测卫星及 2008 年的“月船一号”绕月卫星。2008 年 11 月 14 日，月球撞击探测器与“月船一号”轨道分离并成功在月球南极登陆，使印度成为第四个将国旗插上月球的国家。此次探测器撞击位置接近沙克尔顿火山口，带回了可用于月球液态冰存在研究的月球地下土壤。

印度的第一次星际探测任务至今已历时 300 天。2013 年 11 月 5 日使用 PSLV-C25 型火箭发射的火星轨道飞行器，设计以椭圆形轨道绕火星飞行。印度太空研究组织计划 2015 年将两名宇航员送入轨道。

印度的太空项目预计将得到现政府的大力支持，因为莫迪总理本人就是印度太空项目的狂热支持者，曾建议印度为其南亚邻国发射卫星。此外，印度的太空项目催生出的火箭也成为印军防御和进攻武器系统的中坚力量。

---

① 1215 年由英王约翰签署，保障英格兰公民的政治和法律权利，常被视作现代英格兰法律的基础。——译注

印度的核聚变项目也令人瞩目。该项目开始于1989年，印度第一个托卡马克装置“阿迪蒂亚”在甘地纳加尔等离子研究院投入使用。该装置由印度自行设计并完成主要建造工作，已经过数次改造升级。如今，印度科学家们正朝下一阶段前进——建造和运行定态托卡马克装置，该装置将采用超导磁体产生3特斯拉的磁场，从而使核聚变的商业开发成为可能。

同时，印度还在为国际热核实验反应堆制造9个大型部件，占该项目总量的十分之一。最大的低温恒温器是个10层楼房大小的3800吨压力舱，将分片被运往位于法国的国际热核实验反应堆。

二、甘地夫人战胜饥荒

这些成绩令人称道，但印度在尽最大可能提高能流密度的同时却忽视了基础设施建设。由于这一失误，印度的发电量严重不足，而且无力管理每年13个星期的季风带来的丰沛雨水，导致河流泛滥，淹没城市平原。为此，60年代中期还发生一次大饥荒。

在时任总理英迪拉·甘地和两名育种家——小麦育种家诺曼·博洛格（Norman Borlaug）和稻米育种家斯瓦米纳坦（M. S. Swaminathan）——的指导下，印度政府成立了后勤机构，鼓励种植高产作物品种。20年间，印度通过引入高产品种、适当施肥和灌溉，已从缺粮国一跃成为粮食盈余国。这对于印度保持政治独立至关重要，譬如最近该国拒绝在食品安全项目上向世界贸易组织低头。农业领域的巨大进步为印度在其他领域的快速发展提供了可能。

可事实并非如此。由于近20年印度农业没有得到足够重视，其潜力远未发挥出来。在过去的四十年里，由于印度没有将丰水河流的盈余水量水调入贫水河流，致使印度的农业产量远远低于日本、中国和韩国，其农业生产仍严重依赖每年的季风雨水。

三、重型机械强国

尽管受制于基础设施薄弱和年久失修，印度的工农业在过去十余年中仍获得较快发展。它从50年代奠定基础、发展至今的重型机械能力，它从原子能和太空项目中体现出来的技术实力，以及它自给自足的粮食生产能力，都使印度做好了快速发展的准备。

印度的重型机械水平体现在燃煤发电厂设备的生产能力上。自独立以来，印度已经建造了约3,200个大中型水坝，制造了用于加压重水反应堆和快中子增殖反应堆的不锈钢堆芯容器。印度还准备为威斯汀豪斯AP1000型反应堆生产零部件模型，并拟与俄罗斯核电建设出口公司（Atomstroyexport）在泰米尔纳德邦的库丹库拉姆合作生产四个轻水反应堆的零部件。印度还与通用日立公司签署协议，进行核电站全部项目的建设，包括为第三代反应堆——先进沸水反应堆提供设备和系统、阀门、电气和仪表产品。

印度的巴拉特锻造有限公司是从事零部件锻造和制造的最大、最先进的跨国公司之一，据称为世界第二大锻造企业，目前正向电力领域迈进。2008年，巴拉特锻造公司与法国跨国公司阿尔斯通合作成立合资公司，主要生产高质量的超临界发电厂设备，当然也可能拓展至核应用领域。2009年1月，巴拉特锻造公司与法国核技术企业阿海珐签署备忘录，计划成立合资公司为国内外市场生产核零部件。

这些生产能力并非凭空而来。印度在很久以前就开始发展设备制造业。目前印度拥有约450家从事机器或机器零部件制造的企业，其中150家是公共企业。印度机器制造总量的73%由10家大公司完成。制造业直接或间接雇用的工人（包括熟练工人和非熟练工人）总数达65,000人。

印度的造船业和国防工业也在蓬勃发展。印度共有37家造船厂，其中最主要的四家隶属于公共部门，能够建造载重吨位达50,000吨的船舶。在国防领域，印度海军计划在未来10—15年内使舰艇总数达到150艘，其中50艘正在修造，另外100艘计划通过军购方式获得。

四、基础设施需求

正如我们之前反复提到的，阻碍印度快速发展的原因是缺乏现代化的水、电和交通基础设施。这些基础设施不仅有利于本国经济发展，还能与“一带一路”和海上丝绸之路实现有效连接。实际上，EIR杂志在其30多年前的一份名为《印度：2020 年的农工超级大国》的研究报告中就已经指出，基础设施的现代化是印度填补其经济漏洞的最关键环节。

以下是 EIR 提出一些主要发展走廊项目，它们不仅对印度实现快速发展十分关键，也有助于该地区的整体发展。

1. 东北经济走廊，即一条从缅甸边界经印度边界中部城市丹加瑞（印度）和塔木（印度），西南至加尔各答，东至巴特那的高速铁路。印度正在东部的曼尼普尔邦修建吉里巴姆—英帕尔—莫雷赫铁路，在缅甸境内修建塔木—卡雷伊—塞盖伊铁路。东北交通走廊需要与前者相连。

这条经济走廊——也可被昆明—加尔各答公路替代——将拓宽丝绸之路从云南至加尔各答的这一段，成为该地区发展的重要支撑。

东北经济走廊需要电力。布拉马普特拉河流域水资源丰富，但该地区也需要核电。修建若干核电站可以解决该地区工农业、教育、医疗及重型机械制造业的用电问题。

印度——建议修建的高速铁路、经济走廊、沿海核能淡化厂；图例：海水淡化厂：小型核电站（50—75 兆瓦），成群修建可至少发电 300MLD；高速铁路（建议）；经济走廊（建议）。

2. 加尔各答—德里高速交通走廊和经济走廊。该项目正与日本磋商。日方已就开建德里—孟买段高速铁路（子弹头）开展前期工作，新德里方面也已开始该段经济走廊项目的征地工作（征用经济走廊两侧 50 英里宽的土地）。加尔各答—德里段 900 公里长的经济走廊也需要进行类似征地工作。

3. 印度未来需要另外两条高速交通线和经济走廊：从加尔各答至海德拉巴以及从海德拉巴至金奈（马德拉斯）。沿这两条经济走廊，需要建设装机容量 15,000—20,000 兆瓦的核电站。另外，为解决水资源短缺问题，需要重启老的半岛河流连通计划。

4. 印度有两大河流群。喜马拉雅河流群，如恒河、亚穆纳河（Yamuna）及其支流，都发源于喜马拉雅山脉且流经北部平原。另外一组被称为半岛河流群，发源于印度西部的高止山脉。这一组河流因其水源仅为雨水，其水量随季节变化波动很大。它们流经陡峭的山谷。主要的半岛河流，如默哈纳迪河（Mahanadi）、戈达瓦里河（Godavari）、克里须那河（Krishna）和考韦利河（Cauvery），向东流经高原汇入孟加拉湾。流向西（原文 flow eastwards 似有误）面的有纳尔马达河（Narmada）和达布蒂河（Tapti）。前者发源于中央邦的阿马尔马恩塔克高原，流入阿拉伯海的坎贝湾。

为使这些经济走廊有好的收益，需要建设远距离河水连通工程，将丰水河流的盈余水量调到贫水河流。默哈纳迪河—戈达瓦里河—克里须那河—本内尔河（Pennar）—考韦利河连通工程是整个工程四部分中的一部分。在半岛河流中，默哈纳迪河和戈达瓦里河的水量在满足目前和已知将来需求的情况下仍有盈余。因此应将两条河流的盈余水量调到缺水的克里须那河、本内尔河和考韦利河。为此开凿的运河水渠系统或许将不能满足两条经济走廊的整体需求。

因为这两条经济走廊距印度东海岸不远，水资源缺口可以用海水淡化方式解决。此法可持久提供淡水资源。印度已开始考虑使用核能进行海水淡化处理。在卡培坎已建成一座实验性海水淡化厂，利用核废热进行多级闪蒸每天可以生产 4500 立方米淡水。据专家介绍，将此类工厂的规模扩大 10 倍没有任何困难。巴巴原子研究中心已对两种海水淡化法——反渗透法和多级闪蒸法——进行了试验。

把高科技发展带入南亚

兰塔努·麦特拉

2014年9月

本文讨论的南亚国家——孟加拉国、尼泊尔和巴基斯坦——不仅彼此之间联系紧密而且都与中国关系密切。这三个国家都属极不发达国家，且因某些原因（本文不予讨论）缺乏必要的资金，难以凭借自身力量发展经济。它们多年的发展并未造就相当一批有创造力的人才。事实上，南亚三国的经济发展速度甚至赶不上其人口自然增长的速度，使得越来越多的人民陷入贫困，看不到未来的希望。

与此同时，亚太地区主要经济强国——中国、日本、韩国和印度部分地区——已经开发并掌握了能够让南亚三国在未来30年克服经济困难的技术。但这要求三国实现铁路互联，发展高能流密度电力，让上亿期盼已久的人民获得食物、水、电和教育。本文将探讨如何以最小的代价实现以上目标。

我们将按由东向西的顺序介绍这一地区情况，重点关注有望与欧亚大陆桥的南部分支实现互联的地方。

一、孟加拉国

孟加拉国人口约有1.65亿，是世界上人口最密集的国家。其南部的孟加拉湾入海口处河流密集，也是该国人口密度最大的地方。来自孟加拉湾的飓风偶尔给该地区带来极大破坏。孟加拉国的陆地国土三面与印度相连，东边和北边分别与缅甸和尼泊尔相邻。

孟加拉国未来发展的关键是实现与亚太地区的互联互通。以下项目对孟经济发展并融入亚太整体发展都十分必要。

1. 并入东西交通走廊的两条工农业经济走廊。一条从塔古尔冈县至迈门辛县，另一条从迈门辛县至西南方向的纳拉扬甘杰市。

2. 孟加拉国需建三条高速铁路及两条连接线——一条连接尼泊尔（赛德普尔—比拉德纳加尔），另一条通向印度（孟东部城市杰索尔——加尔各答）。三条高铁包括：西北部的塔古尔冈县至首都达卡，达卡至东南部港口城市吉大港，以及达卡至杰索尔。

3. 电力：孟加拉国正在建设两座1000兆瓦核电站，一座位于帕德玛河畔的卢普尔，另一座靠近贾木娜河与帕德玛河交汇处。这两座电站反应堆都由俄罗斯国家原子能公司承建，第一座100兆瓦反应堆将于2018年投入使用。

孟加拉国的装机发电能力仅有约8500兆瓦，电力供应严重不足。已知的石油和煤储量极少，可开采的天然气储量据估算为16.36万亿立方英尺。未来有可能发现新的天然气储量，但如果天然气消耗量上升至每日40亿—50亿立方英尺(未来数年内极有可能)，已知天然气储量将仅能支撑8—10年。

孟加拉国亟需建设一大批核电站。数十年前孟建有一座研究用反应堆，培养了相当数量的技术人员。但要发展核电，需要大力推动核工程技术。眼下急需的是满足工农业设备的生产需求。这需要教育投入：建立更多的工程机械院校、农业大学以及全面的中大型机械能力。建设一批核电站不仅可以服务两条工农业经济走廊，还能提供电力、医疗、教育、中小型工业并支持农业生产。

孟加拉国水资源丰富，耕地肥沃，除了满足本国日益增长的人口的粮食需求，还能成为世界粮食主要出口国。但这需要对其农业领域进行有效管理，包括利用高能流密度核电生产肥料，成立高产作物种子研究中心，发展农业机械化以及加强对收获后农产品的保护等。因气候原因，孟加拉国需要大规模冷藏能力。

4. 另外，孟加拉国需要在北面与昆明—加尔各答公路（连接中印两国）相连，成为大欧亚经济走廊的一条支线。

昆明倡议，即后来的孟中印缅论坛（BCIM Forum），计划将中国云南省昆明市与印度加尔各答连接起来。未来还计划进一步将其延伸至位于印缅东北边境地区曼尼普尔邦境内的莫雷赫—塔木线，再向东跨过缅甸的钦敦江至卡里瓦（Kalewa）。这将成为一条南北走向、连接中缅孟印四国、全长约2100英里的公路。

它从加尔各答出发，蜿蜒穿过庞苏口岸(Phangsu Pass)至阿萨姆邦的利多(Ledo)，再到缅甸密支那，最后到达中国云南省昆明市。利多—密支那段的道路十分艰难。

二、尼泊尔

尼泊尔是南亚最不平静的国家之一，曾经是稻米富余国。多年的发展不力、人口增长和政治动荡使这个国家变为稻米进口国。要扭转此局面，并使这个位于中印间的小国保持稳定，必须建设两大工程，从而将使尼泊尔人口集中的东部地区与人口稀少（全国人口约2900万，西部仅有300多万）、缺粮挨饿的西部地区联系起来，并使尼泊尔成为亚太发展规划的一部分。

1. 修建两条高速铁路

一条自东部的比拉特纳加尔至加德满都，另一条自加德满都经尼泊尔根杰(Nepalganj)至丹加地（Dhangadhi）。

尼泊尔是个内陆国家，缺少铁路交通体系。仅有的两条短途窄轨铁路线（宽762毫米或2英尺6英寸），拉克索(Raxaul)—阿姆莱克根杰线（Amlekhaganj）和杰伊纳格尔(Jayanagar)—贾纳克布尔(Janakpur)—比加尔普拉线（Bijalpura），还是1927年由当时统治尼泊尔的拉纳家族修建的。阿姆莱克根杰线于上世纪60年代被关闭。其中长约6公里的一段被用于自印度拉克索至集装箱内陆港比尔根杰(Birganj)的宽轨铁路线（宽5英尺6英寸）。

尼泊尔还需要修建一条南北走向、与孟加拉国（赛德普尔附近）相连的铁路，以及两条与印度联系的铁路：一条由尼泊尔根杰（尼泊尔）至勒克瑙（印度），另一条先从加德满都至比尔根杰（两个尼泊尔城市），再经巴特那至加尔各答（两个印度城市）。

2. 河水治理工程

包括西部的格尔纳利河、西拉普提河和南部河流西侧部分以及东部的卡马拉河、巴格马蒂河和南部河流东侧部分。需要修建复杂的沟渠对可耕土地进行灌溉。

3. 修建工农且综合区

在尼泊尔南部修建两个工农业综合区，东西走向宽约25—50英里。

4. 电力

尼泊尔拥有近 45,000 兆瓦的水利发电潜力，目前开发不足 900 兆瓦。反对者声称水电开发只会方便印度购买和使用尼泊尔的电力。除开发水电之外，尼泊尔还必须立即着手发展核电项目。可以建造发电量 4,000 兆瓦的核电厂，除了为工农业综合区提供电力，还能为中小企业培训员工以及为当地居民提供医疗服务。

利用这种高能流密度能源需要在工农业各领域培训人才，如生产肥料，使用必要设备提高农业产量，培育高产作物种子等，在尼泊尔掀起一场绿色革命。

三、巴基斯坦

巴基斯坦经济曾经较为稳固。现在的巴基斯坦经济已达危机状态，需要立即采取措施。以下是需要建设的一些工程项目。

1. 发电厂

未来十年，巴基斯坦至少还需要 30,000 兆瓦的电量。现在，这个国家饱受电力短缺之苦，其 1.85 亿人口的发电装机容量只有 14,000 兆瓦。预计未来较长时间——如 30 年（这是我们评估南亚需求时采用的时间段），它的用电量将大大增加。这样大的用电缺口只能通过建设核电站解决。核电站的选址应该立足于满足工农业和交通走廊需求，以及促进中小型企业、教育和医疗事业发展。

2. 海水淡化厂

在信德省和俾路支省沿海地区建造利用核废热进行海水淡化处理的大型工厂，同时在旁遮普省和开伯尔—普核图赫瓦省建造咸水淡化厂。

3. 铁路

除对现有铁路线进行彻底改造外，巴基斯坦还需另外修建东西走向铁路，东面连接印度，西面连接伊朗。同时，中国已提议修建一条南北走向的铁路。由两家中国大公司——中国铁路总公司(CREC)和中电国际技术股份公司(Sinotec)——组成的财团提出修建具有战略意义的瓜达尔港—红其拉甫铁路，建成后将从中国的新疆直达巴基斯坦的瓜达尔港。新疆发展与改革委员会将这条铁路称作“一带一路”经济带的南线。

一旦这条“一带一路”南线铁路建成，将给中巴两国带来实惠。铁路走廊将连接中国新疆的喀什与巴基斯坦的瓜达尔港，该港口位于阿拉伯海，距霍尔木兹海峡和伊朗近在咫尺。这条铁路将由北到南横跨巴基斯坦全境，穿过该国心脏地带。全长将接近 1800 公里或 1125 英里。围绕这条铁路修建的管道和公路将进一步提高其经济效益。但这一工程在技术上极具挑战性。它必须穿越帕米尔高原和喀喇昆仑山脉，除了修建和维护困难，预计建造的成本也极其高昂。但经济上的回报也很大。

4. 经济走廊

修建铁路能够使巴基斯坦向北与中国和中亚各国相连，向东与阿富汗、伊朗、西南亚、印度和东南亚相连，这对双方都有利。为使这条交通走廊的收益最大化，巴基斯坦至少需要沿铁路线发展两条经济走廊——每条长约 150—200 英里，宽约 50 英里。其中一条连接旁遮普省、开伯尔—普核图赫瓦省和一些北部区域联系起来，另一条则连接信德省和俾路支省。这两条经济走廊的建设需以交通走廊和发电厂为中心。

延伸阅读

“巴基斯坦被忽略的基础设施——快速发展的障碍”，EIR，1990 年 4 月 27 日。

“巴基斯坦必须改变水资源政策：是时候结束数十年的自满了”，EIR，1999 年 3 月 19 日。

中亚：终结地缘政治

兰塔努·麦特拉

2014 年 10 月

中亚位于丝绸之路的中间，处在不稳定弧的中心位置——衰弱的大英帝国采取的欧亚地缘冲突战略的目标地带。“不稳定弧”这个名字，是布热津斯基（Zbigniew Brzezinski）在上世纪 70 年代从英国情报官员伯纳德·刘易斯（Bernard Lewis）的概念中创造出来的，用来指从埃及到中亚再到印度次大陆的一大片地区，以及发生在该地区的类似 19 世纪英国帝国主义大博弈的权力争斗。因为这个原因，如今中亚，与西南亚和非洲一样，成为世界共同努力维持和平、进行重建的首要地区。

中亚的地形本身就是个挑战，这里有世界最高的山脉、古老的沙漠、萎缩的咸海。但最大的挑战还是致命的地缘政治传统。

如果中亚能克服地缘政治，那么任何地方都能克服地缘政治。

我们正处在一个重要时刻。2015 年初以前，美国军队将要从阿富汗撤出，结束长达 12 年的北约行动，这一行动具有教科书般的“大博弈”破坏性特点。这个拥有 3100 万人口的国家如今满目疮痍。由于 19 世纪英国东印度公司长期采取的鸦片政策，今天的阿富汗生产了占全球产量 90% 的罂粟以及大量大麻。该国的罂粟种植面积已从 2001 年的 8,000 公顷（约 18,760 英亩）上升至 2013 年的 209,000 公顷（516,230 英亩）。

毒品问题影响的不仅仅是阿富汗。中亚整个地区不仅是毒品进入俄罗斯和欧洲的通道，而且还活跃着大量从事毒品和武器走私的恐怖组织，使该地区因贫穷落后而导致的紧张局面更为恶化。

俄罗斯联邦毒品控制中心主任维克多·伊凡诺夫 (Victor Ivanov) 呼吁开展国际合作，在阿富汗及整个中亚地区倡导一个名为全面“替代发展”的规划，以结束毒品保护的“全球危机”。为实现这一规划，俄罗斯方面拟定了一个“崩溃工业化”(crash industrialization) 方案，准备 2014 年 6 月在索契举行的八国会议上提出。但会议遭到伦敦和奥巴马政府的抵制。现在，欧亚金砖国家——俄罗斯、中国、印度——正自己牵头支持中亚发展。

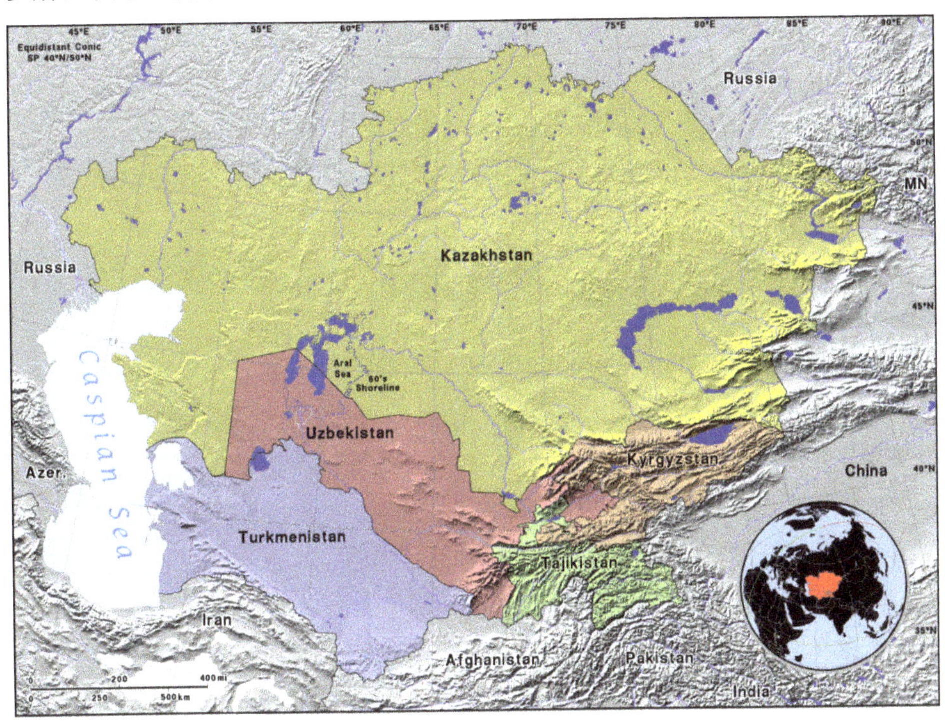

图 1　中亚——政治疆界和地形

地图上除里海之外的水体用深蓝色标示。哈萨克斯坦和乌兹别克斯坦西北部有咸海遗迹。

金砖国家发展中亚（图 1）的决心可以从选择宣布丝绸之路经济带（SREB）的地点中体现出来——2013 年 9 月 7 日，中国国家主席习近平在哈萨克斯坦首都阿斯塔纳的纳扎尔巴耶夫大学正式宣布该计划。作为这一趋势的最新表现，2014 年 10 月 28—31 日，阿富汗新总统阿什拉夫·加尼·艾哈迈德扎伊（Ashraf Ghani Ahmadzai）在北京访问期间，表示阿富汗将积极参与丝绸之路经济带建设；

包括李克强总理在内的中国领导人随即宣布了中国帮助阿富汗和地区重建的具体措施。中国驻阿富汗大使邓喜军10月28日接受中国中央电视台采访时表示，“过去13年中，中国政府给予了阿富汗巨大援助，帮助维护和平和进行重建。中国的援助主要集中在那些改善人民生活的项目上，如教育、医疗、水资源探测等”，未来还将提供更多援助。

2001年成立的上海合作组织（成员包括中国、哈萨克斯坦、吉尔吉斯斯坦、俄罗斯、塔吉克斯坦和乌兹别克斯坦）也通过扶持经济发展的方式维护中亚地区安全。2014年9月12日举行的上合组织领导人峰会上，中国国家主席习近平提出，将阿富汗、印度、伊朗、蒙古和巴基斯坦等上合组织观察员国吸收成为正式会员国。只有通过这种积极的发展视角才能审视中亚地区发展中的主要积极和消极因素。

一、经济地理

中亚现有人口9760万人，其中处于中央的四个国家的人口加起来共4790万——吉尔吉斯斯坦（560万）、塔吉克斯坦（820万）、土库曼斯坦（520万）、乌兹别克斯坦（2,890万）——另外哈萨克斯坦及阿富汗分别为1,790万和3,180万。除阿富汗外，其他国家都是前苏联中南部的加盟共和国；20世纪90年代初独立后，原苏联的行政疆界变成彼此之间的国家疆界。

如图1所示，该地区的地形包括了东部雄伟的山脉（如阿莱山脉、天山山脉和帕米尔高原），向西是有大片沙漠平原的咸海盆地和里海。这里有世界上最高的山峰，包括塔吉克斯坦境内海拔7595米（24590英尺）的伊斯梅尔·索莫尼峰。

两大河流体系——阿姆河和锡尔河——发源于这些高山地带，向西流入咸海。这些河流的水源包括高原降雨、降雪和冰川融化；但高原太高也挡住了由东南方向来的季风气流可能带来的降水。除吉尔吉斯斯坦之外，各地都十分缺水。而棉花单一栽培的产业结构更加剧了该地区的缺水现象。中亚棉花种植源于美国内战时期的棉花价格飞涨（当时棉花王国被逐出市场），这一趋势在苏联时期及以后更为加强。由于种植棉花用水量很大，大大减少了该地区河流汇入咸海的水量，使得咸海的水量从1975年起减少了75%之多。

中亚的矿产和化石燃料资源意义重大。中亚西部地区的地下沉积岩层蕴藏着丰富的石油和天然气。哈萨克斯坦和其他地方的山间盆地拥有煤资源。除此之外，中亚还发现了铁矿石、黄金、铀等矿产资源，其中不少正在开采之中。

人类在中亚繁衍生息的历史已超过2500年，人口大多数集中在东南部山麓及沿河谷地带。主要的经济活动是农业和矿业，但除哈萨克斯坦之外的大多数国家都极其贫困。如今，新发展走廊的建立将带来水、耕地、电力等新的人造自然资源，中亚地区的发展将掀开新的篇章。

二、铁路走廊和互联互通

中亚以及中国的新疆自治区是欧亚大陆桥交通中心，地位独特。曾经的古丝绸之路中途停驻地现在都成为传奇中的名字——例如乌兹别克斯坦的撒马尔罕和塔什干，中国的西安。新的跨欧亚铁路走廊的开通，有望催生一批新兴城市。面临的挑战包括：修建服务国家发展的铁路网和新定居点网络，促进地区的整体发展而不仅满足于充当“临时停驻站”，以及服务交通运输和区外贸易。

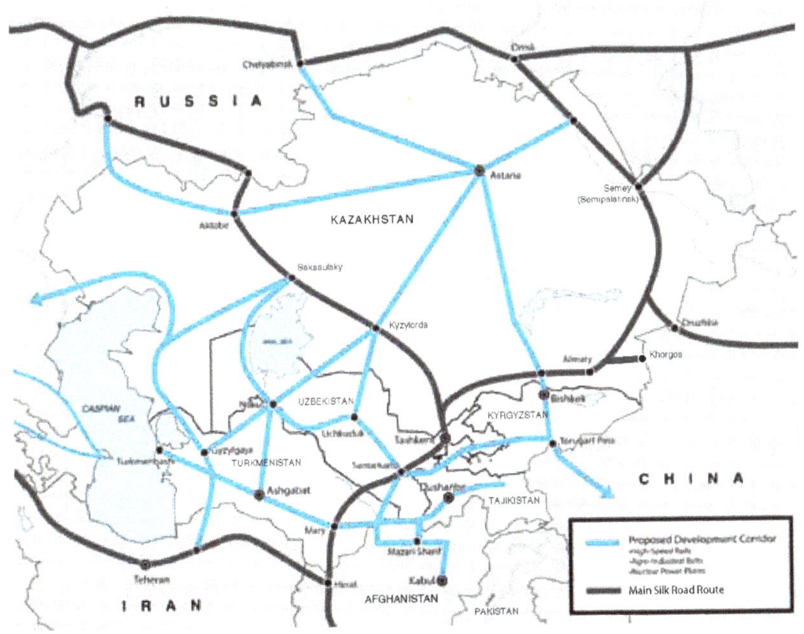

图2　中亚丝绸之路已有的铁路主干线和提议或在建中的地区发展走廊

这种观点在图 2 中得到了清楚的展示。黑色线条表示的是欧亚大陆桥的主干线。地图顶端的西伯利亚铁路（TSR）横跨俄罗斯，经车里雅宾斯克和鄂木斯克。从西伯利亚铁路分出来的一条铁路线，由西北到东南方向穿越哈萨克斯坦，经阿克托比 (Aktobe)、Saksaulsky 和克孜勒奥尔达 (Kyzylorda)，抵达塔什干，再由此向南经土库曼斯坦的马雷（Mary）抵达阿富汗的赫拉特（Heart），然后再到阿拉伯海岸；或者从塔什干至阿拉木图（哈萨克斯坦原首都），再到中国新疆。

从鄂木斯克还有另一条干线从西伯利亚铁路向南，经哈萨克斯坦东部的塞米伊（原名塞米巴拉金丝克），再经德鲁日巴口岸到达中国；或者向南经阿拉木图，穿过中亚腹地向南亚延伸。

蓝色线条显示的是其他几条提议或规划中的线路，其中有些已在修建当中，它们体现了发展走廊的未来，包括高速运输、工农业带、大型核电站和水淡化处理厂等。

已有几个新的铁路工程作为交通发展倡议被提出来，目前需要的是在这个欧亚心脏地带构建一套联合协调发展的体系。就连轨道标准的统一都有问题，但这能够克服。因中亚铁路修建于沙俄和苏联时期，轨道宽度为 1,520 毫米，而大多数邻国都使用标准的 1,435 毫米轨道。巴基斯坦使用的是与印度相同的 1,676 毫米宽轨。这样导致的结果是，火车从伊朗到土库曼斯坦，或从中国到哈萨克斯坦，或进入巴基斯坦，都必须更换转向架，或者乘客和货物必须转移到新的车厢才行。新建或预期的中亚铁路线主要有以下几条。

1. 南北方向

土库曼斯坦和哈萨克斯坦已开始修建连接两国油气资源丰富的里海地区的直通铁路，可以直通伊朗，不必象从前一样从乌兹别克斯坦绕行。此为项目的第一阶段，计划在 2014 年冬完成南北长 1,520 公里（945 英里）的铁路走廊，从而实现哈萨克斯坦、土库曼斯坦和伊朗之间的连接。该条铁路也是新的连接印度与俄罗斯的南北国际海陆交通走廊的主体部分。伊朗境内，目前正修建几条连接线，从土库曼斯坦边境到伊朗铁路网接入点戈尔贡（Gorgon），再通往海边。

2011 年，乌兹别克斯坦国有铁路公司 UTY 完成了一条从乌兹别克斯坦进入阿富汗的短途但十分重要的新铁路线。这条长 75 公里（47 英里）的铁路连接乌阿边境的海拉坦和古里马尔（Gur-e Mar）——位于阿富汗北部的第二大城市马扎里沙里夫(Mazar-i-Sharif)郊外。这条新线路在运输商品和人道主义援助方面非常重要。以前，这些物资必须通过卡车运至边境地区。

2. 东西方向

哈萨克斯坦在2013年底修建了一条长293公里（183英里）的铁路，从热特根（Zhetygen）至中哈边境的霍尔果斯，将其与国家铁路网相连接，并由此开辟了第二条从其领土穿过的中欧交通线。这样，装载各种货物的火车只需15天就能从中国西南的重庆行驶10,800公里到达德国鲁尔工业区的杜伊斯堡。霍尔果斯中哈边境口岸正在迅速发展之中。

中国正计划修建一条铁路，从新疆西部的喀什，经山区进入吉尔吉斯斯坦（由伊尔克什坦口岸进入阿利亚山谷）和塔吉克斯坦（拉什特山谷），进入阿富汗（穿过其西部城市赫拉特），再入伊朗境内，再向西延伸。这样将开辟另一条丝绸之路经济带的支线。

2013年3月，塔吉克斯坦、阿富汗和土库曼斯坦达成协议，共同修建一条长160公里（99.4英里）的铁路，穿过阿富汗北部边境地区，开通后将成为塔吉克斯坦第一条连接欧亚铁路干线的铁路。（图6，本章附录）

3. 国内铁路线

乌兹别克斯坦正在扩建其国内铁路线，为的就是不再使用途经邻国的原苏联线路。新乌兹别克铁路工程将该国最西部地区与位于东部的首都塔什干直接相连。之前，铁路线必须绕行土库曼斯坦。此外，乌兹别克斯坦正在打通本国其他地区经凯姆切克山口与人口密集的费尔干纳谷地的联系，避免再经过塔吉克斯坦境内。

塔吉克斯坦和吉尔吉斯斯坦国内铁路线极少。塔吉克斯坦铁路长度仅有680公里（420英里），全部使用宽1,520毫米的宽轨。其铁路系统连接该国西部主要城市与乌兹别克斯坦和土库曼斯坦，并很快实现与阿富汗的联系。吉尔吉斯斯坦则基本上“没有铁路”，整个国内加起来只有长约370公里（230英里）的1,520毫米宽轨铁路。

这种铁路建设的落后现象出现的原因是，苏联时期吉尔吉斯斯坦北部的Chuy山谷和南部的费尔干纳谷地均为中亚铁路系统的终点。独立后，先前不考虑行政区划而建的铁路突然间分属不同的国家。这些国家混乱的铁路线是需要首先处理的问题；本章附录中介绍了俄罗斯为解决该问题而提出的一套方案。

三、核能

对中亚而言，当务之急是通过核裂变方式大量发电，从而在里海沿岸及其他地区修建大规模海水淡化厂、废水回收和处理厂以及电气化铁路。

中亚中央的四个国家都没有已建成或在建的核电站。它们北面的哈萨克斯坦正积极考虑修建。以前，哈萨克斯坦拥有长时间运行的核设施，如核能海水淡化厂。1973 年，苏联在阿克套附近的里海上建成了一个实验性快中子增殖反应堆，一直运行到 1999 年关闭。2014 年 5 月 29 日，欧亚经济联盟谈判在阿斯塔纳结束当天，哈萨克斯坦原子能公司（Kazatomprom）与俄罗斯国家原子能集团公司（Rosatom）签署了备忘录，将在哈萨克斯坦东部的库尔恰托夫镇修建一座 300—1200 兆瓦核电站，使用俄罗斯的水冷式、水慢化 VVER 反应堆模型。这个历史悠久的小镇，以俄罗斯物理学家伊戈尔·库尔恰托夫（Igor Kurchatov）命名，在前苏联时期是个“封闭的”小镇，建有为附近的塞米巴拉金丝克（现名塞米伊）核武器试验场服务的科研机构。

乌兹别克斯坦拥有两座运行中的核研究反应堆。一座位于塔什干郊外的乌鲁格别克核物理研究院。除了反应堆（10 兆瓦 VVR-SM），该研究院还有两个回旋加速器、一套伽马源设备、一个中子发生器和一个放射化学中心。另一座研究用 20KWt（静止）脉波反应堆由其所有者 JSV Foton 运营。

在前苏联时期，乌兹别克斯坦提供了大量铀。纳沃伊采矿和冶金联合公司拥有 6 座原地浸矿山，9 座开发中的矿山，以及 5 处已探明的可开发沉积层。处理过的“黄饼”（半加工铀）被运往包括美国和韩国在内的多个国家。这些开采活动与装备可作为本地区大规模核电平台建设的前期准备。

中亚的能源现状是，一些地区依靠化石燃料发电而另一些地区使用前苏联遗留下来的大坝进行水力发电。

哈萨克斯坦是该地区最大的石油生产国，日产石油约 160 万桶，近 90% 用于出口。连接里海海岸油田和中国新疆的第一条输油管道长约 2,300 公里（1,429 英里），是世界上最长的输油管道之一。

土库曼斯坦有中亚已探明的最大天然气储量，在世界范围内也屈指可数，是该地区主要的天然气出口国。土库曼斯坦本国 4 吉瓦的发电量均来自天然气。紧邻的乌兹别克斯坦目前的天然气产量（每年600亿立方英尺）甚至超过了土库曼斯坦，但用于本国发电的就需要消耗85%，因此出口量并不多。事实上，乌兹别克斯坦扮演了土库曼斯坦天然气出口中国和俄罗斯的过境国的角色。2007—2010年，主要由中国出资修建了最初两条土—中（或中亚—中国）天然气管道，该输气管道从土库曼斯坦东南部的巴格得雷油田，途经乌兹别克斯坦和哈萨克斯坦，从霍尔果斯口岸进入中国境内，最后接入中国第二条东西天然气管道。第三条长约2,000公里（1,243英里）出口管道已于2014年6月投入使用，第四条管道也在规划之中。

塔吉克斯坦和吉尔吉斯斯坦境内缺乏油气资源，因此主要依靠水力发电，尽管有人认为塔吉克斯坦的伯格达（Bokhtar）地区石油和天然气储量十分可观。目前，一个关于建设“中亚—南亚”（CASA）输电线路的计划——CASA-1000已经成型，拟将夏季剩余电量由塔吉克斯坦和吉尔吉斯斯坦两国向南输送至巴基斯坦和阿富汗，线路总长为1,173公里（759英里）。该计划面临的反对声音和沿线暴力威胁不少，但技术上可行。

四、水电一体

中亚气候干旱，水资源缺乏，严重制约了该地区发展先进工农业。尽管有咸海盆地发生生态灾难的前例，但在经济发展的情况下，多方努力完全可以开辟“新”水源。如果世界“人工造雨”技术取得突破，中亚将是最先应用的地区（见本报告第二部分，水资源）。

中亚河流大多源于吉尔吉斯斯坦和塔吉克斯坦山区（少数源于阿富汗），流向下游的哈萨克斯坦、土库曼斯坦和乌兹别克斯坦，主要河流是阿姆河和锡尔河，还有其他流量较小的河流。简单来说，接近三分之二的水资源来自山区，但三分之二被下游消耗。

气候变化引发了对未来水源供应格局的担忧。例如，冰川正在缩小。根据大多数估计，从1957年到1980年，中亚冰川的面积减少了约19%。同期，吉尔吉斯斯坦伊赛克湖（Lake Issyk-Kul）周边的冰川缩小了约8%.

从技术上而言，中亚很多地区并不属于世界上最缺水的地区。例如，乌兹别克斯坦的人均可用水量几乎是欧洲主要农业国之一西班牙的两倍。因此，解决该地区用水问题要从使用方面着手，比如引入最高效的用水方法，或对用水的生产系统进行现代化改造（见本报告第六部分）。

现代水储存方法正引入土库曼斯坦，可将其推广开来。2013 年，土库曼斯坦开始修建 Turkmenkol——位于 Garashor 的在一片天然凹陷地上的人工湖。这个人工湖将收集附近的污水，净化后再重复使用。计划 2014 年还将修建 2 座同样的水库。

改善基础设施，减少水量损失的内容之一是恢复前苏联时期年久失修的灌溉系统。导致这一问题的重要原因是各国的疆界切断了之前建在阿姆河与伊尔河中游的前苏联中亚整体灌溉系统。

未来几十年，大规模的工业发展和人口自然增长将给该地区水资源供应带来极大压力。由于中亚地处内陆，海水淡化不是选项之一。但土库曼斯坦和哈萨克斯坦西部将可以在里海利用核能生产可观的饮用水。从近期来看，这种方法不能缓解因咸海干涸带来的环境干旱。例如，退化了的海滩已引发沙尘暴，这个问题必须解决。但核能才是未来水资源的关键。

前苏联在中亚地区的另一个遗产是水电一体化，河流上游国家的水电大坝发的电被输送到下游国家，满足其电力和用水需求。在共同的管理系统内这一系统运行相对顺利，通过地区电网分享能源。随着苏联的崩溃，各国疆界在突然横亘眼前，这一模式也戛然而止。现在，“上游”大坝的掌管者——吉尔吉斯斯坦和塔吉克斯坦，与水电缺乏的下游国家——乌兹别克斯坦和哈萨克斯坦，两者之间存在矛盾。尽管 1992 年的《阿拉木图协议》减少了“上游”国家的用水量，哈萨克斯坦正在力促成立中亚地区水委员会，目前需要的却是更多的水资源。

在整个中亚引入核电能够解决该地区因电力和水资源而引发的竞争和双输交易。另外，核电还能使天然气在发电之外开辟新的用途，从而起到为地区各国提升经济平台的作用。

一座大坝工程的故事说明了其中涉及的原则。自 1960 年开始，塔吉克斯坦境内阿姆河一条主要支流——瓦赫什河（Vakhsh River）上的罗贡坝就先后被提出、设计、部分建造，但并未建成。下游国家如今反对继续此工程，担心会导致河流水量减少，而塔吉克斯坦竭力想将此工程完成。根据最初规划，罗贡坝（高

335 米，世界最高大坝）是塔吉克斯坦与乌兹别克斯坦和土库曼斯坦两国进行水电交易的 3 座大坝之一。该大坝将为塔及其下游邻国提供电力，同时为邻国提供水资源。当因季节原因停止发电时，乌、土两国将用化石燃料发电补偿塔吉克斯坦[①]。其余两座大坝中的一座——努列克坝在苏联时期已经建成，但另一座——桑格图达 1 号坝直到 2008 年才建成运行。

五、工农业发展

西亚发展工农业的潜力巨大，其原有的轻、重制造业集中地区、新的城镇中心以及潜在的农田地区都可以用来发展工农业。

西亚盛产石油、天然气和工业原材料，但产地分布不均。东部的山麓和山间盆地蕴藏着铁矿石和煤、铜、铅、锌、锑、黄金等矿产资源。大型天然气田位于干旱的西部地区。

眼前的任务是大力发展工业基地。近期重工业主要集中在哈萨克斯坦东北部地区，靠近塔什干的天山山脉丘陵地带，以及吉尔吉斯斯坦境内等地。主要有钢铁制造、矿物加工、矿石冶炼和精炼、特种制造业（如专门用于陡峭田地作业的农具等）、食品加工和其他轻工业。

目前，西亚中央四国和哈萨克斯坦加起来的耕地面积有 3.06 亿公顷（7.56 亿英亩），将来在电力和水资源充沛的情况下还可以增加更多。根据哈萨克斯坦农业部数据，该国拥有 2.22 亿公顷（5.49 亿英亩）农田，其中大多数（1.89 亿公顷，占总数 85%）被用作牧场。只有 0.24 亿公顷（10%）被用作耕地，其中三分之二种植谷类，三分之一种植饲料。哈萨克斯坦是冬小麦出口国。

现有灌溉区的首要任务是升级硬件系统，不仅包括输水系统，而且包括精确灌溉和土壤排水等节水方法。同样重要的是从种植棉花转为种植用水量更少的作物，而且可以生产更多的水果、蔬菜，既提高了当地食物的营养多样性又可用于出口。另外，提高肉产量也很重要，不仅包括牛、山羊、绵羊，还包括家禽，后者能迅速提高产量。

---

① 伊莱·基恩，“解决塔吉克斯坦能源危机”，卡耐基国际和平基金会，2013 年 3 月 25 日，详细介绍了该计划安排。

六、费尔干纳盆地的挑战

费尔干纳盆地是世界主要农业中心之一，以中亚 5% 的土地养活了近 25% 的人口。除棉花外，该盆地也是整个中亚主要食品供应地，生产大米、小麦、水果、蔬菜。但由于争夺水、土地和政治原因，费尔干纳盆地纷争不断。唯一的解决办法在于欧亚大陆桥的整体改造。

费尔干纳盆地呈三角形，北面是天山，南面是吉萨—阿莱山脉。中间是个面积为 22,000 平方公里（8,500 平方英里）的平原，土地肥沃，又因位于纳伦河和卡拉河交汇处，水资源也很丰富。两条河流从东面穿过谷地，在纳曼干镇附近交汇形成锡尔河。

费尔干纳谷地人口密度超过 250 人 / 平方公里，与中亚地区平均 14 人 / 平方公里的人口密度形成鲜明对比。

现在的挑战是，由于前苏联在 20 世纪 20 年代实行的“民族主义政策”，塔吉克斯坦、吉尔吉斯斯坦和乌兹别克斯坦三国之间的边界错综复杂。另外，每个国家都有相当多的人口居住在费尔干纳盆地：30% 的塔吉克斯坦人、50% 的吉尔吉斯斯坦人以及 27% 的乌兹别克斯坦人。跨境冲突不断，大多数是为了争夺土地、水、其他自然资源以及前苏联时期有形资产（如沟渠、闸门、水泵）的所有权和管理权。边界从道路、果园、田地、水闸甚至私人家里穿过。

吉尔吉斯族、塔吉克族和乌兹别克族之间围绕领土纠纷会爆发周期性的暴力冲突，特别在人口稠密地区。20 世纪 90 年代，当这些新独立的国家开始对国有企业进行私有化改造时（整个中亚地区都进行了这种私有化），这些私人企业成为当地居民家庭唯一的收入来源，或至少是从事自给农业之地。当地农业由养牛业转变为自给农业。结果，个人小面积农田灌溉用水需求猛增，冲突也随之而来。

与此同时，当地的可用水量也在减少，这是由于前苏联的解体，导致当地配水管网——大多为开放式混凝土沟渠——因缺乏资金来源而年久失修。部分已破损严重，被当作废品卖掉。

丝绸之路经济带开通后，将使费尔干纳盆地成为发展走廊，给当地工农业带来数不清的发展机会，从而彻底改变这一地区的现状。

七、阿富汗的未来

阿富汗稳定的重要性不可低估。它不仅对3000万阿富汗人民至关重要，而且，只要看一下阿富汗的地理位置就知道，只有阿富汗稳定了，中亚、南亚部分地区甚至中国西部的安全才有保障。所有中亚国家都饱受阿富汗连续几十年战乱和成为毒品生产大国的影响——从它们与自1978年兴起的有很多塔吉克族和乌兹别克族参加的阿富汗北方联盟运动的关系，到阿富汗贩毒网络在中亚山区的猖獗。

过去35年连续的战乱给阿富汗造成了巨大的破坏，200万阿富汗人死于冲突。

阿富汗重建计划必须首先审视其基础设施的现状，包括基本的水、电、食品安全、交通及人力资源是否缺乏。首要的任务应该是制定一项全面发展计划，包括农业、工业、基础设施和能源工程。具体需求如下。

1. 农业

阿富汗的农业部门需要发展大宗货物运输能力，最好是建一个铁路网。阿富汗崎岖不平的道路条件决定了最初的运输网络必须以公路为主。但该国南部的Dasht-e-Khash、Dasht-e-Margow以及靠近伊朗的雷吉斯坦平原地区可以修建铁路网，方便农产区和城市间的交通。农业部门还需要农业机械，如拖拉机、收割机、耕耘机等。此类机械的生产和维护需要引进工业，因此有助于培训技术工人和技师。

2010年，阿富汗政府宣布了一项关于铁路发展的25年计划。目前已完成对下列四条铁路线的研究论证：（1）从阿乌边境的海拉坦经马扎里沙里夫至西部的赫拉特；（2）从阿塔边境的谢尔汗班达尔经昆都士至Naibabad（位于一条在建的从海拉坦始发的铁路线上），再经马扎里沙里夫至赫拉特；（3）从阿巴边境的托尔坎镇至贾拉拉巴德；（4）从阿巴边境的斯平布尔达克至坎大哈。

2008年由俄罗斯人口、迁移与区域发展研究院（IDMRD）发布的首个阿富汗或中亚发展规划，重点关注振兴阿富汗农业问题，目前该国国内生产总值一半以上来自毒品的耕种、生产和非法贩卖。该规划注意到阿富汗南部省份以水果闻名，提出建立一个全国性农业教育机构网络，交付农业机械和加工业设备。研究人员提议将南加哈省和赫尔曼德省作为建立食糖、橄榄油、柑橘、向日葵、石榴、蔬菜等农产品加工业的示范省。（见EIR，2009年2月27日）

2. 矿物

阿富汗地下蕴藏着一座矿物宝库，但要开发需首先发展必要的基础设施。

哈吉加克（Hajigak）铁矿石项目，距喀布尔 180 公里，由印度公司组成的财团获得，但因喀布尔提出的条件未被印度财团接受，使得项目工期比规定时间拖延了六个月。据阿富汗财政部长奥马尔·扎克尔沃（Omar Zakhilwal）透露，中国投资者 2006 年通过投标方式赢得位于喀布尔以南 50 公里、世界最大的铜矿之一艾纳克（Mes Aynak）铜矿时，他们保证修建一段铁路。该项目由中国冶金科工集团公司（MCC）和江西铜业集团公司承租 30 年，现在因安全原因而延迟。这个总额为 30 亿美元的合同包括一段向矿区运煤的铁路、一家冶炼厂、一座装机容量为 400 兆瓦的发电厂。喀布尔可以获得 5 亿美元的矿区使用费。但现在中国冶金科工集团公司欲改变合同约定，不再修建铁路、发电厂和冶炼厂了。

美国国防部副部长帮办、工商业与稳定特别行动工作组主任保罗·布林克利(Paul A. Brinkley) 称，阿富汗除了铜矿和铁矿，还有储量可观的铌、钴、黄金、钼、白银、铝，以及氟石、铍、锂等资源。但阿富汗采矿业发展的关键，是要修建好基础设施——电力、散装运输、工商业和家庭用水以及通讯。因这些矿产资源分布分散，还需要成立专门机构对来自全国各地、不同民族背景的人进行培训。

3. 电力

阿富汗几乎没有电。它现在的发电量约 500 兆瓦，比一些加勒比海岛国还少，需另外从邻国进口 500 兆瓦电量。阿富汗是世界上人均发电量最低的国家之一。虽然近十年在该国电力领域的投资达数十亿美元，但全国人口中能正常用电者最多只占三分之一。

同世界其他地区一样，阿富汗别无选择，只有发展核聚变发电，才能稳定国家、开采矿产、建立工农业走廊、发展教育并且给民众提供水、食物、教育、医疗以及一个未来。必须建设大批核电厂，提高发电能力，方能满足这些需求。

附录：
阿富汗和中亚的工业开发——俄罗斯视角

俄罗斯本拟于2014年6月在索契召开的八国峰会上提出由人口、迁移和区域发展研究院（IDMRD）——一家位于莫斯科的非政府组织——发布的研究报告。俄罗斯总统普京的老同事、联邦毒品管制局局长维克多·伊凡诺夫 (Victor Ivanov) 宣布在阿富汗发起铲除“世界毒品生产中心”的运动，并将此作为八国峰会主席的重点议题。[1] 但因乌克兰危机爆发，八国集团将俄开除，这次峰会也被取消。

这里节选的第一和第三篇报告以俄文发表，第二篇以俄语和英语发表。斜体注释由EIR添加。除非特别注明，图表均为IDMRD提供。

一、西西伯利亚地区南部如何成为全球经济中心

这份发表于2012年的报告曾在第四部分论述俄罗斯关于欧亚发展走廊和远北地区货运新技术的观点时被提及。报告提出振兴西伯利亚地区的工业和科学城，促进中亚和阿富汗发展。该报告对所有已完成工业化的国家都很有意义，如美国、欧洲国家和澳大利亚，因为它们都面临成为毫无生机的后工业荒原的威胁。节选部分由EIR翻译。

1. 新中东

西西伯利亚地区面临一个特别机会，因为它连接着一个正在形成的大区域：新中东或欧亚中部，包括古典的［俄语用语］中东（伊朗、阿富汗、伊拉克和巴基斯坦），中亚以及西西伯利亚本身（图1）。

---

① 瑞吉尔·道格拉斯，“乌克兰被欧盟拒绝之后：欧亚开发 vs. 瓦解和混乱”，EIR，2013年12月6日。

如果俄罗斯采取正确的战略，这个大区域将在2025年发展成为一个新兴市场，拥有近4亿人口。西伯利亚的独特作用在于组建一个全球第三阶段工业化中心，这不仅是在俄罗斯率先推行此类工业化，还可以为阿富汗的第一阶段工业化和前苏联中亚地区以及伊朗、巴基斯坦的第二阶段工业化起到组织领导作用，后者将成为俄罗斯生产资料和先进技术出口的首选市场。

图1　新中东，从西伯利亚的科学城到波斯湾

俄罗斯的里海港口阿斯特拉坎将在组织新中东中扮演重要角色。

2. 第三代工业化与“组装”工业化的对比

一种新的工业化势在必行，不仅对俄罗斯如此，对全人类都一样，既包括属于“第三”、“第四”世界的最不发达国家，也包括世界经济霸主美国，其政府债务比国内生产总值还多17万亿美元。

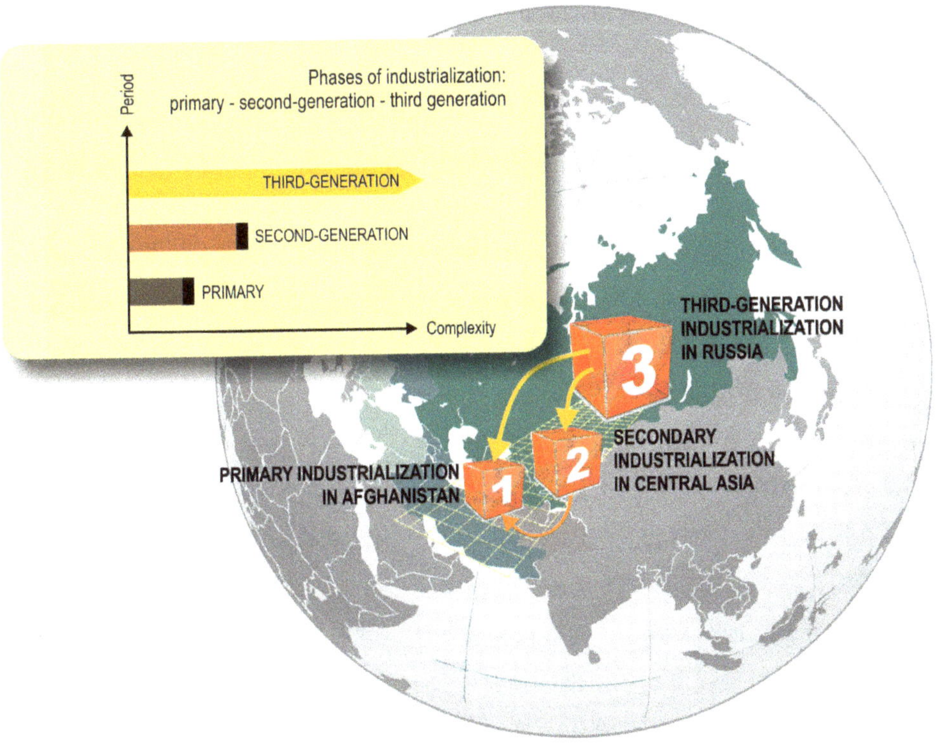

图2 工业化“瀑布”

随着生产能力的现代化，西伯利亚西部和中部的科学工业城市能够向处于第二阶段工业化的中亚国家和处于第一阶段工业化的阿富汗出口生产资料。

然而，对俄罗斯而言特别危险的是，各级政府部门普遍存在着将我们的新型工业化降低为半殖民模式的“组装”或半散件工业化的趋势，导致俄罗斯国内缺乏战略规划与先进技术发展，充斥着其他地方进来的、等待组装的机械零配件。西西伯利亚南部地区的任务是防止出现这种替代，在俄罗斯创建一个世界领先的工业化和公共财富生产中心。

成立世界领先的第三代工业化中心将串联起各种工业化形式：从第三阶段的城镇到第一阶段（图 2）。第三阶段工业化的基础将是大规模的生产自动化、先进机器制造、以及第三代基础设施，特别是交通和多模态系统。

在该地区建立世界新型工业化中心是摧毁阿富汗这个世界毒品生产中心的唯一可行的方法。每年阿富汗的毒品导致 100,000 人死亡，包括至少 50,000 名俄罗斯青年。

二、为消灭阿富汗毒品生产而设计的新一代替代发展规划

这份报告是由 IDMRD 以及白俄罗斯战略与外交政策研究中心为 2014 年春的八国峰会准备的。IDMRD 监事会主席尤里·库鲁普诺夫（Yuri Krupnov）在 3 月 25 日联邦毒品管制局局长维克多·伊凡诺夫主持的莫斯科会议上提交①。该报告英文全文见 www.idmrr.ru.

1. 替代发展重在发展

在“替代发展”概念中，核心是“发展”。“替代发展”是关于如何组织加快发展，目的在于有效而持久地取代毒品业并切断其社会基础。

在国际法中，“替代发展”着眼于在一个由毒品生产形成的不利的国家或地区环境中，贯彻人类基本的发展权。根据《社会进步和发展宣言》（1969）与《发展权利宣言》（1986）规定，发展权是人类不可剥夺的权利。

国际社会对替代发展的援助应该是互助发展政策的特别范例。IDMRD 阐述的互助发展概念提出，当国际合作的目的在于创造新的社会价值而不只是对现有财富进行重新分配时，它才最为有效。这种方法将一场与阿富汗毒品生产的作战转变为一个对所有参与者来说双赢的游戏——从国际社会到赫尔曼德省、南加哈省、昆都士省和巴达赫尚省的农民。

2. 俄罗斯崩溃工业化计划：一种新的替代发展方法

阿富汗缺乏任何形式的发展，替代发展能够成为其中一部分。

IDMRD 给出了一个在阿富汗替代发展的想法，它建立在崩溃工业化和发展基

① 道格拉斯，“美国制裁不能制止俄罗斯的禁毒提议”，EIR, 2014 年 4 月 4 日。

本经济基础设施的基础上，隶属于一个关于阿富汗替代发展的全面国际计划。崩溃工业化应被视为一种新的替代发展方法，涉及城镇与乡村。尽管城镇从不属于替代发展的首要目标，但显然城镇经济的繁荣加上一个全面的城镇计划政策，对替代发展在阿富汗的成功至关重要。工业化将不可避免地伴随着城镇化，需要两方面的平衡和经济的良性发展。

3 月 25 日召开的讨论在毒品生产地区进行替代发展的莫斯科会议，是随后被取消的 2014 年八国峰会的预备会议，27 个国家的 100 多名专家参加了此次会议。会议主席是俄罗斯联邦毒品管制局局长维克多·伊凡诺夫（桌右侧第二位）。IDMRD 监事会主席尤里·克拉普诺夫（桌右侧第三位）提交了该院关于在阿富汗推行替代发展的报告。

从 20 世纪七八十年代前苏联与阿富汗的合作算起[①]，俄罗斯在组织阿富汗的工业化和提升其经济方面有着独特且总体上积极的经验。前苏联的投资援建了 142 个大型基础设施与工业项目，成为阿富汗国家经济的基础。即使在与国际支

① 作者泛指前苏联与 1973 后的默罕默德·杜德·汗政权的合作，并非专指 1979 年末苏军入侵阿富汗以后的时期。

持的叛乱分子的战争期间也未停止。如果国际社会联合保证阿富汗的安全、稳定与经济繁荣，现在投资的效率将提升很多倍。这是与毒品斗争的唯一可行战略：通过发展确保安全。

一项以崩溃工业化方案为核心的全面替代发展国际计划，将使［2012年7月］在阿富汗问题东京会议上确立的向自力更生转变策略得以施行。该计划能够在凝聚国际努力以及在一段时间内实现阿富汗局势的明显改善方面，成为一个重要工具。

3. 阿富汗替代发展全面国际计划

以崩溃工业化方案为基础的阿富汗替代发展全面国际计划重点关注四个领域：

（1）基本基础设施，既包括一般福利性基础设施，也包括为创造大批新的稳定工作机会的经济方案服务的基础设施。

（2）拓展现有产业、创建新的产业，提供大量就业机会，提高人民收入水平。

（3）增加享受社会文化基础设施的机会，特别是教育和医疗，以及通过职业教育培养新阿富汗经济所需的技术工人，包括在国内新的教育机构或国外对阿富汗青年进行培训。

（4）以国内和解和坚决打击毒品生产与贩毒、腐败、极端主义为基础的安全政策。

该计划的实施，以及邻国相关经济项目的施行，将有助于在阿富汗、巴基斯坦、伊朗、塔吉克斯坦、吉尔吉斯斯坦、乌兹别克斯坦和土库曼斯坦创建一个拥有超过3亿消费者的共同市场。

有了俄罗斯联邦的有组织的帮助，阿富汗替代发展全面国际计划可以实施，其中包括下列项目和方案。

4. 为发展服务的基础设施

阿富汗经济的首要任务是发展电力，以推动工业发展并迅速改善阿富汗人民的生活质量。在这方面，一项能够为该国完成初级工业化提供充足能源的战略性投资项目是，在阿富汗与巴基斯坦边境上的喷赤河（the Panj River）上修建一系列水电站。该项目需要修建12座大坝，总装机发电容量达17.5吉瓦。项目的

图 4　阿富汗发展需要的铁路

俄罗斯计划：印度—西伯利亚南北走廊中亚—阿富汗—巴基斯坦段现有铁路（黑色）以及计划修建的铁路（橙色）

图 3　印度—西伯利亚南北铁路与发展走廊概念

印度—西伯利亚铁路是一条计划中的南北发展走廊，从俄罗斯鄂木斯克向南，沿跨西伯利亚铁路，穿过哈萨克斯坦、吉尔吉斯斯坦、塔吉克斯坦、阿富汗与巴基斯坦到达阿拉伯海边的卡拉奇港。位于巴基斯坦白沙瓦的无水港（dry port），轨距将由俄罗斯的宽轨（1,520 毫米）换为巴基斯坦使用的更宽的“印度轨距”（1,676 毫米）。在中亚和巴基斯坦，这条线路与中国计划的丝绸之路经济带交汇或平行。

第一阶段是修建 Dashtijum 水电站和 Rushan 水电站，装机发电容量为 7 吉瓦。[①]

如果该电力由阿富汗和塔吉克斯坦平均分配，仅初级阶段的发电能力就可以满足阿富汗能源和水资源部提出的 2020 年前全部能源需求。这将使启动初级工业也成为可能。同时，作为水电站副产品的水库将能够为阿富汗北部灌溉基础设施的重建与扩展提供水资源。此项目第一阶段所需投资据估计为 70 亿美元。

水电站所发电力或将主要用于连接中亚的前苏联加盟共和国经阿富汗至巴基斯坦的一段电气铁路线（图 3、图 4）。这段计划的新“印度—西伯利亚”铁路将经过阿富汗矿产资源特别是稀土元素资源，丰富的地区（图 5）。这些矿产的潜在价值估计达 2 万亿美元。铁路的修建将提升这些矿产的可利用性和使用价值。

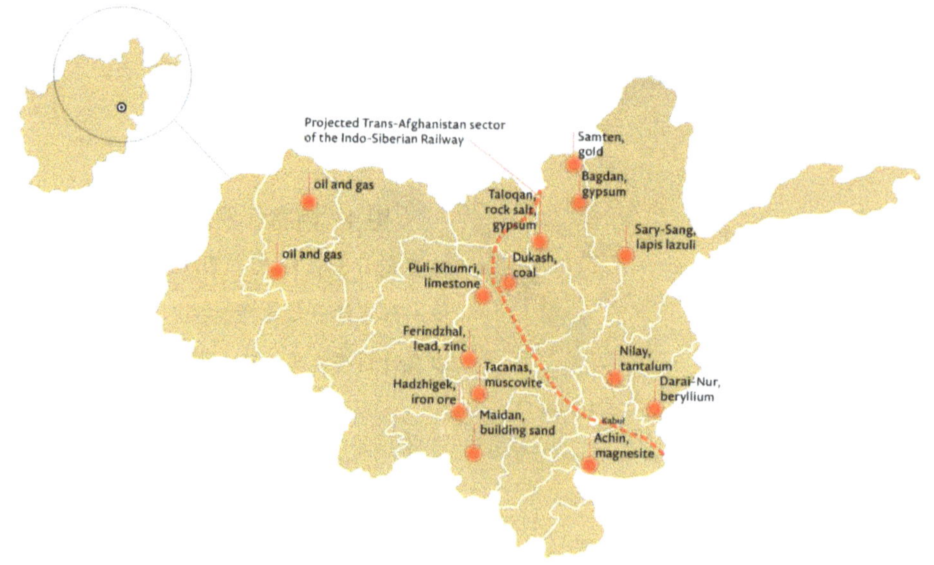

图 5　阿富汗：资源与未来铁路

① 塔吉克斯坦享有水电站大多建在瓦赫什河上。该河流发源于吉尔吉斯斯坦，流经塔吉克斯坦的北部和中部，汇入阿姆河。Panj River 是阿姆河的另一支流。鉴于对阿姆河与咸海造成的严重破坏，特别是自前苏联时期在乌兹别克斯坦实行的棉花单一种植的产业模式，IDMRD 提出的方案要求在该地区实行合作水资源和能源规划。从 2013 年开始，哈萨克斯坦已着手在上海合作组织赞助下建立中亚地区水资源委员会，以满足用水需求，解决相关冲突。The Dashtijum 水电站目前处于前期设计阶段，已有来自的俄罗斯和印度的组织对该项目表示了兴趣。在 UNECE 网站 www.unece.org，可以找到一篇 2011 年的名为“塔吉克斯坦的水电潜力”的文章，包括了这里提到的一些项目。

5. 新兴产业

阿富汗的崩溃工业化将包括两大主要方向。第一个方向是创造新的、大规模工业，如开矿、工程、化学和机械制造。第二个方向是创造、扩展和支持以当地传统工艺品为基础的所谓网络产业。在我们看来，第一个方向上的主要战略性投资项目包括以下几个。

一座能源密集型的氢电解与处理化学工厂。该工厂将生产纯氢、氮及氮肥料，部分用于阿富汗，部分用于出口东南亚及其他地区。

采矿项目与新的矿石处理工厂在铁路修通之后将成为可能。有吸引力的投资包括石油天然气勘探与开采、采金业现代化以及发展建筑物资业。

发展交通基础设施、能源与原材料供应将为加工设施与组装工厂创造条件，面向国内与国际市场进行生产（生产汽车、农用车、柴油发电机组、小型水电设备及其他机械产品）。

应特别重视农业和食品加工业：培育和生产蔬菜、干果、棉花及其他消费品。当地种植和处理藏红花的经验可以派上用场，这种作为替代非法作物种植的产业得到了国际支持。

6. 社会与文化基础设施

阿富汗的替代发展要求在医疗和教育领域建立基本的社会与文化基础设施。

目前阿富汗人仅有约 35% 的识字率，成为制约经济发展和国家进步的一个重要因素。解决这一问题首先需要扩大中小学网络，从而提高入学率。同时，要加快发展职业教育，实现以下目标：

（1）为阿富汗的初级工业化提供合格劳动力，包括大企业（工程师、技工）和网络产业（律师、经理、企业家）。必须成立面向国家经济发展目标的大学和学术机构。

（2）确保受教育的阿富汗人能够进入稳定自立的社会领导层。

（3）为数量庞大的阿富汗年轻人提供临时性就业机会。

20 世纪七八十年代，前苏联培养了约 200,000 名阿富汗大学毕业生以及受过其他高等教育的专业人士。尽管经过多年的动乱，这些人依然是这个国家管理层的重要组成部分之一。现在应该利用整个国际社会的资源和力量，复制这一经验。

另一重要任务是发展医疗设施，为尽可能多的阿富汗人民提供医疗服务。首先要建设母婴中心，以降低婴儿死亡率。至关重要的是，要继续发展康复中心，对一百多万阿富汗吸毒者进行戒毒治疗并使其重新融入社会。

7. 阿富汗替代发展投资

对实施阿富汗替代发展计划的投资部分将以国际技术和商业援助的形式提供，但大部分资金都应该是能够产生收益的投资形式，即使投资条件相当优惠。上面提到的项目在第一阶段需要投资 175 亿美元。[①]

这些项目以及继续发展新的设施都需要在吉尔吉斯斯坦和塔吉克斯坦进行铁路建设，需要资金 105 亿美元或更多。考虑到经济随着这些项目的实施同步发展，预计项目的投资回收期为 10 年左右。

投资的募集与使用最基本的要求是成立一个受公众监督的计划执行办公室，专门负责投资的集中发放。为计划执行建立的投资池（investment pool），可以以世界银行特别信托基金——阿富汗替代发展基金——的形式进行管理。

8. 俄罗斯——阿富汗发展资金的主要来源

作为苏维埃社会主义共和国联盟的继承者，俄罗斯联邦已是阿富汗经济发展的主要捐助国之一。在 20 世纪七八十年代，前苏联出资修建了 142 个工业与基础设施项目，成为阿富汗国民经济的基础。用于阿富汗北部省份地理开发上的资金超过 30 亿美元。

2010 年 7 月，俄罗斯免去了阿富汗 115 亿美元的政府债务。

因此，俄罗斯已是阿富汗经济的一个主要利益攸关方。同时，俄作为阿富汗鸦片的主要市场，经济、政治和安全上受贩毒的影响极大，因而迫切希望提出一个以加速工业化为基础的阿富汗替代发展全面国际计划，并在其中发挥领导作用。

三、中亚战略性投资项目概览

2014 年 3 月 25 日会议上提出的阿富汗问题一揽子计划表明，在四个主要中亚国家——吉尔吉斯斯坦、塔吉克斯坦、土库曼斯坦和乌兹别克斯坦——修建一个以铁路为主的发展走廊网络（图 4）。IDMRD 为 2013 年的塔吉克斯坦杜尚别会

① IDMRD 提出的预计资金需求仅表明了计划项目的大致规模，并非详细的投资计划。

议准备了一份名为“战略性投资项目概览”的文件，展示了这些走廊的经济发展潜力。IDMRD 将战略性投资项目（SIP）定义为 7-12 年、有着“在当前经济政治条件下独立且能够实现的目标”。这些项目着眼于创造一个中亚经济模式，“建立在独立自主、共同发展的基础上，有别于以西方主导的全球资本在东南亚倡导的新殖民模式。”

当国际社会都采取合作发展的政策，结束地缘政治与毒品生产，这些项目可能会被核能驱动下的中亚山地与干旱地区改造项目取代。另外，它们都已经“准备就绪”，可以立即实施。

图 6　规划中的塔吉克斯坦—阿富汗—土库曼斯坦铁路线

塔吉克斯坦、阿富汗与土库曼斯坦已同意修建一段跨越阿富汗国土北端的长 160 公里的铁路，也是塔吉克斯坦第一条连接几条主要欧亚铁路线的铁路。最左侧的“需建段”铁路计划于 2014 年秋通车，这条铁路沿里海东海岸（位于地图所示地区西侧），途经哈萨克斯坦、土库曼斯坦、伊朗三国，也是从印度到俄罗斯的南北国际交通走廊的一部分。

1. 塔吉克斯坦——阿富汗——土库曼斯坦铁路

目标：改变塔吉克斯坦交通运输的依赖局面

投资规模：2.7 亿美元

塔吉克斯坦目前唯一一条国际铁路线途经乌兹别克斯坦。修建一段 160 公里长的跨越阿富汗北端至土库曼斯坦的铁路（图 6），将使塔吉克斯坦拥有其他接入欧亚铁路网并到达里海的线路。2013 年 3 月，塔吉克斯坦、阿富汗和土库曼斯坦签署协议，同意修建该段铁路，包括 2 座 700 米长的桥梁。

2. 塔吉克斯坦的铝业发展

目标：为铝业提供当地原材料

投资规模：17.2 亿美元

该项目包括十字石和白云母（云母的一种）矿石开采，通过非传统技术提炼氧化铝——铝生产的直接原材料；加工矿石的提炼厂；将铝土运往塔吉克铝业公司（Talco）位于图尔孙扎德的工厂——中亚最大工厂，产品占塔全国出口总量的 60%。国内供应将取代价格高昂的进口原材料。已确认塔吉克斯坦西部有十字石和白云母矿。

图 7　杜尚别—苦盏悬轨（String Rail）高山交通线

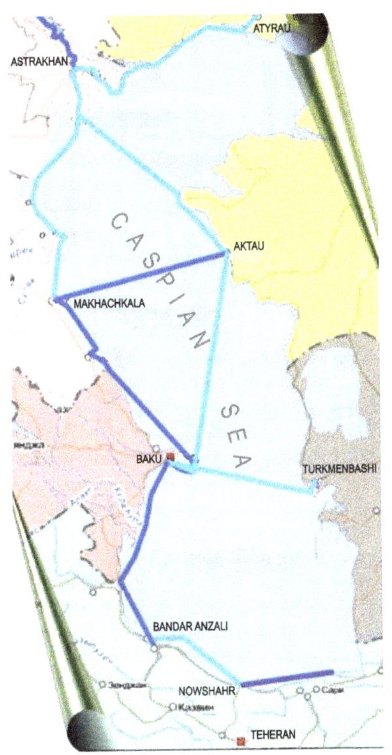

图 8　里海水上飞机系统

俄罗斯工程师利用地效（ground effect）——飞机机翼与地面之间的相互作用，在设计两栖低空空中运输上开拓创新。一种上世纪 60 年代测试的苏联水上飞机被称为“里海怪兽”。有人提出，使用现代化水上飞机从事环里海交通，连接里海沿岸城市，包括阿斯特拉罕与马哈奇卡拉（俄罗斯）、阿特劳与阿克套（哈萨克斯坦）、巴库（阿塞拜疆）、土库曼巴希（土库曼斯坦），恩泽利港与瑙沙赫尔（伊朗）。

3. 悬轨交通运输（String-Rail Transportation）

目标：高科技地区交通解决方案

投资规模：20 亿美元

俄罗斯创新的悬轨交通技术[①]在多山的塔吉克斯坦和吉尔吉斯斯坦前途光明。最初的杜尚别—苦盏线可以延长至奥什和吉尔吉斯斯坦的比什凯克。修建和运营该系统将创造不少工作机会。

该系统设计以最高时速 500 公里运送货物和乘客。还专门设计了用于运输新鲜水果蔬菜或石油天然气的车厢。

4. 中亚家禽加工厂网络

目标：食品安全 10 年计划

投资规模：前 5 年投资 70 亿美元，以后自主

鸡肉和禽蛋生产对提高经济不稳定国家的蛋白质摄入量十分重要，但中亚至今没有养殖基地。该项目提出每年在中亚地区建造 15 家新的、现代化家禽加工厂，以及配套的交通和市场基础设施。所需饲料将通过在灌溉耕地上扩大种植谷物和豆类作物解决，其余饲料将在俄罗斯（南西伯利亚）和哈萨克斯坦种植。

5. 跨里海高速水上飞机（Ekranoplane）服务

目标：里海沿岸城市间的高速交通

① 关于这宗悬轨（string-rail）设计的英文介绍可见其开发商 Anatoli Yunitsky 的网站 www.yunitskiy.com.

投资规模：3000万美元

俄罗斯阿斯特拉罕的ekranoplane（地效飞行器）生产集群可以提供飞越里海沿岸城市间路线的高速交通工具（图8）。Burevestnik-24型水上飞机，采用创新的双翼结构，引擎固定于上机翼上，能够载重3.5吨，包括乘员24人。改型飞机巡航速度超过200公里/小时，巡航里程2,000公里。

6. 针对毒品依赖者的社会康复系统

目标：恢复与发展人类潜能的政府间合作

毒品上瘾和酗酒是困扰前苏联加盟共和国的共同问题。俄罗斯应发挥领导作用，在新的欧亚经济联盟（EEU）内部解决这些问题。需要俄罗斯、中亚国家、阿富汗、巴基斯坦、伊朗各国政府进行合作，成立一个以欧亚经济联盟为基础的社会康复系统。

这个社会康复中心网络——每个中心容纳1500—2000人——可以与各参与国的经济发展项目联系起来。为该项目修建的农业和工业资产将最终发展为成熟的经济单位，继续雇佣那些顺利完成康复治疗的人。

7. 多级培训中心

目标：教育和职业培训

位于西西伯利亚图木舒克的土木斯克国立师范大学（The Tomsk State Pedagogical University, TSPU），将为来自中亚的青年开办一个教育和培训项目，解决该地区缺乏技术工人的问题。该项目包括为计划报考俄罗斯大学的学生开设的预备课程，为中亚发展公司项目进行的工人技能培训，以及最终建立一所附属于土木斯克国立师范大学的俄罗斯—中亚国立大学（Russian-Central Asian State University）。

促进俄罗斯与邻国的科学文化交流也将加强与毒品斗争的社会基础。

8. 中亚水资源管理

目标：发展先进水资源管理系统

为稳定中亚、减少地区纠纷，可以在5—7年内成立一个地区水资源管理系统。该项目的主要部分包括一个全面水资源监视地图，地区各国间共有水资源和能源补偿安排，监督吉尔吉斯斯坦和塔吉克斯坦的新建水电站以避免对他国造成损害，提高乌兹别克斯坦农业水资源利用效率的项目。乌农业用水极不成比例，[①] 吉、塔两国情况也差不多。

9. 中亚养蚕业集群（cluster）

目标：在中亚组建一个养蚕业集群，重振传统的制丝业，创造“中亚丝绸”的世界著名品牌

塔吉克斯坦和乌兹别克斯坦以前都是世界领先的丝绸生产区，制丝工艺的历史长达4500年，技艺代代相传。如今，在世的制丝工匠很少，制丝生产甚至无法满足国内需求，但Tajik-textilmash纺织机厂等工厂可以进行现代化改造。乌兹别克斯坦的纳曼干和费尔干纳地区，以及塔吉克斯坦的Sughd地区十分适宜扩大生产，丝绸处理技术的现代化，以及培训新的专业人才。在费尔干纳盆地创造新的就业机会对吉尔吉斯斯坦、塔吉克斯坦和乌兹别克斯坦来说意义重大。

10. 维生素桥

目标：向俄罗斯市场供应中亚产水果

投资规模：50亿美元，在中亚与俄罗斯建立280个食品加工厂

俄罗斯每年消费水果700万公吨，仅有建议消费水平的一半。中亚水果只在当季才有，从海外远道而来的低质水果大行其道。扩大中亚水果产量，全年供应俄罗斯市场高维生素产品将为中亚带来就业机会，俄罗斯生产商也会得到相关设备和技术的订单。新的种植和处理技术可以保存较高的维生素水平。

11. 欧亚工业银银行

目标：在中亚发展银矿，建立25,000吨的工业银储备，作为大额发展信贷的抵押

投资规模：40亿美元

Dashtijum水电大坝

目标：水力发电，服务工农业发展

投资规模：50亿美元

塔吉克斯坦与阿富汗界河——喷赤河（the Panj River）上的Dashtijum水电站，每年可提供150万立方千米灌溉用水，在阿富汗创造600万个农业和工业

① 阿姆河、锡尔河以及咸海干涸的主要原因是乌兹别克斯坦几十年以棉花单一种植为主的经济结构。

就业岗位。该项目需要国际合作以及俄罗斯、中国、塔吉克斯坦、阿富汗和巴基斯坦等多国联合融资。它意味着开发阿富汗北部，当地发电将被消耗。

12. 喷赤免税区多用途汽车组装厂

目标：生产新型农用机械和城市维修服务车

投资规模：1,000 万美元

塔吉克斯坦喷赤免税区的重型设备组装厂将使用俄罗斯 GAZ 汽车集团的设计与零部件，为塔吉克斯坦和阿富汗生产机器设备。

13. 俄罗斯——中亚战略管道

目标：从俄罗斯进口灌溉用水

投资规模：50 亿美元，每年 30 立方千米（7.9 万亿加仑）

该项目是未来中亚水资源能源联合管理系统的一部分。作为之前筹划的鄂毕河——Irtysh River 改道工程的修改，它将重塑流入干涸的阿姆河与锡尔河下游河段，同时使两条河流源头附近的山区发展水电成为可能。伊朗和土库曼斯坦可以提供宽口径管道。

俄罗斯 IDMRD 有关阿富汗经济发展的出版物，包括“俄罗斯立场将决定阿富汗通往和平和睦之路”（2008），“西西伯利亚南部如何成为世界经济中心”(2012, 俄语)，及“取缔阿富汗毒品生产的新一代替代发展方案”（2014）。

第六部分

西南亚——大洲的十字路口

西南亚与欧亚大陆桥

侯赛因·阿斯克利

2014 年 9 月

2002 年 6 年，林登·拉鲁什在阿布扎比扎耶德中心的演讲中称，海湾国家的经济前景处在欧亚大陆与非洲大陆的“十字路口上”。的确，西南亚国家位于三个大洲间最重要的贸易和运输通道上，这种地理位置使它们具有独特的优势。如果这些国家对其经济加以融合改造，更好地服务欧亚大陆和非洲未来的经济发展，它们将在这一过程中发挥关键作用，同时确保在化石燃料时代以后它们经济、政治和文化的长期生存。

2002 年 6 月，阿布扎比扎耶德中心举行的“石油天然气在世界政治中的作用”会议上，特邀演讲嘉宾林登·拉鲁什与奥贝德·宾·马苏德·艾尔－贾尼博士在会议间隙交谈。

由于西南亚是石油天然气资源基地，它对世界其他地区的经济发展的重要性立竿见影，特别是东亚。例如，48% 的世界原油出口来自该地区，其中 80%~90% 输送到中国、印度、日本和韩国。世界近三分之二的石油和天然气储量位于该地区以及邻近的北非和中亚。因此，该地区是能源供应的咽喉要道。尽管依旧被英美地缘政治力量所控制，该地区采取的反帝国主义政策却有可能使其成为一座和平与发展的桥梁。

一、广阔的发展潜力

在西南亚，当谈及生活水平、文化、教育以及经济财富的关联性时，往往会出现一种自相矛盾的情况。特别是 1973 年石油危机以来，西南亚国家已经分为两大类，即所谓的富国和穷国。富国指的是海湾地区的石油出口国、海湾合作委员会（GCC）成员，它们人口少、石油资源丰富。它们还是大英帝国俱乐部成员，深受美国和欧洲的宠爱。穷国资源较少而人口较多，被英美所诅咒。它们包括伊朗、叙利亚、黎巴嫩、巴勒斯坦人民和埃及。约旦游走在这两大阵营间。

矛盾之处是，那些看似贫穷的国家的人民教育水平和工人技术水平却高得多，国家历史认同也更强。相反，那些富国却生活在物质财富、原始传统以及宗教极端的奇怪分裂之中。技术进步受到欢迎，但只是作为一种实用的权力工具，而不是为了改善这些国家人民的文化物质状况或他们的未来使命。一个受过教育的中产阶级显然对统治家族来说是个政治威胁。人数很少的国内劳动力与国外工人（占大多数富国私营部门劳动力总数的 80%~90%）之间的矛盾近期将成为一个严重问题，因为本国失业率正在急剧上升，而国外劳工缺乏基本劳动权益的问题也会因其工资收入落后于物价上涨而更为明显。显然，维系一个半奴隶的社会相当困难。

贫穷国家中，很多脑力超群、受过良好教育的人被迫逃亡国外，原因包括内战、政治迫害、遭到外国军队入侵或挑起战争，例如伊拉克或象今天的叙利亚那样出现由外国支持的恐怖主义组织。针对伊拉克、伊朗和叙利亚的制裁，以及国际货币基金组织（IMF）与世界银行在埃及的政策，已经导致生活水平、基础设施和教育系统的下降。所有这些都使这些国家几十年的发展遭受挫折。

我们提出的该地区发展规划将极大地改善这种不平衡现象，因为金融和矿物资源、人力资源和技术都将指向一个对所有国家而言统一的目标——国家和地区的协调发展。当地年轻人将在接受培训之后成为劳动力，参与建设他们的国家，使沙漠变为绿洲，就如同富兰克林·罗斯福在大萧条时期（1933）的新政和平民保育团（CCC）方案那样，让美国街头的失业人员参与国家重建项目，帮助美国在二战时期成为世界经济最强大的国家。人才流失将被停止，数十万流亡或移居欧美的科学家和受教育者将安心地回归祖国、建设祖国。金融和矿物财富以及富国发行的国家信贷，都能在短时间内与其他国家的劳动力技能相结合，启动重建进程。

通过成立开发银行建立一个公用信贷系统可以填补贫油或缺水国家的信用差距。诸如也门和约旦这样的国家将不必因为无力组织其信用潜力启动经济开发进程而受国际货币基金组织的支配。象约旦这样的国家将接受援助建设其第一座核电站，提升其人力潜能和自然资源（例如硝酸盐和铀）的加工处理能力，并在一代人的时间内成为一个富裕国家，而不是绝望地等待美国、欧盟或者国际货币基金组织、世界银行的施舍。通过分享技术——比如在沙漠治理方面——以及成立一个由公共行政部门管理下的、统一的科学研究中心，可以最有效地解决农业问题。

目前，该地区一直到高加索，采取的都是引发宗教冲突和战争的政策，使整个地区都有陷入长久宗教 / 教派战争、万劫不复的危险。这种邪恶的轮回必须被打破。当然，这需要具备一些全球性的先决条件，比如改变致命的、分立的地缘政治体系与大英帝国的征服传统，帮助这些国家从破坏转向建设。关键是让该地区融入欧亚—非洲大陆桥，这将使这些国家乃至全世界都从中受益。

二、大洲间的桥梁

多条连接该地区与欧亚—非洲大陆桥的线路正在修建之中（图 1）。1996 年，时任总统哈希米·拉夫桑贾尼（Hasehmi Rafsanjani）出席了马什哈德—萨拉赫斯（土库曼斯坦）铁路的开工仪式，该铁路连接伊朗与中国，使古老的丝绸之路进一步焕发生机。两年后，伊朗修建了其通往西北地区，直至土耳其的线路，使丝绸之路再次连接欧洲。2001 年，马什哈德—巴夫克—阿巴斯港铁路线完工，使地处内陆腹地的中亚与波斯湾联系了起来。伊朗还修建了巴夫克—克尔曼—扎黑丹铁路直通巴基斯坦，取得了与印度次大陆的联系。

此外，还有从俄罗斯至印度的南北大陆战略走廊。俄罗斯、伊朗与印度已达成协议，打造一条贸易通道，穿越高加索、中亚以及伊朗的铁路网。这条战略走廊将在伊朗南部阿曼海峡的恰巴哈尔港交汇，目前开发工作正在启动。印度对此非常感兴趣，因为经海路到达黑海需要的时间大约三周，而通过铁路经俄罗斯仅需一周。

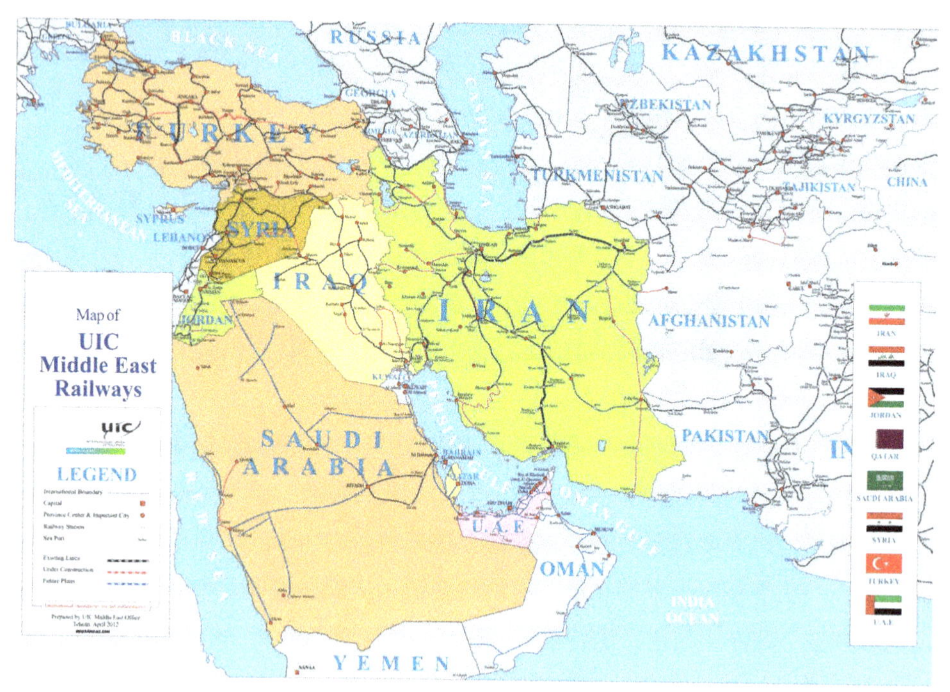

图 1　西南亚铁路线，2012 年

伊朗正与俄罗斯合作，着手将其南北铁路网经高加索地区的阿塞拜疆和亚美尼亚与俄相连。2013 年 1 月，亚美尼亚交通运输部、位于迪拜的拉西亚（Rasia）投资公司以及俄罗斯铁路公司（RZD）下属的南高加索铁路公司（SCR）三方签署了关于修建南亚美尼亚铁路的协议。该协议包括修建一条长 316 公里的铁路，连接加瓦尔——位于赛瓦尔湖附近的埃里温以东 50 公里——与梅格里附近的伊朗边界地区。亚美尼亚方面透露，这条电气化单轨铁路将成为连接黑海和波斯湾的新南北走廊的一部分。有意思的是，中国也参与了该项目，因为由拉西亚公司所作的可行性研究选择了中国交通建设集团公司作为负责此项目的财团主要成员。

伊朗—巴基斯坦天然气管道对巴基斯坦的能源安全和繁荣十分重要，巴政府不顾美国压力坚持将其完成，它能使巴方在北约军队计划 2014 年从阿富汗撤出后拥有应对阿局势的一个地区方案。2013 年 3 月 11 日，巴基斯坦总统扎尔达里（Asif Ali Zardari）与伊朗总统内贾德（Mahmoud Ahmadinejad）主持了该天然气管道巴境内部分的开工仪式。天然气管道的伊朗部分已经完工。然而，除了沙特—英—美三国集团联合孤立伊朗的压力，巴基斯坦国内经济和政治不稳定也是该合作项目的主要障碍。开工仪式仅过了两个月，伊朗政府官员就对巴基斯坦部分管道的开工延期表示了关切。2013 年 6 月 12 日，新当选的巴基斯坦总理谢里夫（Nawaz Sharif）向伊朗政府保证，巴政府将坚决完成该项目，并计划 2014 年 12 月实现管道送气。

建设一个现代化的阿富汗需要现代化的机构和繁荣发展的经济。中国、印度和伊朗已成为阿富汗的三大经济伙伴。这个国家具备迅速实现经济独立的潜力，只要它能掌握如何勘探和利用本国丰富的矿物资源。据估计，阿富汗的国内资源足以使其成为一个世界级的矿产大国。

通过修建通往西面的桥梁，伊朗也在积极发展与土耳其和伊拉克的贸易、交通和经济往来。除了一条通往土耳其的天然气管道和铁路，伊朗还在修建另外一条通往伊拉克、并可延伸至叙利亚和地中海的天然气管道。根据计划，还要修建一条与天然气管道和公路并行的铁路，但叙利亚和伊拉克境内因暴力冲突导致的局势不稳致使该项目搁浅。

因此，伊朗将继续成为“一带一路”或欧亚大陆桥的关键一环。另外，土耳其也是通过博斯普鲁斯海峡连接亚洲与东欧的重要角色——在首都伊斯坦布尔已修建了一些用来连接该国亚洲与欧洲部分的新的桥梁和隧道，还有部分桥梁和隧道正在修建之中。

三、伊朗——土耳其通道延伸至欧洲

2011年春叙利亚危机爆发以前，关于重修汉志铁路（the Hijaz Railway）的计划正在考虑之中，它从土耳其经叙利亚、约旦、沙特，直达也门城市亚丁。同时，也门政府与几家阿联酋公司也正考虑从也门修建一条隧道或桥梁通往非洲之角的吉布提。从也门，经阿曼和阿联酋，修建一条跨越霍尔木兹海峡到伊朗阿巴斯港的隧道，是一条可以直接联系亚洲与非洲的可行的交通走廊。海合会国家正考虑修建一条铁路和公路，从阿联酋出发，向北经沙特、卡塔尔、巴林、科威特（将来或由此连接伊拉克和土耳其），再经叙利亚到达地中海。2009年，埃及前总统穆巴拉克（Hosni Mubarak）领导的政府考虑修建一条从约旦和沙特北部出发，跨亚喀巴海湾南部直达埃及的大桥或堤路。

因为该地区政治军事局势的不稳定，这些项目目前几乎全被搁置。以色列与这些网络的连接，包括天然气和电力网络，在20世纪90年代曾被公开讨论，但随着内塔尼亚胡（Benjamin Netanyahu）领导的以色列右翼政府与巴勒斯坦权力机构间的和平进程中断，该计划已不在考虑之列。然而，公正的政治秩序一旦建立，这些项目就可以立即上马。

四、共同的敌人：沙漠

丝绸之路经过的跨大洲区域有一个明显的特点，即广阔的沙漠绵延不绝，从北非的大西洋海岸到阿拉伯半岛，跨过扎格罗斯山脉到伊朗和中亚，一直延伸至中国西部（图2）。这片跨越大洲的沙漠面积约1300万平方公里。年降水量在250—500毫米的地区通常被称为半荒漠或半干旱地区。总体而言，很多地区平均年降水量不足250毫米。沙漠地带的很多地方降水量则更低，有时甚至没有降雨。世界主要沙漠都位于此地区。目前这些沙漠的面积不断扩张，这不仅是由于缺乏合理的经济和社会政治措施，还因为当地资源的管理不善造成的对现有绿地的破坏。长期周而复始的干旱也加剧了沙漠化的发展。

图 2 世界沙漠图分布图

沙暴和尘暴在西南亚频发，特别是海湾地区，甚至还会蔓延至伊朗、阿富汗、巴基斯坦和印度。沙暴有数十米高，而尘暴能到达几百米的高空。所有国家都被沙尘覆盖。在城市，沙尘暴的影响可使得机场、港口、医院、学校等重要设施被迫关闭。

五、从新月沃土开始改造沙漠

从黎巴嫩到叙利亚，再向下经美索不达米亚平原到海湾的一片地区被称为新月沃土。历史学家认为世界农业发源于此。但该地区土地现已不那么肥沃。通过改进自然资源的管理，同时开拓新的土地和水资源、防护林带、树木和植被，并运用先进的农业和畜牧业技术，特别是空间科学和技术，能够在以前的沙漠地区进行各种新的生产活动。

图 3　伊拉克为阻挡沙漠化而提出的“防护林带”计划

20 世纪七八十年代，人们筹划在叙利亚东部、伊拉克西部以及约旦东部部分地区建设“防护林带”。有了绵延不断、排列整齐的防护林带，就可以制止沙漠的扩张并逐渐恢复耕地。例如，伊拉克在数十年前计划在其西部地区种植防护林带（图 3）。由于地缘政治战争的不断爆发以及伊拉克基础设施和农业的破坏，这些计划从未得以实施。此外，土壤和耕地的退化也使干旱地区不断扩大。

现在已有一些想要重新启动该计划的积极行动，尽管范围有限。伊拉克和伊朗 2010 年签署协议，投资约 21 亿美元在伊拉克西南部种植防护林带，重点是经常受到沙尘暴袭击的卡尔巴拉市和纳贾夫市地区。例如，一个项目是建立一个长27公里的新月地带，周围100—200米宽范围内种植数千株新栽树木。灌溉用水来自50口浅井（深35—50米）。该地区是卡尔巴拉市与日益频繁的沙暴、盐渍化和水土流失作斗争的前线。此项目已经种植了超过100,000株橄榄树、棕榈树、桉树等，这些都是经过挑选的能够抵抗炎热天气和土壤盐渍化的树种。

六、水资源

当然，一个明显的问题是：与沙漠进行这种大规模战争所需的水资源从哪儿来？

该地区有两大占主导地位的河流体系——底格里斯河与幼发拉底河流域。后者是一个相对较小的河流体系，为争夺其控制权，以色列、黎巴嫩、叙利亚和约旦之间军事和政治冲突不断。美索不达米亚河流体系相对更大且更具潜力。该地区及其他沙漠地区普遍存在的问题是，因为蒸发和水分流失，降水量急剧减少。为尽可能多的收集和使用雨水，必须建设大规模的水利基础设施体系。

该地区最雄心勃勃的水利基础设施项目——东南安纳托利亚工程（在土耳其语中简称GAP）（图4），过去的二十年一直处于建设之中。然而，该项目已经给下游国家——叙利亚和伊拉克——造成了很大问题，因为它阻断了底格里斯河与幼发拉底河的自然水流。三国需要建立一个合作机制，甚至包括与伊拉克分享底格里斯河部分支流的伊朗，以使整个美索不达米亚盆地作为一个单位有效运作。有必要达成法律和技术协议以便确保对系统的有效管理以及河水的公平分享。开工超过20年、仿照田纳西河流委员会的东南安纳托利亚工程，计划建设22座大坝，建成后除具有7.4吉瓦发电能力，还可用于水资源管理、灌溉以及洪水控制。这个位于土耳其东南部的项目覆盖了该国10%的国土——75,000平方公里，横跨两河流域和东南平原的9个省——并造就了该国20%的可耕地。该项目囊括了地区整合必需的各种基础设施开发，如交通、电力、隧道和运河。根据土耳其政府的估计，工程完成后可使170万公顷土地得到有效灌溉。以阿塔图尔克大坝为中心，这个地区拥有土耳其潜在水力资源的28%。

图 4　东南安纳托利亚工程（GAP）

叙利亚和伊拉克大坝为数众多，但在流经伊拉克境内的扎格罗斯山脉——如大扎布（Greater Zab）——的底格里斯河支流上，还可修建更多，特别是在伊朗北部。在叙利亚和伊拉克修建并维持相对现代化的水坝、拦河坝和运河系统，可以使两个国家免遭春季水灾和夏季旱灾。

七、海水淡化

对于海湾地区和世界其他干旱地区来说，很明显海水淡化是获取饮用水、工业用水及其他城市用水的最好方法。该地区国家已采取措施，大规模修建传统的淡化工厂，大量投资建造海水淡化—发电联合工厂，通过石油天然气等矿物燃料提供能量。

该地区通过海水淡化生产的淡水超过全世界总产量的三分之二。仅沙特一国每天就可生产 2,500 万立方米水，约占世界总产量的一半。阿联酋每天生产约 300 万立方米。

然而，这些国家必须在未来十年和二十年内将产量分别提高到两倍和三倍才能满足预计需求。用水量将从2012年的80亿立方米增长到2016年的约110亿立方米。大量资金已经投向该领域。

这些投资存在的主要问题是，海水淡化必须依赖使用石油和天然气的热电厂。例如，据报道沙特每天消耗150万桶石油用于产生海水淡化需要的电力和热量。鉴于珍贵的工业原材料（石油、天然气）如用作石化等生产的原料，其价值能实现数倍增长，而相比核电其燃烧产生的能流密度却较低，因此这可以说一种纯粹的实体经济损失。

八、核能海水淡化

解决缺水问题的重要方法之一是利用核能进行海水淡化，并用于石化领域日益增长的经济活动。国际原子能机构研究显示，中等规模的核反应堆特别适用于海水淡化，同时还可利用涡轮中的低压蒸汽及最后冷却系统中的高温海水进行发电。

该领域正在实验多种新的技术，所有技术都指向高温和高压的方向，而在这方面使用核能最有效。第四代高温核电站早已被证明最高效，但几乎没有人推动对该领域的投资。

现在，伊朗是该地区唯一拥有正在运行的大型民用核电站的国家。作为伊朗与俄罗斯合作的产物，布什尔核电站在2011年9月正式投入使用，2012年8月达到其最大发电能力（1,000兆瓦）。伊朗正计划再建造几座新的核反应堆，以提高本国发电量并用于海水淡化。

2006年12月，海湾合作委员会宣布已委托机构对和平利用核能进行研究。2007年，海合会成员国与国际原子能机构签署协议，就一项地区核能与海水淡化项目的可行性研究进行合作。

在这些国家中，阿联酋最先启动核能项目。2009年，阿联酋核能公司（ENEC）作为核能项目的投资载体在阿布扎比成立。当年12月，阿联酋核能公司宣布接受韩国电力公司（Kepco）的投标，投资200亿美元在2020年以前建造4座装机容量为1,400兆瓦的核电站。其中的第一座核电站已于2012年7月在巴拉卡开工建设，第四座即最后一座将于2020年完成。

2010年4月，沙特国王阿卜杜拉（King Abdullah bin Abdul-Aziz Al-

Saud）发布国王令，宣布成立阿卜杜拉国王核能和可再生能源城。随后，沙特政府宣布计划在 2030 年前建造 16 座核电反应堆。不同于伊朗核计划，海合会的项目受到美西方的欢迎和同意，显然是出于地缘政治的原因。

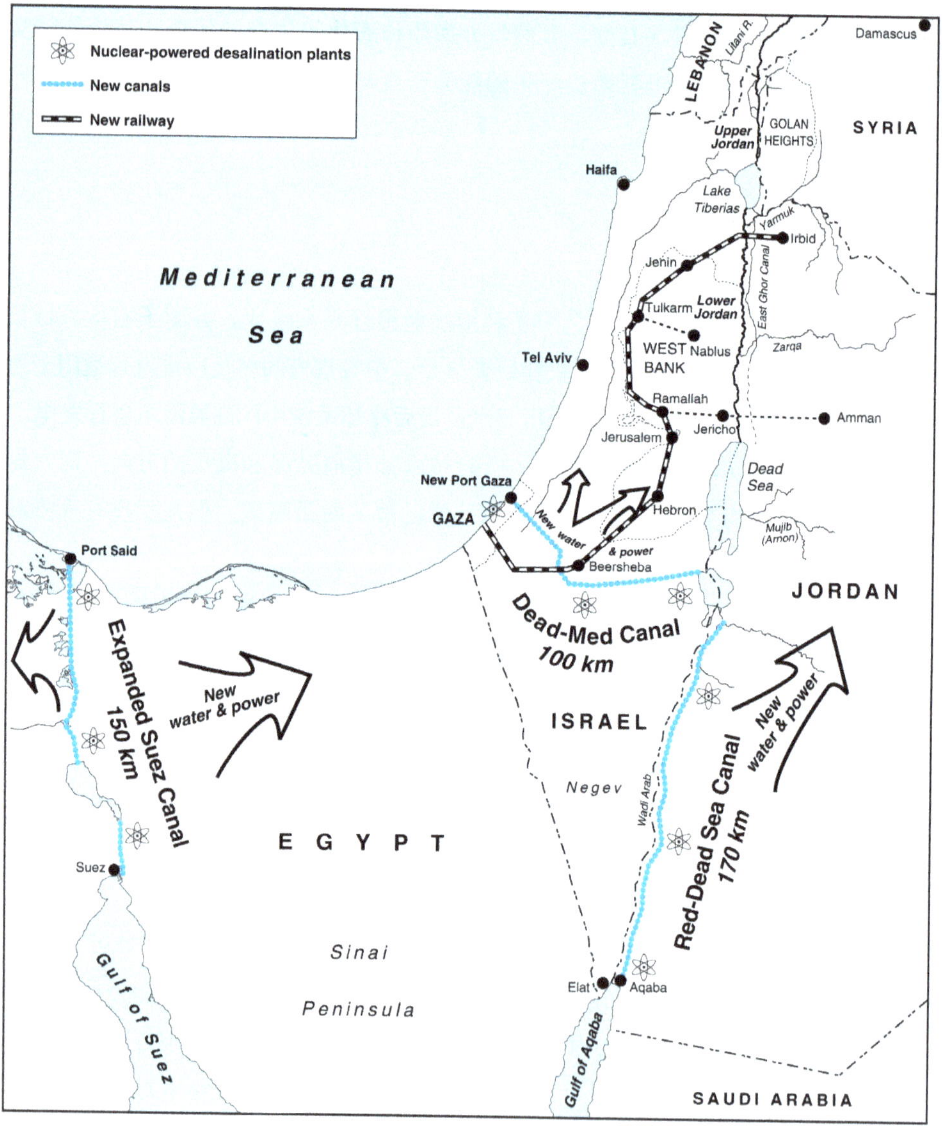

图 5　拉鲁什“绿洲计划”1990 年

2013年，约旦与俄罗斯签署协议，在约旦修建第一座核电站。据称该项目将用于水淡化。以色列也有类似的核能开发计划。林登·拉鲁什自20世纪70年代以来就一直坚持认为，如果不采用核能解决该地区的能源和水资源问题，正如在其绿洲计划中提出的，在缺水缺电的经济压力下任何和平进程都不可能持久。特别是巴勒斯坦人民，他们现有的哪怕一丁点儿地下水资源也被以色列剥夺，如果不进行大规模的海水淡化，他们将根本没有生存的机会。2012年联合国发布的一份报告指出，由于地下水消耗殆尽以及地下含水层受到污染，加沙地带将“在2020年前不适宜人类生存”。

黎巴嫩和叙利亚沿海城市也正经历与巴勒斯坦同样的水危机。只有通过现代化的水管理系统以及核能海水淡化，才能改变这两个国家的灾难性局面。

延伸阅读

“一项关于近东和中东的革命性开发计划”，EIR，2012年12月12日。

“波斯湾：和平与重建，还是战争与破坏？”，EIR，2013年5月10日。视频文件请见 http://newparadigm.schillerinstitute.com

“和平之匙：拉鲁什学说”，EIR，2004年5月7日。侯赛因·阿斯克利对当时的主席候选人林登·拉鲁什的一篇采访。

第七部分

东亚和东南亚的重要贡献

日本须重回核能领导者地位

迈克尔·比林顿

2014年9月

二战后的日本像德国一样成为世界先进技术和工业发展的领导者，最具代表性的是其优秀的机床和工程能力。特别是日本在其他国家不重视的情况下致力于发展核供应行业，成为全球核能领域一只举足轻重的力量。如果金砖国家提出的世界经济新秩序能够实现，日本的核工业能力是其中不可或缺的一部分。

可是，如今日本所有的核电站都已关闭，相关的支持产业也岌岌可危。

自2011年3月日本东部发生大地震和海啸并导致15,000余人死亡以来，日本政府——当时执政的是关注环境保护的民主党——关注更多的不是海啸灾难的全部，而是对几座福岛核电站造成的损失。尽管核电站受损迫使数千人不得不临时撤离，但核电站事故本身并未造成人员死亡。日本全国共50座核电站全被关闭。安倍晋三领导的现任自民党政府曾两次试图重开核电站，哪怕只是其中的几座，但截止2014年9月这些核电站仍处于关闭状态。

与此同时，默克尔总理领导的德国政府也在关闭这一欧洲工业强国境内的全部核电站。尽管德国和日本国内都有人对此表示强烈反对，但至今无力改变这一政策。

金砖国家带来的新形势，为日本恢复之前的地位和作用提供了重要起点。

一、两个日本

林登·拉鲁什早就指出，世界必须认识到有两个日本——一个深受美国体系影响，另一个则受大英帝国影响。1868 年明治维新之后，日本经历了巨大的转型和现代化，这一过程是在与林肯总统有关的美国政治经济体系的几个主要倡导者的配合下完成的。英国人在日本同样非常活跃，他们认为日本与英国一样都是资源贫乏的岛国，主张日本也应该采取大英帝国那样的军国主义政策，并将征服作为获取工业经济需要的原材料的必要手段。

日本明治时期的领导人选择了美国体系，通过与各国和平合作、指定贷款以及普及教育，成功地在几十年内成为一个现代工业国家。19 世纪八九十年代，英国在日本的影响急剧上升。即使英国当时已实际统治了中国（两次鸦片战争之后），英国人同时又积极怂恿日本准备发动对华战争，包括把有关中国军事实力与弱点的详细情报提供给日本。1894 年，作为与中国争夺朝鲜控制权战争的一部分，日本在黄海击败了大清北洋舰队。英国人随后与日本结成军事同盟，主要目的是欲利用日本阻止俄罗斯通过跨西伯利亚铁路（由同一批美国体系经济学家和修建过美国越州铁路的企业家们构思出来的一条“欧亚大陆桥”）开辟一条通往亚洲的陆上通道，这一举动威胁到了英国对亚洲贸易和海路的控制。

1905 年，日俄战争终于爆发，日本借机在中国东北建立了永久性军事存在，包括通过满洲里连接跨西伯利亚铁路的最后一段支线铁路。30 年代，日本发动了全面对华战争，从而引发了第二次世界大战。这一切都是在英国及其位于华尔街的财富的公开支持下进行的，为首的是摩根公司的托马斯·拉蒙特，他积极游说美国支持日本对华战争。

在经历了可怕的战火，以及罗斯福总统不幸逝世后当上美国总统的亲英派杜鲁门对日本投下两颗无用且具有种族屠杀色彩的原子弹后，日本才得以重返美国体系道路，并在麦克阿瑟将军指导之下，成为世界最强大的工业强国之一以及和平利用核能的全球领导者之一。

现在，这个和平利用核能领导者的地位已摇摇欲坠，安倍首相已向二战结束以来日本一直沿用的和平宪法宣战，誓言将“重新解释”宪法以行使“集体自卫权”，并将其作为日本加入一场可能的对华战争的手段。

二、世界需要一个和平和富有成效的日本

日本正承受其反核政策之苦，不得不靠进口大量矿物燃料满足电力供应。但感到威胁的不光有日本，还有那些依赖日本的核供应行业以及需要日本对于全球范围内跃入高热原子核反应经济作出贡献的众多国家。

实际上，已有重启部分核电站的计划，但均被延迟。2013 年，日本核能发电设备主要制造商——法国国有公司阿海珐核能集团宣布，东京计划在 2013 年底以前重启 6 座反应堆。阿海珐首席执行官吕克·乌赛尔称，“我认为三分之二的反应堆将会在几年内重启”。直到 2014 年秋，我们仍能听到有关年内将启动几座核反应堆的承诺。安倍首相也在努力恢复日本核电站的出口，但至今未见签署订单合同。

最危险的是，日本的核能生产部门——重型工程业及其研发——在人员和物理技术能力方面均出现明显下降。低能流密度的“绿色”能源，如太阳能、风能以及所谓的“可再生资源”，都不能满足该国（或世界）日益增长的能源需求。下列事实表明了世界核工业对日本的依赖程度：

日本钢铁厂（JSW）至今仍是全球最著名和最大的重型锻件供应商，每年可生产 12 座核电厂成套设备。该公司生产反应堆压力容器所需的大型锻件、蒸汽发生器及涡轮轴，全世界市场上 80% 的核电站大型锻造零部件都出自该公司。1974 年以来，日本钢铁厂一直按照美国核管理委员会标准为核电站零部件制造大型锻件，今天部分 130JSW 反应堆压力容器仍在全世界服役。美国无力生产此类重型锻件。俄罗斯自行生产的压力容器由于设计思路不同，仅限于在俄罗斯建造的反应堆上使用。

世界核工业因使用日本制造的工程产品而互相联系、互相依存。例如，印度计划在马哈拉施特拉邦的贾拉普尔建设装机容量 9,900 兆瓦的核电机组，建成后将成为最大的核发电机组，法国阿海珐公司从印方获得一份供应其中两座 1,600 兆瓦反应堆的合同。然而，阿海珐公司不能提交大型压力容器，因为它们只能由日本钢铁厂生产。印度还计划，未来 10—15 年建造 20 吉瓦装机容量的新核反应堆。不管西方哪家公司获得建造反应堆的合同，其中部分压力容器只能在日本钢铁厂冷锻加工。如果安倍政权无法重振日本的核发电业，并解决由此带来的电力短缺危机，

未来几年日本钢铁厂将不大可能向印度、中国或其他任何国家供应压力容器。

除了日本钢铁厂，IHI 株式会社（IHI Corporation）是在核电反应堆生产领域贡献突出的另一家著名日本企业。根据该公司网站，IHI 株式会社生产反应堆容器、内层安全壳容器以及管道系统。这些零部件均用于传统的沸水反应堆和高级沸水反应堆。如今 IHI 株式会社也开始生产压水堆零部件。2011 年，它与东芝公司成立一家合资企业，生产核电站需要的蒸汽轮机，产品供应国内外市场。公司的新名字是东芝 IHI 电力系统公司。IHI 株式会社还是威斯汀豪斯的股东。

另外一家生产核电反应堆压力容器和安全壳的日本公司是总部位于横滨的巴布科克—日立 KK 公司。该公司生产的反应堆容器用于沸水反应堆。在其四十余年的历史中，该公司据称共生产了 15 座反应堆容器。另外，它还为快中子增殖反应堆、高温气体冷却反应堆以及轻水反应堆生产相关设备。

这份名单还很长。除了重型工程能力——它让日本、欧洲和美国的许多资本雄厚的公司在全世界接受订单、建造核电站，日本还在核技术领域进行了大量研发工作。事实上，日本从 20 世纪 80 年代起就已成为热核聚变这一未来能源资源研发领域的领导者。在磁聚变研究领域，日本是国际热核实验反应堆（ITER）托卡马克项目的合作伙伴，参与该项目的国家还有美国、俄罗斯、欧洲、印度、韩国和中国。作为解决一项聚变工程难题的主要贡献，日本在开发国际聚变材料辐照装置方面处于领先地位。1985 年启用的日本环（JT）-60 托卡马克装置历经数次定期升级，而目前正在进行升级的 JT-60SA（超先进）将包括托卡马克装置运行所需的超导磁体。

日本在惯性约束聚变研究领域同样表现优异。大阪大学内的 GEKKO XII 激光设施，建成于 1983 年，也已经过升级，使激光核聚变更接近净能生产。

这才是世界需要的日本，也是为了全人类利益必须要恢复的日本——核技术各领域的领导者。

湄公河开发项目——东南亚的田纳西河流委员会项目

迈克尔·比林顿

2014 年 8 月

湄公河发源于西藏，流经中国、缅甸、老挝、泰国、柬埔寨和越南，汇入南中国海，全长近 5,000 公里，流域面积约 800,000 平方公里。二战结束后不久，这条大河就被视为进行综合开发的首选目标，就像富兰克林·罗斯福在田纳西河流委员会（TVA）项目中所做的那样——将美国最贫穷、最不发达的地区之一发展成为先进工业、农业和科学研究中心。20 世纪 50 年代初，联合国曾进行了数次研究，并于 1957 年成立了湄公委员会。来自田纳西河流委员会、美国陆军工兵部队和美国垦务局的工程师对该地区进行了研究，制定了在湄公河及其主要支流修建一连串大坝的计划。《1970—2000 年流域计划》提出一个总额为 120 亿美元的长期建设项目，建成后实现水力发电 17,000 兆瓦，使旱季针对约 600 万公顷可耕地的灌溉能力提高 10 倍，产量提高 2~3 倍。

这些研究是在法国对越南的殖民战争结束——以 1955 年法军在奠边府战役中失败为标志——之后进行的。那是个十分乐观的时代，1955 年原殖民地国家在印度尼西亚的万隆举行了首次没有欧洲殖民国家参加的国际会议，并由此形成不结盟运动。在美国，1960 年肯尼迪当选预示着将恢复二战后由罗斯福总统提出的国际发展政策。肯尼迪政府（不成功地）试图说服田纳西河流委员会主席大卫·利林塔尔去亚洲出任外交职位，用副国务卿切斯特·鲍尔斯的话说，“为一个庞大的东南亚田纳西河流委员会项目——湄公河开发加油造势。”

可是事与愿违。湄公河流域至今仍是世界上最后的未开化和不发达的大河流域之一（或者如环保人士所说，一片“未被污染”的河流流域）。如果不是上世纪60—80年代遭受连年殖民战争，之后英国又通过环保运动（环保人士）对每个开发过程全力进行阻挠破坏，湄公河流域将不是现在这样。

湄公河委员会在对该地区的最新研究报告中承认，“对该河流的管理和开发目前仍十分有限，部分原因是水流未经调节。柬埔寨境内的大片泛滥平原大多没有开发，整个流域内仅有小部分的灌溉、水电和航运潜力得到开发。该河流大体上仍处于自然状态。”该委员会指出，尽管通过经济发展贫困水平有所下降，特别在泰国和越南，但该地区“依旧是世界上最贫穷地区之一。大约85%的人口生活在农村地区。只有50%的家庭拥有安全饮用水和全天候道路，用电量只有工业地区的5%。洪水和旱灾造成人员伤亡、财产损失，并导致重大经济损失。”

为什么会这样？

肯尼迪总统1963年遇刺很快引发印度支那战争，对印度支那和美国都造成了灾难性后果。在随后的30年里，湄公河开发计划事实上处于休眠状态，只有殖民战争留下痛苦和贫穷。1975年，约翰逊总统推出一项投资10亿美元的湄公河开发计划，“甚至将使我们的田纳西河流委员会项目相形见绌”，他预想胡志明会为得到此项目而妥协——这是美国对亚洲及国家主权问题的一个典型认识错误。在席卷该地区的地毯式轰炸和凝固汽油弹攻击中，这项关于大坝、公路、铁路和城市建设的开发计划也烟消云散。

当战争最终结束时，世界已患上一种“环保／绿色”病。2010年，在英国两家机构——世界自然基金会（WWF）和国际河流组织（IRN）的支持下，史汀生中心发表了一篇谴责东南亚开发的研究报告，其中包括一幅湄公河上目前已规划或已建造的主要大坝地图（见地图）——中国境内8座，湄公河下游国家老挝、泰国、柬埔寨共11座。中国境内（湄公河在那名为澜沧江）的8座中，5座已经完成，其余3座正在修建，但规划中的东南亚国家11座大坝无一建造。中国修建大坝的行动被环保人士背后的英国帝国主义者视为巨大灾难。中国遭受谴责，不仅因为自己修建大坝，还因其向下游湄公河上几座大坝的修建提供融资和工程建设支持。

非常有意思的是，史汀生中心的报告承认这些他们要求中止的建设计划，与美国领导的湄公委员会1970年提出的项目计划十分接近。报告中指出，美国领导的团队提出"一个利用该流域水电潜力的庞大项目，以促进发展，抵御共产主义的扩张"，其目的是将湄公河建设成为"一个规模大得多的田纳西河流委员会，支持该国最偏僻、最落后地区的经济发展。"

一、湄公河项目的命运

印支战争期间，世界很多地区都忙于修建大型水坝和水利项目。尽管规模庞大的北美水和能源联盟（NAWAPA）项目因肯尼迪遇刺而中途夭折（美国至今仍在承受因此带来的后果，包括加利福尼亚州、德克萨斯州甚至整个西南部地区的干旱），美国仍有 8,000 座大型水坝，其水坝总数达 80,000 座。而在此期间，湄公河地区没有修建任何水坝。

随着 1975 年在越战中失败，美国中断了对于湄公河项目的所有支持。即使越南 1979 年推翻了在柬埔寨的红色高棉政权，美国也选择支持红色高棉掌权，但拒绝提供任何援助，直到 1992 年。此时为时已晚——环保力量已形成气候。

1995 年，湄公委员会最终得以重组，并更名为湄公河委员会，泰国、老挝、柬埔寨、越南均为成员国。但该委员会协议对一些细节问题语焉不详，直到 2001 年才有了一份详细的工作方案，据专家分析，该方案体现了"从关注项目到重视现有资源管理和保护的转变"。它完全去除了关于建造干流水坝以及进行其他大型基础设施开发的内容。这种改变源于一家新成立的环保主义组织——全球环境基金（the Global Environment Facility）——的压力，该组织最初由世界银行组建，但在 1992 年的里约地球峰会上成为独立机构。

1997 年，湄公河项目因世界银行与国际自然保护联合会（IUCN）的联手而再遭重创。后者或许是第一家公开的环保法西斯主义机构，1948 年由朱利安·赫胥黎爵士创办，旨在以貌似高尚的名义重新恢复战前那种叫嚣种族主义优生学的社会。世界银行和国际自然保护联合会共同组建了世界水坝委员会。正如史汀生研究报告所说，由于这一举动"世界银行和亚洲开发银行基本放弃了在湄公河流域建造大型水坝，并限制了它们在支持环境保护与重新安置、资助科学研究（指全球变暖研究及相关的反科学骗术）以及在某种条件下为取决于环境和社会影响评估的商业贷款提供风险保险等方面的作用。

这些环保法西斯主义者的最大谎言是，大坝和其他大型基础设施开发将对该地区那些依靠种地和打渔为生的穷苦家庭有害。虽然他们承认该地区是全世界最贫穷的地区之一，但却不承认这完全是缺乏被他们全力阻止的开发过程所致。史汀生报告在提到湄公河国家为发展经济所作的不懈努力时，提到："如今湄公河国家政府制定的经济发展的决策，如果不是很快被收回仔细研究、重新讨论，那么就会被扣上危害食品安全和人民生计、威胁国内政治稳定甚至破坏缺乏信任的地区关系的帽子。"

二、目标——中国

史汀生报告对中国在西藏上游干流和云南山区建造的总共 15 座大型或超大型水电大坝提出异议，还指责东南亚国家对中国等外国开发公司在下游建设 11 座大坝上的让步。

湄公河委员会（MRC）至少承认，西方自己在完成了基本设施建设之后，其"社会价值已转向"重视环保、反对进步的政策，但大多数贫穷国家的情况却非常不一样，特别是在 20 世纪有着独特历史经历的湄公河下游地区。即便如此，今天在湄公河下游地区各国一样面临巨大压力，要求其采取与之前的工业国不同的发展道路。"

1992 年，亚洲开发银行成立了一个名为大湄公河次区域（GMS）的单独机构，成员除了湄公河委员会的四个成员国，还包括缅甸和中国的南部省份云南和广西。

大湄公河次区域较少关注湄公河自身的水资源开发，而更多关注本地区整体的基础设施建设，特别在交通基础设施方面已取得非常大进展，远远超过湄公河委员会在水资源开发领域的成绩。东西公路项目连接越南海岸、老挝狭长地带和泰国，直到缅甸边境。现在已有计划延伸这条道路，从缅甸经孟加拉直到印度。

中国此时正在修建一条从昆明到新加坡的"东方特快"铁路。直到 2014 年 9 月，泰国政府已批准一项由中国修建高速铁路的项目，连接曼谷至泰国北部和东北部，而老挝也正与中国就修建南北铁路线的老挝段进行谈判。

泰国克拉地峡——南亚发展的基石

迈克尔·比林顿

2014年8月

1983年10月，EIR与聚变能源基金会（创办人都是林登·拉鲁什）在曼谷举办了一次会议，旨在推动在泰国南部的卡拉地峡开凿一条海平面运河。会议由泰国交通运输部和全球基础设施基金会（GIF）共同赞助，后者是日本三菱研究所的一部分。一年后，在曼谷又举行了第二次相同主题的会议。这项必将成为整个太平洋地区经济发展“基石”的伟大工程，启动已近在眼前。

可是，在外国力量以及泰国国内某些反对势力的联合抵制下，该进程却被逆转。尽管在写作此文时泰国正经历严重动乱，包括2014年5月爆发军事政变，但在中国和日本的支持下，有关启动该项目的计划已在酝酿之中。

一、运河

尽管开凿克拉地峡节省的航程比不上另外两大运河苏伊士运河和巴拿马运河——它将缩短从印度洋到南中国海的航程约900英里——它的通航能力却完全可以媲美两大运河，一方面是由于航程的缩短，另一方面也是由于马六甲海峡航道已过度拥挤。1983年该航道的年通行能力是50,000艘船只，但据EIR当时预测，中国与印度的经济增长迫切需要另外开凿一条运河。

然而，克拉地峡的意义绝不仅仅是方便航运。就像林登·拉鲁什在1983年会议上所说：“通过克拉地峡开凿一条海平面运河，不应该仅被视为泰国和地区合作国家在经济基础设施领域的重大进步；它还是一块基石，围绕着它可以在更广泛范围内对基础设施进行健康而又平衡的发展。”

此次名为“太平洋与印度洋港湾开发”的会议，将卡拉运河与运河两端的新建深水港和附近工业区一道，称为一种全亚洲发展方式的中央枢纽。这种发展方式的基础是工程项目，包括湄公河流域开发、中国大型水利工程以及印度恒河—布拉马普特拉河地区的水利水电工程等。同时，这也是拉鲁什和全球基础设施基金会所倡导的全球“重大项目”方式的一部分。

会议还提出了措辞严厉的警告，称如不开凿克拉运河、不进行配套的工业开发，将使泰国南部陷入混乱，而该地区早已饱受经济落后之苦且当地佛教徒和穆斯林之间矛盾重重。另外，马六甲海峡的过度拥挤也可能导致战略危机，因为它是远东地区——特别是中国——石油和其他贸易航路上的瓶颈，因此很容易遭到破坏和海盗袭击。

二、项目情况

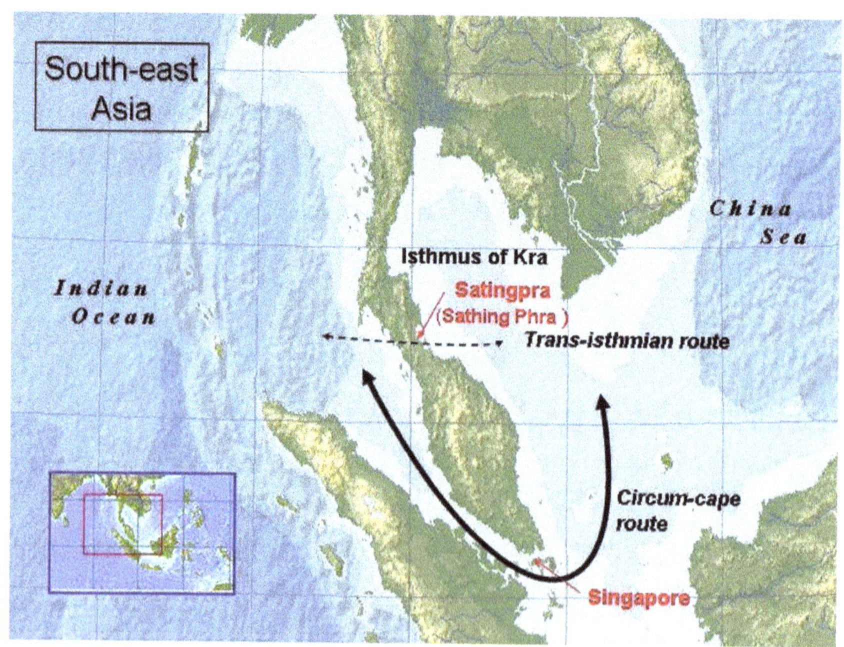

克拉运河计划位置

我们可以将计划中的克拉运河与其他著名运河进行比较。克拉地峡最窄处宽约 27 英里，而巴拿马运河宽 48 英里。克拉运河计划中的位置长度从 30—60 英里不等，而苏伊士运河长度为 119 英里。

运河选址处的山脉高度约 246 英尺。与之相比，巴拿马运河盖雅截流处的高度稍低，为 210 英尺。

马六甲海峡深度不足以令许多大型船只通过。该海峡长 620 英里但深度很浅——最浅段少于 1.6 英里，而最浅地点深度仅为 82 英尺。目前，大型船舶不得不绕行南部靠近爪哇的龙目海峡，该处深度为 820 英尺。克拉运河将为亚洲的航运交通节省约 1,200 英里的航程；其深度，根据工程研究测算，将为 110 英尺。

马六甲海峡是迄今为止世界上最繁忙的战略航道，航行量超过苏伊士运河与巴拿马运河二者之和的两倍。根据最新预测，世界贸易的五分之一须经马六甲海峡。一旦航运交通出现堵塞或被阻挡，无论是发生事故还是有意为之，都将极大地增加贸易成本并给依靠中东石油的东亚国家经济带来极大危险。

三、发展带来和平

1983 年曼谷会议的报告——发表在《聚变》杂志（1984 年 7—8 月刊）——在谈及泰国的安全问题时称："一项重要的内在战略性因素同样值得泰国决策者注意。有些观点认为从南部黄金半岛开凿一条运河将给安全带来不利影响，加剧民族和宗教矛盾突出的南部地区与其他地区间的隔阂，其实，该项目也可能带来相反的结果。该运河项目作为一个主要工业增长点，将发挥融合与凝聚作用，使泰国南部、中部和北部省份加入到一个共同的大型发展计划之中，从而能够团结全国力量，改善南部民众的经济状况，减少不满情绪发生的可能。

泰国前武装力量最高指挥官赛育将军（General Saiyud Kerdphol）在 1984 年 EIR 组织的曼谷会议上发言时称："发展与安全应该携手共进。我们应该认识到，经济、政治和社会的进步都有助于实现安全——但安全本身并不是发展。"

2014 年 5 月，在接受一家新加坡的华文杂志《财富时代》采访时，林登·拉鲁什谈到了克拉运河对亚太地区整体的重要性，称他有许多"专门和专业的知识，有些是关于该项目的重要性和可行性，有些是关于该项目对主要邻近地区整体的深远意义，如中国和印度，也包括中印发展过程涉及的所有区域乃至整个太平洋地区……

“将东亚和南亚地区的海事区域划分为三个主要范畴：中国，巨人；印度，巨人；以及今天遍布东南亚海事区域的海上通道。将这三者海上通道及有关通道的影响，加到与东面的美洲、中东和非洲之间的物理经济联系之上。克拉运河发展的潜力看起来不仅可行性很强，而且还会成为世界上的一只战略性政治经济力量。

“该地区针对克拉运河最常见的反对声音来自新加坡。新加坡反对的主要根源，完全是大英帝国的全球军事战略利益。克拉运河的开凿，在技术上并不困难，如果我们考虑到该项目将会带来的巨大收益；近代以来大英帝国在整个印度洋地区的战略利益成为该项目迟迟不能推进的主要障碍。亚洲有两大真正强国：印度，以及人口更多的中国。两大亚洲强国间庞大的海上贸易量，以及它们通过南亚沿海地区的联系，意味着该项目将给整个太平洋和印度洋地区以及全球主要地区的共同发展，都带来巨大的帮助和便利。毕竟海上运输依旧是全球各地区之间最经济高效的交通运输方式。

“对于新加坡而言，如不考虑英国的战略需要，它从开发克拉运河中所获的收益将远大于不开发的收益！”

英国在抵制开发克拉运河中的作用可以追溯至 1897 年。当时，英国与暹罗（泰国）签订密约，规定在没有英国允许的情况下禁止建设穿越克拉地峡的运河。密约还将该地区的独家商业特许权置于英国控制之下。这一“不开发”的帝国政策在整个 20 世纪一直未变。二战结束后，曾允许日本占领本国的暹罗政府被迫对其经济发展设置了更为严格的限制，更不用提强加于该国的巨额战争赔偿了。

1946 年英泰条约第 7 条规定：

暹罗政府承诺：在事先没有获得联合王国政府批准的情况下，不得开凿贯穿暹罗领土、连接印度洋和暹罗湾的运河。

尽管这一帝国条约最终被废除，但英国在亚洲的银行前哨——城市之国新加坡，继续成为开挖克拉运河的主要障碍。但是，2014 年 8 月新加坡同意成为亚洲基础设施投资银行（AIIB）的创始成员国，该银行由中国发起，旨在为此类地区基础设施开发提供新的融资渠道，这或将使新加坡的态度有所改变。

四、数百年的计划

开凿克拉运河的想法是在 1793 年由泰王拉玛一世首先提出的。他提议，从半岛东岸泰国湾一侧的宋卡到西岸的印度洋开凿一条运河，在马六甲海峡上方。这一想法在 20 世纪 50 年代和 70 年代先后被重新提出，但由于印支殖民战争造成的国内及地区局势不稳，使任何地区合作都无法进行。

不过，受泰国炼油公司的 K. Y. Chow 委托，美国工程公司蒂皮特 - 安博特 - 麦卡锡 - 斯特拉顿公司（TAMS）和南森公司（Robert R. Nathan Associates），在劳伦斯利弗莫尔国家实验室协助下，于 1973 年完成了一份可行性研究报告。后来，为准备 1983 年的会议，聚变能源基金会又对该报告进行了改进。

五、和平核爆炸

克拉运河计划中一个重要问题是在开挖最困难的地段时使用和平核爆炸（PNE）的潜在优势。现在，因为敌视发展的人狂热反对任何与核有关的东西，使用和平核爆炸已彻底不予考虑了。这一特定形式的反科学洗脑行为已不如 1983 年曼谷会议时普遍，而此讨论则显示出泰国以至全世界使用这种安全、可控的核爆炸的巨大优势。

如使用和平核爆炸，开凿此运河的时间和费用将减少近一半。此外，高级核工程与科学人员的集中将方便发展与核相关的产业以及核能发电站。参会的劳伦斯利弗莫尔实验室发言人建议，建造一座大型核同位素分离工厂（nuclear isotope separation plant），将其作为克拉运河项目的一部分。

尽管亚洲在 20 世纪 80 年代和 90 年代初已取得一些工业进步，但同样受到 90 年代的投机性“全球化”泡沫的影响——基本基础设施建设被热钱和加工业取代——直到 1997 至 1998 年的金融危机投机者才罢手，泰国经济也在套利资金的抢劫和国际货币基金组织（IMF）的条件压迫之下崩溃。

克拉运河的积极倡导者之一是前总理差瓦立·永猜裕（Chavalit Youngchiyudh），它成立了泰中文化经济协会。泰国与中国的联系日益紧密，现已远超 20 世纪 80 年代的水平，这也使该项目再次受到关注，因为中国一直将其在国外特别是亚洲地区的基础设施投资，视为长期互利的合作，而不象七国集团（G-7）那样，只投资给那些能给私营部门迅速带来短期利益的项目上。中国提出的亚洲基础设施投资银行也有相同的特点，泰国已同意作为创始成员国加入该银行。

在日本，三菱下属的全球基础设施基金会仍然致力于该项目，而其他著名经济学家也对此深感兴趣。前日本财政部官员、驻国际货币基金组织代表小手川大助（Daisuke Kotegawa）强调，日本和中国在开凿克拉运河的项目上开展合作，不仅对两个亚洲经济巨人来说是互利互惠的事情，而且恰恰代表了那种必须通过合作才能完成的项目，并以此作为克服两国紧张关系的方式。

随着纳兰德拉·莫迪当选印度总理，印度也可能急于参与到克拉运河项目中来。莫迪的竞选口号是“发展、发展、再发展”，而且他想进一步加强自己在任古吉拉特邦首席部长时期与中日两国建立起来的紧密关系。克拉运河对扩大东亚与南亚的贸易将变得日益重要。

连接印度尼西亚与欧亚大陆

迈克尔·比林顿

2014 年 8 月

印度尼西亚是东南亚最大的经济体，将其与马来半岛连接起来，同时联系该国两大主要岛屿——苏门答腊岛和爪哇岛，其中的意义不言而喻。缺乏路上交通不仅对印尼是个制约，对整个东南亚、中国和印度而言同样如此。穿越两个海峡的交通项目已讨论了数十年，如今似乎已蓄势待发。

印尼是世界第四人口大国，拥有超过 17,000 个岛屿，横跨 3,000 多英里。尽管与欧亚大陆之间被海洋隔开，其两个人口最多的岛屿——苏门答腊岛和爪哇岛——相对更容易通过公路和铁路以桥梁或隧道穿过马六甲海峡与马来西亚相连，两岛之间也可以通过桥梁或隧道穿过巽他海峡取得联系。这两个海峡是世界上最具战略意义的海上通道，连接东亚与南亚、非洲和波斯湾。

通过修建更多的桥梁和隧道，可以将该国的路上交通线从爪哇岛延伸至巴厘岛及其他岛屿，直到帝汶岛。

一、马六甲海峡大桥

丹麦和中国正积极筹划建设一座马六甲海峡大桥，并修建从马六甲城至苏门答腊岛廖内省杜迈镇的一条公路，总长度为 127 公里。此项目的可行性报告已于 2006 年完成，预计投资 125 亿美元。马来西亚负责修建跨越海峡的长 48 公里的大桥，而印尼则负责修建从大桥至杜迈的长 79 公里的公路。

48 公里长的跨海峡大桥将是世界上最长的跨海大桥。

2013年10月，据由地方政府指定为总体设计商和承建商的马六甲海峡合作伙伴透露，中国进出口银行同意为该项目投资85%，但之后没有发布更多信息。2014年1月，丹麦表示对此项目感兴趣。丹麦大使尼科莱·鲁格（Nicolai Ruge）称丹麦拥有承担该项目所需的技术和工程能力。丹麦曾建造连接丹麦哥本哈根与瑞典的马尔默的厄勒松德（øresund Sound）大桥和隧道。

亚洲基础设施投资银行（AIIB）成立以后，可望为这一重要工程提供投资。

二、巽他海峡大桥

即将卸任的印尼苏西洛（Susilo Bambang Yudhoyono）政府曾将修建一座横跨巽他海峡、连接爪哇岛和苏门答腊岛的大桥作为首要任务，于2007年批准了该项目。该项目还包括修建一条长27公里的公路和铁路走廊，铺设水、石油、天然气管道和光纤电缆，以及修建经由海峡中的两座岛屿连接爪哇岛和苏门答腊岛的公路和两座悬索桥，预计投资100亿美元。同样，新成立的亚洲基础设施投资银行可以发挥作用。

2014年3月，印尼政府宣布，该项目将继续推进，不受10月政府即将换届的影响。

2006年来往于巽他海峡的人数大约2,000万，大多通过渡船，在2020年前该数字预计会翻番，随着大桥的建成甚至会更多。爪哇岛有1.41亿人口，是世界上人口最多的岛屿，苏门答腊岛人口5,000万，排名第五。

巽他海峡大桥和马六甲海峡大桥开通以后，爪哇岛上大城市将拥有通往整个东南亚和中国的公路和铁路通道，贸易和交通能力将得到极大提高。

第八部分

澳大利亚——太平洋地区发展之驱动器

将澳大利亚引入大陆桥进程之设想

罗伯特·巴维克

2014年8月

在经过英国两个世纪的殖民之后，澳大利亚仍是一片空荡荡的大陆，很合环保主义者的胃口。然而，澳大利亚有一个生机勃勃不断发展的政治运动，叫做公民选举委员会（CEC）。它与林登·拉鲁什、黑尔佳·拉鲁什合作，计划开发这片广阔的大陆。如果这一想法得以实现，将对整个环太平洋地区未来的发展做出决定性的贡献。

CEC想恢复澳大利亚在二战紧急状态下发展起来的曾经强大的工农业生产能力。过去几十年，战后的澳大利亚在工程和制造业方面一度领先。以世界一流的机床业为中心，澳大利亚有着一支高技能、高工资的工人队伍，能为周边地区的发展中国家提供技术和资本货物。

20世纪80年代后出现了金融自由化和自由贸易的全球趋势，使得澳大利亚风光不再。自由贸易击垮了澳大利亚的制造业，使其实体经济萎缩，变成了一个原材料场；金融自由化使澳大利亚的金融系统变成了债务和衍生品的赌场。CEC计划恢复澳大利亚的工农业产能，不仅改变澳洲的面貌，也将为新时期亚太地区的发展提供资源、高端资本产品和技术。

目前澳大利亚760万平方公里的土地上有230万人——每平方公里只有3人。而目前美国（包括阿拉斯加）的人口密度是每平方公里32人；加利福尼亚州每平方公里有89人。

从殖民时期起，澳大利亚民众就有发展的迫切需要。但大多数时候英国都压制着这种发展冲动。他们将大片土地承包给由伦敦金融集团控制的田园地产，利用廉价劳动力放牧绵羊进行羊毛生产。1901 年，六个独立的英国殖民地合并成了澳大利亚联邦。这六个殖民地的铁轨轨距不同，不可能制定全国统一的铁路系统。殖民地的金融资本也依赖伦敦，但英国紧紧捂着钱袋。在伦敦资助的极少数开发项目中，最值得一提的是珀斯到库尔加迪的管道系统，它将水送往西澳大利亚中部沙漠的卡尔金矿。

一、机床生产

澳大利亚要对世界大陆桥有所贡献，必须恢复其国际一流的机床制造能力。澳大利亚的机床制造能力是二战期间从零发展起来的。有关澳大利亚机床工业的故事令人振奋，它证明经济可以快速发展，并具有革新能力。

战前的澳大利亚穷乡僻壤、经济落后。它对战争的准备不足，很难在战争中生存下来。道格拉斯·麦克阿瑟将军在他的回忆录中记载道，当他 1942 年到澳大利亚组织盟军进行太平洋防御时，澳大利亚糟糕的军事和经济能力是“战争中最让他感到震惊的”。澳大利亚的困境迫使政府进行经济动员，迅速使国家具备了强大的生产能力，采取的方式类似于富兰克林·D. 罗斯福在美国所采取的方式。

由于迫切需要武器弹药，机床制造成为经济动员最优先的领域之一。战争开始时，澳大利亚只有三家机床制造商，所生产的机床只有 15% 达到军需品的质量要求。D. P. 梅勒的《科学和工业的作用》一书是关于这次动员的官方记载，它告诉我们动员达到了惊人的效果：

“1942 年和 1943 年，澳大利亚国产机床数量和品种以令人吃惊的速度增长。在使用现有机床方面还出现了许多巧妙的创新。以前被认为不可能生产的某种精密工具，现在已变得司空见惯。在生产最高峰的 1943 年，约 200 家制造商雇用了 12000 名工人，年产 14000 台机床。到了 1944 年中期，澳大利亚最大的一个短板变成了其强项。”

澳大利亚很快就满足了自己的机床需求，并出口到埃及、南非、新西兰和印度等国。1944 年，一名观察家惊奇地指出，在澳大利亚运行的 52000 台复杂机床中，每 10 台中有 7 台是澳大利亚自己生产的。项目负责人索普上校在 1943 年吹嘘道：

“对于澳大利亚的工程师来说，没有什么机器是太大或太复杂而他们对付不了的。”

战争结束时，澳大利亚的经济改革使政府完成了规模难以想象的战后重建和工业发展计划，提高了国家的工程和制造能力。1948年，澳大利亚总理契夫里（Chifley）与美国汽车制造商合作，建立了以机床为核心的本国汽车制造业。第二年的雪山项目获得巨大突破（见下文）。这个项目甚至还考虑要开发国内核电行业，但因为政治原因没有实现。澳大利亚的产业发展为火箭技术提供了支持，连美国和英国也开始使用澳大利亚内地的梅拉火箭发射场。到了20世纪60年代，澳大利亚可以从本土发射卫星进入太空，成为第三个具备这种能力的国家。在那十年间，农业和制造业为澳大利亚全国经济产出和就业的贡献分别占40%和50%。

从20世纪60年代末开始，在自由贸易和环保主义的夹击下，这一切开始土崩瓦解。1967年，澳大利亚的机床制造商失去了关税保护，从印度进口的更便宜的机床逐渐取代了澳大利亚产品。在英国皇室的指示下，环保主义甚嚣尘上，控制了澳大利亚政治、社会和经济的方方面面，叫停了所有大型基础设施项目，如雪山工程项目。

20世纪80年代早期，澳大利亚采取金融自由化、私有化和自由贸易的激进方案，扼杀了制造业，同时扩大了金融投机，这样到了21世纪初，制造业和农业已经锐减到GDP的10%左右，但金融服务从1960年的不到5%激增至20%。

20世纪90年代末，澳政府取消了对机床的激励政策，澳大利亚的制造业就此急停。2013年，澳大利亚大量损失机床和熟练操作工后，首先是福特公司，然后是通用汽车，接着是丰田公司宣布不再在澳大利亚生产汽车。

现在的澳大利亚经济由原材料开采（将大量铁矿石和煤炭运往亚洲）、依赖于金融衍生工具的金融业，以及房地产投机泡沫组成。然而，澳大利亚在第二次世界大战中的经验证明，当国家存亡需要的时候，这种工业衰落的局面可以迅速扭转。

二、发展的要求

澳大利亚在全球发展过程中要发挥其应有作用，第一个先决条件是恢复其主权。这意味着离开英联邦，成为一个共和国，使其巨量的原材料存储（其中一些是世界上最富有的）摆脱力拓集团（Rio Tinto）和必和必拓公司（BHP Billiton）等英国皇家联合企业的控制，实现国有化。

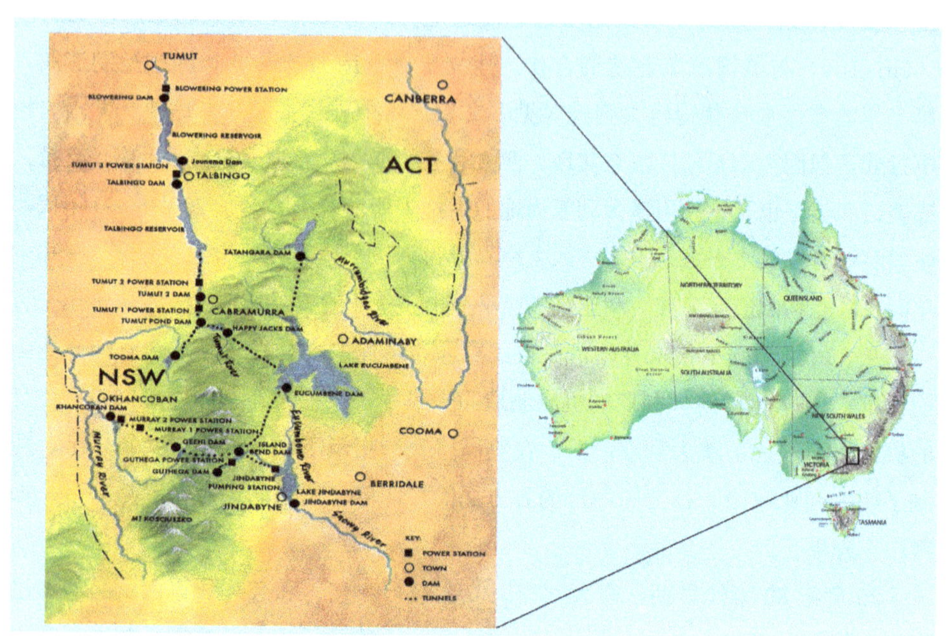

图 1　雪山水电项目

基于 TVA 模型建造的雪山水电项目，是进行灌溉和水力发电用水的主要来源。

此外，澳大利亚必须恢复其国有银行传统。国有银行是一个名叫金·奥马利（King O’Malley）的美国移民在 1911 年引入澳大利亚的。奥马利按照亚历山大·汉密尔顿的美国第一银行模式给出了自己的建议。1909 年他在议会的一次演讲中称：“我是澳大利亚的亚历山大·汉密尔顿。他是有史以来最伟大的金融天才，他的观点永远不会过时。”由于奥马利的工作，国有银行成为澳大利亚工党几十年来的基石，并且为全国最大的基础设施项目——雪山水电项目（图 1）提供了信贷。

雪山项目开始于 1947 年，完成于 1975 年，它改变了澳大利亚，为澳大利亚建起农业粮仓，为更多大型工程项目树立了样板。1967 年，美国工程师协会将雪山项目誉为现代世界的“七大工程奇迹之一”。它占地 7780 平方公里，有 16 个水坝、7 个发电站、145 公里隧道和 80 公里高架桥。它将雪河（Snowy River）和其他两条河流的源头转引向西，穿过澳大利亚山脉，进入穆雷灌区和马兰比季河流域，打造出最高效的灌溉区之一——穆雷—达令流域。

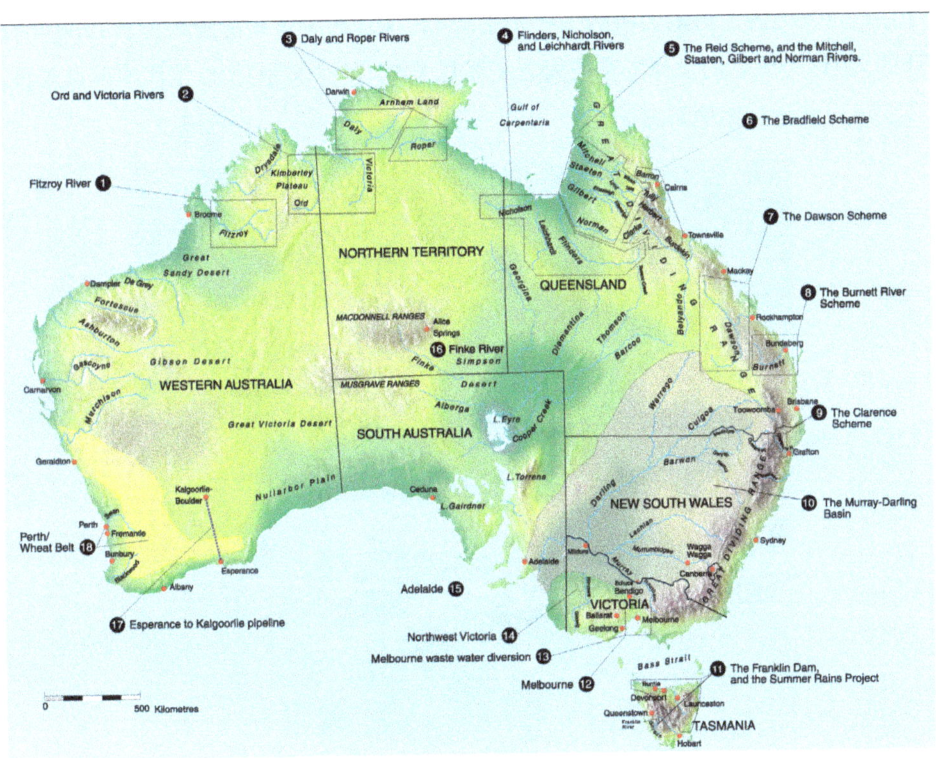

图 2　澳大利亚及其所需的水利项目

这张地图是 CEC 与工程师兰斯·恩德斯比合作设计的“国家复兴的基础设施之路”计划的主体部分。

雪山项目的设计者是在美国接受培训的工程师。该项目与美国人合作，是其他一系列工程项目（共有 18 个）的样板。今天的澳大利亚迫切需要这些工程项目，它们可以为澳洲大陆提供足够的水，将沙漠变为绿洲。项目建成后，可以将海岸、山脉、河流（如东海岸新南威尔士的克拉伦斯河和西海岸菲茨罗伊河）中的水转移到内陆干旱地区。

三、布拉德菲尔德计划

这些项目中其中最激动人心的是灌溉内陆的布拉德菲尔德工程（图 2）。它是建造了著名悉尼海港大桥的工程天才 J. J. C. 布拉德菲尔德博士于 1938 年设计的。但这个天才的设计方案被束之高阁几十年，直到 20 世纪 80 年代才重见天日。我们将对此进行案例研究。

图 3　亚洲的大集装箱港口

有一些是世界上最大的，高速海运连接着高速铁路，只需一到四天即可从澳大利亚任何地方抵达这些港口。

澳大利亚降雨量最大的地区是处于热带的北昆士兰。来自太平洋的温暖、潮湿气流在这里被绵延整个澳大利亚东部的大分水岭大幅推高。但长 123 公里和 340 公里的塔利河和赫伯特河又将降雨直接带回了大海。在布拉德菲尔德方案中，建议建造一系列大坝和隧道，使两条河流的水穿越大分水岭，流向肥沃但干旱的昆士兰中部平原，并最终进入澳大利亚的内陆盐湖——艾尔湖。该工程从澳大利亚东北部开始，贯穿整个澳洲大陆，一直抵达澳大利亚中南部的艾尔湖。

布拉德菲尔德工程不仅计划用于调水灌溉， 还计划增加植被和建立降水的永久循环，从而改造现在干燥的内陆气候。

四、高速铁路：亚洲快车

澳大利亚的运输系统也急需升级。澳大利亚工程师兰斯·恩德斯比教授 2009 年去世前，设计了名为亚洲快车的工程项目。

亚洲快车包括将澳大利亚主要城市连接起来的高速铁路网以及高速海运航线。建成之后，从澳大利亚任何地方出发，能在一到四天时间内到达亚洲任何地方（包括世界最大的两座海港——新加坡和香港，以及许多其他重要港口）（图 3）。工程首先要建设的是从墨尔本到达尔文的快速货运铁路，它可以在 24 小时内将南方各州高价值的园艺产品运到澳大利亚最北边的港口。恩德斯比说，亚洲快车可以克服“距离上的限制”。由于路途远，原来这些地区只能生产保质期长的农作物，如羊毛、谷物、牛肉、罐装水果和干果。有了快速货运服务，沿线土地便能生产高附加值的产品，包括乳制品和集约栽培的园艺品。

恩德斯比教授后来将他的理念拓展到澳大利亚环形铁路，它绕到澳洲大陆上端，在珀斯与现有的东西向横跨澳洲大陆的印第安太平洋铁路相连接。

为了完全实现该项目，澳大利亚必须建立通往东南亚地区的高速海运服务。从达尔文到新加坡的距离等于地中海的长度，除了季风季节，海上大多时候处于风平浪静，从达尔文到新加坡、爪哇、香港和台湾的高雄等大港可以实现快速渡轮通航。澳大利亚在建造高速双体船方面世界领先：塔斯马尼亚的 Incat 造船公司和澳大利亚西部的奥斯船舶公司拥有很多速度记录，包括跨大西洋航行最快的记录和商业客船在一天内行驶距离最长的记录。两家公司已经将它们的大部分乘客 / 车辆高速双体船改造成使用集装箱和滚装技术的快速货船。

五、核能

澳大利亚拥有全球已知铀储量的四分之一（比其他任何国家都多），其钍储量也占全球的四分之一（和印度储量接近）。因此，澳大利亚的核原料足以开发核能网络，为国家提供廉价、丰富的能源和淡化海水。目前澳大利亚国内只有一个小型研究反应堆，环保组织坚决阻止澳大利亚发展核能。然而，澳大利亚的大学正在培养越来越多的核裂变和核聚变技术工程师和科学家。澳大利亚有可能发挥出核能发电的规模效益，为全球核裂变和核聚变取得突破性进展做出贡献。

六、太空

澳大利亚深度参与了美国的阿波罗载人登月计划，并已做好准备再次扮演类似角色。20 世纪六七十年代，澳大利亚的乌美拉（Woomera）发射场就发射了 2000 多枚美国、英国和欧洲的火箭。该发射场 1976 年停止运营；自那以后，澳大利亚在探索太空方面发挥的作用，不再与其政治领导地位相称。

许多站点都在努力竞争成为空间基地。乌美拉发射场虽然已经成功试射了很多火箭，但它不像其他站点那样靠近赤道；利用地球旋转产生的离心力，靠近赤道的站点更容易发射较重的载荷。昆士兰北端的约克角半岛是一个很好的选择，它在赤道以南 12 度的地方。很多政治家都建议将其开发为航天基地，但政府没有积极去做这件事。

近来，最有意思的一项提议来自俄罗斯航空航天局，它表示有兴趣在印度洋上的圣诞节岛（属于澳大利亚领土）开发商业发射设施。圣诞节岛吸引俄罗斯的一点正是它靠近赤道。2000 年 6 月，澳大利亚政府承诺向亚太航天中心（一个有着澳大利亚和韩国等国投资方参与的国际财团）提供 5200 万美元，以改善圣诞节岛上的交通和基础设施。

第九部分

欧洲——“一带一路”的西端

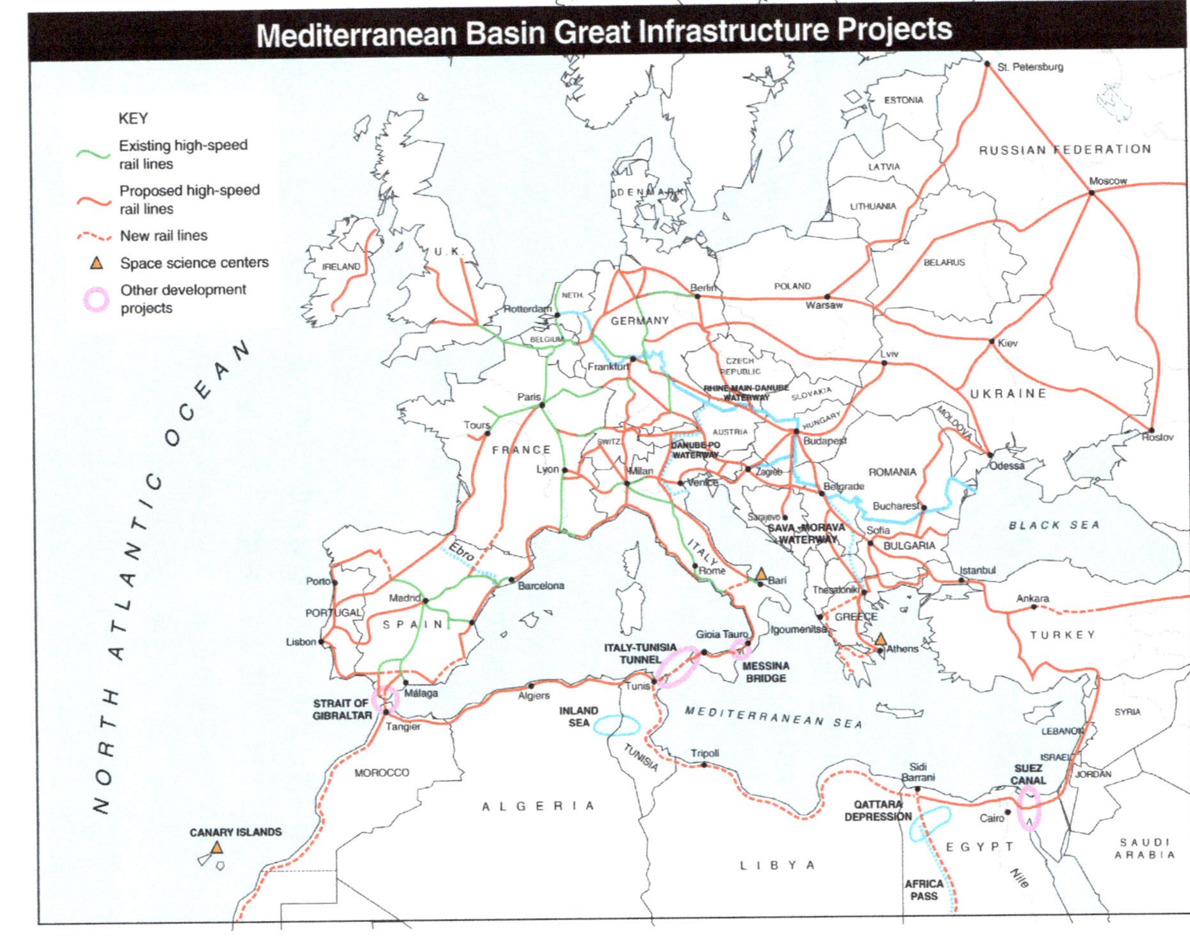
Mediterranean Basin Great Infrastructure Projects
KEY
Existing high-speed rail lines
Proposed high-speed rail lines
New rail lines
Space science centers
Other development projects
NORTH ATLANTIC OCEAN
MEDITERRANEAN SEA
BLACK SEA
RUSSIAN FEDERATION
UKRAINE
TURKEY
EGYPT
LIBYA
ALGERIA
MOROCCO
SPAIN
FRANCE
ITALY
GERMANY
STRAIT OF GIBRALTAR
ITALY-TUNISIA TUNNEL
MESSINA BRIDGE
SUEZ CANAL
QATTARA DEPRESSION
AFRICA PASS
INLAND SEA
CANARY ISLANDS
SAVA-MORAVA WATERWAY
RHINE-MAIN-DANUBE WATERWAY
DANUBE-PO WATERWAY

德国——欧洲融入“一带一路”的关键

布鲁斯·迪莱克特

2014年8月

德意志联邦共和国是欧洲融入“一带一路”开发走廊的关键，自罗马时期以来，它就是亚洲和欧洲之间贸易和文化发展的中心。欧洲的古代东西方贸易路线——皇家公路（Via Regia），从西班牙穿过德国，延伸至基辅，连接到丝绸之路，并通过俄罗斯和中亚地区与中国相连。从波罗的海到意大利的南北公路也穿越了整个德国。因此，德国莱比锡、法兰克福等城市成为了国际贸易的中心。德国的矿业、工业、文化和教育中心历史上一直是欧洲、俄罗斯和亚洲之间交融汇集之地。随着俾斯麦治下德国完成工业化进程，德国成为了欧亚大陆经济发展的战略中心，从而惹恼了大英帝国，英国精心策划了推翻俾斯麦的计划，从1895年直到25年前柏林墙倒塌，德国经历了70多年的战争。

德国的战后经济奇迹是建立在生产和出口高技术含量的机床和工业产品之上的。但1989年之后，德国渐渐转向零增长的环保主义和大英帝国的货币政策。德国的金融机构已经投入伦敦金融城和华尔街的怀抱，并加入了“太大而不能破产”的僵尸银行之列。德国放弃了核能，在农村地区安装了愚蠢无用的风车。它停止开发磁悬浮列车等前沿技术，结果这些技术在中国得到快速发展。德国曾创造古典文化的巅峰，涌现了巴赫、贝多芬、勃拉姆斯、舒曼和席勒等诸多大师，现在它的舞台被贝托尔德·布莱希特（Bertold Brecht）的导演制歌剧（Regietheater）这类前卫艺术所占据，甚至情况更糟。

要在世界大陆桥中发挥应有的关键作用，德国必须扭转这种灾难性的政策趋势，实现以下改革。

1. 引入《格拉斯—斯蒂格尔法案》，分离银行体系

富兰克林·罗斯福运用1933年《格拉斯—斯蒂格尔法案》，有效地控制了华尔街，从而捍卫了民众利益。同样，今天普通商业银行的业务运营必须和投资银行的业务运营分开。目前德国财政部承诺，在德国和欧洲法律的“金融保释”条款下，将做到由始作俑者承担投机上的损失，而储户和纳税人将不再承担更多的损失。

2. 不搞“金融保释”——不向储户和中产阶级征税

向所有超过10万欧元的账户征税（2013年发生在塞浦路斯）不仅会影响储户，还会影响市政以及其他方面——那些有大的资金流动性需求，以满足其持续债务（如支付工资、供应商和其他费用）的客户。

3. 建立国家银行和地区性开发银行，以创立国家信用体系

如果德国要实现全就业和生产性就业，它就需要一个信用体系，按低利率为开发基础设施和研发提供信贷支持（见下文）。

与当前央行印钞以拯救陷入困境的银行这一做法不同的是，这种信贷扩张形式不会造成通胀，因为资金将与生产力结合，从而增加税收。新调整结构的复兴信贷银行（KfW）——德国版的重建金融公司，可以像20世纪50年代西德经济奇迹那样，再次通过国家开发银行为具体项目提供长期低息贷款。一些州，如萨克森州，已经有了这样的银行；早在1991年，萨克森州的开发银行刚成立就具备了这样的功能。

4. 关注基础设施建设和高科技领域

基础设施和高科技产业通过物理标准（每平方公里产出），从公共利益的角度来提高社会整体生产率。首先，通过基础设施项目来与“一带一路”和欧亚大陆桥相连，还通过高科技项目拓展人类现有知识，增加我们对宇宙的了解（如核聚变、等离子体物理学和太空飞行）。

5. 文化对话和文化复兴

在经济、科学和文化领域进行统一合作是长期和平的最好保证。德国有着自己丰富的文化历史，可以在文化领域做出重大贡献。仅在萨克森州，就有戈特弗里德·威廉·莱布尼茨（Gottfried Wilhelm Leibni）等大师，他是德国对俄罗斯、中国和美国影响最大的人物之一。

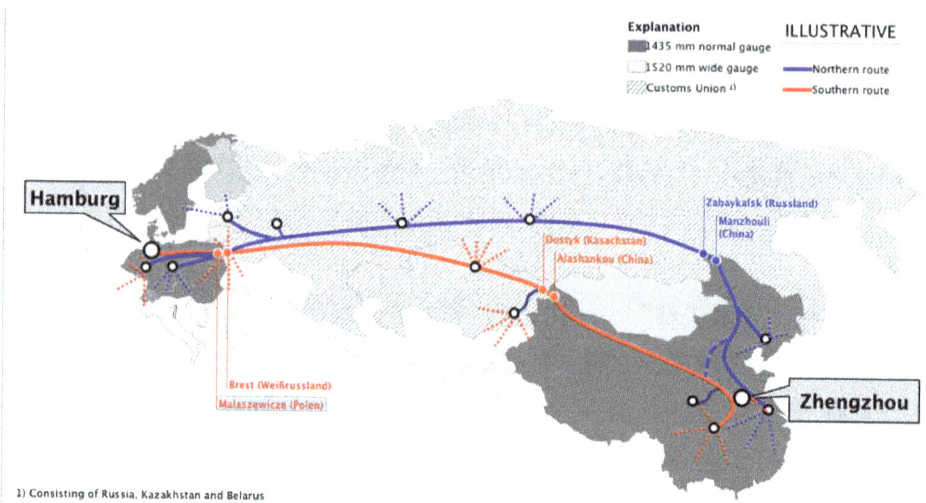

这张图显示了两条从德国到中国的定期线路，除了汉堡，德国还有两个铁路枢纽通往中国，分别是鲁尔区的杜伊斯堡和上文提到的莱比锡。

弗里德里克·席勒（Friedrich Schiller），被曾经的黑奴、美国总统林肯的朋友弗雷德里克·道格拉斯称为自由诗人，他在萨克森州生活工作过。还有约翰·塞巴斯蒂安·巴赫、费利克斯·门德尔松·巴托尔迪、罗伯特和克拉拉·舒曼、约翰内斯·勃拉姆斯等大师传承的古典音乐传统，仍是促成人类团结的力量，应该得到更多推广。因此，德国肩负特殊的责任，要树立一个以创造力为核心的人的形象，并为共同“追求幸福”做出贡献。

6. 交通基础设施的需求

但只有使基础设施处于良好状态，德国才能做出卓有成效的贡献。德国国内的铁路、公路、水路迫切需要翻修。几乎每年，美国汽车协会（AAA）的德国分支机构ADAC，还有其他机构都警告说，德国的道路和桥梁网络已经老化，急需维修。车站和道路关闭，这个问题是众所周知的。2002 年德国一些地区遭受洪灾，也得到了类似的教训——河流维护不善，导致流量减少，无法容纳和以前一样多的水量。因此迫切需要在水管理跨国项目的背景下解决这个问题。

有两个领域同等重要：一个是铁路网。作为亚欧大陆桥的组成部分，铁路将发挥特别重要的作用，尤其是引入磁悬浮技术；还有一个是对水道进行必要的拓宽。

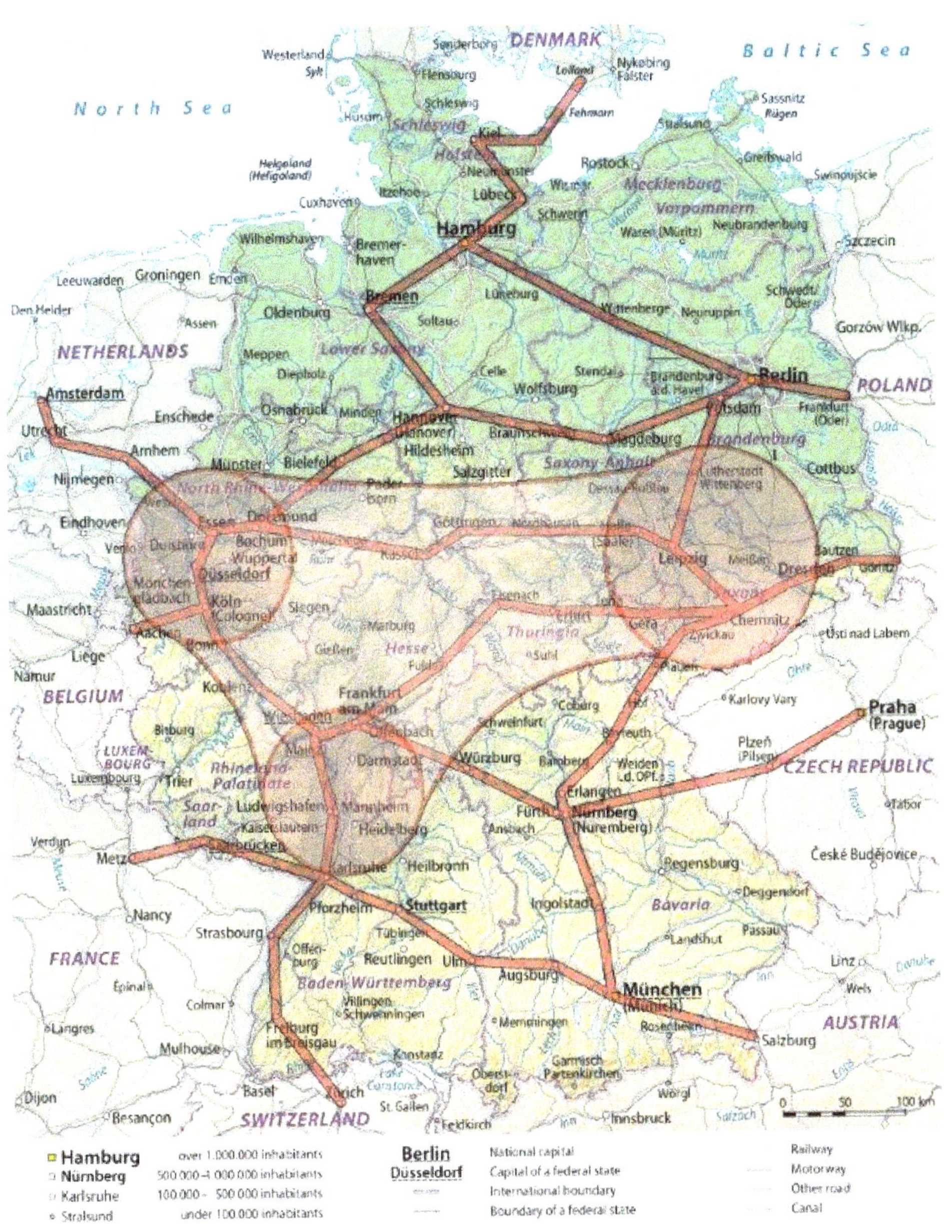

德国拉鲁什运动的发展规划图

（1）铁路交通的建设和现代化 自2008年以来，跨欧亚大陆物流（TEL）作为德国联邦铁路公司与俄罗斯铁路公司（RZD）的联合项目已经存在。从杜伊斯堡到北京，沿着铁路线形成了物流网络，所以今天，货物可以在七条跨欧亚铁路线上运输和配送：

欧洲和俄罗斯之间有三条路线：Moscovite，Tubeteika和Matroschka。

欧洲和中国之间有两条路线：“一带一路”和老虎列车。

俄罗斯和中国之间有两条路线：中俄Multinet和中亚快车。

所有七条路线都穿越两条走廊——一条是北边的跨西伯利亚大铁路，一条在南部穿过哈萨克斯坦。

这些都是欧亚大陆桥的主要基础设施走廊：在北部的A走廊业已存在，B走廊的亚洲部分也可以使用。

在这里，北部大约12000公里的路线需要19天的行程，南部10000公里的路线需要18天的行程。每个40英尺集装箱通过铁路运输的价格是2200欧元，比船运贵三分之一，但速度却是其两倍。

自2011年以来，每天都有一列装有36个集装箱的火车从德国莱比锡的瓦伦中转站出发，前往中国沈阳。起初，它只是将宝马公司的8000个部件运往中国的新工厂。但这些火车可以运载50个集装箱。因此，宝马公司需要63000 m² 的物流中心，从而创造了600个就业机会。DB物流公司的董事会主席卡尔·弗里德里克·劳施（Karl-Friedrich Rausch）博士将这种联系称作“对欧亚大陆桥具有重大意义的推动。”

俄罗斯铁路负责人弗拉基米尔·亚昆宁（Vladimir Yakunin）说，目前80%的贸易是从东向西。他对莱比锡物流中心表示欢迎，因为它代表了改变这一比率的第一步变化。商品从西向东出口的增加意味着德国经济的显著提升。

在此背景下，莱比锡地区将成为欧洲一个主要的物流中心，也是通往东方最重要的一个门户。作为一个有着几个世纪历史的古老贸易城市，这样的角色比一个后工业化的购物城市更适合莱比锡。

此外，还可以建造德累斯顿—布拉格—布拉迪斯拉发—乌日霍罗德—利沃夫—基辅的铁路走廊。这不仅可以连接到敖德萨，还能连接到克里米亚。从那里，可以形成“一带一路”一个重要组成部分，从俄罗斯计划在亚速海上建造的桥梁跨过，延伸到俄罗斯南部增长中心克拉斯诺达尔，然后沿里海向北，通过哈萨克斯坦进入中国西部。

俄罗斯铁路负责人亚昆宁 5 月 22 日在圣彼得堡宣布，将使用磁悬浮技术建造一条新铁路，从莫斯科出发，穿越西伯利亚，到达符拉迪沃斯托克。俄罗斯将从这第二条经过克拉斯诺达尔的铁路身上获得巨大优势。沿着这条路线的所有地区都能由此受益：磁悬浮技术可以使集装箱货物通过铁路以 200 公里 / 小时的速度运输，远远快于卡车的 80 公里 / 小时，而且路程更远。

中国和俄罗斯已经开始强调磁悬浮技术，而不是在车轮上的列车。德国也应推动磁悬浮技术，并将其适当引入现有的工程项目。萨克森州的火车产地格尔利茨，可以成为生产磁悬浮列车的中心。如果它和到达德累斯顿的磁悬浮铁路相结合，则能够发挥最佳功能。这样，从格尔利茨工厂生产出来的火车可以直接开上新长途旅游网络，用在德累斯顿到布拉格、德累斯顿到基辅、克拉科夫到德累斯顿，以及柏林 - 莱比锡 - 德累斯顿三角地带的未来铁路线上。

（2）开发内陆水路 在捷克共和国和波兰，正在讨论建设多瑙河—易北河—奥得河运河。德国也应该参与进来。同时，应该扩建易北河；要实现这一点，必须通过一系列的堰堤和水闸来调节德累斯顿的水位，这样即使在夏天，水位也足够高，能让所有的船只通行。德国、波兰、捷克共和国这三个国家，将会出现蓬勃发展的产业，从而提高生产力和人们的生活水平。

德国第二大水利工程，是完成用于客货运的埃尔斯特 - 萨勒运河。这条运河的建设是 1856 年首次提出的，1942 年由于战争而停工，现在是该完成这项工程的时候了。为此，必须在萨勒河上建造港口和长约 8 公里的运河，并安装水闸。需要在哈雷、普拉内纳和云达（梅泽堡）建设三处水闸，并且在卡尔伯将水道改直。萨克森州和萨克森—安哈尔特州共同获得 12 亿欧元进行建设，完工后，莱比锡可以通过萨勒河连接到易北河。莱比锡的铁路网络一直通往中国，它已经成为欧亚贸易的一份子。有了这条运河，莱比锡的地位可以进一步加强，并促进哈雷—莱比锡地区的工业繁荣。

埃尔斯特－萨勒运河

该运河的设想最早要追溯到 9 世纪的查理曼大帝，它终于在 1992 年完工。

希腊与地中海的马歇尔计划

迪恩·安德罗米达斯　玛西亚·梅里·贝克

2014 年 9 月

希腊和巴尔干各国经济的未来，在于利用其位于东地中海的地缘战略位置，成为欧亚大陆向东到东北亚、西南亚和南亚，向南到非洲的经济发展门户。对于希腊来说，这是一个历史性的角色。对于巴尔干半岛来说，从一个饱受战火蹂躏的地区，变成一个和平发展的走廊（从北亚得里亚海，向东经过乌克兰，向东南到达亚洲西南部），这是个十分关键的任务。

2014 年 6 月 19 日，中国国务院总理李克强在雅典会见了希腊总理安托尼斯·萨马拉斯，之后李克强宣布了两国的具体合作项目，他强调东西方两个文明古国——中国和希腊都拥有灿烂的历史和文化。两国对人类文明做出了特殊贡献，现在两国将面向未来进行合作。具体地说，就是要把雷埃夫斯港建设成为面向整个欧洲进行贸易的区域转运中心和门户。

这一地区最主要的洲际间联系是 1997 年欧亚大陆桥（见第 1 部分）的东西方“三走廊”。巴尔干半岛位于这些路线的地中海盆地连接处，进行贸易和转运的联合运输方式十分完整——铁路、公路、水路、航空、港口和海运。为了各国的利益，希腊和巴尔干半岛的关键地理位置应得到最大化的利用。

首先，让我们更详细地考察一下这些洲际走廊；接下来，简单看一下穿越半岛的少数几个重点区域走廊。

从希腊和巴尔干半岛向北，可以与整个欧亚大陆桥开发走廊相连接；向西，通过莱茵河—美因河运河，可以连接安特卫普、鹿特丹、汉堡等国际港口；向东，通过多瑙河走廊，可以连接到黑海盆地；继续向东，可以到第聂伯河、顿河—伏尔加河运河，再通过里海继续深入到中亚和西伯利亚西部。希腊和巴尔干半岛将因此融入跨欧亚大陆铁路走廊。

往东、东南方向，希腊和巴尔干半岛也通过铁路走廊与土耳其相连，穿过安纳托利亚半岛，然后向东延伸进入南亚，通过伊拉克和伊朗，到达印度次大陆。

这条安纳托利亚半岛路线还继续向南，穿越约旦和西奈半岛，到达非洲北部和东部。

地中海通过海运在区域内部互连以及与外部世界连接，是显而易见的。现在对苏伊士运河进行扩建，展现出了一幅全新的交通贸易图。

一、半岛走廊优先发展计划

想要迅速了解穿越巴尔干半岛和希腊的优先运输 / 开发路线，可以从 20 多年前的一张图开始。图上是被称为“优先发展走廊”的现代化铁路（还有相关的道路、水路和其他基础设施）。这是 1994 年 3 月在克里特岛召开的第二次泛欧交通大会上由各国交通部长制定的，共指定了 10 条欧洲走廊，其中 4 条穿过希腊和 / 或巴尔干半岛。

图 1 是 1994 年 5 月欧洲共同体交通基础设施图，图上是克里特岛会议提出的“欧洲高速列车网络简要规划——2010”。除了显示希腊国内的高速铁路外，巴尔干半岛其他地方的矢量箭头显示的是要开发的其他路线方向。

不用说，设想的 2010 年地图上的交通路线，只有少数变成了现实，其中包括 1992 年竣工的莱茵河—美因河—多瑙河运河，它成为穿越欧洲的一条水路走廊，可以从黑海到达北海，最早提出这一设想的是一千多年前的查理曼大帝（见德国部分）。

今天，必须赶快重新开启这个交通发展规划。巴尔干半岛的重点交通枢纽，是首次在 1994 年泛欧会议上提出的 10 条走廊中的几条：

走廊 4。从柏林到伊斯坦布尔，在跨越欧洲的主要东西连接线上：柏林 / 纽伦堡—布拉格—布拉迪斯拉发—杰尔—布达佩斯—阿拉德—克拉约瓦—索非亚—伊斯坦布尔，必须还要有从索非亚到塞萨洛尼基的支线。

走廊 5。在意大利北部到乌克兰之间的主要东西连接线上，有重要的支线进入巴尔干半岛。主走廊是威尼斯—的里雅斯特/科佩尔—卢布尔雅那—布达佩斯—乌日霍罗德—利沃夫，通过里耶卡—萨格勒布—布达佩斯和普洛切—萨拉热窝—奥西耶克—布达佩斯继续延伸。

图1　欧洲共同体交通基础设施图

图上显示了10条走廊中的9条，早在1994年就提出了规划，但只有极少一部分完工。

走廊8。从黑海到亚得里亚海，从阿尔巴尼亚到黑海的瓦尔纳和布尔加斯港口（都拉斯—地拉那—斯科普里—索非亚—普罗夫迪夫—布加斯—瓦尔纳）。

走廊9。从希腊到莫斯科，从最东部的希腊港口亚历山德鲁波利斯开始，到季米特洛夫格勒—布加勒斯特—基希讷乌—里乌巴斯科瓦—基辅—莫斯科。

走廊10。从萨尔茨堡到塞萨洛尼基（萨尔茨堡—卢布尔雅那—萨格勒布—贝尔格莱德—尼斯—斯科普里—韦莱斯—塞萨洛尼基）。古罗马厄那齐亚大道（Roman Via Egnatia）从亚得里亚海到博斯普鲁斯海峡，是优先重建路线。

二、爱琴海，亚得里亚海南北轴线

从希腊向北，有两条开发轴线非常清楚——东边是爱琴海，西边是亚得里亚海。

爱琴海南北轴线，在南部从比雷埃夫斯港开始，向北通过塞萨洛尼基（希腊第二大城市）到达多瑙河谷，包括上述指定路线的走廊 4 和走廊 10，能够为发展提供强大动力。

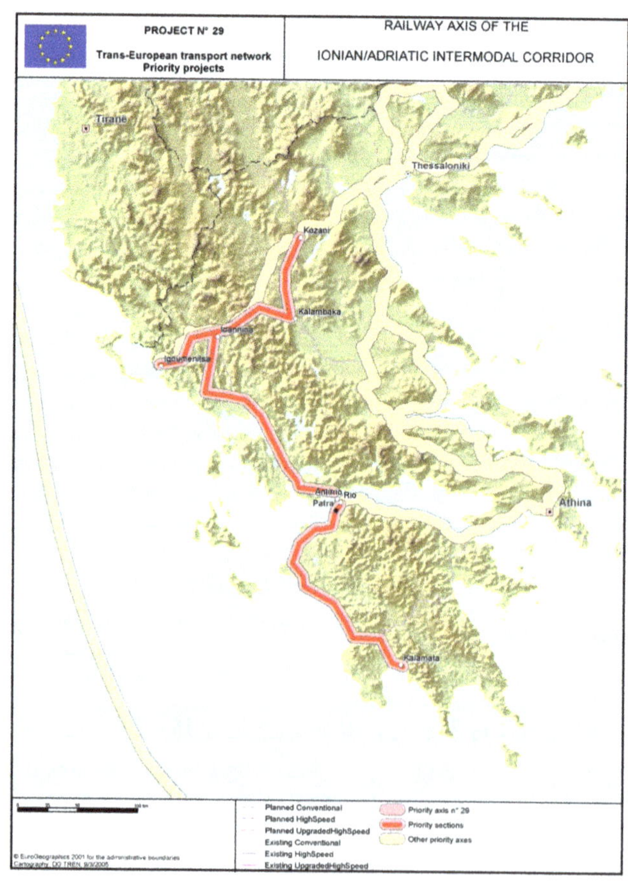

图 2　爱奥尼亚 / 亚得里亚海综合运输通道铁路轴线

雅典的比雷埃夫斯港，在当前希腊经济衰退之前，一直是欧洲第十大集装箱港口和最大的客运港口。到目前为止，它只是希腊国内主要港口之一，很少进行转运业务。但它明显具备成为一个国际转运港口的潜能。中国远洋运输有限公司（中远集团）租用了该港口两个集装箱码头35年。比雷埃夫斯是中国商品出口到中欧和东欧的一个中转站。

金砖四国的推动力，使得升级希腊和巴尔干半岛的铁路和公路网进行完全联运成为关注焦点。这给了2012年由“三驾马车”签署的经济紧缩备忘录（要求希腊关闭国境线以外的所有铁路服务）狠狠一击。（译者注：三驾马车指欧盟委员会、欧洲央行和国际货币基金组织）

要在雅典和塞萨洛尼基之间铺设双轨，就需要建设穿过群山的好几条隧道。这两个城市之间的高速铁路可以将旅行时间从六小时缩减到三小时之内。

发展走廊从塞萨洛尼基沿阿克西奥斯河（在前南斯拉夫马其顿共和国境内称为瓦尔达尔河）继续向北。通过向北流的摩拉瓦河，这条路线继续到达尼克和贝尔格莱德。向东，一条到达塞萨洛尼基的走廊为保加利亚的索非亚提供了比黑海的布尔加斯和瓦尔纳港更近的入海通道。

向西是称为爱奥尼亚／亚得里亚海联运走廊的轴线（如图2所示）。泛欧洲计划（如走廊7所描述的），规划出要优先开发的现代化铁路，将该地区连接进入欧亚大陆。

伊古迈尼察港在希腊亚得里亚海岸线上，是该地区最重要的港口之一。现在正在进行的一个工程项目，将进一步加强它与意大利第二大港塔兰托港之间的联系，然后通过艾迪那提奥多斯（Egnatia Odos）高速公路，穿过希腊北部，将它与塞萨洛尼基、卡瓦和亚历山德鲁波利斯港联系起来，然后连接到伊斯坦布尔。因此它将为整个巴尔干半岛，包括阿尔巴尼亚、马其顿和保加利亚提供出入口。

向南，在伯罗奔尼撒的西北端有佩特雷港。其南部港刚刚完工，为苏伊士运河扩建后货运量增大提供服务。

三、电力、水、农用工业

和交通基础设施规划一样，对电力、水、卫生系统和其他基础设施进行升级显然很有必要。首当其冲的是核能。希腊和前南斯拉夫共和国都没有核反应堆。在希腊许多岛屿，尤其需要核能来淡化海水。这一经济平台将为改进农用工业提供服务。待定的其他项目包括俄罗斯提出的南溪天然气管道项目，它将穿越黑海，为巴尔干半岛各国以及意大利和西欧供应天然气。

希腊和巴尔干半岛粮食依赖进口的局面应尽早改变。这种情况是欧盟和世贸组织实施农业全球化，以及“三驾马车”提出的苛刻要求所导致的结果。希腊高达40%的食品都是进口的。可以立即采取的一项政策，就是将生产用于出口的棉花，改成生产粮食作物。

希腊只有20%面积的土地适合农业生产，但希腊还有许多郊野、山农场、三角洲和沿海平原，它们都可以变成高产的农田。要做到这一点，必须完全应用基于太空基础设施——GPS / GLONASS的精密农业，需要有大量投入和实现农业机械化。希腊农学家已经完成所有的基础工作。剩下的就是全面开发这些潜力。

四、希腊——从航海到航天

希腊拥有世界上最大的商船队。除了对于整体经济活动具有重要意义之外，它还意味着能够在海洋、工业和机床等领域提供难得的熟练工人，能够为高科技任务提供造船能力。这一资源对于推动地中海整体发展至关重要。

然而，希腊航运部门有一个明显的消极特点。它历史上是伦敦金融街不可或缺的一部分，几十年来一直在为大英帝国服务。但是现在，随着货币体系的崩溃，这种以大不列颠为中心的保险、航运和商品控制网络陷入一片混乱。

在金砖国家兴起的全球背景下，要实施地中海盆地的新马歇尔计划，可以将希腊航海能力这一珍贵价值重新定向，使其为地区发展提供重要服务。

关于要提到的一点，就是希腊的航海能力未来会延伸到太空。古希腊人原来是“大海的民族”，荷马史诗《伊利亚特》使其不朽。今天，一个盛产海员的国家将成为一个盛产航天员的国家，继续这段传奇历史。

例如，埃利非斯（Elefis）船厂不仅可以制造先进的船舶、火车车厢等，还可以建造德尔塔—贝列尼凯（Delta-Berenike）——一种自驱动专用船只，用作当今世界上只有四架的立方千米（Cubic Kilometer）中微子望远镜的稳定平台。

它的地基直达欧洲最深处，有 5200 米深。望远镜基站位于离伯罗奔尼撒海岸 17 公里的地方。项目总部在纳瓦里诺海湾一个叫普洛斯的小城市。古老的普洛斯离现代城市有几公里远，是内斯特（Nestor）宫殿所在之处，因《伊利亚特》而闻名于世，因此该项目也叫做内斯特。

希腊和巴尔干半岛将成为探索外星球的前沿阵地。尽管由于欧盟和“三驾马车”的反对，希腊约有 12000 名科学家离开本国，但希腊还是建设了相关设施。现在任务恢复，意味着整个地区的科学家们将集中到希腊开始从事科研工作。希腊现在有位于雅典的国家天文台、德谟克利特国家科学研究中心、雅典和塞萨洛尼基各个大学的研究院，以及其他一些研究机构。一个关键的专业是地震遥感技术。

作为德谟克利特核研究所，希腊国家科学研究中心成立于 20 世纪 50 年代。它得到了美国原子能和平用途项目的赞助——一个实验性核反应堆。该研究所的成立使得大批科学家回到希腊。他们之前由于在希腊缺乏机会而不得不在国外进行研究。今天，随着金砖四国倡议的提出，可以继续进行这一科研任务，并将取得巨大成就。

意大利：意大利南部建设和二次文艺复兴

克劳迪奥·赛拉尼

2012年6月

谈到南欧"马歇尔计划"，人们自然会想到原来的马歇尔计划，虽然它只是部分反映了富兰克林·罗斯福关于战后世界重建的真实意图，但它还是为欧洲重建提供了急需的贷款。意大利的重建，不仅依靠这些贷款，还依靠当时统治阶级的能力。意大利统治阶级能够从罗斯福新政中汲取最好的经验，来制定其政策和制度。

意大利南部发展基金（Cassa per il Mezzogiorno）成立于1950年。该基金可能是欧洲最接近罗斯福新政的开发计划，它今天仍是意大利南部和地中海其他欠发达地区发展的样板。

意大利南部，包括莫利塞、坎帕尼亚、巴斯利卡塔、普利亚、卡拉布里亚地区，以及西西里岛和撒丁岛诸岛屿，共有2000万人口。

南部地区从1950年到1965年一直保持快速发展，1965年到1975年发展势头减缓，1975年发展被打断。如果发展未被打断，那么意大利北部的生产力将和德国比肩，南部的生产力比北部低四分之一，这样意大利今天就是欧洲生产力最高的国家。同样，当北方失业率处于10%左右时，南方的失业率超过了25%。只有意大利南部地区获得重生，才能使整个意大利实现复兴。

由于有了意大利南部发展基金（以下简称Cassa），该地区迅速发展并延续了十年时间（1950—1960年），南方家庭的收入增长第一次和北方家庭看齐。

1950 年德·加斯贝里总理（De Gasperi）[①] 实施土地改革，将大庄园的 30% 分给农民之后，意大利南部土地才属于私人所有，才出现了“独立的农民”。Cassa 确保了新农民能够得到贷款，用于提高生产，包括灌溉、种子、机器和牲畜。

1950—1960 年这十年间，Cassa 还得到了意大利大型国企伊利集团（IRI）的助力，在整个意大利进行基础设施和工业建设，国家石油公司埃尼（Ente Nazionale Idrocarburi）在北部平原发现大型天然气贮藏，为国家提供了廉价能源。因此，意大利经济每年稳步增长 7%，被称为“经济奇迹”，通货膨胀也得到有效控制，甚至在短期内为负数。意大利国家货币里拉保持稳定。1959 年还实现了充分就业。

1975 年，当中央政府权力下放之后，地方政府对长期投资进行了管辖，因此 Cassa 的作用也大大受到限制。至此，Cassa 已投资建设了 200 万公顷的灌溉土地，建造了 62 座水坝、52 条沟渠，以及众多排污系统；对 2 万公里道路进行了现代化改造，并新建了 6000 公里道路；对铁路进行了电气化改造，并开始建设大量的工业中心。然而，工作只完成了一半。

同田纳西河流域管理局和罗斯福新政的阿巴拉契亚地区项目一样，Cassa 得到了前所未有的技术能力和权力，包括它自己起草并执行了十年融资计划。由财政、金融、公共工程和劳动部的部长，以及意大利南部地区部长组成的一个特殊政府委员会批准了该计划。

除 Cassa 领导人制定的长期项目之外，每年还可以根据形势变化出台新项目。如果优先等级发生了变化，Cassa 可以将一个项目的资金转移到另一个项目。当地政府必须尽全力与 Cassa 合作。Cassa 的长期总裁加布列莱·佩斯卡托雷经常说，Cassa 的目的就是创建“资本积累的过程”。

权力下放给地方政府后，统一综合开发意大利南部基础设施的思路，让位于地方视角。统一规划和开发进程都被中断，地方主义和裙带关系盛行。

今天，如果意大利南部想要获得新生，成为整个意大利乃至整个地中海地区经济的火车头，必须重新采用意大利南部发展基金原有的方式。

---

① Alcide De Gasperi（1881-1954）在 1945-1953 年间是意大利总理，此前是意大利外交部部长和内政部部长。

一、开发北非的跳板

要规划好意大利南部地区的复兴，我们必须记住两点：它在地中海处于地理中心位置，它在陆地上通过意大利半岛将欧洲与非洲连接起来。

兰佩杜萨岛从东北向南绵延 1291 公里，成为连接北非和中欧的自然“桥梁”。它离突尼斯海岸 140 公里，离阿尔巴尼亚海岸 70 公里。通过海底隧道与其中至少一处相连，现在已经有了这样的工程项目。①

意大利是“南欧”唯一具有自我维持工业能力的国家，能够为本国以及其他国家提供资本货物。意大利的制造业在欧洲排名第二，仅次于德国。问题是，意大利的工业基地主要集中在北部，部分位于中部，而意大利南部地区则欠发达。

现在意大利的工业潜力由于缺乏主权而受到限制。欧元体系不允许为开发提供信贷，这就迫使意大利企业将生产外包。必须重建货币和信贷主权、采取商业保护措施来解决这两个主要问题。

这样，意大利就可以重新采用罗斯福式的战后重建方法，并运用其巨大的科学和工业潜力来发展南部地区，同时帮助周边国家，如希腊、西班牙、葡萄牙和北非进行开发。

意大利北部工业能力拓展到南部地区后，将获得独特优势，比任何竞争对手都更加靠近出口市场。意大利南部必须成为自身以及整个地中海地区资本产品的生产基地。

二、击败唯环保论者

意大利任何开发项目都必须得到环保运动的认可。1987 年之后的 20 年，环保主义者成功阻止了在意大利建设任何重大基础设施，在民众中成功地传播了反科学技术的观念。2001 年，意大利政府试图通过一项名为“反对法”的法案，使战略基础设施项目不一定非要通过地方审批，但这一努力只获得了部分成功。因此，要实现意大利经济复苏，必须同伦敦所主导的环保势力开战。这需要两个层

① 见 Lino Gallani 博士《西西里到突尼斯的隧道：与非洲相连》，EIR, 2011 年 2 月 25 日。

面的工作，一是在文化层面，让植根于15世纪文艺复兴时期的意大利文化产生真正价值，让意大利人民充满文化乐观精神；二是在政治情报层面，揭露和摧毁控制环保人员的外国情报网络。

以下是要实施的主要项目：

1. 能源

能源是意大利贸易平衡中的主要赤字项。意大利消耗能源，包括工业和家庭消耗的电力和燃料的78%都靠进口。电力的12%（43 TWh）从法国、瑞士和斯洛文尼亚进口。而在意大利国内产生的电力，66%（230 TWh）来自进口天然气。煤和石油的进口比例分别为18%和16%。

这造成意大利生产用的能源价格比其工业对手平均高出30%。在今天的自由贸易和全球化体系的市场中，意大利厂商不得不降低劳动成本。再加上税收占比较高（超过工资总额的50%），意大利是欧洲工资最低的国家之一。

这是关闭意大利核工业带来的后果。1966年，意大利曾是世界上第三大核能国家，仅次于美国和英国；在1987年意大利核工厂被彻底关闭之前，它的核技术在欧洲一直处于领先地位。要解决意大利的能源问题，必须恢复其巨大的核工业产能。

意大利的核传统可以追溯到核反应堆之父恩里科·费米，1942年他在芝加哥建造了第一个核反应堆。1958年，恩里科·马泰建造了意大利第一个商业核反应堆。1973年第一次石油危机后，意大利有四个运营的核电站，政府还计划建造六个新的核反应堆。但是，以英国为首的环保主义者对意大利进行大规模经济和政治攻击，使得意大利的核项目暂停。1986年，受到切尔诺贝利核事故的冲击，意大利举行了全民公投，最终彻底关闭了核工业。

2011年意大利政府重启了一个核项目，计划新建八家核能工厂以满足25%的电力需求，而同样的反对势力又组织了第二次公投。不巧的是，2011年2月，日本海啸之后发生了福岛核事故。他们利用这一事件进行了大规模宣传，最终导致公民投票反对核能，该核项目不得不取消。

新的核反应堆可以建在意大利南部，在以下地区每次建造一个——卡帕尼亚、巴斯利卡塔、普利亚、卡拉布里亚、西西里岛和撒丁岛。将采用欧洲加压反应堆（EPR）和高温反应器（HTR）复合体的混合系统，开始时日产量约为10GW（10000

MW）。考虑到抗震等因素，将把工厂建在海岸边，漂浮在海上。同时，可以在意大利中部和北部建造四家工厂——分别位于特里诺维切累斯、拉蒂纳、科尔索和蒙塔尔托迪卡斯特罗，厂址和原来的核工厂相同，总生产容量约为16GW。在第二个阶段，生产能力将翻倍。

虽然由于禁止发展核能，意大利自1987年以来没有建造过核电站，但意大利国家电力公司（ENEL）、埃尼集团、芬梅卡尼卡集团等继续参与国际核能合作，保持着相关技术。这意味着意大利在完成第一阶段的核项目后，就可以开始出口核技术了。

2. 运输网络

在意大利进行一场货运革命，必将大幅提高生产力水平。目前，只有10%的商品是通过铁路运输的。尽管意大利拥有7750公里的海岸线，但只有0.1%的商品通过驳船运输，只有0.6%的商品在沿海水域运输。剩下的大部分商品用卡车通过公路运输，不仅消耗大量的汽油和橡胶，还产生大规模的交通拥堵。制造商不愿使用铁路，是因为铁路缓慢而低效。一个集装箱从米兰运到柏林比从巴勒莫运到罗马所需时间更少。要改变这一点，急需升级铁路网，使它更快、更高效。

目前，意大利正在建造三条跨欧洲高速铁路走廊：走廊6（里昂—基辅）、走廊1（柏林—帕勒莫）、走廊24（热那亚—鹿特丹）在意大利国内的部分，这样可以将大部分主要城市连接起来。走廊1的米兰—萨勒诺部分（地图1）已经开始运营。因为在博洛尼亚—佛罗伦萨亚平宁段有73公里的隧道，因此需要大量的工程建设。走廊6的图灵—威尼斯部分业已完成。走廊24的米兰—鹿特丹部分正在建设。

在媒体支持下，环保团体反对走廊6和走廊24的意大利段的建设。环保主义者对里昂—图灵段（包括在阿尔卑斯山脉新建一条长57公里的隧道）的抗议行动，已经发展成为与警方的暴力冲突和冲击建筑工地。最近，检察官在都灵批准逮捕了24名反对领导人，其中有两名是前红色旅的恐怖组织成员。

这些团体还反对新的热那亚—米兰高铁项目。

然而，光建设这三条高铁线路还不够。意大利每1000平方公里只有55.4公里的铁路，密度大约是德国的一半（94.5公里）。意大利每100万名居民拥有238公里的铁路，少于法国的481公里和德国的412公里。目前意大利每百万居民只有 13 公里高速铁路，德国是 16 公里，法国是 30 公里，西班牙是 35 公里。此外，22935 公里的传统铁路线中只有一半实现了电气化，还有 9213 公里铁路是单轨。在西西里地区，铁路主要还是单轨。

而且，这些数据由国家铁路公司提供的，从中并不能看出大部分铁路辅线已经处于腐烂状态，包括小型铁路枢纽之间的线路以及上下班通勤线路。

图 1　意大利和跨欧 29 号项目

因此，要对意大利铁路系统进行现代化升级，意味着将单轨改造成双轨，将当前铁路网的一半进行电气化改造，并使得全国铁路的里程翻倍。

而在意大利南部地区，铁路里程需要翻两番，高速铁路必须延伸到当前南部最后一站的萨勒诺——到达“靴子”底部，跨过未来的梅西纳桥，一直到达巴勒莫。

从巴勒莫，铁路将继续延伸到特拉帕尼省一个叫皮佐拉托（Pizzolato）的小镇，在这里，海底隧道将与突尼斯的卡波邦（Capo Bon）连接。

墨西拿海峡大桥是一个重大工程项目。它长 3.3 公里，是世界上最长的单拱吊桥（图 2）。

这座桥将连接梅西纳和雷焦卡拉布里亚，形成一个大型城市群，人口超过 200 万。这个城市群将通过高速铁路与意大利中部和北部以及中欧相连，而且通过相同的铁路线以及西西里—突尼斯隧道，与北非相连。

该城市群靠近卡拉布里亚一侧是焦亚陶罗海港，它将成为来自苏伊士运河的货船停靠的主要港口。目前，每年有 3000 万个集装箱（20 英尺标准集装箱）穿越地中海，意大利能处理的不到 400 万个，其中 300 万个到达焦亚陶罗港。为了运抵中欧，至少 20% 的集装箱要前往直布罗陀，绕过伊比利亚半岛，在鹿特丹港口卸货。如果在焦亚陶罗港卸货，将集装箱放上火车，并向北运送，会更加方便，但是现在由于铁路低效，非常不方便。

图 2　墨西拿大桥和通往突尼斯的隧道

焦亚陶罗通过铁路有效连接后，先提高当前传统铁路的使用效率，同时建设到萨勒诺的高速铁路，这样到柏林的时间将缩短到 30 个小时或更少，远少于当前的一个星期。

高速铁路必须继续延伸，经过墨西拿桥，到达巴勒莫或更远的地方。因此走廊 1 可以一直延伸到非洲。

建设通往突尼斯的海底隧道——意大利国家新技术、能源和可持续经济发展局的一个项目，可以实现这一点。海岸线之间的距离大约是 155 公里，用海底挖出来的材料建成四个中间人工岛屿，这样共计五条隧道。每条隧道单方向上有两条通道，外加一条服务通道。

这些通道中的快速商业铁路，可以把来自意大利以及中欧的资本货物出口到北非。

3. 磁悬浮列车

由于过去二十年现代化进程缓慢，需求匮乏，大大削弱了意大利铁路产业。因此，菲亚特公司将旗下的 Ferroviaria 部门出售给了法国阿尔斯通公司，这样 Ansaldo-Breda 公司（隶属芬梅卡尼卡集团）就成了意大利唯一一家能够生产现代机车的公司。然而，由于 Ansaldo-Breda 公司资产负债表为赤字，目前政府正计划将其私有化。Ansaldo-Breda 公司生产的是意大利 20 世纪 80 年代设计的高速列车的最新版本——ETR-500。

现在已经允许私营的法意 NTV 公司在意大利高速铁路上运行现代版的 TGV 列车（由阿尔斯通公司生产），其性能优于 ETR-500。因此，意大利铁路产业看起来前景黯淡。

然而，意大利人可以模仿中国模式，通过发展磁悬浮列车来解决这些问题。中国已经获得了建造磁悬浮列车（一项西门子技术）的许可，条件是他们不向国外出售。

4. 水路

意大利的内部水路系统非常可怜。基本上，只有波河的一部分可以通航。沿着威尼托—艾米利亚－罗马涅地区的水道网络，人们似乎又回到了威尼斯共和国时代。

然而，伦巴第地区正在研究从亚得里亚海海岸到米兰，使波河能够完全通航的计划。同时，可以在东北方向开辟一条水路，将阿迪杰河与因河连接起来，开辟一条从威尼斯到到帕骚的水道，将意大利北部水路网络同中欧水路系统连接起来。

该项目由 Tyrol-Adria AG 公司开发，计划在相距 70 公里的奥地利的因河和意大利的阿迪杰河之间开挖一条运河。这条运河预计长 78 公里，宽度足够欧盟 V 级的驳船通行。用水泵将河水抽入运河，产生水流推动船只，从而避免使用发动机污染水道。水泵将使用因河上的水电站生产的电力。

5. 太空

从达芬奇研究鸟类飞行，到 20 世纪 30 年代建立气动学校，再到 20 世纪 60 年代早期阶段的太空计划，意大利在航天方面有着悠久的传统。1964 年，意大利成为继苏联和美国之后世界上第三个把自己卫星送入空间轨道的国家。意大利使用了印度洋上一个国际水域建造的平台，发射了五颗“圣马可”卫星，并用美国宇航局提供的航向指示，将卫星送入轨道。

项目负责人路易吉·布罗格里奥（Luigi Broglio）于 1956 年创建了罗马大学航空工程系。自那时起，意大利就开始发展自己的航天工业，成为今天国有芬梅卡尼卡公司的一部分，并于 1988 年成立了意大利航天局（ASI）。ASI 为建立国际空间站的主要部分做出了很大贡献。意大利宇航员参加了欧洲航天局（ESA）项目，还在美国的航天飞机上执行过几次任务。

最近，欧洲航天局完成了欧洲运载火箭——织女星项目。该项目由意大利设计，意大利参与了其中的 63%。路易吉·布罗格里奥当年的愿望得以实现。织女星能够携带 1500 公斤有效载荷进入低轨道，是目前全球三种运载火箭之一，另两种是法国阿丽亚娜 5 和俄罗斯联盟号。

在欧洲—俄罗斯—美国—中国对月球和外太空的探索中，意大利最适合在欧洲发挥主导作用。

西班牙——世界大陆桥通向非洲发展之桥

丹尼斯·斯莫

2012年6月

在跨大西洋银行体系的瓦解过程中，西班牙成为震中，其失业率在欧洲遥遥领先，总体失业率达到24.4%，青年人失业率更是超过50%（见表1）。但是明天，在世界经济复苏过程中，西班牙将成为欧洲和非洲之间地理与经济连接的重要桥梁。它在提供，特别是为北非提供关键的科学推动项目、基础设施、工程以及资本货物方面，将发挥核心作用；在此过程中，它将有效雇佣和重新雇佣其劳动力，尤其是年轻人，从事高生产率的工作。

表1　经济活跃人口（EAP）和就业（百万）

	2008	2009	2010	2011
总 EAP	22.8	23.0	23.1	23.1
就业	20.3	18.9	18.5	18.1
生产性就业	10.7	9.7	9.4	9.0
—生产性就业占 EAP 比率	47%	42%	41%	39%
年轻人 EAP	2.4	2.2	2.0	1.9
就业	1.8	1.4	1.2	1.0
生产性就业	0.8	0.6	0.5	0.4
—生产性就业占 EAP 比率	35%	27%	24%	20%

为了在西班牙创造一千万个以上新的生产性岗位，并帮助在整个地中海盆地进一步创造数以百万计的工作岗位，西班牙以及在伊比利亚半岛上的姊妹国家——葡萄牙将在以下领域发展重大项目。

1. 铁路

西班牙将新建约15000公里（9321英里）的高速铁路（包括磁悬浮系统），从而构建高科技工业走廊。它将穿越西班牙和葡萄牙，并在法国南部与世界大陆架相连接。

2. 直布罗陀海峡隧道

从西班牙到摩洛哥，在直布罗陀海峡下面建造40公里（25英里）的隧道，这样欧洲铁路走廊可以与未来的北非铁路系统相连接。这个项目的规模和意义，可以同白令海峡隧道及达连峡谷项目媲美。它将把整个欧洲大陆与世界大陆桥连接起来。

3. 水

西班牙将重新开启可行的水转移项目，如埃布罗河项目，每年将约1立方千米的水转移到半干旱地中海沿岸；核能海水淡化厂每年还会生产大约1.5立方千米的淡水。

4. 核能

除了淡化海水所需的核电站外，西班牙还将建设现代化核电站，每年发电量将达到目前8个老化核电站生产电力7500兆瓦的三倍。由世界野生动植物基金会（WWF）所领导的源自英国的环保运动，使得西班牙过去过于强调风能和太阳能而对经济产生破坏并造成科学上的落后，现在西班牙将摆脱这一束缚。

5. 空间科学

加那利群岛是建设新的欧—非航天中心的理想地点，包括一个大型卫星发射设施和相关科学城市。加上希腊、意大利和其他国家所做的重要工作，如地震前兆探测、地球战略防御计划等，这些将进一步促进人类共同目标的实现。

这将不是历史上西班牙第一次在文明合作的十字路口发挥催化作用。在阿方索十世（从1252年至1282年也担任卡斯蒂利亚王和莱昂王，被称为“智者”）的个人指导下，卡斯蒂利亚的首都托莱多 （Toledo）被建成当时欧洲最重要的科学中心，成为把希腊古典文学和阿拉伯复兴的最高成就传播到欧洲大陆的枢纽。阿方索因其在天文学上的工作以及他创建的托莱多翻译学院而闻名。在托莱多翻译学院，世界三大宗教——伊斯兰教、基督教和犹太教的著名学者汇集在一起，将每种文化中最先进的宗教和科学文本转译成其他语言。

是该出现一个新的“阿方索世纪”了。

一、伟大的水利工程

西班牙每年降水量大约 112 立方千米（27 立方英里），平均每人每年约 2700 立方米（3531 立方码）。相比之下，欧洲作为一个整体，平均每人每年为 10600 立方米（13864 立方码）。西班牙人均每年实际用水量为 875 立方米（1144 立方码），和欧洲其他国家基本持平。但是，事实情况是，中央台地和西班牙地中海沿岸极度缺水。因此，在这些干旱地区存在过度开采含水层的情况。

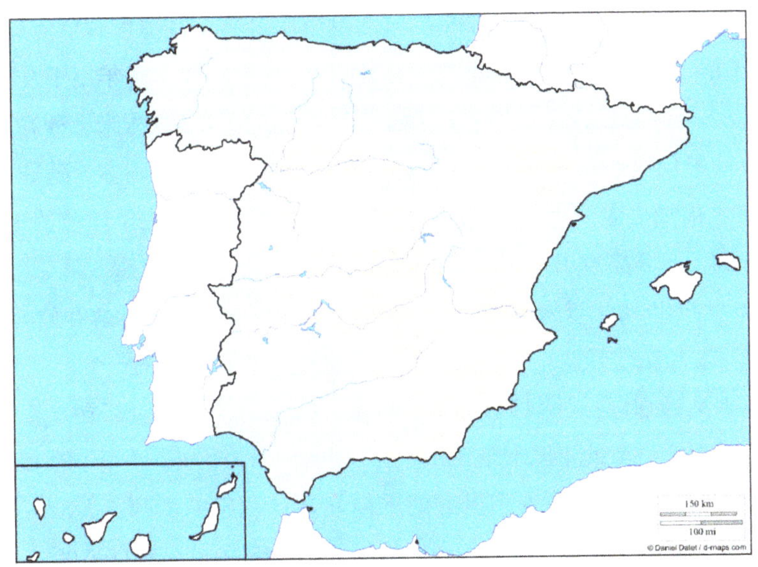

图 1　年降雨量和国家水文计划（PHN）

西班牙全国年平均降水 650 毫米（26 英寸），但中央台地和地中海沿岸大多数地方降水量少于 500 毫米（20 英寸），有些地方少于 300 毫米（12 英寸）（见图 1）。安达卢西亚的阿尔梅里亚省可能是欧洲最干旱的地区，其 Cabo de Gata 地区一年降雨量仅有 125—150 毫米（5—6 英寸）。（传统上的分类是，年降雨量为 0—250 毫米（0—9.84 英寸）为干旱或沙漠地区；年降雨量为 250—500 毫米（9.84—19.7 英寸）为半干旱地区。）

西班牙建造了相当数量的大坝（从 20 世纪初的 60 座，到今天大约有 1000 座大坝），储水能力达到 54 立方千米（13 立方英里）——差不多是河流年流量的一半，是欧洲比例最高的。约 80% 的水用于农业、特别是在农作物产量更高的东南部。大约 20% 的农业用地需要灌溉，据估计，这 20% 的农业用地生产的粮食占全国粮食产量大约一半。

2001 年 6 月，西班牙政府提出一个非常温和的国家水文计划（PHN），可以每年将约 1 立方千米的水从该国东北部的埃布罗河送到地中海沿岸，再辅以六座海水淡化厂。但这一计划被英国所主导的世界野生动植物基金会以及他们在西班牙的环保盟友所阻止。

在西班牙所有的河流中，埃布罗河的发电率最高。在离埃布罗河口 48 公里处的 Tortosa 监测站所测得的数据，从 1960 年到 1993 年，每年用于发电的水量为 13.8 立方千米（3.3 立方英里）（相当于平均流量 425 立方米 / 秒），但是一年之内不同时间段的水量差异很大。而且现在水量也减少了很多。随着上游越来越多的河水被抽去灌溉，2000—2008 年间，年均水量从二三十年前的 13.8 立方千米，降到了 8.8 立方千米（2.1 立方英里）。

自 20 世纪 30 年代以来，埃布罗河流域已建成了 138 个水库，总存储容量为 6.8 立方千米（1.6 立方英里）——超过 1960—1990 年平均流量的一半。

国家水文计划（见地图 1）计划每年转移 1.05 立方千米（0.25 立方英里）的水，大约是埃布罗河目前的年度水量 8.253 立方千米（1.98 立方英里）的 12%。其中，0.19 立方千米（0.046 立方英里）的水向北转移到巴塞罗那；0.315 立方千米（0.076 立方英里）的水向南转移到巴伦西亚；0.45 立方千米（0.108 立方英里）的水向南转移到穆尔西亚；0.095 立方千米（0.023 立方英里）的水向南转移到阿尔梅里亚。大约要建 120 个新大坝、10 个泵站，还有运河。除了向北是将水运往巴塞罗那市区以外，剩下转移的水主要用于农业。

但到了 2004 年，何塞·路易斯·罗德里格斯·萨帕特罗的西班牙政府将国家水文计划搁置，提出了另一个项目，由海水淡化工厂向地中海沿岸提供较少水量（0.715 立方千米，也就是 0.17 立方英里），但该项目从未真正实现。菲利普亲王的世界野生动植物基金会是破坏埃布罗河项目的主要力量，他们明确反对在世界任何地方进行水转移。

世界野生动植物基金会于 2004 年发表了一份报告，将西班牙归为欧洲水资源管理最差的三个国家之一。在一篇题为“阻止西班牙国家水文计划的七个理由”

新闻稿中，他们谴责国家水文计划“违反欧盟法律”，“在经济上不合算”，当然还有“破坏环境”。这使得欧洲议会介入调查，调查将该计划比作“苏联式的过时的水管理方法”，并要求西班牙政府对世界野生动植物基金会的指控做出回答。结果是，这个项目被搁置了。

根据地中海盆地的马歇尔计划，西班牙将立即重启陷入停滞的国家水文计划的埃布罗河调水工程项目，这就需要排除世界野生动植物基金会及其影响。这么做还有许多其他效用，如阻止环保主义对青年的精神污染，甚至还可能结束西班牙的君主政体——西班牙国王胡安·卡洛斯也是世界野生动植物基金会在西班牙的名誉主席。

然而，埃布罗河项目本身是不足以解决西班牙大多数地方水资源短缺的问题。应该提出一个目标更远大的核能海水淡化项目，用来生产淡水。

海水淡化厂最有效的驱动能源是核能。反应堆的一个主要类型是模块化高温气冷堆（HTGR），能产生 350 兆瓦电力。四个模块化 HTGR 反应堆组成一个“核岛”，可以产生 1400 兆瓦电力。这样大的电力，如果传送到多级闪蒸海水淡化厂，每年将生产约 1.45 亿立方米的淡水。除此之外，它还能提供 446 MW 的净电输出。

如果西班牙在地中海沿岸建造 10 个这样的核岛，每个都连接到海水淡化厂，它将每年生产约 1.5 立方千米（0.36 立方英里）的淡水——比从埃布罗河转移过来的水要多 50%。这可以使高科技农业真正在西班牙生根，还会催生大量的下游产业。

这样，西班牙将成为粮食净出口国，不仅向欧洲，还能向非洲出口粮食。

二、全面转向核能

英国在西班牙，特别是在年轻人中传播的绿色意识形态，使得西班牙疯狂发展太阳能电池板和风力发电机，在这方面全球领先。除非彻底摆脱这一点，否则西班牙不可能得到更好的发展。

西班牙在核能方面开局良好，第一座核电站于 1964 年开工建设，1968 年投入运营。从 20 世纪 70 年代到 20 世纪 80 年代早期，共有 8 个核反应堆投入运营。不过，伦敦所掌控的西班牙政府总理费利佩·冈萨雷斯（1982 – 1996），还是于 1983 年暂停了核电站的进一步建设，1994 年再次重申停止核能发展，并废弃了正在建造中的五个核电站。

今天，西班牙全国有八座老化的核电站，而 2010 年国内 21% 的电力是由它们提供的。天然气提供了 32%；煤提供了 9%；有 15% 的电力来自风车，还有 5% 来自所谓太阳能和其他可再生能源（参见表 2）。换句话说，能流密度低下的风能和太阳能，今天在西班牙生产的电力竟然和核能一样多！

表 2　2010 年生产电力（千 GwH）

	数量	百分比
天然气	96	32%
核能	62	21%
风力	44	15%
太阳能和其他可再生资源	17	5%
水电	39	13%
煤	26	9%
石油 - 天然气	16	5%
共计	300	100%

在过去的几年里，政府对风能和太阳能提供巨额财政补贴，导致这些领域的装机容量大幅增加。但在 2010 年，政府出现预算紧缩时，不再对太阳能进行财政补贴。

2008 年之前，西班牙的总用电量一直稳步上升，之后下降到今天大约 5600 千瓦时 / 年。能源消费也在 2007 年达到顶峰，此后人均下降了 15%。从能源自给自足方面来看，西班牙是极其依赖石油进口的：石油占能源消费总量的 47%，天然气占 23%，而这两类都是进口的。核能占消耗总量的 12%，但是 100% 在西班牙生产。总之，西班牙只有约四分之一的能量消耗在本国生产。

根据我们的计划，核能将取代当前过度强调的风能和太阳能，后两者既不能产生足够的能量输出，又不能满足现代社会所需要的能通量密度水平。即使是唐吉诃德也知道要放弃风车。

目前，核电站每年产生约 7500 兆瓦，占全国总发电量的五分之一。为海水淡化新建 10 个核岛，将是一个良好的开端。它们每年可以产生约 14000 兆瓦电力，将目前水平提高近三倍。9500 兆瓦将作为海水淡化的“专项”用电，还有 4500 兆瓦将作为净电输出。

西班牙境内将建造 12 座甚至更多的第四代核电站，每年产生约 20000 兆瓦电力。这样西班牙就可以立即淘汰破坏经济的风能和太阳能，并逐渐减少西班牙对进口石油和天然气的巨大依赖。

在葡萄牙，还将在南部海岸建造至少三个这样的核岛，用于淡化海水和产生净电能。

三、建造通往非洲的桥梁

西班牙实体经济的亮点之一是其铁路部门，包括现有的基础设施以及世界级的工程制造能力。在西班牙，有着长达 2600 公里的高速铁路正在运营，此外还有众多额外线路正在施工。现任政府计划到 2020 年建成总长度为 10000 公里的高速铁路——这在欧元体制的束缚下可能永远不会实现。

历史上，西班牙的铁轨标准（1668 毫米，即 64.7 英寸）与大多数欧洲国家（1435 毫米，即 56.5 英寸，也被称为欧洲标准）不同，这形成了瓶颈。直到最近，客运和货运仍然需要在法国边境中转。葡萄牙的铁轨标准稍微大一点，约为 1774 毫米（69.8 英寸），与西班牙可以互通，因此，两国的标准常被称为“伊比利亚标准”。同样的问题也发生在往东去的乌克兰、白俄罗斯和俄罗斯等国家，它们是第三种标准（1520mm，即 59.8 英寸）。

世界大陆桥的建设，特别是磁悬浮和高铁，需要解决这一问题。新的线路可以也应该是标准化的，同时也需要一个连接现有不同标准铁路网络的过渡方案。旅客和货物在不同列车之间中转（同样机车也要更换）非常低效，现在西班牙公司开创了一种技术，在车辆运行过程中自动改变轴距（大约每小时 15 千米，也即每小时 9.3 英里）。为达成此目的，需要安装特制的车轴。

西班牙的泰尔戈公司在此领域世界领先，早在 1969 年就开发出可应用于商业的轨道切换系统。另一家西班牙公司 CAF 在 2003 年开发了自己的轨道切换系统。生产类似系统的其他国家还包括波兰（2000 年的 SUW 2000 公司）、日本（2007 年）和德国（Rafia 公司，尚无商业应用）。

1988 年，西班牙决定按照欧洲标准建造新的高铁走廊。现在有四条主要的高铁走廊：马德里—巴塞罗那；马德里—巴伦西亚；马德里—巴利亚多利德；马德里—塞维利亚 / 马拉加（图 2）。

现在西班牙有很多公司涉足高铁业务，包括泰尔戈公司、西班牙国家铁路公司、CAF、西班牙高铁等等。CAF 公司最近在土耳其签订合同承建五条高铁线路。泰尔戈公司在哈萨克斯坦、阿根廷、美国修建并运营铁路线路，还有欧洲的葡萄牙—西班牙—法国—瑞士—意大利铁路走廊。他们还卖给俄罗斯铁路公司 17 辆列车车身和一辆机车，这些列车可以在莫斯科（标准轨距）和柏林（欧洲标准）之间无停顿运行。柏林和巴黎以及佩皮尼昂（法国南部城市）之间已有高铁连通，从佩皮尼昂可以通过一条新隧道穿过比利牛斯山，抵达西班牙那边的费卡洛斯，直达巴萨罗那和马德里。

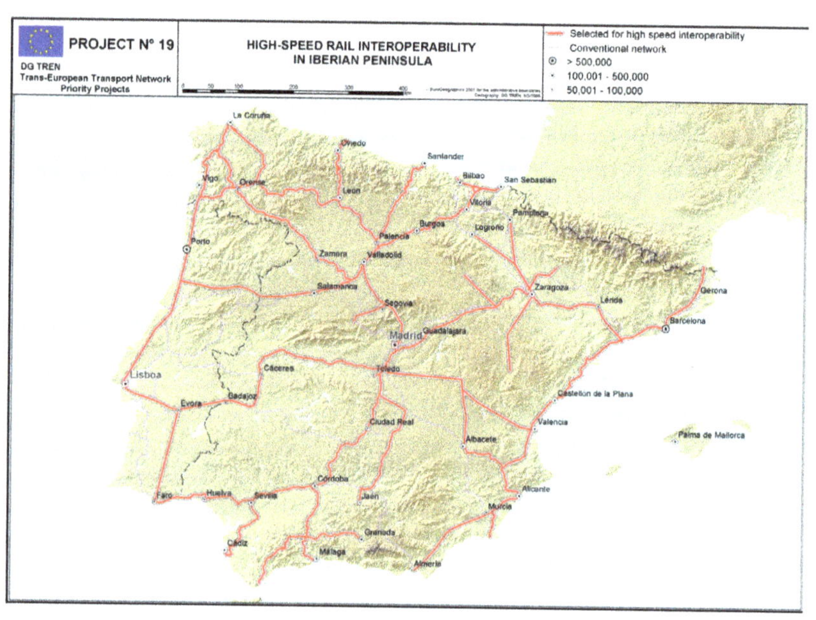

图 2　西班牙和葡萄牙高铁项目（欧盟 19 号项目）

地中海盆地的马歇尔计划能否全盘成功，将依赖于西班牙的建设力度，以及西班牙在工程、建筑和出口高铁系统上能否起到领导角色。这在大踏步进入磁悬浮技术时代的同时，也将带动下游产业，包括建造业、钢铁业、金属加工、电子电气零部件、通信等等。因此而产生的新型、多产和高技术职位将大幅降低失业率。

将改造和加宽现有的连接西班牙、葡萄牙和欧洲其他部分的铁路（见图 2）。除巴塞罗那—马德里走廊外（运行中），还包括：

1. 大西洋支线

马德里—巴利亚多利德（运行中）—布尔格斯—维多利亚—毕尔巴鄂 / 圣塞巴斯蒂安—达克斯—波尔多—图尔斯（巴黎）。

2. 伊比利亚支线

马德里—里斯本—波尔图。

同样，欧盟 16 号重点项目，即锡尼什港 / 阿尔赫西拉斯—马德里—巴黎货运铁路线，将位于葡萄牙西南端的锡尼什港和西班牙南部的阿尔赫西拉斯这两个重要港口，同中欧连接起来（图 3）。这需要建设一条高速货运走廊，包括一条新的高运力的铁路通过比利牛斯山，穿过比利牛斯山时需要一条很长距离的隧道。

虽然技术上可行，但这些欧盟项目在经济上和政治上被冻结，而且在现行马德里赫特条约限制下永远不会实现。由于“三驾马车”的命令，葡萄牙与西班牙签订的建设马德里至里斯本高铁的协议也被现任帕索斯 · 科埃略政府于 2011 年搁置。但是，不仅应该建设这条线路，现有的西班牙计划连接两国的四条高铁线路（比戈—波尔图；萨拉曼卡—波尔图；马德里—巴达霍斯—里斯本和塞维利亚—维尔瓦—法罗）也应当继续修建，并且葡萄牙国内的里斯本和奥波尔图高铁线路、里斯本和法罗线路（都是基于欧洲标准）都应当修建（见图 2）。

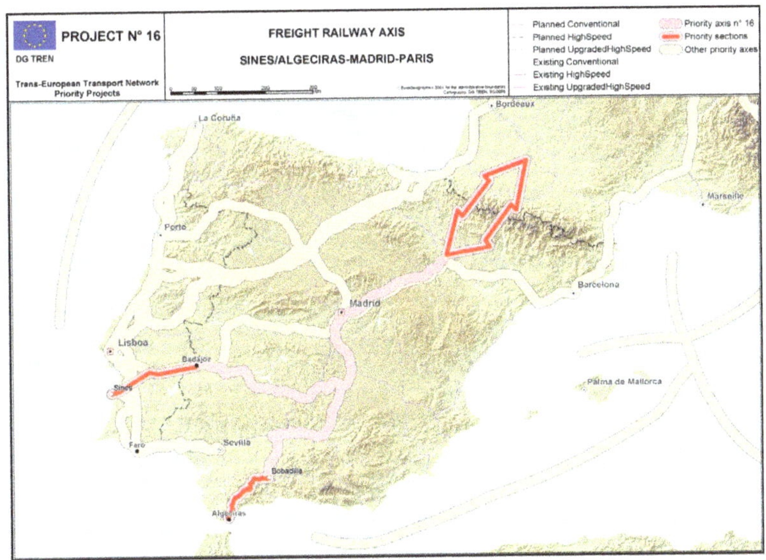

图 3　西班牙和葡萄牙：高速货运铁路线（欧盟 16 号项目）

西班牙国内铁路网的最南端是阿尔赫西拉斯。将从这里修建一条新的高铁通往塔里法和加迪斯，从塔里法修建一条隧道，从直布罗陀海峡下面穿过，抵达摩洛哥的丹吉尔，这就意味着整个非洲被连接到了世界大陆桥。

1930 年，西班牙最早提出了修建隧道的想法，从那时起就构想了各种方案，包括建设固定桥（由于无法在水中建造跨度为 300 米甚至更大的桥墩而放弃），建设浮桥（因为海峡水流太急而被放弃），和在海床建设隧道（不可行，水流太急而且该地区海床不稳定）

2003 年，西班牙和摩洛哥同意研究固定隧道的建设方案。2006 年，西班牙国有公司 SECEGSA 和摩洛哥国有公司 SNED 联合雇佣了著名的瑞士隧道工程公司隆巴迪做该项工程的初步设计。2009 年，隆巴迪公司将提案递交给欧盟——但由于欧元区和世界金融体系崩溃，提议被束之高阁。

隆巴迪计划最初考虑在两个大陆最靠近的地方（14 千米，8.7 英里）建桥，但是因为海床深达 900 米（2,953 英尺）、操作性不强而被放弃。重新选择的路线在更往西的地方，从西班牙的塔里法到摩洛哥的丹吉尔，这条路线的海床“只有”300 米深（984 英尺）——这仍会成为世界上最深的海底隧道。隧道的长度达 40 千米（24.9 英里）（见图 4），包含两条保障客运和货运的铁路，以及之间一条应急或服务通道。

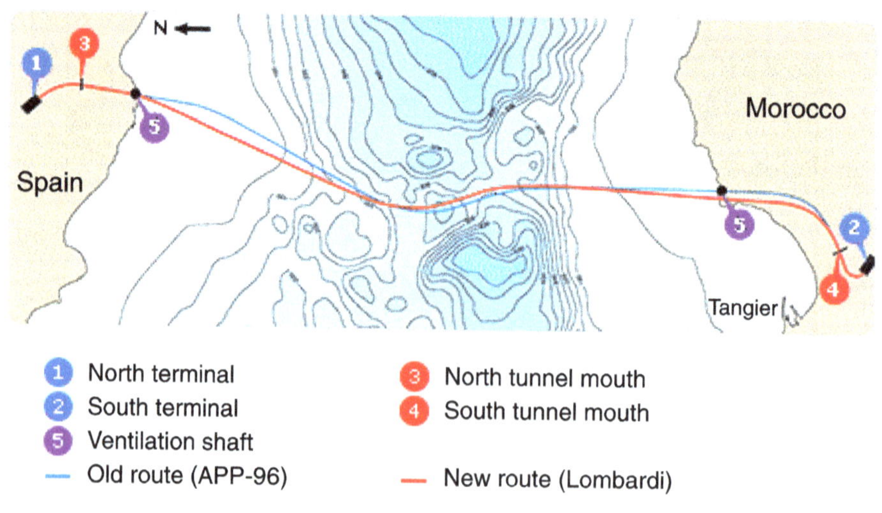

图 4　直布罗陀海峡隧道项目

因为面临许多工程难题，隆巴迪公司预计工期大约需要 15 年。这些难题主要包括，隧道将通过一段高度活跃的地震带（亚速尔群岛—直布罗陀断层带），而且海床地质状况不容乐观，“沙子，石头，泥土的混合体是现实版的挖掘噩梦”。事实上，考虑到岩石构造和水下激流，工程师不得不采取一种新的钻井方法。

做个比较，这条海底隧道位于水下仅 50 米深位置（164 英尺），长 49 千米（30.4 英里）。白令海峡隧道几乎在水下同样的深度（54 米或 177 英尺），长度是 85 千米（52.8 英里），但由于它以大代奥米德岛和小代奥米德岛作为“踏板”，因此最长的一段只有 35 千米（21.7 英里）。

一旦建成并与高速铁路相连，SECEGSA/SNED 公司预计从卡萨布兰卡到丹吉尔只要 1.5 个小时；通过海峡到达西班牙的塔里法需要 30 分钟；然后用不到 3.5 个小时抵达马德里；再用 2.5 个小时抵达巴萨罗那。也就是说，从卡萨布兰卡到巴萨罗那只需不到 8 个小时。

SECEGSA/SNED 公司的联合网站对该项目的简要说明如下：

“直布罗陀海峡的连接可以看作两大洲和两大海域之间决定性的连接，这将史无前例地贯通欧洲、非洲和地中海地区的交通网络。”

直布罗陀是该项目的一部分，有必要将直布罗陀（16 世纪 70 年代被英国占领）归还给西班牙。

在摩洛哥方面，直布罗陀海峡隧道将通过高铁线路连接北非。法国已经开始帮助摩洛哥修建高铁线路。整个北非铁路项目是法国—西班牙合作的典范。

四、探索其他行星

然而，要实现这些地球上的伟大项目，还要激励怀揣人类真正使命的一代代年轻人对外太空进行执着探索。如今，唯有这样的专注和使命，才可能重新取得科学突破，换回缺失已久的文化自信。

记住这一点，我们在地中海盆地的马歇尔计划也将建设一个世界级的欧—非航天发射中心，并在加那利群岛上建设相关的科技城。这个位置离摩洛哥西海岸 100 公里（62.1 英里），和美国的肯尼迪角处于相同纬度，是建设此项目的理想位置。

事实上，在加那利群岛已经展开了前期的科技工作。加那利群岛建有许多天文台，其中最新最大的格雷戈尔太阳能望远镜于 2012 年 5 月 21 日在特纳利夫岛投入使用。在海拔 3718 米（4066 码）的泰德火山脚下的高地，来自基彭豪伊尔太阳物理学研究院、波茨坦天体物理学研究院、哥廷根天体物理学研究院、马克思·普朗克太阳系研究院的专家和其他国际合作伙伴共同管理着这个欧洲最大的望远镜，该工程始建于 2000 年。

科学家不会用格雷戈尔直接观测太阳，而是通过电子探测器观测，如光谱仪、偏光计、干涉仪和照相机。格雷戈尔上的可旋转折叠式镜子能将自适应光学系统产生的光束偏移到各种仪器。他们的目的是以前所未有的精度测量各种太阳参数，尤其是太阳磁场。这样做，格雷戈尔能观测到 70 公里（43.5 英里）之外的微小建筑，考虑到太阳到地球的距离大约 1.5 亿公里（9300 万英里），这样的分辨率相当出色。

特纳利夫岛已经建有许多天文台，并将成为一个更大的科学综合体（太空城）。由于这里是山区，不适合建造传统的火车系统，太空城将通过磁悬浮列车连接现有的机场。柏林的德国铁路研究院已经完成了连接特纳利夫岛南北的磁悬浮轨道的可行性研究。

属于火山岩地貌的兰萨罗特岛极其类似于月球和火星地表，可用作欧－非太空任务（人类真正使命）的测试站。

第十部分

非洲——对全球发展的考验

核基础设施平台对于非洲的未来十分必要

劳伦斯·K.弗里曼

2014 年 8 月

正如黑尔佳·策普·拉鲁什一直坚称的，非洲大陆牵系着世界的良知。如果世界各国放任当前横行于非洲绝大部分地区的种族灭绝行为继续泛滥下去，全球其他地方最终也将会效仿。

当前，埃博拉病毒在西非国家爆发，这也掩盖不了上述种族灭绝进程。虽然非洲名义上“在摆脱殖民统治”，但由于贫穷、欠发展及战争长期在非洲大陆肆虐，出现种族灭绝现象也就在意料之内了，这也象征着一种全球性威胁。

但是现在，多亏了金砖国家进程，摆在非洲国家面前的还有另外一种未来选择。首先做出这种选择、也是力度最大的，是埃及塞西（Abdel Fattahel-Sisi）政府进行重大基础设施发展的紧急举措，这不仅将提高埃及人民的生活水平，还可以把非洲与欧亚大陆联系起来。金砖成员国南非最近着重致力于核能发展，这为摆脱种族灭绝的范式提供了另外一个解决途径。

在接下来的文章中，我们将对非洲大陆的根本基础设施需求进行梳理，同时结合一些重点项目，它们当中许多已经提出来几十年了。我们主张，克服过去几个世纪非洲投资严重不足的唯一途径，就是立即向着核基础设施平台实现跳跃式发展。

一、综述

非洲大陆的 54 个国家拥有 12 亿人口，由于撒哈拉以南非洲地区的高生育率，这一数字有望到 2050 年在不到两代人的时间内翻番。根据估算，到 2050 年非洲人口将占世界人口的25%，拥有几乎10亿18岁以下人口，而且还将是最年轻的大洲，中间年龄仅为25岁。

非洲的平均寿命全世界最低，为58岁。其制造业出口占世界百分比最低，为1.5%，而且对全球贸易的贡献也最低，为2%。非洲有2.55亿人口没有足够食物吃——占非洲人口的25%，饥饿人口的普遍程度全世界最高。非洲有最高的母婴死亡率，而且让人震惊的是，它还是世界上唯一一个霍乱仍然盛行的大洲。

非洲所有类型的基础设施都极度欠缺，软硬件都缺——能源、水资源管理、铁路运输、教育及医疗卫生设施，还有社会服务。

国际货币基金组织和各种金融机构宣称，非洲拥有世界上增长最快的几个经济体，正在飞速崛起，这种说法在西方社会被盲目追捧宣扬。但是，所有这些荒谬的货币主义数据式宣传所掩饰的，是埃博拉病毒在西非大规模致人死亡这一骇人听闻的事实。在本报告完成时，官方说法称，它已经夺去了2000多人的性命，另外还有数万人感染。这次病毒大规模爆发教训深刻地提醒人们，在非洲国家从欧洲殖民势力手中取得独立后，它们发展稳定、健全的非洲经济这项任务彻底失败了。这些贫穷的国家，没有医疗卫生基础设施，缺少医院，医生不足，大部分国民都生活在极度贫困状态，它们证明了非洲国家在过去半个世纪根本没有得到什么发展。

非洲的潜力没有受到什么客观局限。现在没有、过去也不曾有过什么讲得过去的客观理由，可以解释数亿人死于疾病、饥饿和战争，每年有400万儿童死去。非洲不仅未加利用的富饶土地和水资源绰绰有余，可以用来养育这片土地上的所有人口，而且还具备资源，能成为天下粮仓。

考虑到当前人口的爆炸式增长、特别是年轻人和新劳动力人员数量，除非非洲立即启动以核能科学驱动的基础设施紧急项目，否则它仍面临生存危机。只有地区性以及洲际变革性基础设施项目才能提供相当规模的高技能新就业岗位，以消化吸收非洲增长的劳动力，提供能源、交通以及限控水流，进而种植出足以最终消除饥荒及饥饿现象的食物。

撒哈拉沙漠以南的非洲地区存在世界上最严重的人均及单位土地面积基础设施欠缺的情况。基础设施是任何正常运转、即增长的实际经济的平台。虽然西方领导人及金融机构一味批评缺少良治、透明度、问责制以及经商环境不友好等是非洲经济欠缺发展的原因，但是，整个非洲大陆能源短缺、不管是个人还是工业都用不上电，这种情况比世界任何地方都要严重，甚至世界银行 2013 年报告也不得不承认，“基础设施不足带来的负面影响至少与腐败、犯罪、金融市场及官僚习气等的影响旗鼓相当。”

二、能源

非洲大陆有一半人口、约 6 亿人用不上电；而那些能用得上电的，限电和灯火管制也很普遍。撒哈拉以南非洲地区的 48 个国家估计消耗用电 7 万兆瓦，其中南非几乎占到一半。这意味着人均用电水平少于 100 瓦，例如，尼日利亚人均用电 20—25 瓦，而美国人均用电为 1400 瓦。如果每个非洲人在能源消费方面能达到美国水准，整个非洲将需要 16800 亿瓦特。

考虑到非洲有无数河系，人们正下大力利用水利大坝发电。苏丹的麦罗埃水坝于 2009 年竣工，发电 1250 兆瓦，埃塞俄比亚的吉布 3 大坝工程有望于 2015 年投入使用，将增加发电量 1870 兆瓦。埃塞俄比亚的大复兴水坝有望于 2017 年再增加 60 亿瓦特供电，而在刚果（金）境内刚果河河口附近建设英戈大坝的现有计划将提供 400 亿瓦特的供电能力，这些超级项目十分必要，也让人振奋。然而，仅凭这些具有积极意义的工程还不足以让非洲迈入 21 世纪，不足以向当前及未来的非洲人提供与先进工农业社会相当的生活水准。要达到这一目标，只能通过核能（裂变）驱动型经济，加上另一层次的能源技术——基于热核聚变技术的社会。

南非共和国（RSA）是非洲 54 个国家中唯一一个在能源网中引入核能运用的国家，也只有南非的未来发展考虑了核能，南非总统祖马（Jacob Zuma）在 2014 年 8 月 4 日—6 日华盛顿美非峰会上对此进行了明确阐述。目前，撒哈拉以南非洲地区人均电力消费最高的南非正与俄罗斯原子能局（Rosatom）进行磋商，探讨六个核电厂的建设出资事宜，它们将具备 9600 兆瓦的发电能力。这是一项非常重要的举措，因为许多非洲领导人习惯认为，核能太过先进或者没有必要。

尼日尔位于撒哈拉沙漠，国土面积 75% 均为沙漠，其总统马哈马杜·优素福（Issoufou Mahamadou）公开赞成尼日尔未来有必要在能源网中加入核能。与水电不同，核能不需要河流和大坝。每一个非洲国家都必须把核能视作未来发展的一部分。1000 座核电厂每座可发电 10 亿瓦（1000 兆瓦），非洲可以在满足其快速增长的人口的能源需求方面取得巨大进展。

20世纪六七十年代，塞内加尔学者迪奥普（Cheikh Anta Diop）公开支持非洲经济引入核能及热核聚能，并想成立培训中心，让非洲人掌握这些技术。

迪奥普于1978年写道："然而，如果那一能源控制［聚变］可得以实现，加上对热核反应的有效控制，整个星球的能源需求在十亿年——再重复一遍，是十亿年——以内都能得到满足。未来制造这种能源的设备，不管是叫做热核反应堆或托卡马克装置……在最后真正运行阶段以基本上通过海水电解获取的重氢为原料。"

迪奥普把目光瞄准未来，要求非洲对热核能源进行研究，呼吁"在某个适宜的非洲国家成立试点聚变中心，向所有乐意从事这一研究的非洲合格研究人员开放。"

三、运输

非洲缺少铁路运输，高速铁路更要少得多，在21世纪第二个十年还存在这种情况，让人十分震惊，这也严重影响到非洲所有54个国家的经济。这片广袤的大陆上必须得有跨大陆的高铁连接所有国家。这一要求远不止建设一国境内的运输体系和铺设道路。2014年5月5日，中国国家总理李克强在埃塞俄比亚的斯亚贝巴非盟总部发言时强调，帮助建设连接非洲所有国家首都的高铁是中国的一个目标。这项工程当然也会推动许多其他方面工作的进展。为了给所有非洲国家带来繁荣，跨非洲大陆建设这个互联互通的运输网十分必要。其建设将需要让许多潜在的失业年轻人组建"就业大军"，去铺设数十万公里的铁轨。

其他具有变革意义的交通项目也已经进行了研究或正处于建设过程之中。

祖马总统一直致力于领导南北运输走廊建设工作，该走廊从南非东海岸的德班出发，到达坦桑尼亚的达累斯萨拉姆，再向北到埃及开罗，将影响整个非洲东部地区。南非开普敦到开罗的铁路公路走廊包括204项工程，其中81个公路工程、48个铁路工程、6个桥梁工程都完成了不同进度的建设。

金砖国家新开发银行正式启动的前一年，2013年8月20日在约翰尼斯堡召开的金砖国家工商理事会第一次会议上，南非总统祖马把这一跨大陆项目的筹资提为主要讨论议题："我热情欢迎大家与我们合作，实现非洲大陆上的基础设施建设……我们特别支持南北走廊建设，它重点在于公路及铁路基建，初期从德班到达累斯萨拉姆，最终从开普敦到埃及开罗。与金砖国家的互惠合作有很大空间，这将建成非洲亟需的基础设施。”2014 年 8 月 4 日，在华盛顿特区美国全国记者俱乐部午餐会上发言时，祖马总统又重述了这一主题内容。

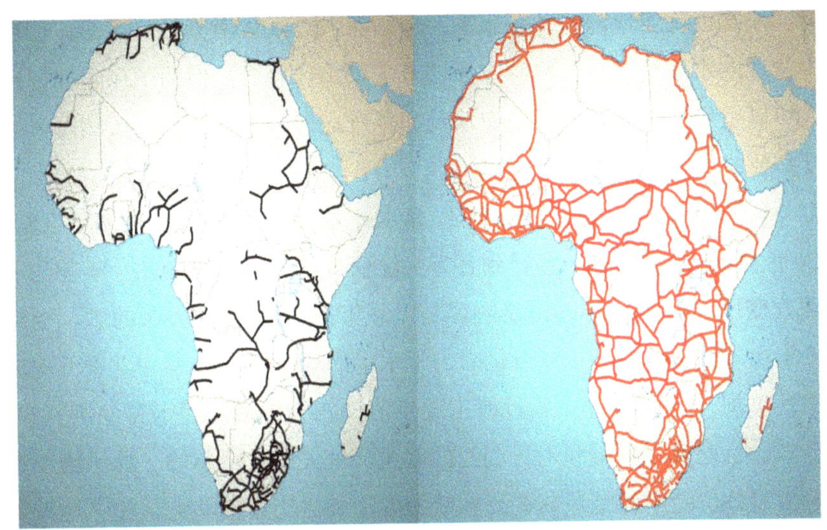

非洲现有铁路；拟建非洲铁路

另外一项意义重大的交通基础设施项目是伊斯兰会议组织批准的达卡尔至苏丹港铁路。

这条一个多世纪以前就构思成形的铁路将从塞内加尔大西洋沿岸的达卡尔出发，横穿非洲大陆，到达红海上的苏丹港。这条铁路主线将穿过苏丹、乍得、尼日尔、马里及塞内加尔，分支线路至吉布提、利比亚、乌干达、喀麦隆、尼日利亚及布基纳法索，以及进入埃塞俄比亚及肯尼亚的支线，把印度洋、太平洋与地中海和红海连接在一起。铁路网总长将超过 14000 公里，会给所有非洲相关国家带来革命性转变，也可开启人类对于撒哈拉沙漠的驯服征程。这个项目的可行性已经过论证，现在只缺少为其筹措资金的政治意愿。

四、水

非洲的主要水系代表了它的一项主要资源。西非的尼日尔河发端于马里东北、大西洋边的几内亚，随后向南流入尼日尔，再经尼日利亚，形成贝宁湾的尼日尔三角洲。虽然该河长度长，但水流量不大。尼罗河是全世界最长的河流，但水流量却不是最大的；此外，尼罗河流经国家很多。以排水量计算，刚果河是世界第二大河。埃塞俄比亚境内有几条水系，分别流入苏丹和南苏丹。在河流管理以及把潮湿盆地的水运至干旱盆地等方面还有大量工作可做，但为了保障非洲日益增加的人口以及农业生产、特别是像埃及和苏丹这样的干旱地区，核能海水淡化将是非常必要的。

意大利工程公司Bonifica提出的"跨水计划"是一项大型水利基础设施项目，自从20世纪80年代以来一直得到各方关注研究。如果它能在几十年前建成，可能已经改变了大湖地区。该提议内容是，每年把1000亿立方米的水、也就是刚果河每年注入大西洋水量1.9万亿立方米水量的5%，通过横穿中非新开挖的运河输送进沙里河，再由后者注入目前正逐步消失的乍得湖，而乍得湖则是3000多万尼日尔、喀麦隆、乍得和尼日利亚的农民和渔民的生活保障。除了给乍得湖重新注入活力外，跨水计划还将改变撒哈拉沙漠侵蚀土地的状况，给该地区所有国家带来经济上的复兴。（见第十部分附录）

工程师拉希德（Rasheed）提出的非洲通道平行于跨水计划线路，该计划要建设一条3800公里的运河，从刚果河出发，向北流经中非、南苏丹、苏丹、再到埃及，浇灌该国西北部的干旱盆地盖塔拉洼地 （Qattara Depression）。

两项工程采取的同一个原则——通过人为干预把水从湿润地带输送到干旱地带，改善自然、为人类造福，同时创造新的经济财富。

五、食物

如前所述，非洲是潜在的天下粮仓。有几个例子可以说明这一事实。

从比利时殖民者手中取得独立六十多年后，刚果（金）近期开始了一项激进的农业项目，大量开垦闲置土地，从而利用其境内的充沛降水。根据哈佛商学院2013年12月份的一份报告，刚果（金）拥有8000万公顷的耕地，其中仅有1%进行了开垦。然而，对于刚果（金）这个世界上人均及单位土地面积基本基础设施最欠缺的国家来说，如果想要充分发挥其在粮食生产方面的潜力，那么它需要在能源、交通及医疗卫生方面进行大规模投资。

人们在数十年前就已经知道，苏丹和南苏丹集中了大量富饶的耕地，加之两国境内河流众多，如果得以开发，可以供养7.5至10亿人口。苏丹人民本可以被雇来种植作物、为整个非洲提供食物，但现在却生活在水深火热之中，这难道算不上反人类罪吗？自从苏丹在1956年从英国殖民统治下取得解放，不存在任何发展这个非洲最大国家（2011年7月9日以前，注：南苏丹于当年通过公投，此后从苏丹脱离出来）的战略。

马里的“内陆三角洲”发端于塞古以北的尼日尔河，还继续向北延伸至廷巴克图，它是撒哈拉沙漠地区最大的水系所在地。然而，这颗“沙漠明珠”根本没有得到充分利用。当法国人在马里独立之前控制着尼日尔办事处时，他们估计，这片天然灌溉的190万公顷土地可生产250万吨大米；可是目前只有10万公顷——可用土地的5%在种植作物。

六、原材料

1971年8月，尼克松总统决定给富兰克林·罗斯福总统的布雷顿森林体系施以最后一击，随后，其国家安全顾问、实际上的英国代理人基辛格宣称，美国政策并非为了从经济上发展“第三世界”国家，而是为了获取得到其自然资源的有限途径，而且找到方法减少它们的人口增长率。1974年12月份，基辛格提交报告“国家安全研究备忘200——世界人口增长对于美国安全及海外利益的影响”(NSSM-200)，该报告并不光彩地指出在过去四十年中美国政策是个什么样子：

“不管采取什么措施防止供应中断或是开发国内替代品，美国经济将需要国外大量且不断增长的矿物质，特别是那些不太发达的国家。该事实使得美国在供应国的政治、经济及社会稳定方面的利益不断加强。通过降低出生率可以减少人口压力，进而增加实现上述各方面稳定的可能性，因此人口政策就与资源供应以及美国的经济利益产生了关联。”

国家安全研究备忘200中列有13个国家，它们是该政策针对的特殊对象，因为它们的人口增速很快。其中有三个非洲国家，分别是埃及、埃塞俄比亚和尼日利亚。

事实上，基辛格/英国反人口增长政策从未受到过批判。

毫不奇怪，根据这项政策，非洲一直扮演的主要是原材料供应商的角色。一组数据很能说明问题：2012 年，撒哈拉以南非洲地区的出口额为 4000 亿美元，其中 3000 亿美元来自自然资源——石油、天然气、贵金属及钻石。

七、埃及模式

几十年来，非盟和地区机构讨论、评估、研究过许多地区性基础设施项目，有的还进入过规划阶段。早期项目中有一个是非洲统一组织于 1980 年 4 月通过的《拉各斯行动计划》，林登·拉鲁什及 EIR 还就此写过厚厚的批评文章。拉各斯行动计划有无数致命的缺陷，其中包括提倡运用“软技术”和“替换能源”，以及依赖世界银行和国际货币基金组织的“积极作用”。后续计划在质量上参差不齐，但一些最佳方案通常缺乏必要的政治支持，难过国际金融机构的反对关，也应对不了内部的破坏活动。

埃及正在发生的一切是个例外。埃及总统塞西仿效现代埃及国家之父纳赛尔，于 2014 年 8 月 5 日宣布埃及进入大型项目重新建国的时代。他宣布了新苏伊士运河的建设、政府完成托斯卡农业项目的意图以及在五年之内建设埃及第一座核电厂——25 亿瓦达巴电厂的决心。

塞西总统没有坐等任何人的批准，便着手推动这些项目，它们当中有些已经规划好几十年了。8 月 6 日，埃及工兵军团开始动工建设新运河。它们号召所有 45 岁以下的健壮年轻人申请空缺职位。塞西总统还坚持埃及自行出资建设该项目，集资方式是出售政府发放的债务证明，而且只卖给埃及民众。这样，该项目将不会受到外部破坏，而且成为公民投资的真正国家项目。

大型项目的这种三位一体的运行机制将构成工程网的核心，这些工程包括道路、港口、机场、工业制造中心以及运河，其规划目标是要转变埃及，而且允许人民富足。EIR 对当前工程做过大量细致的专题研究，研究内容将随工程进展进行更新。埃及可成为非洲以及世界各国的榜样，它向世人展示如何使得经济为国民的现在和未来造福。

延伸阅读

“非洲再生”，EIR，1993年1月1日，包括林登·拉鲁什的“拉各斯计划批判：停止罗马俱乐部在非洲的种族灭绝行动”。

“非洲大湖地区的发展换和平”，德国瓦卢夫学术研讨会会议记录，1997年4月26—27日，EIR特别报告。

附录一

跨水计划

“对于投资成本的衡量不仅在于花销的数百万美元，还在于消除战争、让数百万人避免因饥饿而死亡以及实现社会和平与国际良知。”

——马尔切洛·维基博士，1992年（跨水计划发起人）

项目概要

该项目可追溯至20世纪70年代，是非洲撒哈拉地区发展远景规划的组成部分。后者涉及大量与跨非洲交通走廊互联互通的水利管理工程，旨在提供基础设施，对所有中部非洲国家的经济进行现代化改革，并且结束几个世纪的殖民压迫所造成的种族灭绝情况。跨水计划本身每年从刚果河调节1000亿立方米淡水到乍得湖。这相当于整个刚果盆地淡水量的大约5%。这一工程将建设2800公里的航道，“水上高速公路”，每条航道均25米深，100米宽，建设一个内陆港，多座可发电约4千兆瓦的水电厂，拉各斯—蒙巴萨路连接大西洋和印度洋上的两个港口，另有拉各斯—阿尔及尔跨撒哈拉道路连接地中海（见下图）。

一旦淡水注入乍得湖，它还可以继续向北浇灌撒哈拉地区约5~7百万公顷的土地，帮助遏制撒哈拉沙漠向南扩散的趋势，并给该地区约2000万非洲人提供食物，——如果不能停止撒哈拉沙漠的侵蚀，他们一直面临着饥饿的威胁。非洲的农业产量估计最多为每公顷500公斤，而欧洲则能达到每公顷10000公斤。两者间的差异完全因为非洲地区缺少基础设施——水、道路、设备、化肥等。跨水计划、非洲通道（见相关文章）及其他大型地区基础设施项目将为非洲所有国家繁荣的未来打下基础，而且将来这个大洲幸福的、卓有成效的人们必将做出众多发现，从而造福于人类。

埃略特·罗斯福在其1945年的著作《如他所见》一书中写道，他的父亲富兰克林·罗斯福在与丘吉尔进行讨论时说：“为了灌溉而使河流转向？这将使加州的帝王谷看上去像个椰菜娃娃，撒哈拉地区数百英里的土地将会就此繁荣……财富啊！帝国主义者意识不到他们能做些什么，他们能创造些什么！他们从这个大陆上抢劫了数十亿财富，一切都因为他们太过短见，不能理解与这片大陆蕴藏的可能性相比，那数十亿财富都算不上什么！这个可能性里必须包括为生活在这片土地上的人们打造更好的生活……”

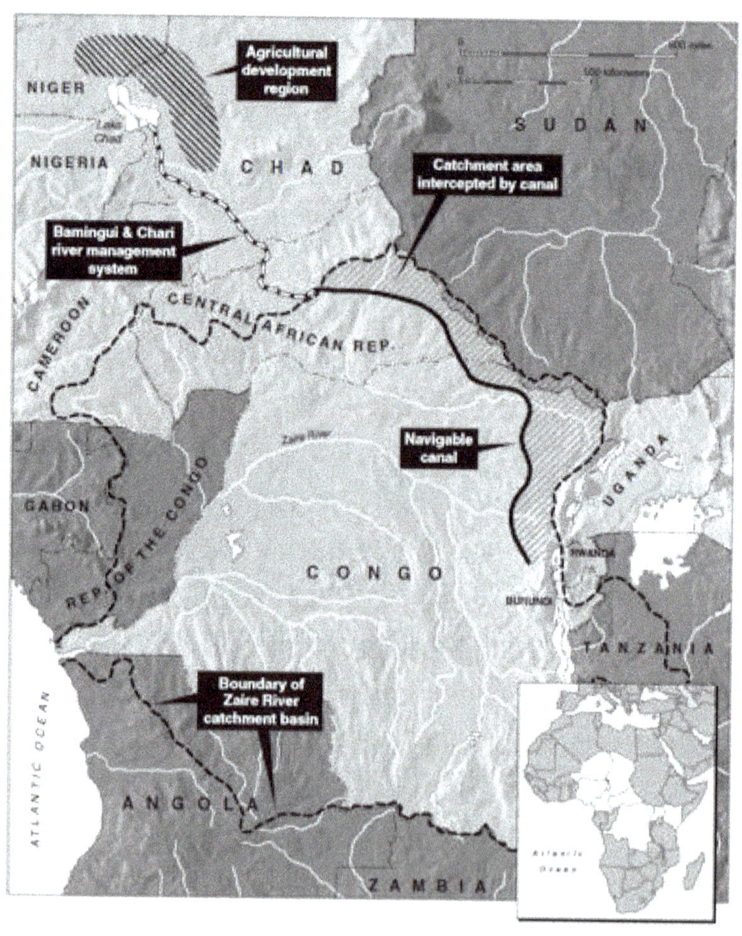

跨水计划将从刚果河盆地把约1000亿立方米（8100万英亩尺）的淡水通过2800公里的航道引入乍得湖。

附录二

非洲通道

非洲通道计划拥有巨大潜力，可以让撒哈拉以南地区以及北非经济发生重大转变，也能使非洲内部各国关系及其跨地中海与欧洲的关系产生巨变。非洲通道计划的作者拉希德（Aiman Rsheed）在埃及于 2011 年 1 月发生革命后把他的想法第一次公布于众，并于 2012 年 2 月向埃及过渡政府总理卡迈勒·詹祖里（Kamal al-Ganzouri）的办公室提交了一份草案。

项目概要

非洲通道将包括两个主要组成部分。

交通：在第一阶段，该项目将在埃及西北靠近与利比亚边境地区的西迪·巴拉尼建设一个重要的现代海港，这个海港将通过高速铁路及现代高速公路连接大湖地区国家（卢旺达、布隆迪、乌干达、刚果（金）、中非、南苏丹与北苏丹）（图 1）。在第二阶段，索马里和埃塞俄比亚也将并入这个体系。第三阶段，埃及将通过苏伊士运河河底隧道与亚洲相连，另有一座大桥从西奈半岛南部出发，经亚喀巴湾南部的蒂朗岛，最后抵达沙特阿拉伯。第四阶段，一个高速铁路网穿过非洲北部向西延伸，再通过拟建的直布罗陀隧道与欧洲相连。

沿非洲通道走廊，仅在埃及一国就有五座大型城市有望得以建设，它们彼此之间相隔 250 公里，就像一串明珠，而现在该地区几乎只能见到沙漠。

西迪·巴拉尼港口将建成地中海上拥有大型国际机场的现代集装箱集散地和工业中心，根据研究，这是非洲通道项目的第一部分、也是最容易的部分。这一区域的大型工业区和旅游区将吸引各大企业、埃及熟练工人以及投资商，并且能够立即向大量目前失业的埃及人提供就业岗位。

水：拉希德提出的让人印象更为深刻的水利项目与跨水运河项目相似（后者由 EIR 和席勒研究所根据意大利工程师马尔切洛·维基的研究成果进行了全面说明）。一条 40 米宽、15 米深、长约 3800 公里的灌溉运河从刚果（金）东部的高山地区出发（伟大的刚果河就始于此地），向北流经中非共和国、南北苏丹，进入埃及，最后把淡水注入开罗以西的盖塔拉洼地（图 2）。这条运河南部出发地势高出海平面 1500 米，一直奔流而下，注入海平面以下 80 米的盖塔拉洼地，运河上将建成七座水电站，以利用这巨大的水能。

图 1　非洲通道：交通走廊的四个阶段

该运河将与铁路线及公路路线平行而建。电力及电信线路也将沿非洲通道进行铺设，从而使沿线建设农业及城市中心成为可能。这条走廊还可增加石油管道，那些内陆国家可以藉此出口石油。

仅在盖塔拉洼地周边，就可形成数百万英亩的耕地，这将把埃及变成一个粮仓，而不是像现在这样，只能依靠食物进口。盖塔拉淡水湖及其周边的绿化地区可以产生巨大的水文效应，调节沙漠地区的天气，并提高该地区的水循环，形成更多降雨，减少沙漠地区的面积。

图 2　非洲通道：从刚果（金）通向盖塔拉洼地的运河

工程目标

（1）通过实体经济发展项目发展九个非洲国家。

（2）把埃及及项目途经的其他非洲国家转变为吸引劳动力的工业中心，而不是劳动力纷纷逃离的灾难区域。

（3）为大湖地区各国的农产品打开出口途径，现在情况是，由于缺少储备手段以及低廉、快捷的运输方式，这些农产品都浪费掉了。据估计，借助高铁及西迪·巴拉尼港口，该地区的农产品及其他产品两天内就可以准备就绪，从原产地运至地中海。这项工程将开启该地区处于停滞和封闭状态的新农业产业，如南北苏丹地区的家畜及乳制品生产行业的巨大潜力。它还将消除非洲许多地区、特别是“非洲之角”的饥荒情况。

（4）把各地有望增长的人口、特别是埃及国内人口重新安置在富饶环境下的新城市、新城镇及服务中心。

（5）通过埃及新政府及外交部在埃及革命后发起的经济与外交新合作，重新确立埃及在非洲的领导地位及其与非洲其他国家之间的联系。

（6）发展该项目下所有国家的水资源，确保清洁水电的大量生产。在埃及境内，非洲通道将与新尼罗河峡谷工程形成互补，后者将起始于阿斯旺附近托什基（Toshki）运河南端，与尼罗河平行奔流向北，在沙漠地区形成新的农工业中心。

（7）开垦盖塔拉洼地附近数百万英亩土地，以及发电。

第十一部分

让西半球搭上发展的列车

重新发现美洲

丹尼斯·斯莫尔

2014 年 9 月

在革命性的 15 世纪，著名哲学家和现代科学创始人，红衣主教库萨的尼古拉[①]在 1492 年克里斯托弗·哥伦布“发现美洲”之旅中发挥了指导作用。结合亲身环绕库萨的旅行经历，他向保罗·达尔·波佐·托斯卡内利[②]提供了一份地图。同样是库萨，在 1450 年的著作《门外汉论精神》中曾写下这样著名的词句：“思想是鲜活的存在……他的作用是给予身体生命，这正是灵魂之所在。思想是权力的存在方式。”

如果美洲想与世界其他地方一样，从当前经济解体和“新黑暗时代”的阴影中解脱出来，必须运用库萨所提出的“权力的实际形式”，建立重新发现——或重新构建——美洲的基础。这一过程正在进行中，里程碑事件是 2014 年 7 月 15—16 日召开的金砖国家峰会和因阿根廷与罪恶的“秃鹰基金”间对抗而成立的南美洲国家联盟。从北端的阿拉斯加到南端的火地岛，整个美洲地区的生物圈改造工程面临巨大挑战，唯有科学和技术的重大突破才能应对。最北端有白令海峡，这是世界大陆桥工程中有决定性的部分，它所连接的不仅是俄罗斯和美国，而是整个欧洲和美洲大陆。

---

① 尼古拉出生在摩塞尔的库萨地区，所以被称为库萨的尼古拉、尼克拉·库萨，亦或简称为库萨。——译注

② 保罗·达尔·波佐·托斯卡内利（Paolo dal Pozzo Toscanelli，1397 年—1482 年），文艺复兴时期意大利佛罗伦萨数学家。他根据多年的计算结果断定由欧洲向西航行可以到达美洲。——译注

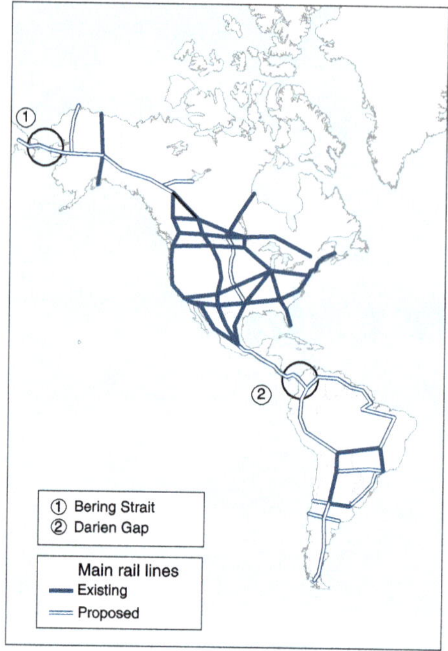

①白令海峡
②达连地堑
主要铁路路线
实线 现有的
虚线 规划的

图 1　美洲：优先线路规划

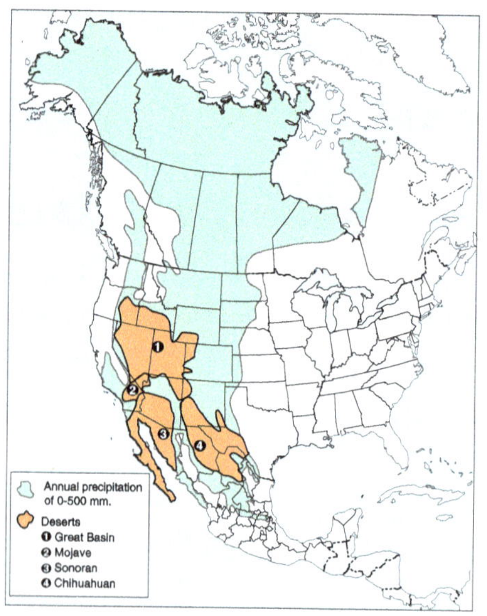

年降水量 0~500mm
沙漠
①大盆地②莫哈维沙漠
③索诺兰沙漠④奇瓦瓦沙漠

图 2　美洲大沙漠

往南是美洲大沙漠（见图 2）。这片广袤的干旱和半干旱地区包括了美国、加拿大、墨西哥的大部分领土。只有通过浩大的生物工程，从大气层（相关论述参见文章第二部分）而非地面引入大量水源才能改善当地条件。再有就是连接中南美洲的达连豁口（见图 1），这里不通道路，更不要说高速铁路。因此，修建一条贯穿丛林和纵贯美洲的铁路，打通从南美洲至欧洲大陆的通道十分必要。

在南美洲，有世界上最长的河流——亚马逊河、广袤的亚马逊丛林和大量不为人知、尚未开垦的自然资源。还有安第斯山脉，绵延整个南美洲的太平洋东海岸，对修建纵贯南美的跨洋铁路造成了天然屏障。正如一位秘鲁人这样描述他的国家："秘鲁是上帝给工程师出的考题"。然而在金砖国家峰会上，巴西、秘鲁和中国宣布共同承建这一工程，这是对自然挑战的最有力回应。

需要回顾的一个历史事件是，1872—1876 年时任秘鲁总统的努埃尔 · 帕尔多是一位极富爱国热情的领袖。他在美国亚伯拉罕 · 林肯总统的协助下，提出了一个跨越安第斯山脉的国家铁路项目，被政敌讽刺为"通向月球的火车"。帕尔多在 1860 年就知晓铁路的巨大作用："第四条铁路的修建可将原有的三条中央铁路连为一体。这在十年之后将在秘鲁引发一场从物质到思想的革命，因为这种推动力——就像魔法——将在过境之处改变当地面貌，实施教导和开化。这正是铁路最重要的益处：建立人际联系。它不仅使人们开化，而且实施教育。秘鲁的所有小学也许无法做到从教一个世纪之久，然而这种推动力的影响至少持续十年。"

一、连接美洲和世界大陆桥的铁路项目

北美洲和南美洲的陆地面积仅次于面积最大的亚洲。无论从天然资源基础，还是人类通过修建基础设施创造的"自然"条件来说，美洲的经济潜力十分可观。图示是全球策略信息近十年间一直在努力推动的重大项目列表，其中许多项目在各国政府和国际机构的计划清单中已有十年——甚至一百年之久，只等待政策推动。

在图 1 中居于首位的高速（优先考虑磁悬浮火车）铁路项目不仅是连接欧亚大陆和非洲的点对点高速通道，还意味着建立经济发展走廊的概念。经济走廊的发展模式将基于地形地貌、矿产和其他物理资源分布、历史定居模式（人口聚集

区域）以及新区规划蓝图等因素。铁路通道（走廊）意味着建立新的能源、水源、农业和工业活动集中区域，以及新的医疗、文化和教育中心。

图 3　南美跨洋铁路

在北美洲，项目规划相对简单。第一，修建规划十年之久的跨境道路：美国－加拿大—阿拉斯加道路。美国陆军工程兵团在 20 世纪 40 年代就进行了相关测绘；

第二，修建纵贯美洲的南向铁路网，连接中、南美洲与北美州。这一项目也几乎列入规划有几十年——甚至一个世纪之久；第三，升级现有的墨西哥、美国和加拿大国内的铁路网。这些铁路网修建于20世纪中叶，在其后的40年“后工业时代”期间急剧衰落。图1标示优先发展的高速铁路项目。值得注意的是，墨西哥中部的墨西哥城是如何通过北向铁路网与南部建立连接的。

在南美洲，图3标示的是待修建的两条优先铁路线路规划，都将环绕南美大陆，沿西部的安第斯山脉走向，穿过大山，连接大西洋和太平洋。这一交通网络将有利于促进该地区正处于上行中的各国经济体融合。20世纪中叶，阿根廷和巴西部分地区已经形成了密集的铁路交通网，然而在过去40年间遭到了破坏，而跨洋的交通网络从未修建。图中显示的少量现存路线堪称殖民政策的缩影，当时修建铁路只为连接矿山和港口，便于出口原材料进行外贸交易，所得全部用来偿还不断增长的外债。

这一整套铁路项目在7月的金砖国家峰会上有了重大进展。建立跨洋铁路，将南美洲的大西洋海岸连接至太平洋海岸的百年梦想得到了巴西、秘鲁和中国的热烈回应。中国国家主席习近平、秘鲁总统奥良塔·乌马拉，巴西总统迪尔玛·罗塞夫就此进行了讨论。三方达成共识，就铁路项目中的一个关键段工程对包括中国在内的所有国外企业公开招标。这一工程是位于巴西中部的帕尔玛斯—坎皮诺特—阿纳波里—卢卡斯的T型路线。

如图3所示，全球策略信息1988年出版的一份简明地图清晰呈现了该关键段工程在整个项目中的重要性。帕尔玛斯的最北端距离世界最大的（也是最纯的）铁矿储藏地仅一箭之遥，那就是位于亚马逊丛林中的卡尔纳斯铁矿开发项目。现在它通过铁路仅与大西洋港口圣路易斯连接。一旦关键段铁路建成，卢卡斯的西端铁路终点距巴西—秘鲁边境的路程将缩短一半。根据全球策略信息的规划，这条铁路的秘鲁段分支将跨越安第斯山脉——从最低关口撒拉米利萨出发[①]——横穿大西洋通向秘鲁的一个或多个航运港口。这将极大缩短和减少从巴西（和其他包括阿根廷在内的南椎体国家）至中国、印度和俄罗斯等欧亚大国的航运时间和成本。

① 撒拉米利萨，音译。——译注

图4　美洲铁路路线图

1898年南美跨洋铁路简明示意图的一小部分。在麦金莱总统被暗杀之后，再未修建连接南美洲的铁路或公路。

一旦南美跨洋铁路实现与亚洲连通，以及超高速磁悬浮铁路建成通过达连地堑和白令海峡的时候，更高的效率、增长和生产力将有望实现。南美跨洋铁路有多种路线设计方案，目前中国、巴西和秘鲁所讨论的线路方案是圣保罗—圣达菲—

库亚巴—波尔图韦柳港—普卡尔帕—撒拉米利萨—波哥大—巴拿马，将铁路与安第斯山脉的交会点置于普卡尔帕或撒拉米利萨。另一个经过长期研究的方案是圣保罗—圣达菲—圣克鲁斯—德萨瓜德罗—撒拉米利萨—波哥大—巴拿马，将与安第斯山脉的交汇点置于德萨瓜德罗、普卡尔帕或撒拉米利萨。事实上，这项工程的早期设计出自时任美国国务卿詹姆斯·布莱恩创办的跨洋铁路委员会。该机构雇佣了美国陆军工程人员进行测绘，设计了连接美国至阿根廷和巴西的铁路路线，并在 1898 年将完整的工程地图（图 4）呈交时任美国总统威廉·麦金莱。1901 年在布法罗举行的一个泛美展览会上，倡导美洲融合的麦金莱总统评价布莱恩的计划“代表了人类的未来”，而正是在那里，他被枪击身亡。

二、三个世纪的水利项目

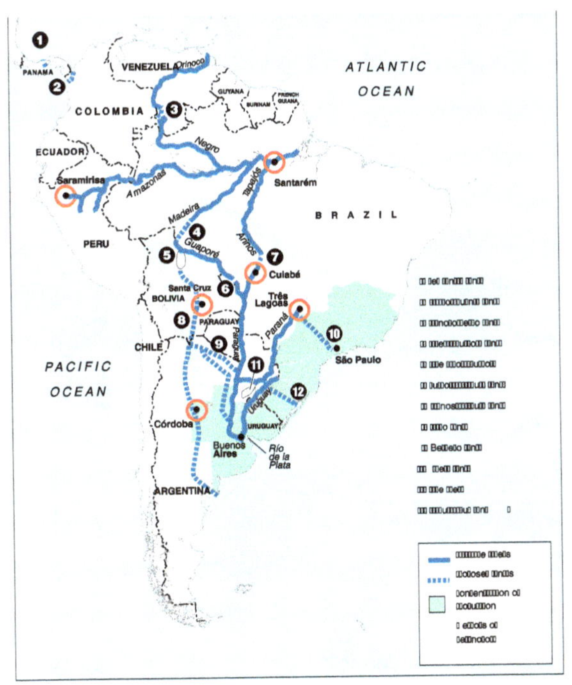

1. 新巴拿马运河
2. 阿特拉托—曲安多（truando）运河
3. 奥里诺科—内格罗运河
4. 马代拉—瓜波雷运河
5. 马莫雷—瓜波雷运河
6. 瓜波雷—巴拉圭运河
7. 阿里努斯—巴拉圭运河
8. 查科运河
9. 贝尔梅霍运河
10. 铁特运河
11. 伊贝拉沼泽地
12. 伊比库伊—（亚崔）Yacui 运河

可航行河流

规划运河

生产集中区域

技术中心

图 5　南美洲：大水道项目

图 5 显示了南美洲的优先水利改造项目，目的是提升南美洲的跨洋航运、洪水控制、能源利用、灌溉和其他能力。南美大陆有充裕的可航行河流（实线标示）。所规划的运河（虚线标示）作为关键的连接点可形成连续的内陆水道。该想法可追溯至 19 世纪的亚历山大 · 冯 · 洪堡，是他提出将南美洲三大河流系统——奥里诺科、亚马逊和拉普拉塔与北美洲连接。他设想修建一条水路，从奥里诺科河口处向北流入加勒比海，再流经密西西比和通比格比河，或经东海岸进入北美，也就是跨洋的“美洲大水道”的概念。

再看距离我们更近的 20 世纪后期。巴西专家瓦斯科 · 阿泽韦德 · 内度（Vasco Azeved Neto）提出修建一条水道，南北连接奥里诺科河和亚马逊河（图 5 中的 3 号）以及亚马逊河至拉普拉河（图 5 中的 7 号），将其命名为“大水道”。这条内陆水道将与上文提及的铁路通道相连。这样，亚马逊河将极大提升通航能力，向西可达秘鲁的撒拉米利萨，从那里一条正在规划中的跨洋铁路将穿越安第斯山脉通往太平洋海岸。

图 6　尼加拉瓜跨洋运河

阴影部分的“生产集中”区域，覆盖巴西、乌拉圭和阿根廷的部分地区，指人口、工业（特别是机械制造能力）、科技和研发能力的集中区域。这里具备各类出口产品（航空、钢铁、自动化、核能、高科技农业等）的生产潜力。如图中阴影箭头所示，该地区可向全南美洲的所有内陆地区提供技术转让。

另一项大型水利工程是建设一条贯通尼加拉瓜的内海运河（图 6）。2014 年 7 月 9 日金砖国家峰会上，尼加拉瓜总统丹尼尔·奥尔特加宣布了这项工程。中国企业香港尼加拉瓜运河开发投资有限公司（HKND）将承担这一大型工程的施工任务。俄罗斯总统维拉蒂马尔·普京在前往出席金砖国家峰会途中，于 7 月 12 日对尼加拉瓜进行了一次秘密访问。期间承诺俄罗斯也将提供援助。这条规划的运河总长 173 英里，从尼加拉瓜西南部太平洋海岸的布里托河河口处出发，至加勒比海岸的蓬塔戈尔达河河口。运河将设 2 个水闸，其中 65 英里将流经尼加拉瓜河，两海岸间共计航程 30 小时，可供世界上最大型的 5100 艘船只同时使用。

工程师称该运河工程将需要超过 5 万名建筑工人，一旦开工，包括附属工程（一个机场，两个码头，一个游客中心等）在内可提供 20 万个就业岗位。

尼加拉瓜总统奥尔特加在宣布路线规划时称该国的整个教育系统正在改革，以培养该工程所需的工程师和技术工人。他同时提到一本书，内容包括美国政府对于建设这样一条运河的可行性评估。早在 1896 年，该书就被美国国会引用，以论证这条运河可能带来的收益。

讽刺性显而易见。中国正在美国所宣示的后院——中美洲积极参与可创造大量就业机会的经济项目。该地区自奥巴马政府实施毒品合法化政策以来，遭受了严重破坏，程度远超几十年来英帝国在此实施的自由贸易经济。

这一过程导致了严重后果。中美洲国家萨尔瓦多三分之一的人口为生存逃离至美国。在邻国洪都拉斯官方统计的失业率达 60%，而有消息称真实情况接近 80%。在墨西哥约 18% 的人口，包括两代人相继逃往美国，因为该国经济无法提供基本的生存保障。新任教宗方济保罗·弗朗西斯谈及正在许多国家（包括伊比利亚美洲和欧洲南部地区国家在内）蔓延的年轻人失业问题时，称该情况“无法容忍”，“我们正在将整个年轻一代赶出去”。

三、伊比利亚美洲食品生产翻三番

有了完善的基础设施，特别是铁路和水路交通，伊比利亚美洲有望在十年内将食品生产能力提升三倍。图 7 聚焦两个有巨大农业生产潜力的区域：哥伦比亚—委内瑞拉平原和巴西的塞拉多草原。它们中间横亘着亚马逊河。

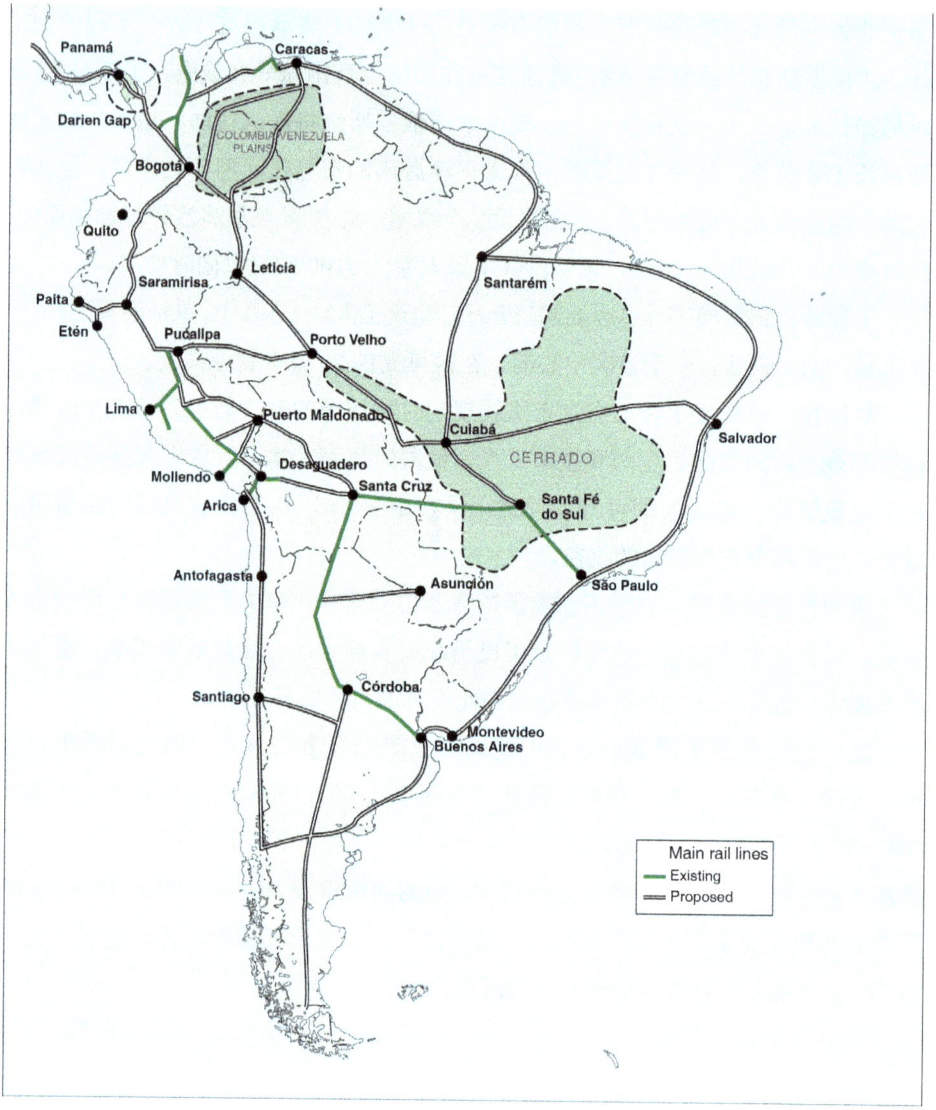

Panamá
Caracas
Darien Gap
COLOMBIA-VENEZUELA PLAINS
Bogota
Quito
Leticia
Santarém
Saramirisa
Paita
Etén
Pucallpa
Porto Velho
Lima
Puerto Maldonado
Cuiabá
Salvador
CERRADO
Mollendo
Desaguadero
Santa Cruz
Arica
Santa Fé do Sul
Antofagasta
Asunción
São Paulo
Córdoba
Santiago
Montevideo
Buenos Aires
Main rail lines
Existing
Proposed

图 7　南美洲：大型铁路和农业项目

哥伦比亚—委内瑞拉平原是位于奥里诺科河河谷面积约 5 千万公顷（21.2 万平方英里）的绵长地带。这里每年雨水充沛——事实上在某些季节过量。通过该区域的主要河流有梅塔河和瓜维亚雷河。这片土地如果撒上石灰（每公顷 3~5 吨）就可解决潮湿问题，将十分适合农业种植。如今，该区域被英国打击毒品走私的军队所控制，属于低密度人口和欠发达地区。该区域的 60% 面积属哥伦比亚领土，约占哥伦比亚总面积的 27%，但仅有约 150 万人口居住，仅占哥伦比亚总人口的 3%。仅有两条道路与外界相连，不通铁路。

在规模上，哥伦比亚—委内瑞拉平原相当于美国三个平原州内布拉斯加、堪萨斯和爱荷华面积的总和。

接下来转向巴西的塞拉多大草原，总面积为 2.05 亿公顷（79200 平方英里），超哥伦比亚四倍，相当于上述美国三个州再加上北达科他、南达科他、密苏里、俄克拉荷马和德克萨斯等州的面积总和。塞拉多草原部分地区比哥伦比亚—委内瑞拉平原略发达，但大部分地区处于国际谷物集团公司控制下，种植大量黄豆，加工全部用于出口。

塞拉多是一片广袤的热带草原，有水量充沛的草地，面积占巴西 8.46 亿公顷陆地面积的 24%，比美国陆地面积还大 9%。三大河流系统灌溉这片区域：亚拉圭亚河—坎汀斯河（cantins）（流向亚马逊盆地）；巴拿马河（向南流向拉普拉塔盆地）；圣弗朗西斯科河（流向大西洋）。与哥伦比亚—委内瑞拉平原相似，只要施加合适的肥料并在土壤上撒上石灰，这片区域十分适合种植农作物，一年可以收获两至三季谷物。

如表 1 所示，2.05 亿公顷的塞拉多草原有 5000 万公顷可以用于谷物种植，年产量约 2.1 亿吨。而 5000 万公顷的哥伦比亚—委内瑞拉平原，谷物种植面积约 1500 万公顷，年产量约 6000 万吨。

一旦 NAWAPA、PLHINO 和 PLHIGON 三个水利工程在墨西哥投入使用，经过灌溉的土地将提升谷物产量。伊比利亚美洲的谷物将增产 2.9 亿吨，总产量预计是现在 1.6 亿吨的三倍。如果将以下因素纳入考虑：（1）用地区生产代替现有进口（需 4000 万吨）；（2）将食品消费水平提高至可消除 40%~50% 人口饥饿问题（需 6000 万吨）；（3）为 10 年间每年 3% 的地区人口增长（工程建设人员）提供食品（需 9000 万吨）；至 2018 年，谷物需求量为 3.5 亿吨，这完全可以被 4.5

亿吨的预计产量所满足。毫无疑问，该区域食品的自给自足是完全可达成的目标。

表 1　伊比利亚州大农业项目：谷物生产

	共计 陆地面积（百万公顷）	地区 开化地区 （百万公顷）	产量 （百万吨）
伊比利亚当前	2，058	51	
产量			160
进口			40
消耗			200
消耗，消除饥饿情况下			260
消耗，至 2018 年			350
哥伦比亚—委内瑞拉平原	50	15	60
塞拉多草原	205	50	210
墨西哥	196	5	20
小计，3 个项目		70	290
共计，当前 +3 个项目			450
占现在百分比			281%

四、经济发展的能源

“重新发现”美洲的关键是向具备高速增长的能流密度特性的技术平台提供充足、廉价的能源。这意味着高技术条件下利用化石燃料、发掘太阳能资源以及最重要的一点，重启核能开发项目。上述活动将直接推动基于能源聚合的世界经济体间的合作。

在 1953 年艾森豪威尔总统宣布“和平利用原子能”计划不久，阿根廷成为第一个签署和平利用核能协议的国家。1974 年该国第一个核电反应堆阿图查一号投入使用；1983 年，第二个核反应堆恩巴尔斯投入使用；1979 年，先后出台四个核电站修建项目，计划在 1987 年—1997 年间投入运行。然而由于英国的“绿色”政策和国际货币组织财政紧缩政策，项目一度中止，直至最近阿图查二号在 2014

年重启。

在巴西，虽然科学家早在 20 世纪 30 年代就开始了核裂变实验，但由于一直受到英国反核能政策的限制，目前仅有两个核电站处于正常运作状态，分别是安哥拉一号（1982 年）和安哥拉二号（2000 年）。

在墨西哥，总统何塞·洛佩斯·波蒂略（1976—1982 年在任）曾提出建设 20 个核电站的计划。现在，仅有两个都在 Laguna Verde。

在整个美洲大陆，2014 年共有 126 个核电站处于运作状态：其中美国 100 个，加拿大 19 个，阿根廷 3 个，巴西和墨西哥各 2 个。曾有工程师在 50 年前宣称："到 2000 年，世界将需要 2000 个核电站"。但是截止 2014 年仅有 437 个，还有 70 个仍在建设中。

金砖国家峰会的召开唤醒了美洲国家发展核能的热情。阿根廷正在快速建设新的核电站。巴西在俄罗斯和中国的合作下同样如此。然而更具推动力，预示发展模式革命性转变的是玻利维亚。玻利维亚副总统阿尔瓦罗·加西亚·利尼拉在美国圣克鲁兹召开的一次能源会议上雄心勃勃地说：

"核能使用和实践是我们作为一个社会和国家的责任。我们已经做出了决定，并且决心坚持到底。在未来，我们将制定基于和平目的的核能发展计划，用于医疗和农业领域。同时我们也将贡献精英人才，与全世界一道参与核能研究。这将有利于玻利维亚学会和使用 XXI 世纪的希望之火：核能。

核能是未来的希望之火。早在两万年前，我们的祖先产生了智慧火花，进而创造了哲学、科技、文化、农业。关于核能的知识，它的规律、用途、功能是未来发展的基础，也是新兴知识、技术、理论及一切生产方式的基石……

"玻利维亚不能永远处于边缘地带。要实现这一目标，核能的知识就是未来世纪的神圣之火，正如开启两万年前"前农业文明"时代的火种一样。今天我们所尊崇的这个社会——如同我们尊崇自己一样——不能也不会永远停留在边缘地带……

"火本身并不是破坏者"，他说，核能本身也不是破坏者。然而它可能成为生活的创造力，也可能成为破坏力。核能独立于我们而存在。它在自然、人体、物理和化学过程中发挥作用。问题在于，我们作为一个社会能否掌握关于它的知识，重视它的力量并知晓如何利用造福于人类……

“让我们打破思想和被殖民历史的束缚，打破他们！我们要勇于走出樊笼，正如我们的祖先在两万年前所做的那样。让我们勇于在世界、历史和社会面前承担责任。核能的知识如同 ABC 一样重要……

“（玻利维亚）有技术、科学和道德义务去承担发现、利用、理解这种自然力量的责任，使之造福社会。这将耗时多久并不重要。我们决心就从现在开始，因为我们相信这将奠定玻利维亚未来 400-500 年发展的科技基础。”

延伸阅读

FOR FURTHER READING

- Sept. 3, 1986: Ibero-American Integration: 100 Million New Jobs by the Year 2000!, Schiller Institute. Serialized in *EIR*. http://www.larouchepub.com/eiw/public/1986/eirv13n35-19860905/eirv13n35-19860905_018-ibero_americas_strategy_to_defea-lar.pdf
- May 9, 2003: Vernadsky and the Biogeochemical Development of North America's Desert, *EIR*. http://www.larouchepub.com/eiw/public/2003/eirv30n18-20030509/eirv30n18-20030509_004-vernadsky_and_the_biogeochemical.pdf
- Sept.26, 2003: Sovereign States of the Americas; Great Infrastructure Projects; *EIR*. http://www.larouchepub.com/eiw/public/2003/eirv30n37-20030926/eirv30n37-20030926_007-sovereign_states_of_the_americas.pdf
- Aug. 15, 2008: How to Triple Food Production by Developing High Speed Rail, *EIR*. http://www.larouchepub.com/other/2008/3532triple_food_rail.htm

北美：重启美国构想

保罗·加拉弗　玛西亚·马里·贝克

2014 年 10 月

美国经济的生产能力不足——其生产力衡量标准是历史表现。结果显示，美国经济的生产能力在约翰·F. 肯尼迪总统遇刺后的 50 年内持续恶化。

因此，美国极度渴望加入金砖国家行列，特别是希望在新成立的基础设施投资银行的资本化进程中与中国站到一起，以获得贷款以及为履行建设现代基础设施的“使命”发行国家债券，这正是美国历史上的传统做法。若肯尼迪总统尚在，必将在世界大陆桥和高技术基础设施走廊的建设使命中担当领导角色，就像其致力推动穿越太阳系的太空探索一样。

欧洲和美国央行从 2008 年以来在各自证券市场增加流动性，同时宣称急需对经济进行一次“全要素的生产力刺激”，主要方式以“结构调整”或紧缩计划为主，即增加相同时间内工人工作量或减少薪酬。然而即使采取了如此落后的举措，美国经济在过去 14 个季度仍未见好转。相较于全要素促进生产力的历史范例，这些举措显得苍白无力。历史范例往往是通过技术进步促进经济增长，而非简单增加劳动力或增加资本。

只有引入更加现代和高技术的基础设施平台，才有可能出现全面、真正的生产力增长，当然这需要国家政府贷款发挥有力作用。

美国历史上生产力的最高年增速为 3.3%，出现在富兰克林·罗斯福总统 20 世纪 30 年代的新政时期和出台大规模“四角”基础设施建设计划期间。第二高年增速出现 20 世纪 40 年代，第三高年增速出现在肯尼迪总统执政的 20 世纪 60 年代。当前，美国全要素生产率的年增速估计在 1% 左右或更低，但这已是 1972 年以来的最高年增速[1]。

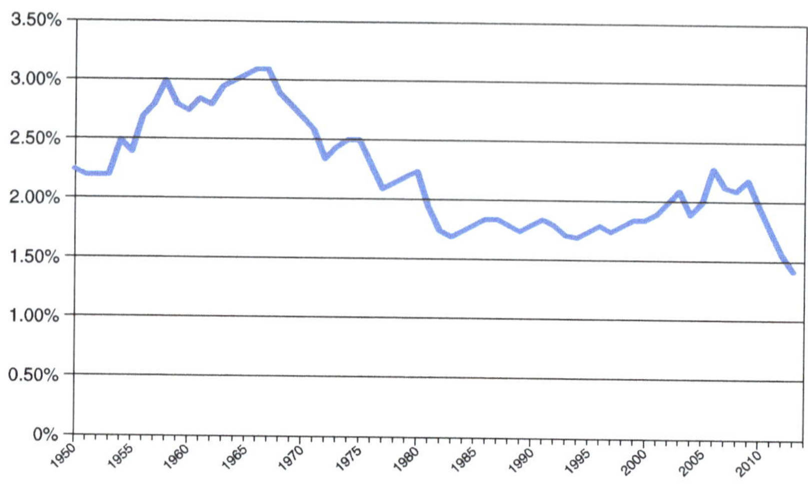

图 1　美国 50 年基础设施建设投资曲线（占 GDP 百分比）

自富兰克林·罗斯福总统执政的 20 世纪 30 年代和约翰·F. 肯尼迪执政的 20 世纪 60 年代达到顶峰以来，美国的基础设施投资不断减少——这一趋势在奥巴马执政时期的“经济刺激法案”的作用下得以遏止。

主要原因是什么？在肯尼迪总统执政的 20 世纪 60 年代，美国投资于基础设施建设的资金占 GDP 百分比重新达到并超过 3%，但现在却为工业国家中最低，仅为 1.4%（见图 1），而中国在 1992 年至 2004 年的 22 年内平均达到 8.8%。

美国经济中的生产性就业——取“生产性”这一概念最宽泛的解释，即包括工程、运输和公共事业等在内——在劳动力中所占比例，已从上世纪 60 年代以来的 32.5% 降至 16.1%，在适龄工作人口中的比例已从 19.5% 降至 10.2%。

美国二战后一直是世界各国基础设施建设的模范。在此期间美国提出了“和平利用原子能计划”，以在全球范围内进行先进能源开发和大规模基础设施建设。主要项目有：与阿富汗合作在海地修建水电和灌溉大坝；美国外交团队与底特律爱迪生公司、西屋电器公司以及其他私营企业合作，在埃及、伊朗和整个亚洲西南部修建核电站；在北美地区，复制田纳西河流域管理局的模式，修建大加

① 国会预算办公室，“历史上的全要素生产力增长”，罗伯特·沙克林顿，2013.03（论文 2013.01）

利福尼亚州供水项目（1960—1973）和上密苏里河谷项目（皮克－斯隆计划，1944）。1959 年加拿大和美国的双赢项目：运输走廊“圣劳伦斯”航道建设完毕。

在肯尼迪总统时代，德怀特·艾森豪威尔总统的国家跨洋公路建设项目因得到专项资金注入，得以继续并扩大规模。美国的阿波罗探月计划让整个世界了解了月球，而北美水利能源联盟项目作为历史上最大规模的水资源管理基础设施项目，造福了整个北美大陆。肯尼迪曾豪言“北美西部的任何一滴水都不应该在未经管理的情况下流入大海”。此外，核同位素医药和生化生产项目、核电站、核能盐水淡化项目也得以启动。以医院为中心的美国公共卫生系统在全国范围内建立，肺结核、小儿麻痹症和其他医学难题被攻克。“绿色革命”带来的农作物基因技术发展使未来免于饥荒。

一、贷款和基础设施

自富兰克林·罗斯福总统 1933 年以黄金储备制度代替英国黄金标准以来，美国通过对罗斯福所倡导的战后布雷顿森林体系的资本和货币实施强势管控，对其货币发行和国家贷款保持了必要的控制。

1960 年左右英国启动了所谓欧洲美元市场离岸中心，直接违背了布雷顿森林体系的规则。这些被称为“货物贸易”的账户交易拥有更高的利息，带有离岸投机目的。欧洲美元市场极大提升了美元货币的离岸供应量，掠夺了本应由本国货币创造的财富。1980 年以前，大约 80% 的美元在美国经济体外存在并快速流通。可以说，石油美元或者“伦敦美元”已经有效取代了美国美元。

肯尼迪是最后一位试图制止美元货币大规模投机性输出的总统，其计划重新建立对布雷顿森林体系下资本和货币的强势管控。然而，在其死后，这一破坏性的行为仍旧持续。

理查德·尼克松总统使其成为难以控制的洪流。向巅峰迈进的节点出现在 1971 年，英国代表和美国行政管理和预算局财务秘书乔治·P. 舒尔茨强势要求尼克松总统授权打破布雷顿森林体系，允许美元针对黄金和其他货币进行投机性浮动。尼克松和舒尔茨的行动引发投机性美元账户离岸市场——欧洲美元和石油美元市场的爆炸性增长。

当这一切发生时，经济学家林登·拉鲁什被广泛引用的预测性言论被证明非常有先见之明。拉鲁什在20世纪60年代末期公开发表的一系列文章中做出预测：60年代末期，英镑将遭遇连续危机，布雷顿森林体系的固定汇率制度将被迫瓦解。他写道，在当时的货币政策影响下，布雷顿森林体系被打破将导致美国经济出现法西斯式的紧缩态势。

半个世纪后，拉鲁什推动和支持中国和其他金砖国家成立新的发展银行。这一举措除了可以推动发展外，也为美国40多年来重新获得对本国货币和信贷的控制带来希望，可将其用于高技术基础设施建设。

二、当前的恶劣现实

正如20世纪60年代拉鲁什所预测的一样，美国经济生产能力和人民生活标准在近50年内持续恶化。这一长期性预测成为经济历史上最具说服力的例证。

美国经济自肯尼迪总统去世后从未经历过真正的增长，整整两代人的生活水平低于其先辈。美国没有制定任何国家项目计划以推动科学技术突破，也没有拟制宏伟的基础设施建设计划将技术进步变为现实。

在肯尼迪总统之后的数十年里，核能、北美水利能源联盟、空间计划、热核聚变等项目均被抛弃，或者失去其经济意义。

50年后，美国经济仍长期处于低生产力水平，充斥着廉价劳动力、兼职或短工等问题，这种状态有时被戏称为“新常态”。尽管1980年以来美国采取措施减轻通货膨胀影响，降低生活成本，2013年美国中等家庭平均收入按真正的美元核算比1972年最高值减少了13.7%。如按原有标准衡量，美国中等家庭收入自1972年以来减少超过五分之一，达20.7%。

事实上，当前美国经济和社会的现实是工资薪酬和家庭收入处于较低水平且在不断减少中。

北美大陆曾经具备生产能力的经济基地全部遭到了毁灭，如位于墨西哥蒙特雷和宾夕法尼亚州匹兹堡的钢铁中心。北美铁路网处于失效状态——无法运出加拿大高地和美国的农作物。底特律和其他昔日工业和文化重镇如今是一片破产后的废墟景象。墨西哥，这个在20世纪60年代绿色革命后粮食供应充足的国家，目前官方宣布饥饿率为 24%，粮食严重依赖进口。整个加利福尼亚州若不出现降雨奇迹，淡水供应只能维持 18 个月。

北美地区 5.65 亿人口目前的状况也是经济崩塌的缩影。加拿大国土面积为北美第一、世界第二，但人口仅 3500 万。墨西哥人口 1.197 亿——是世界上最大的西班牙语国家——有 1200 万墨西哥人因家园被毁，被迫在近几十年间陆续逃往美国寻求生计。美国人口 3.17 亿，适龄工作人口的就业率已降至 58.2%。15.9% 的美国人处于贫困中，每 5 个孩子中就有 1 个生活在贫困之中。在美国西弗吉尼亚、奥克拉荷马、南部及其他传统贫困地区，人们的预期寿命正在缩短。

近几十年间，亚历山大·汉密尔顿所确定的美国经济体系（相关论述参见金融部分）的每一条原则都遭到了系统破坏：（1）低技术含量的工作取代了先进的技术研发工作；（2）廉价劳动力取代了高薪酬、高生产率的工作；（3）受操控的舆论取代了科学成为决策依据；（4）“越小越好”的迷信行为，取代了应用大规模基础设施创造未来的发展力。

三、北美的使命

这是一个新起点，让美国和北美知道应该做些什么才能跟上世界大陆桥的发展步伐。

首先需要采取的行动是根据“格拉斯—斯蒂格尔原则”对大型银行实施重组。目前这些银行吸收大量的流动资金但不对外借贷；然后重建美国国家信贷机构。这些措施已在本报告的第二部分进行了详细阐述。

这些贷款必须用于更新北美大陆的基础设施，以提升经济生产力。投资的主要领域是交通、供水、能源和太空，详情参见下文。

（一）铁路带来连通性和生产力

虽然早在 1890 年以前，北美大陆就成为世界首个有 5 条纵贯东西铁路通道的大陆，但是铁路仍相对匮乏——更不用说高速铁路了。美国尚无铁路通往加拿大西部高地省份，也无铁路通往阿拉斯加。目前中国和墨西哥正在承建首条美国通往墨西哥的铁路。整个北美洲甚至没有一条高速公路与南美洲连通。

货物运输的情况非常糟糕。由于 1965 年以来卡车运输的利润已经下降了 50%，公路运输发展面临瓶颈，并处于持续恶化中。铁路运输的单位利润从 1965 年的 90 下降至现在的 54。事实上北美铁路系统已处于失效状态。2014 年春季，美国和加拿大北部高地的肥料运输被延误至种植季节后，而到收获季节时火车又无法运出谷物。

最新统计表明，目前 48% 的铁路运输用于运输煤和页岩油。按照奥巴马政府和伦敦的政策，美国将成为新的“油气大国沙特阿拉伯”。2008 年至 2013 年，在石油和页岩气产品运输量飙升 1000% 的情况下，美国年铁路货物运输总量却在下降，从 1496 万降至 1437.7 万。

1. 来自白令海峡南侧

目前中国和俄罗斯正在合作进行白令海峡开发项目，美国应当立即参与其中。该项目可将美洲与整个欧亚大陆连接起来，未来还可能连通非洲，届时高速铁路将取代缓慢、过时和负担过重的跨太平洋海运航路。美国中西部的产品将在 7 至 10 天内运抵中国和俄罗斯，而目前通过铁路和海运结合的方式则需要 3 周时间。

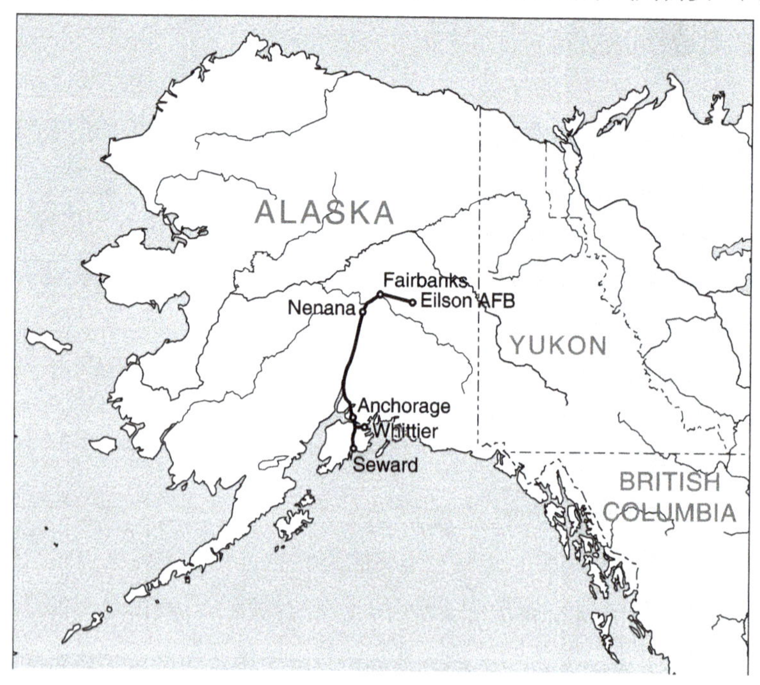

图 2　阿拉斯加的铁路

整个白令海峡项目的关键节点是修建阿拉斯加—加拿大之间 4876 公里（3030 英里）的铁路。该铁路将有利于扭转美国和加拿大实体经济近几十年来的滑坡趋势，重新走上增长的道路。修建 4876 公里的铁路——若修建双轨道还将使工程量加倍——需要大量的货物，即原材料。这将催生大批货物订单——如用于铁轨和铁路桥的钢材，用于枕木和框架结构的木材，用于铺设管路和其他结构的水泥，以及用于生产水泥和路基的其他材料等。数以千万吨计的货物生产订单，再加上生产钢材、水泥、铜铝线材、电厂、火车头和其他组件的工厂，将创造 35000 至 50000 个就业岗位。

图 3　建议中的白令海峡 / 阿拉斯加—加拿大路段至南部 48 州的铁路以及现存的铁路

图 2 所示为位于白令海峡东南侧的现有铁路。这是美国政府 1914 至 1923 年间建造的阿拉斯加铁路。还有 1942 年富兰克林·罗斯福总统时期建设的阿拉斯加—加拿大（加拿大铝业公司）高速公路，将美国南部 48 个州与费尔班克斯连接起来，却未向西延伸。

若阿拉斯加—加拿大铁路两端各延长 80 公里（50 英里），就能将整个地区连接为整体。只要需要，可沿铁路铺设电线、光纤和淡水管道。铁路将推动城市、人口、工业和科技农业的发展。北极地区大量尚未开发的矿产和原材料资源可以通过铁路运出极寒之地，在北极和世界其他地区得到合理应用。

图 3 所示为工程顾问小哈尔·B·H. 库珀设计的阿拉斯加—加拿大铁路系统。

该铁路系统有两个特点：

第一，乔治王子城(Prince George)是北美铁路网的终点。从乔治王子城开始，铁路有 2 条支线，向西通往奇普蒙克，向东通往纳尔逊要塞，这两段铁路都属于加拿大国家铁路。但是通往奇普蒙克的部分铁轨已经被损毁，如要升级为阿拉斯加—加拿大铁路的一部分，必须进行整修。第二，修建阿拉斯加—加拿大铁路后，可将货物从俄罗斯、中国、中亚、西南亚乃至欧洲直接运至北美铁路网，随后运抵美国。该铁路网的西部支线还可以向南通往加拿大温哥华和不列颠哥伦比亚省、美国西雅图和华盛顿，最终抵达加利福尼亚州，东部支线可以将货物从加拿大纳尔逊要塞运往美国芝加哥，或从加拿大道森克里克运往美国北达科他州，随后通过正在规划中铁路通道运抵德克萨斯州。

2. 铁路网的电气化

美国铁路总里程中只有不到 1% 实现了电气化。为有效满足现代化高速运输货物和乘客的要求，不仅要对铁路网进行扩展，而且要进行电气化改造。

真正意义上的高速铁路的概念是运送乘客时速达 250 公里 / 小时（150 英里 / 小时）或者更快，运送货物时速达 145 至 175 公里 / 小时（90 至 110 英里 / 小时）以及速度更快的磁悬浮火车。两者都将有力推动整个美国的经济发展，但均有最基本的需求：依靠电力驱动。为了实现高速铁路的运作，必须拥有电力火车头和为火车头传送电能的电路系统。

美国的国家电气化项目应当分两个阶段对 42000 英里（68000 公里）的铁路（见图 4）进行修建和电气化改造。首先对 26000 英里（42000 公里）的铁路进行电气化改造。选择这些铁路路线是因为它们是美国铁路系统的核心，承担大量人员和货物的运输任务。尽管这些铁路里程仅占美国铁路总里程的 29%，但每年承担 65% 的货物运输和 70% 的人员运输任务。

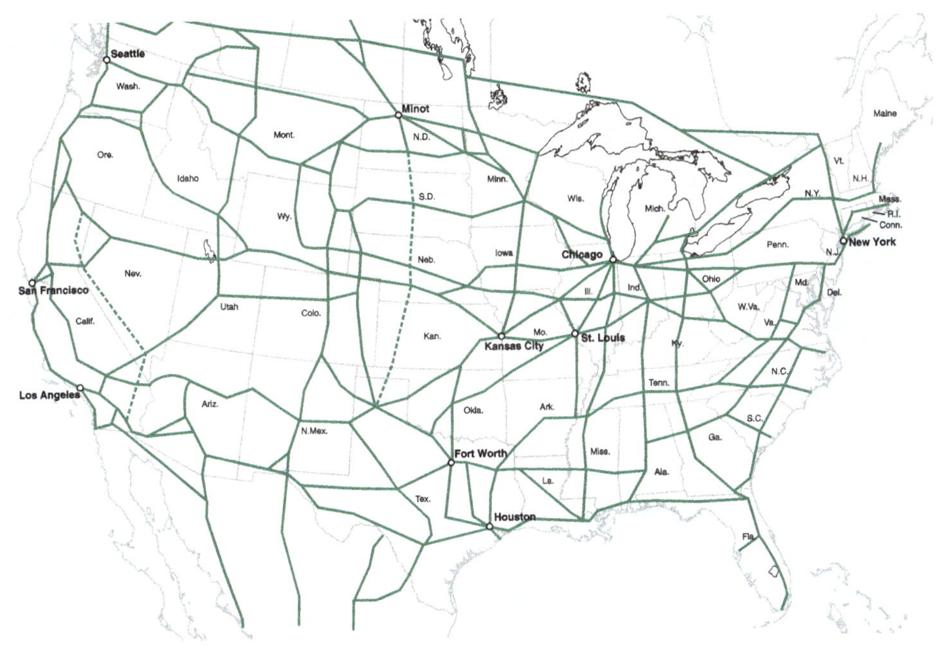

图 4　建议中的 42000 英里国家电气化铁路网

运送货物和乘客的城市间电气化铁路网将很大程度上基于现有路线升级改造。

对铁路实施电气化改造最终将导致铁路运输取代多达三分之一的公路卡车运输。目前铁路系统的牵引机车多为柴电动力火车头（消耗大量石油资源），未来将变为全电力火车头。先进的高速铁路和磁浮火车将以目前火车 2 至 3 倍的速度运送货物和乘客。此外，电能的巨大需求随之而来，美国需要建设大量的核电站和未来的核聚变电站以生产电能。因此，美国的运输和能源政策也将更加高效和安全。

再举个例子说明。电力火车运送每吨 / 英里货物所需能源是燃油蒸汽机车的一半。与其他货物运输方式相比，电力火车具有相当可观的能源使用效率——大约是公路和空中运输的 5 至 50 倍。

整个电气化改造项目将创造数十万工作岗位，工期长达 15 年，耗资超过 5000 亿美元。这一成本最终会通过对于美国和北美经济生产能力的提升效益予以回馈。

（二）水资源管理的紧急状况

1. 防止干旱的基础设施

近年来北美西部以及墨西哥北部时常出现干旱，威胁农业生产、粮食供应和工业发展。旱灾严重地区甚至影响到了民众生计。干旱也许还未达到 20 世纪 30 年代“风沙侵蚀区”的糟糕程度。有公共机构的气象学家预测，从太阳影响和气候历史来看，这种干旱情况可能在持续整个 21 世纪。这样说，也许上世纪的干旱程度对于该地区来说还相对“湿润”了。与此同时，人们不再对建设水资源管理设施以对抗干旱的计划已经成熟的消息感到新鲜和意外，从 50 年前的肯尼迪时代起人们就在国会听证会上听说过此事。

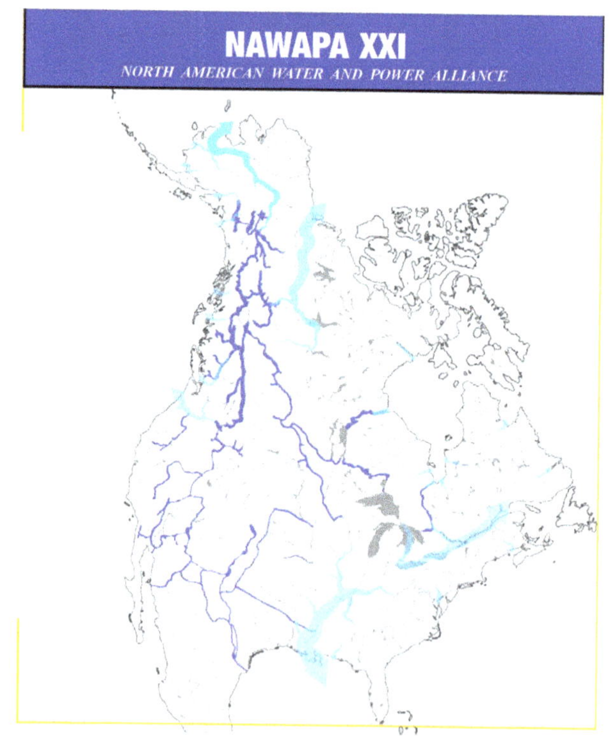

图 5　“阿拉斯加引水”计划

其中最伟大的项目，如北美水利能源联盟或者“阿拉斯加引水”（见图 5）计划已经被推迟了 50 年，即便目前展开也可能无法及时阻止严重且不断恶化的干旱。目前北美地区最需要考虑的是投资基础设施建设，引入多种用途的水资源对抗干旱。

图 6 所示是目前北美地区干旱的范围和严重程度（2014 年 9 月数据）。美国西南部的 11 个州、9800 万人面临水资源枯竭，密西西比河以西 22 个州受到影响。拥有 3700 万人口的加利福尼亚州的淡水资源将在 18 个月后耗尽，许多城镇目前已经依靠卡车供水。

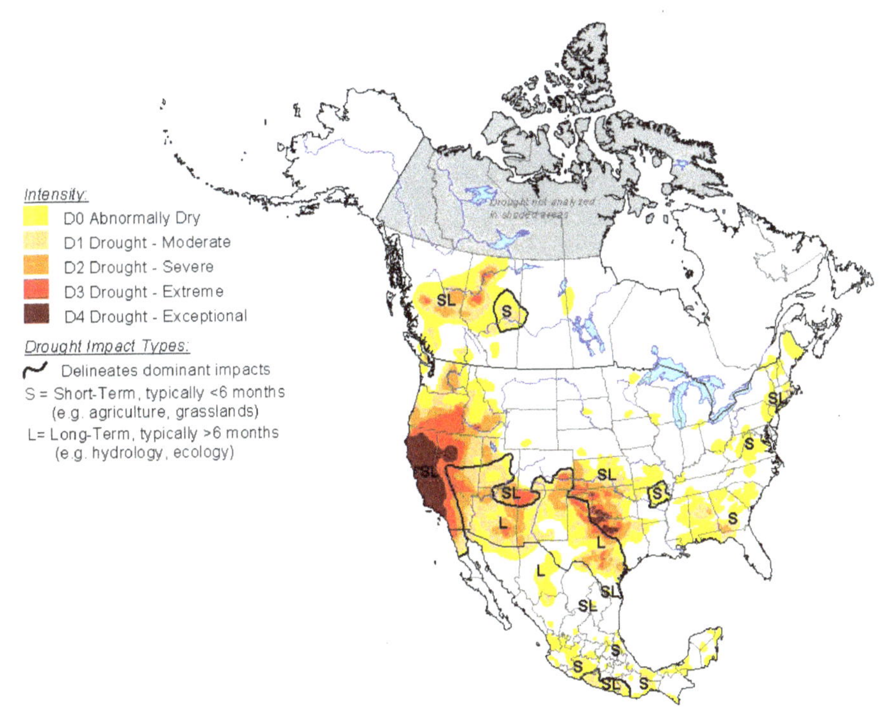

图 6　北美干旱监控情况——2014 年 9 月 30 日

美国，甚至全球的粮食供应正面临威胁。加利福尼亚州生产美国 40% 的水果和蔬菜，20% 的牛奶，以及比例更高的特产——如 90% 的坚果，96% 的加工番茄。德克萨斯州饲养全美 13% 的牲畜，然而目前牲口数量正在缩减，已从 1110 万减少至870万，为50多年来最低。

西南部河谷地区的4个州位于被称为“美洲大沙漠”的地带，处于严重且不断恶化的缺水状态。科罗拉多河流域养育着美国7个州3300万人口，然而目前米德湖的水位为1938年胡佛大坝建成蓄水以来的最低点。2014年加利福尼亚州历史上首次未能从萨克拉门托—圣华金盆地—加利福尼亚供水项目和圣华金开垦项目中获得水资源分配名额，同样的情况还出现在格兰德河峡谷和多州大盆地地区。

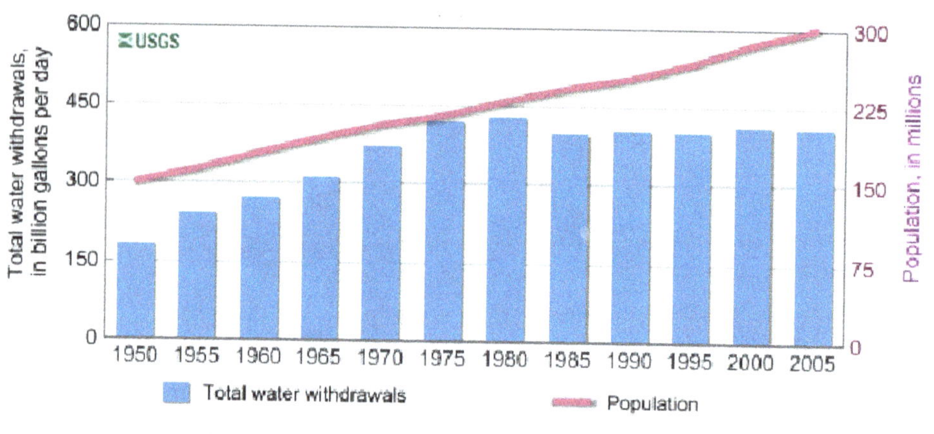

图7　美国用水量趋势和人口，1950-2005年

此外，干旱导致美国各行业用水量减少。图7显示美国各行业（包括家用、零售业、工业、农业和热冷却行业）用水总量低于人口更少的30年前。灌溉用水和制造业用水均在减少，这部分是由于用水效率的提高（每单位用水实现更高的效能）。相反，美国消费市场越来越依靠进口大量的“水”商品，这是不容乐观的。

除了本世纪末之前，犹他州参议员弗兰克·莫斯，或者简要的说是肯尼迪总统提出修建北美水利能源联盟项目（10个田纳西流域管理局的规模）的计划外，北美地区的高科技抗旱基础设施建设未取得其他任何进展。过去的50年里，北美大陆西北部的大部分地区降雨充足，该地区还有大量未利用的河流。若其中一部分得以利用，就能有效缓解北美西南部、大平原和墨西哥的干旱状况。但这可能难以实现，北美水利能源联盟项目相关基础设施建设投资太大，周期太长。

即便是现在迅速批准开工建设北美水利能源联盟项目，考虑到太阳能循环变化可能改变地球水流的方式，水力项目必须进行重新评估，这意味着需要重新设计整个北美大陆的水力系统。

2. 短期内运用核能淡化盐水

长期以来，美国计划通过淡化盐水——使用效率最高的核能——解决美国大沙漠地区的缺水问题。这需要在全国范围内建设 40 余座淡水处理设施，如图 8 所示。

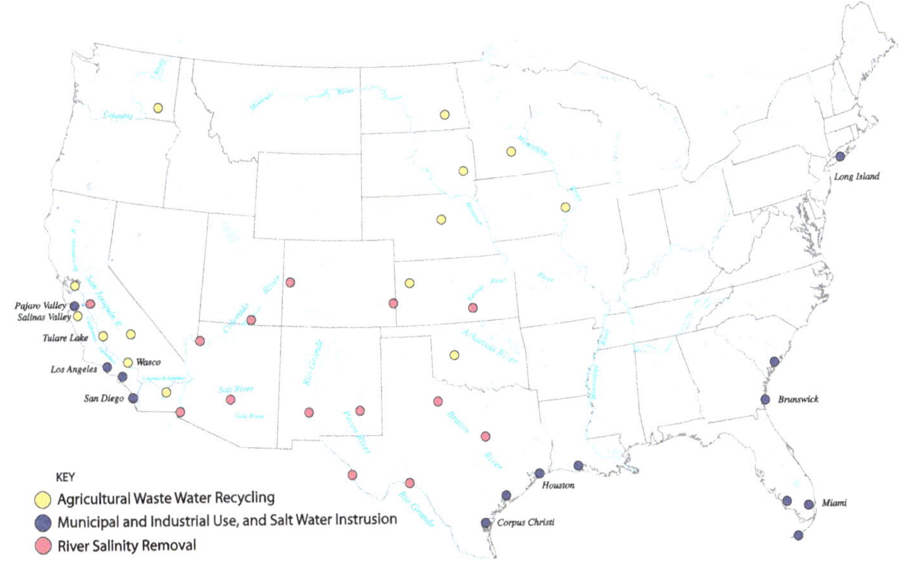

图 8　42 个核能盐水淡化工厂的建议地点

使用核能淡化盐水是上世纪 50 年代“和平利用原子能”计划的目标之一。美国盐水办公室曾与墨西哥合作在西南部太平洋沿岸地区进行过实验。1964 年一则新闻报道称，肯尼迪总统曾批准建立一支特别小组，调研适合全面展开盐水淡化工作的优先地点。

但是迄今为止，为应对西部水资源危机，仅有部分非核能盐水淡化设施在依靠地区机构和方法运行。加利福尼亚州共计 15 个盐水淡化项目，其中太平洋沿岸的卡尔斯巴德项目计划于2016 年启动，这将是整个西半球最大的盐水淡化设施，但其仅仅能提供圣迭戈市（人口 140 万）7% 的用水需求。在德克萨斯州，圣安东尼奥市（人口 139 万）正在修建该州第一个盐水淡化工厂，试图在地下水水位不断下降的情况下增加淡水供应。

目前美国急需重启核能盐水淡化联邦委员会，并与墨西哥和中国进行合作。中国的核能盐水淡化设施在华北沿海地区运行正常，并有更多的此类设施正在计划中。

若拒绝使用核能，水资源的短缺问题将不可避免。20 世纪 60 年代并不缺少淡水，而是缺少核能。但是今天情况已然不同，必须在短期内修建 1 个日淡化水量达 567800 立方米（150 万加仑）的盐水淡化工厂，这在当年肯尼迪时代就已经列入规划。

在海岸地区修建盐水淡化工厂，所生产的淡水具有用于工业和市政设施等多重用途，可以供应城市用水、满足农业所需以及解决盐水渗入问题。对农业废水和地下水进行淡化处理可以将高盐缺水的土地改造为耕地。西部各州几乎都存在的盐水内河问题也将得到解决。

内陆地区数千城镇的水质量会得到提升。随着大型盐水淡化工厂投产和工厂数量的增加，新农业领域将有充足的水供应保证。

在加利福尼亚州南部，海岸盐水淡化工厂提供的淡水将部分或全部替代该地区从科罗拉多河引入的水量，这将更多地保证上游各州和墨西哥的用水。

大西洋沿岸和墨西哥湾地区也需要核能盐水淡化设施。在许多海岸地区，数十年乃至上百年来，人们习惯于抽取地下水。若淡水的浸提率无法保证水井的水位，将会导致盐水的渗入。这些浸入的苦咸水需要花费大量的资金处理，美国国会曾于 1973 年专门研究过此事。

核能盐水淡化项目提供的充足淡水将彻底解决盐水渗入问题，并为市政和工业提供大量淡水。需要优先开展此项目的地区包括：加利福尼亚州的圣迭戈市和洛杉矶市，德克萨斯州的休斯顿市至柯柏斯克里斯蒂市，路易斯安那州，佛罗里达州南部和基韦斯特市，佐治亚州，卡罗莱纳州南部和纽约市长岛地区。

虽然海岸地区核能盐水淡化工厂主要是通过补偿用水需求和恢复地下水位的方式间接保障农业用水，但随着更大规模盐水淡化工厂投产［根据规划，8300 兆瓦反应堆每天可生产 302.8 万立方米（800 万加仑）淡水］，将可以直接为农业生产提供淡水。例如，在遭受严重旱灾的圣华金和因皮里尔河谷地区，盐水淡化工厂生产的淡水不仅可以满足当地使用，还可以输送至加利福尼亚州水渠系统，从而直接进入加利福尼亚州水分配系统。

在气候动态研究领域，科学应用研究必须基于应急目的，了解更多的气候类型和气候成因，以便确定人为改进天气的可能方法。例如通过研究确定加大云层电离化、促进西部干旱地区降雨的具体地点，这种人工降雨的效果已在北美和墨西哥中部地区得到了验证（参见第二部分“解决世界水危机”）。

美国必须和中国的研究人员展开合作，这非常关键。中国的国家空间计划已经涵盖了最高级别的任务，探索范围包括整个太阳系和太阳系外的宇宙空间。必须通过国际合作全方位开展人造卫星和相关领域的研究，推动行星科学研究的发展。该科学的应用研究可在所需的时间和地点实现人工降雨。

（三）能源：迫切需要扩展核能

美国的核能投资需求最为紧迫——核能是整合能源和大规模盐水淡化处理能力，抗击干旱的唯一选项。美国自从 20 世纪 90 年代暂停为国家电网增加新核电厂以来，美人均用电量改变了一个世纪以来的增长势头，2013 年以来从 13.3 兆瓦 / 人 / 年减少至 12.4 兆瓦 / 人 / 年，同期电价指数也几乎翻倍（1985 年是 100 兆瓦），从 1995 年的 109 升至 2013 年的 201。其中部分原因归结于解除管制和通货膨胀，但造成电价飙升的主要原因还是产量减少。

图 9 所示为一个曲线表（参见报告第二部分“能量流比重”）。以前每当一种新的能源用于发电时，都会带来人均用电量的提升。随着环境专家阻止核能裂变技术的发展，美国经济生产力的进步也随之停止。

就像德国“释放核能”一样，美国为成为“新沙特”，选择了较为温和的碳氧化物排放，大力通过液压破碎法开采石油和天然气，污染了当地环境，降低了发电效率。此外，美国运用铁路大规模运输用于液压破碎所需的煤、石油、沙和化学物品，已使整个铁路网面临崩溃的边缘。

综上所述，美国国家贷款需要增加投资，发动国家实验室和主要承包商大力发展第四代核电站，这种核电站具有小型化，自动防故障的特点，可在非常高的温度下工作，通过气体进行冷却。

第四代反应堆工作温度预计在 1000 摄氏度以上。以核电厂作为能量来源的工厂设施可以根据不同工业需求以及不同温度、压力的蒸汽和温度热能的需要，与反应堆的排列进行匹配设计。

当需求的蒸汽温度在 120 至 450 摄氏度（250 至 1000 华氏度）时，需求的热能温度往往更高，达 800 至 2000 摄氏度（1600 至 3600 华氏度）。在当前技术标准下，炼铁行业要求温度达 1370 摄氏度（2500 华氏度），水泥行业要求温度达到 1450 摄氏度（2640 华氏度）。

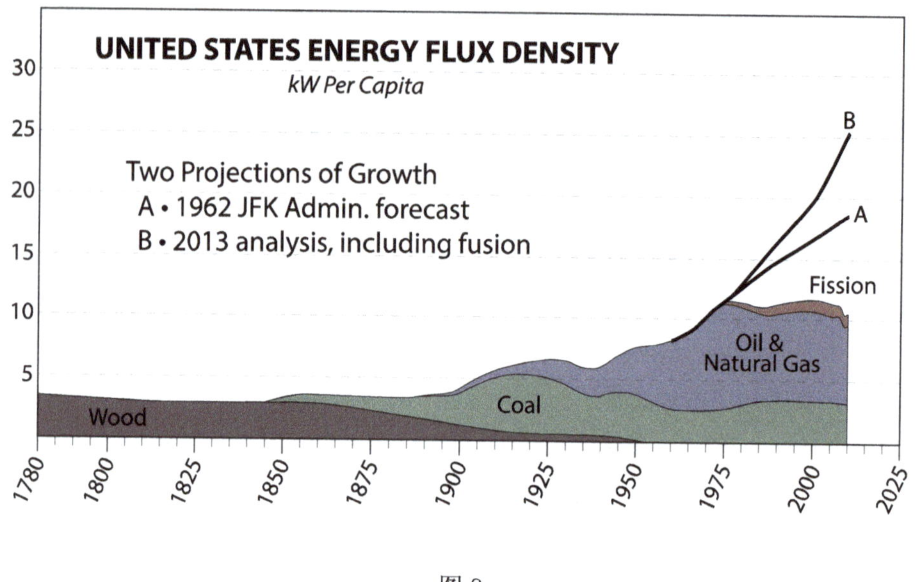

图 9

美国电子工业联合会，本杰明·丹妮斯顿，2014，以及利兰·霍沃思提交给肯尼迪总统的“民用核能报告”。

美国 1780 至 2010 年人均消耗电量情况随电能来源变化而变化。至 1970 年美国能源消耗零增长的趋势十分明显。但是 2 项预测表明未来将发生什么。曲线 A 是 1962 年肯尼迪政府所做的预测，集中反映了当时即将到来的核裂变能源的地位。曲线 B 是肯尼迪总统的若可行并加以实施，可控核聚变发展带来可能变化（1970 年实现可控核聚变后）。这两条曲线，与实际的曲线相比，显示出 40 年的发展差距是当前经济不景气的一个主要原因。

第四代高温核反应堆广泛应用于这些生产设施，将为整个工业环境带来改变，不仅在许多工业环节替换低能量密度的煤、油和天然气，更重要的是，其能在成倍增加现有工业产量的同时，创造新型工业和产品。例如，氢气的大规模集中生产和输送可以减少三分之二的氨气循环量，氨气是世界上生产最多的无机化学材料。

美国国家实验室在研究热核聚变能源领域获得的资金从未匹配实际研究进程。最近的数十年内还不断遭到削减，时至今日已所剩不多。与中国、俄罗斯和日本等国相比，美国在核聚变发电领域的投入如此之低，奥巴马总统曾将核聚变发电形容为美国不需要的“奇特的、外来的”技术。但正如第二部分“能量流比重”中论述的那样，事实恰恰相反。

美国现在不再拥有核电反应堆的生产能力。其唯一的核反应堆的设计者，西屋电气公司现在是一家日本企业。因此美国需要通过国家贷款进行大规模投资——这是生产力发展的又一次机会——以便为现有的工厂配备自动化设备，从而为今后数十年的需求做好储备。美国以“世界工厂和民主兵工厂”著称，但其工厂的机床绝大多未使用 30 年就成为美国工业领域最陈旧的设备。这些工厂机械设备的更新对于重建核工业来说至关重要。

（四）重启太空探索

与找到一个美国新的“肯尼迪总统”和与金砖国家建立新的“进步联盟”相比，重启太阳系探索是更加优先的任务。阿波罗计划曾使美国成为当时世界宇宙探索的领头羊，但正如本文在开头时所说，在阿波罗计划实施的 20 世纪 60 年代，美国经济的生产力达到第二高，仅次于富兰克林·罗斯福的重建和战争动员时期。

显而易见的是，美国自 1969 年以来在空间探索方面减少了尝试。这一状况可以通过加大对世界大陆桥投资，改变冷战政策以及在空间计划中展开与领先的中国、印度、俄罗斯和欧洲开展全面合作得以改善。

在最近的 2005 年，美国国家航空航天局（NASA）出台了一份完整的计划，研发使 4 名宇航员从月球表面返回地球的技术和能力，并将南极点作为最佳目的地选项。该计划于 2010 年被叫停，原因是为在不增加整体预算的情况下为取代它的“星座计划”节省出部分资金。尽管众所周知的是，由于美国尚没有将宇航员和补给物资运送至国际空间站的运载工具，距离这计划实施实际存在一段时间的空档期，该计划还是在美国承担宏伟使命的光环下获得了通过。

2005 年左右，美国国家航空航天局官员仍然坚定地就美国航天计划的方向以及为获得投资进行游说，那一时期的新闻进行了报道。

“美国国家航空航天局星期三向白宫高级官员简报称，其计划在未来 12 年内花费 1000 亿美元建设宇宙飞船和火箭，以便在 2018 年前实现人类从月球上返回”。（2005 年 9 月）

“美国国家航空航天局的计划是实现 4 名宇航员在月球表面的任何地点登陆，最终利用该技术实现宇航员往来于月球和位于南极点的基地。根据测量，该地区可能有大量的氢和冰块”。

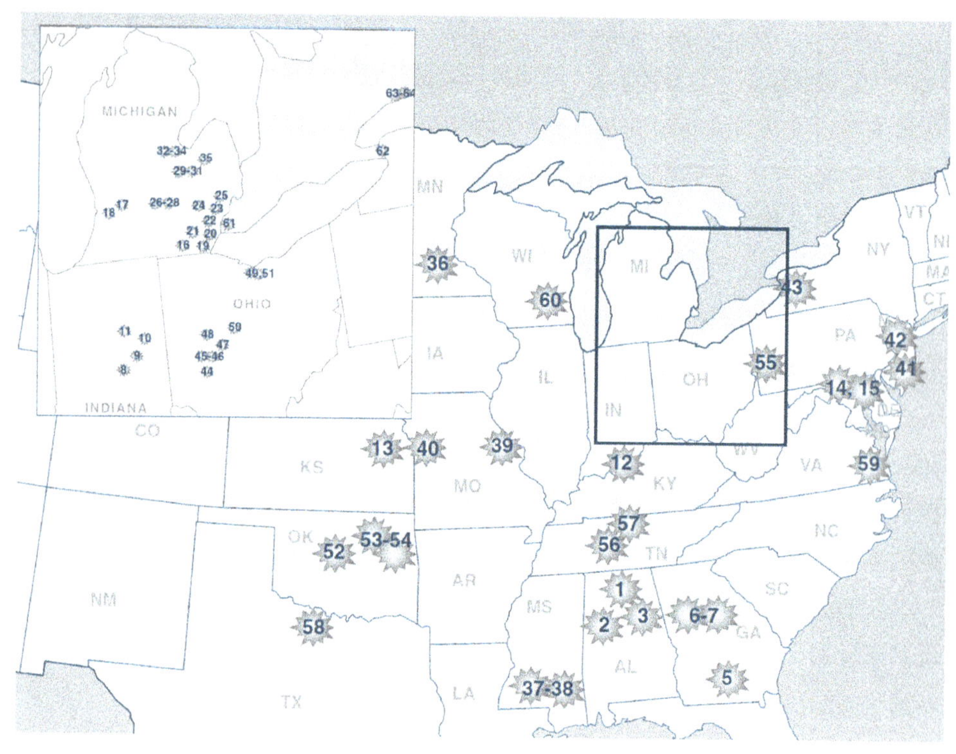

图 10　大规模生产核电站设备的地区

该地图显示的是大规模生产核电站设备的 64 个具体地址，这些地方 2005 年的汽车生产容量还有剩余，可作为这种转变的潜在地点。这些设备可用于生产核电站所需的核燃料棒，起重机，泵，阀门，管线和其他组件。以及电力机车、高速铁路车辆、铝、塑料注射成型机、大坝闸门、大型运土车、泵站和其他基础设施的部件。

“美国国家航空航天局重返月球的一个原因是验证宇航员可以‘不依靠地球’生存，仅靠月球的资源就可以生产饮用水、燃料和其他生活用品。这些能力对于人类前往火星探险来说至关重要，考虑到距离因素，火星探险任务时间将更长，至少需要在火星表面生存 500 天”。

这个目标现在变得更加宏大。

早在 2003 至 2004 年，工业化的目标是实现在月球生产氦 -3，这是返回地球所需热核聚变动力的关键燃料。目前，中国在这方面有着积极的计划，美国应与之进行合作。

同时需要立即实施核动力开发和热核聚变推进系统的研发计划，以便使前往火星或更远的地方成为可能。这些技术曾在肯尼迪的阿波罗计划中进行过尝试，但后来无果而终。

有一些俄罗斯科学家曾反复建议推动“地球战略防御”计划以应对空间物体坠落，特别是在“车里雅宾斯克事件”以来。这需要大规模的卫星网络以专门监控近地空间以及新型推进技术以实现快速反应。

附言

尽管美国需要强化基础设施建设，提升生产能力，但是其近期对中国组建亚洲基础设施投资银行组建反应令人不解。奥巴马政府通过向亚洲国家施压，要求他们不得加入亚投行，试图削弱和扼杀这个新兴银行。

但亚洲基础设施投资银行和金砖国家开发银行组建目的都是作为基础设施建设的无条件借贷方，并且借贷的规模将可能十分可观。这两个银行将作为国际开发银行系统的核心成员，将为世界所需的现代基础设施建设提供数万亿美元资金。

美国在这方面的需求巨大且迫切，有必要真正意义上加入亚洲基础设施投资银行和金砖国家开发银行。

延伸阅读

FOR FURTHER READING

"Build the Missing Link: Alaska-North America Rail," Hal B.H. Cooper, Jr., *EIR*, July 27, 2007.
"Infrastructure Corridors Will Transform Economy; Bering Strait Tunnel, Alaska-Canada Rail," Richard Freeman and Hal Cooper, *EIR*, Sept. 27, 2007
"A Plan to Revolutionize America's Transport," by Hal Cooper, *21st Century Science & Technology*, Summer 2005.
"Why Electrified Rail Is Superior," by Richard Freeman and Hal Cooper, *21st Century Science & Technology*, Summer 2005.
"The Nuclear NAWAPA XXI and the New Economy," by Michael Kirsch, in *Nuclear NAWAPA XXI; Gateway to the Fusion Economy*, 21st Century Science & Technology Special Report, 2013.
"The U.S. Economic Recovery Act of 2006," by Lyndon LaRouche, LaRouchePAC.

第十二部分

推动全球发展

拉鲁什四十年来推动全球发展历程

1970 年至今，经济学家林登·拉鲁什提出了一系列关于改革国际金融机构以及通过建立重大工程项目以挽救世界经济衰退的论断和建议，数量之多，无人可及。接下来的篇幅中，罗列了这些领先的实例。这些建议带来的影响，以及各国为争取各自经济利益进行的博弈，明显体现在当前金砖国家引人注目的行动中，他们正试图创建一个新的金融体系。

一、金融改革

1975： 4 月 24 日在德国波恩的一次新闻发布会上，林登·拉鲁什介绍了他的一个项目规划，这是关于"尽快在世界三大主要经济区——工业化的资本主义国家、所谓的发展中国家以及社会主义国家之间达成协议，建立世界发展银行"。他强调，银行成立所带来的投资应首先集中于工业发展以及在世界范围内扩大粮食产量。

1976： 77 个发展中国家集团 8 月在斯里兰卡科伦坡召开会议，发布了共同建立世界经济新秩序的倡议。这项倡议建立在承诺相互尊重国家领土主权完整、向第三世界国家传递新技术，以及提出了一系列发达与发展中国家实现互利共赢的经济发展提案基础之上。随后 9 月，圭亚那外长弗雷德·威尔士（Fred Wills）在联合国提出了建立"新发展银行"的倡议。

1982： 拉鲁什在他的报告 Operation Juárez 中提出应对正在爆发的全球债务危机的方法。他基于全球通用规则，概述了伊比利亚美洲促进经济发展可采取的一套详细的金融重组计划。

1988： 黑尔佳·策普－拉鲁什建立的席勒研究所于 1 月 30 － 31 日在新罕布

什尔州召开了名为“以发展促和平”的会议，详细阐述了建立一个公正的世界经济新秩序的必要性。拉鲁什阐述了在当前的总统任期内如何建立这样一个新秩序，这在后来被他称为“新布雷顿森林体系”。

1997：在1月4日的网络广播中，拉鲁什发表建立新布雷顿森林体系的倡导。该体系将基于世界经济破产重组计划，与之相伴的是旨在实现全球再工业化的国际信贷体系。在接下来的几个月里，拉鲁什号召全球杰出的政治领袖和经济学家携手合作推动重组计划启动。

2008：秋季，面对全球金融毁灭性崩塌，拉鲁什呼吁将罗斯福时期的格拉斯·斯蒂格尔法案中的相关原则应用于实际，紧急救助世界银行体系，首先从美国开始实施。

2014：6月8日，拉鲁什发行新作“四项拯救美国的原则，现在就开始行动吧！”，其中定义了美国国会应该采取的紧急措施，包括：

迅速重新通过美国前总统富兰克林·罗斯福所签署的格拉斯·斯蒂格尔法案，无需修正行动原则。

恢复实行始于林肯时期的自上而下的全面的国家银行制度，由总统颁布命令，发行全国性的货币（例如：绿色美元钞票），财政部长办公室负责执行。这项由国家倡导施行的银行制度被证明是十分成功的。

联邦信贷系统在改善就业的同时提高生产力，既提高实际的经济生产效率又提高美国个人与家庭的生活水平。

施行多管齐下的“现金项目”。

二、发展项目

1970 年——美国：拉鲁什推出为美国制定的第一个重建项目“如何在一天内应对大萧条”。该项目强调投资发展高新技术基础设施的重要性。在总统竞选活动期间，这一方案被详细阐述，着重强调将美国科技实力视为世界整体发展计划的一部分，重点予以发展。

1979 年——非洲：拉鲁什综合能源基金会出版为“非洲工业化”所制定的长达一本书篇幅的项目报告。强调发展交通基础设施和开发核能。在这之后，1981 年，拉鲁什推出为非洲制定的“拉各斯行动计划”。

1979——印度：全球策略信息受拉鲁什授权，出版研究报告“印度的工业化”，论述了如何使印度“在四十年间从落后国家成为工业大国”。

1983——亚太地区：拉鲁什出版一篇全球策略信息特别报告，名为“印度洋－太平洋地区五十年发展规划”，介绍了大规模基础设施建设项目的概念框架，包括在印度次大陆的水资源发展计划，湄公河河谷发展计划，克拉地峡运河项目，京杭大运河以及第二条巴拿马运河（见下图）。这些项目是“未来发展的动力”，拉鲁什说道。

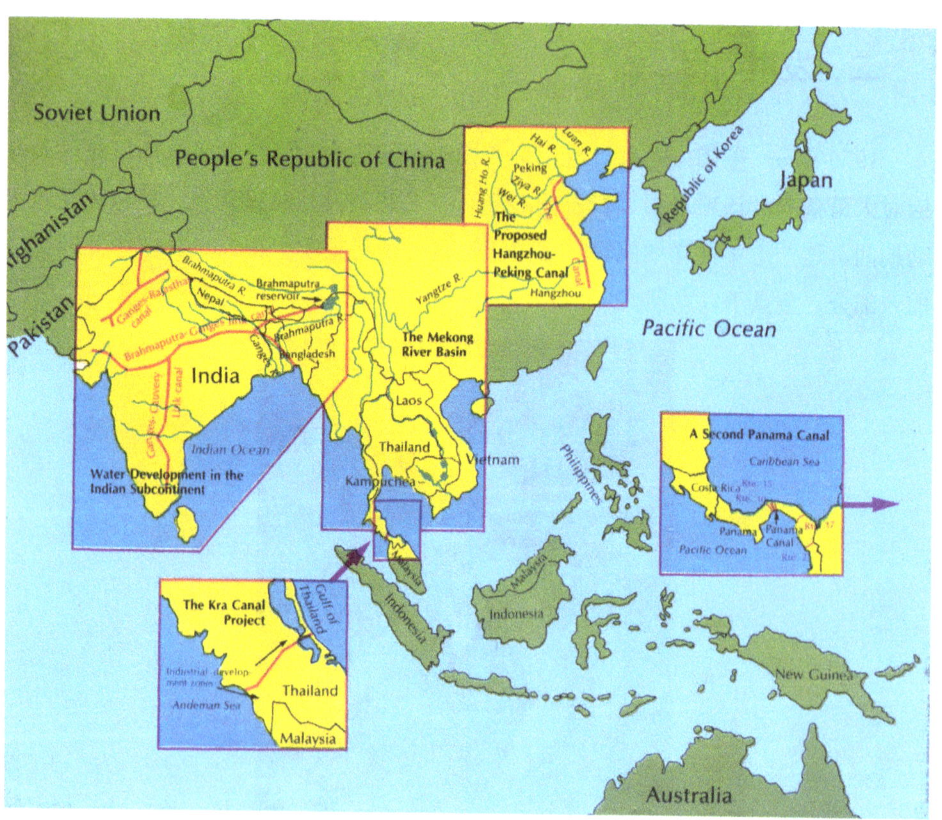

林登·拉鲁什于1983年发表的一篇全球策略信息特别报告，名为“印度洋－太平洋地区五十年发展规划”。

1988——伊比利亚美洲：席勒研究所出版了一本名为“实现伊比利亚美洲融合，到2000年带来十亿新就业岗位！”的研究报告，阐述了推进农工业融合的现代化进程的发展基础，包含水资源管理项目，高速铁路，农产品产量提升，核能开发，以及其他在高科技发展中的投资等。

1989——欧洲：正值东德解体之时，林登和黑尔佳·拉鲁什提出了“生产三角”的发展规划。这为拉鲁什在 1988 年 10 月提出的为西德提供高科技援助以解决其东部食物危机的倡议奠定了基础，并加快了在莫斯科，巴黎和维也纳之间建立高科技走廊的进程。这一地区覆盖欧洲最发达的工业生产中心。

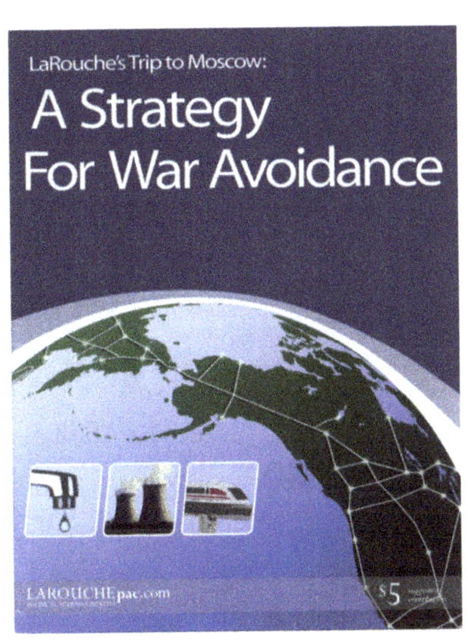

1990——亚洲西南部：拉鲁什发布“绿洲计划”。该计划基于核能淡化海水项目和整个地区的工业化发展计划，奠定了以色列和阿拉伯持久和平的基础。

20 世纪 90 年代——欧亚大陆：随着 1991 年苏联解体，拉鲁什夫妇将“生产三角”的概念扩展至“欧亚大陆桥”，旨在通过发展走廊连接整个欧亚大陆。值得关注的是，1996 年，中国政府在一次会议上提出了“一带一路”的计划。在这之后的几年里，其他国家纷纷投入至欧亚大陆桥的建设之中。

2007——俄罗斯、美国：拉鲁什在五月份到访莫斯科期间，作为贵宾参加了俄罗斯著名经济学家斯坦尼斯拉夫·缅希科夫在俄罗斯科学院举行的 80 岁生日宴会，宴会上拉鲁什强调了白令海峡隧道的重要意义。

田纳西河谷管理局：伟大的项目成就伟大的国家

玛莎·菲曼

2014 年 8 月

如今上百万生活在丝绸之路沿线国家的人们每天面临与美国大萧条时期东南部居民相似的生活环境。1933年3月，富兰克林·德兰诺·罗斯福就任美国总统之时，七大洲区域，也就是田纳西河谷地区的人们遭受不通电力之苦和频繁的洪水灾害。大量农地被损毁，传染病肆虐，无法享受现代化教育、医疗以及交通运输便利。在经历几十年失败尝试之后，1933 年 5 月 18 日，罗斯福总统签署了成立田纳西河谷管理局的法令，以此带动田纳西河谷地区人民步入现代化世界，并使这一地区成为区域经济一体化发展的示范窗口。如今，田纳西河谷管理局仍旧是区域经济发展的典范。

一、富兰克林·德兰诺·罗斯福总统的田纳西河谷管理局项目——流域综合规划与发展

正如总统和法案所描述的那样，田纳西河谷管理局的建立不仅是为了防汛减灾，同时也表明国家正致力于“制订完整的流域综合治理规划，这将惠及周边各州，并为上百万民众及其子孙后代造福”。总统提到，田纳西河谷管理局服务于国家整体的社会与经济福利。这一项目将是“一项伟大的尝试，为即将到来的下一代和上百万还未出生的子孙后代造福”。自启动之初，在罗斯福总统的大力支持下，田纳西河谷管理局的领导层就决议将其建设为一个典范，为遍布全球各个角落的“一千个河谷”的发展提供示范。在整个二十世纪 30 年代和二战后，田纳西河

谷管理局成为美国知名的大型工程，在工程专家的帮助下，这一模式被世界各国竞相效仿。

在建成完工的六个月之后，田纳西河谷管理局拥有了专职的工程师和工作人员，并着手推动第一个项目——建造诺里斯大坝。在其后的二十年间，田纳西河谷管理局建造了二十个大坝，为无数家庭和农场送去电力，提供洪水防控，保护流域通航，为上百万民众带来休闲生活。河谷地区居民随着物质生活水平的提高，对于个人健康和精神文化层面有了更大的需求。人们开始学会使用电力这一“现代化仆奴”。田纳西河谷管理局派出大学生和工程师在家庭和农场里进行电力使用示范，并提供低息贷款供人们购买电力设备。此举使得不少农民和家庭从19世纪生产力低下的小农经济生活中解放出来。

1933年5月，富兰克林·德兰诺·罗斯福总统签署了创建田纳西河谷管理局的法令。

田纳西河谷管理局还为居民们接种预防伤寒和天花的疫苗，消灭蚊虫以防治地方性痢疾。为提升大众文化水平，田纳西河谷管理局在商店、邮局和加油站建起了图书馆，在大坝建设工地和乡村旁建立了流动汽车图书馆。

在曾经土壤肥沃的河谷地区，农耕是最主要的经济生产活动。因此，回收并重建被破坏和遗弃的土地就成了优先考虑的事情。为提升农业生产中的能源和科技含量，充分利用现有的电力资源优势，化学家和化学工程师组成队伍，着手进行田纳西河谷管理局的磷酸盐肥料研制项目。200 名田纳西河谷管理局专家建立了上千个示范农场，使用田纳西河谷管理局提供的新型磷酸盐肥料。到 1935 年，田纳西河谷管理局生产了 24000 吨浓缩过磷酸盐肥料，到 1953 年产量已达到 136000 吨。这些肥料被运往美国各地，占据 1934 年至 1953 年肥料生产的 24%。但是该肥料研制项目最突出的影响还是在其他国家。

据估计，约有 20~30 亿民众，或是超过世界三分之一人口得益于合成性肥料的发展得以生存，这其中有超过 70% 的化肥由阿拉巴马州的田纳西河谷管理局国家肥料发展中心研发。使成百上千万发展中国家人民免于饥荒的“绿色革命”之父——诺曼·博洛格博士，就曾在 1994 年至 2003 年间供职于这个中心。

二、来访者想了解的

自成立至今，田纳西河谷管理局邀请并接待了成千上万名来访者。大多数来访者来自饱受饥荒之苦的国家。他们的遭遇正如在田纳西河谷管理局成立之前，美国东南部人民所遭受的那样。

1944 年，田纳西河谷管理局主席戴维·利连索尔写道：“近几年来，超过 110 多万人参观了田纳西河谷管理局”，其中包括新德里的农业高级专员，巴西科学家，捷克电力专家，以色列总理戴维·本–古里安，印度总理尼赫鲁以及智利总统戈布利尔·高兹勒斯·威德拉。还有来自中国和俄罗斯的工程师和农业学家前来与田纳西河谷管理局技术人员合作推进水力发电项目。各国派出由顶尖工程师组成的访问团到这里学习，思考实现自己国家转型的模式。二战后，许多国家开始致力于发展自己的“田纳西河谷管理局”。田纳西河谷管理局的工程师们也被派往世界各地实施指导。

田纳西河谷管理局制定了一揽子整体经济发展规划，地区涵盖尼罗河流域河谷地区、底格里斯河和幼发拉底河流域。后者流经土耳其，叙利亚，伊拉克和伊朗。此外，田纳西河谷管理局还提出了赫尔曼德河的发展规划，这将惠及印度和巴基斯坦。曾从事田纳西河谷管理局项目的工程师詹姆斯·海耶斯为阿富汗制定了一项发展规划。他们还为莫斯科，海地，智利，哥斯达黎加，波多黎各，秘鲁，巴西和哥伦比亚等国制定了大量规划。

20 世纪 50 年代，前田纳西河谷管理局经理高登·克拉普领导了一项联合国针对中东地区的调查任务，目的是为当地制定整体发展规划。1954 年发表成果“田纳西河谷管理局约旦项目”。该项目要求叙利亚、约旦、以色列和黎巴嫩展开合作，在约旦河上游及其支流建造一系列堤坝，为当地提供电力，并解决成百上千英亩土地的灌溉问题。两年后，英国发起的“苏伊士危机”终止了该项目。事实上，大多数由田纳西河谷管理局提出的项目都未曾付诸实施。

目前，田纳西河谷管理局所遗留的最大的项目之一是位于中国的“田纳西河谷管理局长江项目”。戴维·利连索尔描述了当时所面临的挑战：“和田纳西河谷管理局之前的项目相比，‘巨型’、‘宏大’这样的词语完全不足以描述这项工程”。经罗斯福总统促成，利连索尔在二战结束之前和中国的代表进行了讨论，规划中国的战后重建工作。这项工程在数十年后得以实现，正如田纳西河谷管理局所提议，中国的三峡大坝工程是一项区域经济发展项目，包括在长江及其支流修建大坝系统，以控制这条世界第三长河的水流。大坝修建的主要目地是避免再次发生 1931 年的洪灾，当时导致 145000 人遇难。

修建三峡大坝的目的不仅是防汛减灾，还包括为在全新的城市建立的家庭和工厂提供电力保障。随着新城市建立，学校、医疗设施以及现代化交通通讯设施也随之建立。种植方式也将由从前的牛耕转变为现代化科技手段。随着时间推移，一个人口总数远超美国的大国将实现转型。

然而许多针对田纳西河谷管理局的批评提出，除了修建大坝，控制河流，田纳西河谷管理局还应着眼于更长远的目标，即罗斯福总统所提出的战后帮助前殖民地国家转型的计划。

1963 年 5 月 18 日，位于阿拉巴马州的马斯尔肖尔斯举行了罗斯福总统签署田纳西河谷管理局法案三十年的纪念大会，肯尼迪总统发表演说。他肯定了田纳西河谷管理局的成就和对国家产生的巨大影响力，称之为“托起船只扬帆远行的浪潮”。肯尼迪总统还特别提及内布拉斯加州参议员乔治·诺瑞斯，他几十年来一直为成立田纳西河谷管理局奔走疾呼。肯尼迪总统将这些工程所创造的伟大贡献称为“造福下一代”。

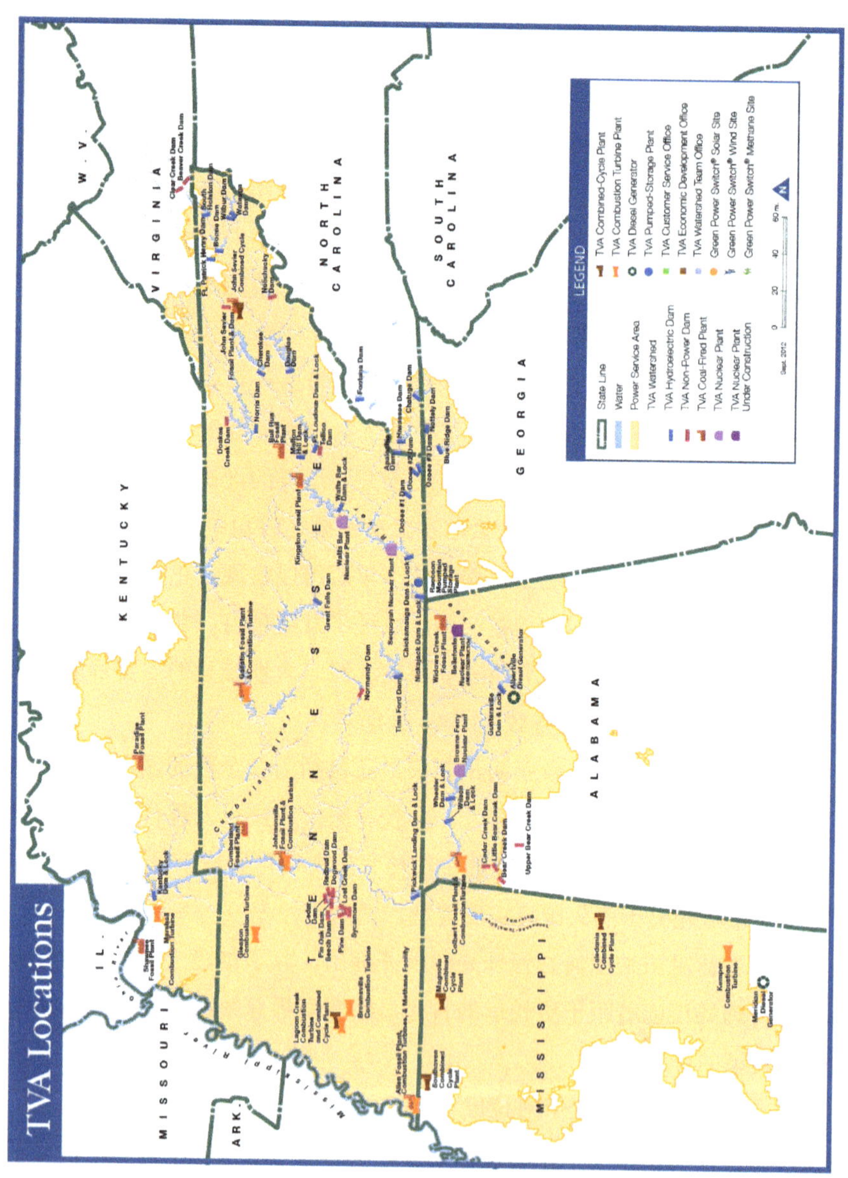

三、前沿科技中心

田纳西河谷管理局建立的初衷是着力于控制水资源及河流流向。但在20世纪60年代中期，管理局协同附近的橡树岭国家实验室的科学家和工程师们开始致力于研发前沿科技产品。在二战时他们的研究成果——核武器得以应用。通过运用田纳西河谷管理局的核心手法——整合资源规划，科学家们提出了一个新的概念“核动力综合企业”，亦或“核动力农工业综合体”，包括利用来源于裂变发电站的电能和热能创造新的城市和经济活动中心。值得特别关注的是，“核动力综合企业”还致力于通过海水淡化处理，获得淡水以缓解全球最急迫的水资源短缺问题。1964年，田纳西河谷管理局的专家前往印度、以色列、波多黎各、巴基斯坦、墨西哥和苏联等地，指导通过利用核电站的热能进行海水脱盐处理。与此同时，田纳西政府计划在田纳西州、阿拉巴马州和密西西比州的7个基地建立17个发电站，这将成为世界上最大的核电站建设项目。

罗斯福总统意图在战后通过“去殖民化”过程，实现发展中国家转型的设想在很大程度上直接或间接地被英帝国破坏了。战后英国不肯放弃对于殖民地的控制权。

迄今为止，20世纪30年代提出的在全球千万个河谷地带建立类似“田纳西河谷管理局”设想尚未实现。70年过去了，这个旨在提高人民生活水平，依靠创新前沿科技整合地区资源，促进经济发展的模式，依旧是丝绸之路沿线国家转型发展值得借鉴的样板。

延伸阅读

FOR FURTHER READING

“Roosevelt's TVA: The Development Program That Transformed a Region and Inspired the World,” by Marsha Freeman, *21st Century Science and Technology*, Summer 2011.

“The Tennessee Valley Authority: a model for world development,” by Marsha Freeman, *EIR*, December 21, 1990

邓小平的中国奇迹

杰弗里·斯坦伯格

2014年9月

1976年9月9日毛泽东辞世，10月“四人帮”遭到逮捕，此后邓小平迅速确立了他作为中国新一任最高领袖的地位。虽然他正式的最高职务为“中央军事委员会主席”，但他关于现代中国的远见卓识是中国在接下来的35年中发生翻天覆地变化的最重要因素。

据邓小平传记作者傅高义称，从邓恢复权力的那一刻起，他就将发展科技骨干优先置于其他职责和计划之上。他跟同事们强调，如果中国能够培养出一代世界级的科学家和工程师，那么用不了30年，中国就能一跃成为世界领先国家。

为了这个宏大的目标，邓完成了1972年由基辛格和尼克松的破冰外交所开启的中美关系正常化。1979年1月1日，美国正式承认中华人民共和国是中国唯一合法政府。

邓非常清楚中国所面临的巨大挑战。在1966年“文化大革命”开始后，几乎一代年轻人被剥夺了接受高等教育的机会。“四人帮”打击“资产阶级知识分子”的运动导致非工人或农民背景的学生入学受到限制，并且很大一部分教师骨干力量受到损失，因为其中许多人被认定具有“资产阶级背景”，被发配到农村从事体力劳动，接受“再教育”。毛主席号召缩短学习时间，要求完成学业的学生回到工厂或集体农场工作。这期间虽然仍有一些大学在运作，但水平大不如前，或者远不如之后的发展水平。这种状况持续了差不多十年。

到1977年，随着邓的改革举措初露端倪，许多大学重新开放，学生们也是自1965年之后首次获准参加高考。十余年来的首批大学新生被称为“77级”（现任总理李克强就是其中之一），他们成为了此后中国发展进程中的中坚力量。

早在1975年，邓就开始振兴中国科学院，将许多发配到农村的教师骨干找回。

在邓的领导下，中国实行了“改革开放”，1979年与美国建立了外交关系，在这种背景下，中国同意为西方经济体提供廉价劳动力。急于削减工资、增加利润的西方投资者们认为，他们可以像在美国以南的墨西哥和伊比利亚美洲其他地区那样，通过向工人支付奴隶劳动般的工资来降低成本。

中国政府准备暂时同意这些条件，不过邓制定了长期战略。中国同意这些不利的条件，目的是尽快摆脱这些条件，同时实现关键科技领域的“跨越式发展”。

通过借鉴美国的“战略防御倡议”，1986年，中国制定出了“863研究发展计划”。政府向七个关键科技领域投入国家资源，包括航天、激光、能源、生物技术、新材料、自动化和信息技术，目标是在这些领域实现重大科技突破。

到2009年，“863计划”共立项110个，涉及信息技术、制造业、材料、资源和环境、地球观测卫星、交通运输、生物、能源和农业领域。“863计划”共计投入科研经费2000亿美元，产生了2000项国内和国际专利，也造就了今天世界级的中国本土信息技术行业。

中国政府借鉴美国模式的另一个例子是，建立了类似于美国的国家科学基金会。1997年，中国将该科研计划升级为“973基础研究发展计划”。这一计划有如下目标：支持与国家发展相关的多学科和基础性研究；促进前沿基础研究；支持能够进行原创性研究的科技人才的培养以及建立高质量跨学科研究中心。

这些项目有助于使中国在新兴领域实现飞跃式发展。通过这些项目，中国制造出了世界上首个光量子电话网，用诱导多能干细胞培育出了第一只活老鼠，还建造出世界上速度最快的计算机“天河一号”。

虽然仍有半数的中国人靠土地为生，生活贫穷——当然也在不断改善，但普通中国公民并没有被遗忘。“民生”的概念——美国人称之为“公众福利”——是上述中国计划密不可分的一部分，国家主席习近平也在反复强调这个问题。目前有9%的中国劳动力有大学文凭。中国计划到2020年将这个比例提高至20%。

一、邓小平的科技“长征”

1977年7月17日召开的中共十届三中全会上，邓小平恢复了之前的党政职务，他随即表示将把注意力集中在科学、技术和教育上。他确定了优先关注的具体科技项目：核能、计算机、聚合物、半导体、航天和激光。他复职后就在党的一次会议上发表讲话说，“科学技术是第一生产力”。

那个时候，中国有20万名科技工作者，而美国有120万名。邓寻求一切机会与来华的美籍华裔科学家会面，讨论详细方案，这其中包括李政道、杨振宁和丁肇中。邓坚持以建造一台核加速器为首要任务，以便开始培养一代核物理学家和工程师。虽然邓没有上过大学，但他的妻子以及五个孩子中的三个都获得了北京大学的物理学学位。

复职不到一个月，1977年8月3日，邓召集了一次科学和教育座谈会，讨论重组和扩大科研机构。他坚持所有中心的负责人中都要包含专业科学家。除了振兴中国科学院，他还新建了中国社会科学院，恢复了国家科学技术委员会，并下令起草新的七年科学技术发展规划。1978年3月18日至31日，邓举办了一次关于科学技术政策的会议，启动了108个新科研项目。

邓坚持为中国科学家提供必要的实验室设施、薪酬和资源，以迅速恢复自然科学领域的核心工作。那个时候他表示：“要从科技系统中挑选出几千名尖子人才。这些人挑选出来后，要为他们创造条件，让他们专心致志地做研究工作。生活有困难的，可以给津贴补助。……一定要在党内造成一种氛围：尊重知识，尊重人才。要反对不尊重知识分子的错误思想。不论脑力劳动体力劳动，都是劳动。”

为加快中国科技进步，邓将许多最聪明的中国学生送到国外最好的大学去学习。他明确提出要依据资质重新构建精英阶层。官员们被派往世界各地搜集大学教材。在国外生活和工作的顶尖中国科学家被鼓励回到中国，或者访问讲学。邓坚持认为，依然留在国外的中国科学家也应当作为爱国的中国人受到欢迎，他们最终会为中国的科学进步做出贡献。

孔子（见图）哲学传统的复兴极大促进了中国的教育和科学进步。

邓所改变的一个重要方面是恢复了中国伟大学者、哲学家孔子的声誉。在毛泽东时代，孔子学说被指责代表“地主阶级暴政”，遭到了攻击和禁止。1982 年，邓开始复兴孔子学说，其举措包括由国家赞助举办关于孔子思想的会议。邓认为儒家思想是中国古典文化的核心，对于他正在建立的新科学教育体系至关重要。

二、中国的“岩仓使团”

1871 年至 1873 年，日本明治维新之初，一个由日本商界领袖、科学家、经济学家和政府官员组成的使团周游了世界。在岩仓具视的带领下，这个 51 名成员的使团访问了 15 个国家。正如我们所知，岩仓使团耗费十年时间撰写了 12 卷的报告，总结了他们在改进科学、技术、管理和治理方面所学习到的经验教训。此举对日本工业革命做出了极大的贡献。

邓小平采取了类似的举措。

1975 年，邓对法国进行了为期五天的访问，在那里他有机会亲眼见到西欧国家所取得的巨大进步。1977 年至 1980 年，邓重振中国经济之际，他派出许多代表团去国外学习经济增长、科学进步和教育的方法。在获得首批代表团的反馈后，邓指出，“最近我们的同志到国外看了看。看得越多，越知道我们有多落后。”

1978 年春，邓派出四个考察团分赴东欧、香港、日本和西欧（与美国关系的正常化尚未完成）。最重要的考察团由受人尊敬的经济学家古牧率队，他带领着一个由 20 名部级领导组成的代表团前往西欧。他们访问了西欧大陆五个国家的 15 个城市，主要考察工业生产、科研设施，以及负责经济和投资的政府机构。所到之处的开放程度令代表团人员震惊。他们回到中国时带回了超过 200 亿美元外国投资的初步意向。到 1978 年 6 月 30 日，古牧完成了提交给政治局的书面报告。

1978 年 7 月 6 日，国务院就“四个现代化”（科学技术现代化、农业现代化、工业现代化和国防现代化）的指导原则召开研讨会。会议以古牧所作关于各代表团考察结果的报告开始，一直持续至 9 月 9 日，考察结果得以在各个党政机关中广泛传播。负责经济政策的中央政治局常委李先念主持会议。

可以说，中国令人瞩目的增长基础是由邓小平这些开创性举措奠定的，正是这些举措将中国人引领上了今天登上世界科学成就巅峰的道路。

韩国模式：怎样使一个贫穷国转变为一个现代经济体

迈克尔·比林顿

2014年8月

在经历1945年之前35年的日本殖民统治，以及1950至1953年三年朝鲜战争的破坏之后，韩国于20世纪60至70年代从地球上最贫穷的国家之一转变成为世界上最杰出的工业强国之一，城乡居民生活水平居世界最高水平之列。这一切主要是通过朴正熙的努力实现的，朴从1961年开始担任韩国总统，直至1979年遭暗杀身亡。值得一提的是，尽管他被本国许多人，以及国外许多英国自由贸易模式的追随者指责为独裁者，但自从他在1961年政变后掌权以来，赢得了五次总统选举。1998年，朴在一次全民投票中被选为韩国历史上最好的总统，得票率超过75%。

审视“韩国奇迹”的重要意义在于，表明朴所使用的方法可以有效地理解为美国政治经济体制的一种形式，尽管说朴每走一步都要与华盛顿所要求的许多政策作斗争。韩国模式可以在世界贫穷不发达国家的必要转型中成为宝贵助力。

一、韩国模式与美国体制

朴正熙的体制是在他1961年进行相对不流血的政变、推翻羸弱的韩国政府后不断发展起来的，建立在与美国体制相似的原则之上。美国体制由亚历山大·汉密尔顿制定，经约翰·昆西·亚当斯、亚伯拉罕·林肯、富兰克林·罗斯福等总统实现。2010年6月，在华盛顿举办的一次题为“重塑韩国模式”的会议上，金中京[①]将这些原则描述为：

实施定向信贷，有选择性地产业提升以及推动出口贸易政策；

在工业和农村发展中采取“萝卜加大棒”的方式，将政府支持与绩效相联系；

有选择地支持有潜力成为重工业和化工行业领头羊的公司；

重点发展职业技术院校和培训中心；

依据农业科学领域“绿色革命”的需求，向农村提供物质支持，并且与所谓的“新村运动”相结合，由政府扶持自助型农村开展建设。

结果不言自明。1961 年，韩国人均收入在 125 个国家中排在第 101 位。那时朝鲜（其大部分工业是在日本的殖民统治之下发展起来的）的人均收入比韩国高出三倍。从 1961 年到 1980 年，韩国国内生产总值从 120 亿美元急剧提升至 570 亿美元，年均增长率 8.5%，为世界最快。发电量增加了十倍，人均寿命从 55 岁增加到 66 岁。1960 年韩国只有 4500 名工程师，到 1980 年这个数字增加到 4.5 万名。其他指标也同样令人印象深刻。

“定向信贷”的概念是美国政治经济体制的核心概念，其目的是增加人口的科技生产力，它区别于英国不受约束的、由私人银行体系决定货币政策的自由贸易制度。美国体制和朴正熙的韩国模式还有一个关键概念——“共享增长”，即确保社会全体成员，不论农村人还是城市人，企业家还是工人，都参与到国家进步中来，从而提升整个国家的生产力。

二、朴正熙与明治维新

朴正熙少将于 1961 年发动军事政变并夺取政权。朴向美国新一届肯尼迪政府作出保证，将在两年内举行自由选举，以此换取美国对其发展计划的支持。美国还邀请朴于当年 11 月访问华盛顿。

朴宣布实行“行政民主”，以适应韩国的社会和政治现实，而非引入他认为不合时宜的西欧民主（参见金亨，2004）。他立即建立了“经济重建委员会”，确定了六个需要提升的关键产业：水泥、合成纤维、电力、化肥、钢铁和炼油厂。

① 金中京（音，Kim Joong-Kyung），韩国发展研究院官员。其父金正濂为朴正熙任总统期间的青瓦台秘书室室长，也是下文提到的“三人领导小组”之一。

他强烈支持发展核能，在艾森豪威尔总统的“和平利用原子能”计划下，李承晚已经于20世纪50年代启动核能的发展。朴曾有意发展核武器计划，不过后来放弃了这种想法。

朴的第一个“五年计划”基本上忽略了国际货币基金组织以及许多美国人鼓励韩国重视手工业、劳动密集型农业和小型出口产业的建议，而是快速发展重工业和机械化农业。

1961年11月14日，约翰·肯尼迪总统在白宫会见朴正熙上将。

到1963年，朴已经树立起强势政治领袖的形象。他选择退出军队，以平民身份竞选总统。在与肯尼迪总统保持密切联系，对美国经济援助和投资表示欢迎的同时，朴宣布他的竞选口号是拒绝“前现代的、封建主义的、时髦主义的反对”，提倡“民族主义民主”，而非欧洲式的平民主义民主。他宣布将实行韩国为先的政策，以保护新兴产业（如同居于亚历山大·汉密尔顿的美国体制中心的保护主义）。朴以微弱优势赢得了选举，但是他的政党获得了国会175个议席中的110个。

赢得选举后，朴开始全力推行他的韩国模式政策。最初的一步棋就是与日本建交。此举在全国范围内引发了众多反对的声音和大规模的骚乱，这是因为民众对历史上及其残酷的日本殖民统治充满了愤怒。1965年，朴与日本商定了一项协议，日本很快成为韩国最大的贸易伙伴和外资的主要来源。

朴的改革包括定向信贷以及对成功的公司选择性地减免税收。正如历史学家格雷格·布热津斯基所写："在美国和韩国领导人做了20年无用功后，大韩民国通过动用国内资本和促进出口，大幅提高了增长率。"（参见布热津斯基，2007）。大型家族企业（财阀，例如现代和三星）发挥了主要作用，但是关于朴徇私、任人唯亲的指责则是虚假的。这些大公司必须证明自身有实力与一流外国公司竞争，有能力应对信贷优惠的中断。1965年韩国有十家这样的大企业，到1975年，其中七家已经销声匿迹了（参见金亨，2004）。

三、共享增长：新村运动

20世纪70年代初，朴依据"共享增长"的概念，启动了后来成为韩国模式特征的计划。在日本的占领下，朝鲜（与满洲相邻）被发展成为一个工业中心，而韩国则以农业为主。在朴的统治下，保护性关税和定向信贷促进了重工业的发展，创造了大量工业岗位。此外，朴还启动了一个使停滞的农村（韩国63%的人口居住在农村）经济转型的非凡计划，将农业领域与工业经济整合起来。这就是"新村运动"，该计划在10年内使农民收入接近翻番、使生产力提高50%。

这也是非洲不发达国家将韩国模式视作摆脱贫困痼疾的一种方式的主要原因。这与目前西方对非洲仍保留着殖民时代恶臭的政策截然不同——不论是西方政府机构、联合国、国际货币基金组织，还是比尔·盖茨、乔治·索罗斯这些亿万富翁的私人资金组织。他们的方式都一样：以小额资金援助小农场，将其经济作物出售到国外。在这样的援助之下，农民依然很穷。他们的方式基于这样的前提：水坝、交通系统、发电站等大型基础设施计划"不适合"不发达国家。

朴则持有不同的观点。在中央政府在全国范围内建设必要的基础设施以及资助农业科学领域“绿色革命”计划的同时，朴开始在农村推广自助方式，确保农民加入到全国重建的努力中来。1970 年，“新村运动”工作组带着 300 袋水泥、基本机械和顾问人员进入 3400 多个农村，告诉村负责人，他们应当用所提供的材料修建道路、灌溉系统和其他当地所需的基础设施。一年后，新村运动工作组会对每一个村的进展情况进行评估。充分利用政府资源的农村又获得了 500 袋水泥、一些钢筋和新设备。而未达标的村子则什么也没得到。稀缺但是不断增加的电力供应也是根据绩效进行分配的。

朴正熙总统视察一个农村的建筑工地。“新村运动”促进了农村的现代化，发展了农村的基础设施。

各个农村很快就吸取了经验教训。第一年，只有半数的村子符合继续使用政府供给的标准，到第十年，大多数村子都积极参与其中。到 1980 年，有 97% 的农村都通了电，而在 1964 年，这个比例仅有 12%。20 世纪 70 年代，底层农民的收入增加了 76%，富农的收入则翻了一番。植树造林计划挽救了大量因战争荒废的土地。从 1970 年到 1977 年，水稻产量增加了 50%，使韩国每公顷水稻产量达到日本水平。农业总产值的年均增长率从二战后十年间的 3.4%，增加到 20 世纪 70 年代的 6.8%。

四、重化工产业

韩国模式的另一个标志就是“重化工产业”政策，不仅向这些产业提供定向信贷，还将“新村运动”的一些原则引入工业。今天被国际上认为是产业主导创新者的一些财阀，例如现代和三星，就是在“重化工产业”计划下迅速发展起来的，那些没有竞争力的财阀则失败了。该计划主要集中于五个产业：机械、造船和运输、钢铁、化工产品和化肥，以及电子产品。

朴吸取了日本 1957 年至 1967 年发展重工业的经验，并得到了美国的帮助，特别在与重化工产业相关的国防工业上。不过，朴不得不与许多美国顾问（以及本国一些在美国接受培训的技术专家）作斗争，以便实现 20 世纪 70 年代的工业转型。美国驻韩代表团的经济顾问建议朴促进中小企业，而不是重工业，因为中小企业“更加适合”韩国的经济规模；削弱中央政府在经济规划上的主导地位；还建议政府将国有行业私有化（参见金亨，2004）。

朴拒绝了这些建议。他 1971 年创立了韩国发展研究院，将致力于实现国家快速工业化的经济学家聚到一起，还将一些在国外接受教育的经济学家吸引回韩国——若非如此，这些人可能选择留在国外工作。在政府内部，朴组建起一个“三人领导小组”：他本人、充当经济主管的金正濂以及负责工业建设国防领域的吴元哲（O Woonchol）。

重化工产业计划还把大学的科学家们投入到工业进步的驱动力中来。46 名物理学和化学的学术带头人被聘为与该计划相关的商业和工业部的顾问。1973 年，代表团被派往美国和日本，以便为重工业项目寻求投资。不过，国内希望参与重化工产业计划的工业公司需要自行筹集至少 30% 的所需投资，并且外资不得超过总投资额的一半。

从 1973 年开始，韩国共建立了五大工业园区，分别集中于机械、石化、造船、电子和钢铁。这一进程不是仅限于韩国国内。以色列学者阿隆·勒夫科维茨写道，在韩国政府的财政支持下，大财团以很低的价格在中东建设大型基础设施项目。

勒夫科维茨指出，这种发展援助“令人察觉不到任何旨在影响中东政府的政治议程或意识形态目的”（参见勒夫科维茨，2011）。类似的项目遍布整个东南亚。

1975 年，朴与法国商定，将在韩国建立一个核燃料后处理厂，以及两个核电站。已经放弃艾森豪威尔和肯尼迪政府“和平利用原子能”计划的美国政府对此极为不满，因为后处理能力——尽管这种能力对于任何核国家都是必不可少的，并且完全符合所有国际核能协议——会使韩国离制造核武器的能力又近了一步。朴公开回应称，韩国其实能够制造核武器，但是并没有选择这样做。朴表示，如果美国打算移走核保护伞，韩国将制造自己的武器。

现代公司，朴正熙总统在任时受到“重化工产业”计划支持的公司之一，是目前世界最大的工业和建筑企业之一。

美国反科学的一帮人勃然大怒。美国国防部长唐纳德·拉姆斯菲尔德用切断对韩国雄心勃勃的核能计划的支持威胁朴，华盛顿还迫使法国违背了后处理厂的协议。韩国转向加拿大寻求核反应堆，同时建造自己的重水燃料棒厂。1976 年，朴建立了韩国核工程公司，代替美国伯恩斯－罗伊公司提供主要的核研究，并建立了核燃料开发公司。

今天，韩国已经成为自主设计核能反应堆的主要出口国。不过，美国过去强加给首尔的协议继续剥夺着韩国作为一个现代科学和工业国家的合法权利，限制着其获得完整循环的核燃料能力的自由。纠正这种不公正的谈判仍在持续，但美方一直在拖延。

五、遇刺身亡

在朴 1979 年遭到他的亲信、韩国中央情报部部长的暗杀后，人们在他家中发现了一份题为“21 世纪韩国改造计划”的研究报告。他的一些计划得到了后续几届政府的落实，不过，正如历史学家金亨所说，在朴之后的多年中，韩国经济越来越受到在美国接受培训的“新自由主义技术官僚”的控制。

今天，韩国模式的精神依然生生不息。韩国在东南亚、中东以及非洲越来越多地方的基础设施和重工业发展中发挥主导作用，并且很少带有附加条件。在自身发展以及对发展中国家的贸易和投资政策方面，中国也在研究和学习韩国模式，同时中国也成为了韩国的主要贸易伙伴。

第十三部分

结语

抛弃地缘政治对抗，携手共建人类未来

2014 年 10 月

通过前文所述，你应该已经有了清晰的认识：那就是现在的行动时机已然成熟，人类应该努力创造一个新的国际经济秩序，这个未来更能实现人类作为世界唯一富有创造力物种的存在价值。

即使是欧美的政治家们也逐渐形成了共识，那就是过去以货币经济和地缘政治对抗为特征的发展模式已经失败，如要避免灾难，必须采取新的范式。金砖国家是这一新范式的代表，他们在一系列伟大的项目上展开了广泛合作，致力于将人类从贫穷、饥饿和战争的苦难中解脱出来。他们正在将其他国家拉入这个群体，并在全球制造出一种乐观氛围。事实上，金砖国家以及与他们形成关联的国家拥有超过世界一半的人口。

2014 年 10 月 18~19 日在德国法兰克福举行的纪念席勒研究所成立三十周年大会是跨大西洋国家试图抓住时机的一次典型行动。来自欧洲的 350 余名代表齐聚一堂，研讨““一带一路”和中国的探月工程：人类是唯一的创造性物种”。在会议闭幕时，与会者发表了以下宣言：

人类正在经历一场深刻的文明危机。在世界很多地方社会的基础正在被侵蚀，国际关系的既定规则正在被破坏。最严重的是，我们正在面临致命的威胁，可能导致人类的最终灭亡。

首当其冲的是已经在非洲肆虐的埃博拉疫情，目前尚未找到医治办法。其威胁程度更甚于 14 世纪的黑死病。

其次是全世界面临的恐怖威胁，特别是由所谓的“IS 伊斯兰组织”进行的大屠杀，不仅表现出非人的残暴性，而且也对俄罗斯和中国造成威胁。它将成为引爆整个西亚大陆混乱的潜在导火索，甚至有可能引发一场新的世界大战。

第三是注定会全盘崩溃的跨大西洋金融体系。这也将导致整个世界进入一个黑暗世纪。

基于上述三类致命威胁，从关乎人类生死存亡的目的出发，必须立即停止使用邪恶和愚蠢的地缘政治和对抗政策对付俄罗斯和中国。相反，我们必须从全人类的共同福祉出发，采取与俄罗斯、中国、印度以及其他国家合作的方式应对威胁。我们呼吁欧洲和美国所有的理性力量，共同加入金砖国家和“一带一路”为代表的崛起的新经济秩序中来。让我们努力创造一个全世界国家广泛参与的包容的21世纪和平秩序，实现人类作为地球上唯一创造性物种的存在价值。让我们拥有人性的成熟理智，爱、创造力和美是我们人类共同家庭的价值所在。

基于上述承诺，“一带一路”将带领我们创造一个有利于文明存续的新发展模式，这一天指日可待。

www.ingramcontent.com/pod-product-compliance
Lightning Source LLC
Chambersburg PA
CBHW070745220326
41598CB00026B/3743